Lothar Meyer

Die Atome

Moderne Theorien der Chemie und ihre Bedeutung für die chemische Mechanik

Verlag
der
Wissenschaften

Lothar Meyer

Die Atome

Moderne Theorien der Chemie und ihre Bedeutung für die chemische Mechanik

ISBN/EAN: 9783957008138

Auflage: 1

Erscheinungsjahr: 2016

Erscheinungsort: Norderstedt, Deutschland

Hergestellt in Europa, USA, Kanada, Australien, Japan
Verlag der Wissenschaften in Hansebooks GmbH, Norderstedt

DIE
MODERNEN THEORIEN
DER
CHEMIE

UND IHRE BEDEUTUNG FÜR DIE

CHEMISCHE MECHANIK

VON

D:R: LOTHAR MEYER.

ORD. PROF. DER CHEMIE AN DER UNIVERSITÄT TÜBINGEN.

VIERTE UMGEARBEITETE AUFLAGE.

ERSTES BUCH,

DIE ATOME.

BRESLAU.
VERLAG VON MARUSCHKE & BERENDT.
1880.

Einzelne Theile werden nicht abgegeben.

Herrn

PROF. DR. R. W. BUNSEN,

Gr. Bad. Geh. Rath in Heidelberg,

in dankbarer Verehrung

gewidmet

vom Verfasser.

Prospectus.

Die „Modernen Theorien der Chemie" hatten von der ersten Auflage an die Tendenz, die herrschenden, tonangebenden theoretischen Anschauungen in einheitlicher, jedem naturwissenschaftlich gebildeten Leser verständlicher Form darzustellen. Die strenge Durchführung dieser Richtung zwang zur Ausschliessung aller derjenigen Gebiete, deren Bearbeitung noch nicht so weit fortgeschritten war, dass eine Zusammenfassung der gewonnenen Kenntnisse von einem einheitlichen Gesichtspunkte aus möglich erschien. So blieb namentlich die ganze Dynamik der Atome, die Lehre vom Umsatze der Stoffe unter dem Einflusse der chemischen und physikalischen Kräfte, den bisherigen drei Auflagen des Buches fern und soll erst jetzt in der vierten eine Stelle finden.

Zwar haben sich die grossen Hoffnungen, welche auf die Messung der durch chemische Vorgänge erzeugten Wärmewirkungen gesetzt wurden, bis jetzt nicht so weit erfüllt, dass aus den thermochemischen Constanten, wie mehrfach behauptet worden, sich jede chemische Umsetzung mit Sicherheit voraussagen liesse. Dagegen ist das mehre Menschenalter hindurch vernachlässigte Feld, auf dem sich mit Vorliebe Berthollet's Forschung bewegte, in neuerer Zeit vielseitig mit Erfolg bearbeitet worden. Die Erfahrungen, welche über den Einfluss der Masse auf die chemischen Vorgänge gesammelt wurden, haben gezeigt, dass die alte Berthollet'sche Theorie in ihrer neuen von Guldberg und Waage geschaffenen Gestalt allgemein gültig ist und eine theoretische Zusammenfassung aller hierher gehörigen Vorgänge ermöglicht.

Ferner hat die Elektrolyse, mit der die neuere theoretische Chemie bisher wenig zu machen wusste, in letzter Zeit wichtige Beziehungen zur Molekularphysik gewonnen, welche die schon früher von Clausius geäusserten Ansichten über den Vorgang der elektrolytischen Leitung völlig bestätigen und dessen nähere Erforschung mittels der kinetischen Theorie der Aggregatzustände anbahnen.

Mögen diese Anfänge einer chemischen Dynamik auch noch bescheiden, die Anhaltspunkte für die theoretische Behandlung derselben noch unsicher und selten sein, so hat der Verfasser doch geglaubt, den Versuch wagen zu dürfen, die Lehre vom chemischen Umsatze in möglichst einheitlicher Zusammenfassung darzustellen und dem entsprechend auch im Titel des Buches die chemische Statik zur Mechanik zu erweitern.

In seiner neuen Gestalt zerfällt das Werk in drei Bücher. Das erste, vorliegende (die bisherigen Abschnitte I—IV und IX umfassend) handelt von den Atomen, der Bestimmung ihrer Massen (Gewichte) und Eigenschaften; das zweite (bisher Abschnitte V—VIII) umfasst die Statik, das dritte, das neu hinzutritt, die Dynamik der Atome. Das letztere Buch soll in etwa sechs Abschnitten, ausser allgemeinen Betrachtungen über die Stabilität der chemischen Verbindungen, die Umsetzungen derselben durch mechanische Erschütterungen, durch Wärme, Licht, Electricität und Affinität behandeln.

Die aus den früheren in die neue Auflage übergehenden Theile sind durchweg ergänzt, berichtigt und, soweit thunlich, gekürzt worden. Gleichwohl wird der Umfang des ganzen Werkes nicht unerheblich vermehrt werden.

Berichtigung.

Seite 108 Zeile 2 nach der Tafel ist zu lesen: von Dulong und Petit statt: Avogadro's.

Inhalts-Uebersicht.

Einleitung zur ersten Auflage.

	Seite
Berthollet's Ansichten und seine Ziele	1
Sein Einfluss	3
Entwickelung der atomistischen Chemie	5
Nothwendigkeit des Empirismus	6
Einfluss der Theorien	7
Gleichzeitiger Zustand der Physik	8
Ihr jetziges Verhältniss zur Chemie	10
Gegenwärtiger Zustand der Chemie	10
Zweck dieser Schrift	12

Erstes Buch. Die Atome.

I. Die atomistische Hypothese.

§ 1.	Nothwendigkeit der Atomistik	15
§ 2.	Stöchiometrische Quantitäten; Atome, Molekeln	16
§ 3.	Numerische Bestimmungen	18
§ 4.	Accessorische Hülfsmittel	20

II. Die Bestimmung der Atomgewichte aus der Dichte der Gase.

§ 5.	Gay-Lussac's Entdeckung	21
§ 6.	Avogadro's Hypothese	22
§ 7.	Scheinbare Schwierigkeit derselben	23
§ 8.	Beispiele	24
§ 9.	Ampère's Ansichten	24
§ 10.	Geltung und Einfluss der Hypothese Avogadro's	25
§ 11.	Vermeintliche Bestimmbarkeit der Molekular-Gewichte aus den stöchiometrischen Quantitäten	26
§ 12.	Bestätigung der Hypothese Avogadro's durch chemische Beobachtungen	28
§ 13.	Physikalische Begründung der Hypothese Avogadro's	30
§ 14.	Grundzüge der kinetischen Gastheorie	32

		Seite
§ 15.	Beziehungen derselben zu Avogadro's Hypothese	35
§ 16.	Bestimmung des Molekulargewichtes aus der Dichte der Gase	38
§ 17.	Stöchiometrische Correction der Werthe	40
§ 18.	Molekulargewichte der Elemente	42
§ 19.	Molekulargewichte der Verbindungen	46
§ 20.	Mittelbare Bestimmungen derselben	47
§ 21.	Bestimmung der Atomgewichte der Elemente aus den Molekulargewichten ihrer Verbindungen	48
§ 22.	Unsicherheit dieser Bestimmung	50
§ 23.	Numerische Werthe der Molekulargewichte von Verbindungen	52
§ 24.	Schlussfolgerung aus denselben auf die Atomgewichte der Elemente	59
§ 25.	Verhältniss der Atomgewichte der Elemente zu ihren Molekulargewichten	60
§ 26.	Erklärung des Status nascendi	63
§ 27.	Schluss auf die absolute Zahl der Atome in den Molekeln aus der specifischen Wärme des Quecksilberdampfes	65
§ 28.	Abweichungen der Beobachtungen von der Hypothese Avogadro's; Beispiel: Dampfdichte der Essigsäure	65
§ 29.	Theoretische Erklärung der Abweichungen	68
§ 30.	Anscheinende Anomalie des Salmiak's und analoger Verbindungen	70
§ 31.	Zerfall dieser Verbindungen	72
§ 32.	Zerfall des Fünffachchlorphosphor's	75
§ 33.	Zerfall einiger Amylenverbindungen	77
§ 34.	Unzulänglichkeit der Hypothese Avogadro's für die Bestimmung der Atomgewichte	78

III. Die Bestimmung der Atomgewichte aus der Wärmecapacität im starren Zustande.

§ 35.	Hypothese von Dulong und Petit	79
§ 36.	F. Neumann's Entdeckung	81
§ 37.	Werth der Hypothese von Dulong und Petit; Regnault's Untersuchungen	81
§ 38.	Weber's Untersuchungen	83
§ 39.	Thermische Atomgewichte, Zahlenwerthe derselben	88
§ 40.	Einfluss der Disgregation auf die specifische Wärme; Grenzen der Geltung des Gesetzes von Dulong und Petit	93
§ 41.	Frage, ob dasselbe streng oder nur angenähert gilt	95
§ 42.	Folgerungen aus der Wärmecapacität der Verbindungen	97
§ 43.	Neue durch dieselben gefundene Ausnahmen	101
§ 44.	Einfluss des Atomgewichtes auf die Geltung der Regel von Dulong und Petit	103
§ 45.	Uebersicht der nach Avogadro oder nach Dulong und Petit bestimmten Atomgewichte	105
§ 46.	Beziehungen zwischen der Atomwärme im starren und der im Gaszustande	108
§ 47.	Theoretische Betrachtungen über den inneren Zusammenhang beider Hypothesen	109

Inhaltsübersicht.

§ 48. Erklärung der Ausnahmen durch eine Modification der Hypothese von H. Kopp 110
§ 49. Analogie mit den Erscheinungen der Dissociation 111

IV. Die Bestimmung der Atomgewichte aus dem Isomorphismus.

§ 50. Mitscherlich's Entdeckung 113
§ 51. Schluss aus derselben auf die Atomgewichte 115
§ 52. Unsicherheit dieses Schlusses; polymerer Isomorphismus 116
§ 53. Schwierigkeit der Verallgemeinerung der aus dem Isomorphismus gezogenen Folgerungen 118
§ 54. Irrthümliche Schlüsse aus dem Isomorphismus 120
§ 55. Bestätigung der aus den Hypothesen von Avogadro und von Dulong und Petit gezogenen Folgerungen durch den Isomorphismus 122
§ 56. Berichtigung früher angenommener Atomgewichte durch den Isomorphismus 124

V. Das Wesen der chemischen Atome.

§ 57. Dimensionen der Atome 127
§ 58. Verhältniss der Grösse der Atome zu der der Moleküln 129
§ 59. Theilbarkeit der s. g. Atome; Prout's Hypothese 131
§ 60. Regelmässigkeiten in den Zahlenwerthen der Atomgewichte; Döbereiner's Triaden; Analogie zwischen Atomen und Radicalen 133
§ 61. Feste Gestaltung dieser Regelmässigkeiten durch Anwendung der Regeln von Avogadro und von Dulong und Petit; Ordnung der Elemente nach der Grösse der Atomgewichte; Periodicität ihrer Eigenschaften 136
§ 62. Periodicität des Atomvolumens als Function des Atomgewichtes der Elemente 139
§ 63. Graphische Darstellung derselben 142
§ 64. Die Dehnbarkeit der Elemente als periodische Function des Atomgewichtes betrachtet 144
§ 65. Härte der Elemente 145
§ 66. Die Schmelzbarkeit als Function des Atomgewichtes 145
§ 67. Schmelzbarkeit von Verbindungen 148
§ 68. Die Flüchtigkeit. Allgemeiner Ausdruck für die Abhängigkeit der betrachteten Eigenschaften von der Grösse des Atomgewichtes . . 150
§ 69. Krystallform 152
§ 70. Ausdehnung durch die Wärme 152
§ 71. Mögliche Vorausberechnung des Schmelzpunktes 157
§ 72. Brechung des Lichtes; Refractionsaequivalente 158
§ 73. Einfluss der Grösse des Atomgewichtes auf die Geltung der Regel von Dulong und Petit 163
§ 74. Abhängigkeit der Leitungsfähigkeit für Wärme und Electricität vom Atomgewichte der Elemente 164

Inhaltsübersicht.

Seite

§ 75. Abhängigkeit des elektro-chemischen Verhaltens vom Atomgewichte 166
§ 76. Beziehungen des elektro-chemischen Verhaltens zum Atomvolumen 168
§ 77. Wahrscheinliche Abhängigkeit des magnetischen Verhaltens von demselben 170
§ 78. Aufgabe der physikalischen Forschung, die Erscheinungen als Function der stofflichen Natur zu erforschen und darzustellen . . 171
§ 79. Die Atomgewichte als Grundlage der Systematik 173
§ 80. Bestimmung des Atomgewichtes aus dem Mischungsgewichte . . 175
§ 81. Ermittelung von Fehlern in der Bestimmung der Atomgewichte mit Hülfe der gesetzmässigen Beziehungen zwischen denselben . . 178
§ 82. Ermittelung des wahrscheinlichsten Werthes des Atomgewichtes mit Hülfe der Periodicität der Eigenschaften 179
§ 83. Fingerzeige für das Dasein noch unentdeckter Elemente 181
§ 84. Mendelejeff's „typische" Elemente 184
§ 85. Mendelejeff's Reihen. 185
§ 86. Gefahr einer voreiligen Verallgemeinerung der entdeckten Regelmässigkeiten 186

Zweites Buch. Statik der Atome.
VI. Combinationsformen der Atome; Typen.

§ 87. Schlüsse aus der Hypothese Avogadro's und der von Dulong und Petit auf die Constitution der Verbindungen 189
§ 88. Bedeutung der chemischen Formeln 190
§ 89. Vermeintlicher Gegensatz chemischer und physikalischer Molekeln 192
§ 90. Einfachste Combinationsformen der Atome; Typen 194
§ 91. Abhängigkeit der Typen von der Natur der Atome; Elemente, die allen Typen gemeinsam sind 198
§ 92. Elemente, die den Typus charakterisiren 199
§ 93. Terminologie. 200
§ 94. Zeichen und Schemata 202
§ 95. Erhaltung und Zerfall der Typen bei chemischen Umsetzungen . 203
§ 96. Vertretung einwerthiger Atome durch mehrwerthige 204
§ 97. Unvollständige Sättigung; Radicale 206
§ 98. Vereinfachung der Typen mittelst der Radicaltheorie; mögliche Willkür; Dehnbarkeit der Schablonen 208
§ 99. Gerhardt's mehrfache Typen; Paarlinge; Kekulé's gemischte Typen 210

VII. Das Gesetz der Atomverkettung.

§ 100. Bleibende Ergebnisse der typischen Betrachtungen; Verkettung der Atome. 215
§ 101. Rolle der zweiwerthigen Atome 216
§ 102. Rolle der drei- und vierwerthigen 218
§ 103. Allgemeiner Ausdruck für die Anzahl der Atome 218
§ 104. Beispiele 219

Inhaltsübersicht.

	Seite
§ 105. Constanz der geraden oder ungeraden Anzahl der Atome	220
§ 106. Ausdruck für die Sättigungscapacität der Radicale	221
§ 107. Complicirte Verkettung	221
§ 108. Theoretische Betrachtungen über das Gesetz der Verkettung	222
§ 109. Terminologie	224
§ 110. Die nächste Aufgabe der Theorie der Atomverkettung; die Statik der Atome	226
§ 111. Nothwendige Voraussetzungen; mathematischer und experimenteller Theil der Lösung	227
§ 112. Ermittelung der möglichen Combinationsformen für Verbindungen einwerthiger und zweiwerthiger Elemente	229
§ 113. Ermittelung derselben für Verbindungen dreiwerthiger Elemente	232
§ 114. Dieselbe für Verbindungen vierwerthiger Elemente	236
§ 115. Dieselbe für gesättigte Verbindungen eines oder zweier Kohlenstoffatome mit einwerthigen Elementen	236
§ 116. Dieselbe für gesättigte Verbindungen aus drei Kohlenstoffatomen und einwerthigen Elementen	239
§ 117. Combinationen mit mehr als drei Kohlenstoffatomen; Kolbe's Hypothese	241
§ 118. Combinationen mit ungesättigten Affinitäten oder mit doppelter Bindung der Kohlenstoffatome	245
§ 119. Combinationen des Kohlenstoffes mit Atomen zweiwerthiger Elemente	246
§ 120. Combinationen desselben mit drei- und vierwerthigen Elementen	247
§ 121. Verbindungen fünf- und sechswerthiger Elemente	248
§ 122. Unzulässigkeit dualistischer und anderer früher angenommener Combinationsformen der Atome	248
§ 123. Hülfsmittel zur Ermittelung der einer gegebenen Verbindung zukommenden Atomverkettung	252
§ 124. Zerlegung und Zusammensetzung der Atomkette; Beispiele, Alkohol und Methylaether	254
§ 125. Atomverkettung der Essigsäure und ihrer Isomeren	256
§ 126. Atomverkettung der aromatischen Verbindungen	258
§ 127. Atomverkettung des Benzoles; Kekulé; Kolbe	260
§ 128. Schluss aus derselben auf die aromatischen Verbindungen	266
§ 129. Verschiebung der Atome in der Kette	267
§ 130. Unaufgelöste Radicale	269
§ 131. Bestimmung der Atomverkettung aus dem chemischen Verhalten	270
§ 132. Beispiele; Hydroxylverbindungen, Alkohole, Säuren	271
§ 133. Bestimmung der Atomverkettung aus dem Grade der Flüchtigkeit; Schwierigkeiten dieser Bestimmung	273
§ 134. Allgemeine Regeln für den Einfluss der Atomverkettung auf die Flüchtigkeit	274
§ 135. Benutzung dieser Regeln zur Ermittelung der Atomverkettung	278
§ 136. Andeutung theoretischer Betrachtungen	282
§ 137. Beziehungen zwischen Atomverkettung und Schmelzbarkeit	282
§ 138. Bestimmung der Atomverkettung aus dem specifischen Volumen; Einfluss mehrfacher Bindung	284

§ 139. Einfluss der Stellung 288
§ 140. Mittelbarer Schluss aus dem Molekular-Volumen bei gleicher Temperatur 289
§ 141. Beispiele unvollständig bekannter Beziehungen zwischen Atomverkettung und Raumerfüllung; Metalle und Oxyde 290
§ 142. Erkennung mehrfacher Bindung aus der Lichtbrechung 292
§ 143. Beziehungen zur specifischen, latenten und zur Verbrennungswärme; mögliche Benutzung anderer physikalischer Eigenschaften zur Ermittelung der Atomverkettung 298

VIII. Molekulargewicht und Atomverkettung von Stoffen, auf welche Avogadro's Hypothese nicht anwendbar ist.

§ 144. Unzulässigkeit einer unmittelbaren Uebertragung der für Gase geltenden Gesetze auf nicht gasförmige Stoffe 300
§ 145. Wesentliche Unterschiede zwischen den Aggregatzuständen . . . 301
§ 146. Zweifel, ob für den starren und den tropfbaren Zustand die Annahme von Molekeln nothwendig ist 303
§ 147. Unwahrscheinlichkeit der Annahme, dass das Molekulargewicht einer Substanz in allen Aggregatzuständen dasselbe sei 305
§ 148. Ableitung des hypothetischen Molekulargewichtes einer nicht gasförmigen Substanz aus dem einer ihr nahe verwandten gasförmigen 306
§ 149. Ableitung des Molekulargewichtes einer Substanz aus dem chemischen Werthe ihrer Bestandtheile 308
§ 150. Fälle, in welchen sich ein Maximalwerth für das Molekulargewicht bestimmen lässt 309
§ 151. Fälle, in welchen ein Minimalwerth des Molekulargewichtes bestimmt werden kann 311
§ 152. Möglichkeit eines Schlusses aus der Flüchtigkeit auf das Molekulargewicht 312
§ 153. Möglichkeit eines solchen Schlusses aus der Diffusionsgeschwindigkeit 314
§ 154. Folgerungen aus Rüdorff's Beobachtungen über das Gefrieren von Salzlösungen 316
§ 155. Folgerungen aus den Wärmewirkungen bei der Auflösung . . . 319
§ 156. Schluss auf das Molekulargewicht aus dem Isomorphismus . . . 321
§ 157. Atomverkettung starrer und tropfbarer Verbindungen 322

IX. Der chemische Werth, die Valenz oder das Sättigungsvermögen der Atome.

§ 158. Definition der Begriffe Werth, Valenz und Aequivalenz; Maasseinheit dieser Grössen 325
§ 159. Frage, ob der chemische Werth eines Elementes eine constante Grösse sei 328
§ 160. Nothwendige Voraussetzungen für die Bestimmung des Werthes und des Aequivalentgewichtes 330

Inhaltsübersicht. **VII**

		Seite
§ 161.	Der Werth darf nur aus der Maximalzahl der gebundenen Atome abgeleitet werden	332
§ 162.	Ungesättigte Affinitäten; Beispiele: Kohlenoxyd, Stickoxyd, Untersalpetersäure	333
§ 163.	Andere Beispiele: Quecksilber, Kadmium; mögliche Irrthümer durch ungesättigte Affinitäten	335
§ 164.	Abhängigkeit der Sättigung von der Intensität der Affinitäten	337
§ 165.	Irrthümer durch Selbstsättigung	338
§ 166.	Streit über den chemischen Werth der Elemente der Stickstoff-Phosphor-Gruppe; Couper's und Kekulé's Ansicht; Unterscheidung molekularer und atomistischer Verbindungen	339
§ 167.	Mögliche Verschiedenheit der einzelnen Affinitäten eines Atomes	342
§ 168.	Beobachtungen, aus welchen dieselbe gefolgert werden kann; Krüger, Lossen, Schreiner	344
§ 169.	Besprechung und Deutung dieser Beobachtungen	348
§ 170.	Mögliche Verschiedenheit des Werthes gegen verschiedene Elemente	351
§ 171.	Verschiedenheit des Werthes gegen positive und gegen negative Elemente	353
§ 172.	Abhängigkeit des chemischen Werthes der Elemente und der stöchiometrischen Zusammensetzung ihrer Verbindungen mit einwerthigen Elementen von der Grösse ihres Atomgewichtes	354
§ 173.	Die Zusammensetzung der Oxyde als Function des Atomgewichtes	355
§ 174.	Die Zusammensetzung der Hydrate	357
§ 175.	Die Periodicität des chemischen Werthes	359
§ 176.	Erste Familie der Elemente	360
§ 177.	Zweite, dritte und vierte Familie	362
§ 178.	Fünfte Familie	363
§ 179.	Sechste Familie	367
§ 180.	Siebente Familie	370
§ 181.	Achte Familie	372
§ 182.	Unerlässlichkeit der Annahme von Molekularadditionen	373
§ 183.	Schwierigkeit der Unterscheidung zwischen Atomverkettung und Molekularaddition	374
§ 184.	Kekulé's Erklärung der Molekularadditionen	375
§ 185.	Berührungspunkte dieser Erklärung mit anderen Gebieten der Molekularphysik; Erklärung der Molekularwirkungen durch Affinität	377

Einleitung zur ersten Auflage.
(1864.)

Es sind sechzig Jahre verflossen, seit Claude Louis Berthollet sein classisches Werk „Versuch einer chemischen Statik"*) der wissenschaftlichen Welt übergab. Er versuchte in demselben, die Mannichfaltigkeit der chemischen Erscheinungen auf bestimmte unveränderliche Grundeigenschaften der Materie in derselben Art zurückzuführen, wie die Astronomie die Himmelserscheinungen auf ein einheitliches Princip, auf das der allgemeinen Gravitation, zurückgeführt hat.

Berthollet ging dabei von der Ansicht aus, dass die wechselseitige Anziehung der Materie, welche unter dem Namen der Verwandtschaft oder Affinität seit den Jugendjahren der chemischen Wissenschaft als die Ursache der chemischen Erscheinungen angesehen wird, höchst wahrscheinlich eine Aeusserung derselben Grundeigenschaft der Materie sei, aus welcher auch jene allgemeine Gravitation entspringe. Nur darum erschienen, meinte er, die Wirkungen der Affinität so ausserordentlich viel verwickelter als die der Gravitation, weil bei sehr geringen Entfernungen der auf einander wirkenden Körper, ausser ihrer Masse und Entfernung, auch die Gestalt ihrer kleinsten Theile, ihrer Molekeln, deren Abstände von einander und die besonderen Zustände, in denen sie sich befinden, von Einfluss seien. Dieser Einfluss besonderer und uns meist unbekannter Umstände, fügte Berthollet hinzu, bewirke, dass wir nicht im Stande sind, die chemischen gleich den astronomischen Erscheinungen aus einem einzigen allgemeinen Principe

---
*) Essai de Statique chimique, Paris an XI, 1803.

im voraus abzuleiten. Es seien bis dahin nur einige wenige Wirkungen der Affinität aus der Mannichfaltigkeit der Erscheinungen so auszusondern, dass sie der scharfen Methode der Rechnung unterworfen werden könnten. Darum seien die Chemiker gezwungen, die Erscheinungen Schritt für Schritt mit der Beobachtung zu verfolgen; aber es sei zu erwarten, dass je allgemeiner die Grundsätze würden, zu denen die chemische Beobachtung leite, diese Grundsätze stets mehr und mehr Aehnlichkeit mit den Grundprincipien der Mechanik gewinnen würden. Aber nur die Beobachtung allein dürfe zu dieser Stufe der Vollkommenheit führen, die man schon jetzt als das Ziel bezeichnen könne.

Wenn es die Aufgabe aller Naturwissenschaft ist, den ursächlichen Zusammenhang der Dinge so zu erforschen, dass wir für jeden möglichen Fall die eintretenden Erscheinungen aus den gegebenen Bedingungen im voraus bestimmen können, so ist das von Berthollet gesteckte Ziel auch für die Chemie sicherlich der Gipfelpunkt, auf welchen in letzter Linie alles Streben gerichtet sein muss. Es bleibt dieses Ziel unverrückt dasselbe, auch wenn die Annahme Berthollet's, dass Affinität und Gravitation derselben Ursache entsprängen, nicht gerechtfertigt sein sollte. Wollen wir die chemischen Erscheinungen nicht als Wirkungen des blinden Zufalls betrachten, so müssen wir zugestehen, dass auch sie den allgemeinen Grundsätzen der Mechanik, den Gesetzen des Gleichgewichts und der Bewegung, unterworfen sind, und dass „die Curve, welche ein einziges Atom beschreibt, ebenso fest bestimmt ist, wie die Bahn eines Planeten; dass zwischen beiden kein anderer Unterschied besteht, als der, welchen unsere Unwissenheit hineinträgt."[*]

Das höchste und letzte Ziel aller chemischen Forschung muss daher die Entwickelung der chemischen Statik und Mechanik sein, der Lehre vom Gleichgewichte der chemischen Kräfte und der Bewegung der Materie unter ihrem Einflusse. Sind wir im Besitze der allgemeinen Principien dieser Lehre, so lassen sich die chemischen Erscheinungen für jeden einzelnen Fall aus den gegebenen Bedingungen im voraus bestimmen. Damit würde das Ziel erreicht sein, das Berthollet der Wissenschaft steckte.

Zur Erreichung desselben ist es aber nothwendig, zuerst die umgekehrte Aufgabe zu lösen, in der Mannichfaltigkeit der einzelnen Erscheinungen diejenigen Grössen zu entdecken und zu messen, welche unter allen Umständen unverändert bleiben, und die Gesetze

---

[*] Laplace, Essai philosophique sur les probabilités; 3me éd. Paris 1816, p. 6.

zu finden, welche die Abhängigkeit der Erscheinungen von diesen Constanten und den variabelen äusseren Bedingungen ausdrücken. Daher die Forderung Berthollet's, die Erscheinungen Schritt für Schritt zu verfolgen; denn bevor nicht eine grosse und zweckmässig ausgewählte Zahl derselben empirisch und logisch analysirt worden, ist an die Aufstellung einer allgemeinen Theorie nicht zu denken. Nach der gründlichen Erforschung der Erscheinungen aber und der Bedingungen, unter denen sie eintreten, ist es in der Regel die leichtere Aufgabe, von den gewonnenen allgemeinen Gesichtspunkten aus rückwärts, sei es mit oder ohne Hülfe der Mathematik, die einzelnen Erscheinungen vorauszusagen.

Werfen wir nun einen Blick auf die Entwickelung der Chemie seit der Zeit Berthollet's, so zeigt sich allerdings, dass ein sehr umfangreiches Material seither der Untersuchung unterworfen und eine ausserordentlich grosse Menge von Thatsachen erforscht wurde; wir können aber nicht verkennen, dass nur ein geringer Theil derselben so allseitig und vollständig zergliedert wurde, dass der Einfluss jeder einzelnen wesentlichen Bedingung systematisch durch die Beobachtung verfolgt, und so der ursächliche Zusammenhang der Erscheinungen klar erkannt wurde. Dem Ziele, das Berthollet vorschwebte, finden wir uns wenig näher; die chemische Statik scheint noch auf demselben Punkte zu stehen, auf den sie jener geniale Forscher geführt hat. Wie ein verlorener Posten steht sein grosses Werk da inmitten unserer colossal angeschwollenen Literatur, vielen vielleicht ganz unbekannt, von wenigen studirt und von keinem vervollkommnet und ausgebaut.

Aber der Vorwurf, den man daraus den Chemikern zu machen versucht sein könnte, wäre nur scheinbar begründet. Wenn von so vielen bedeutenden Männern, welche ihre ganze Kraft der Chemie widmeten, nur einzelne in der von Berthollet eingeschlagenen Richtung weiter vorzudringen suchten, die meisten aber dieselbe verliessen und die Wissenschaft nach einer ganz anderen Seite hin ausbauten und erweiterten, so drängt sich dem unbefangenen Kritiker sofort die Ansicht auf, es müsse wohl eine innere Nothwendigkeit die Wissenschaft in andere Bahnen gelenkt haben. Diese Ansicht wird durch die neuere Geschichte der Chemie vollkommen gerechtfertigt. Eine nur einigermaassen eingehende Betrachtung lehrt, dass die Chemie nur dadurch den kaum erworbenen Rang einer selbstständigen Wissenschaft behaupten konnte, dass sie zunächst eine der Berthollet'schen fast direkt entgegengesetzte Richtung einschlug.

Wenn die genialen Ideen Berthollet's einen verhältnissmässig geringen Einfluss auf die Entwickelung der Chemie gehabt haben, so liegt der Grund vorzugsweise darin, dass er glaubte, der von ihm erstrebten Entwickelungsstufe der Wissenschaft näher zu sein, als er und seine Zeit es in Wirklichkeit waren. Er konnte zwar aus dem damals vorliegenden Beobachtungsmateriale eine ansehnliche Reihe allgemeiner Gesichtspunkte herleiten, durch welche aus den Eigenschaften, namentlich der Aggregatform der auf einander einwirkenden Körper und der aus ihrer Wechselwirkung entspringenden neuen Verbindungen die Art der eintretenden Erscheinungen sich im voraus bestimmen lässt; aber die verhältnissmässig doch nur geringen Anfänge einer chemischen Statik, zu welchen er dadurch gelangte, genügten ihm nicht. Er versuchte daher aus der Physik und Mechanik andere, a priori plausibele, Principien in die Chemie einzuführen, welche indessen weder durch die damals bekannten, noch durch spätere Beobachtungen gerechtfertigt wurden. Dadurch aber entfernte er sich, wie er später selbst zugestand*), von seinen eigenen Grundsätzen und schadete so dem Ansehen auch seiner berechtigten und wohlbegründeten Lehren.

Berthollet hat die Einsicht in die chemischen Erscheinungen ausserordentlich gefördert, indem er den Einfluss der Masse der wirksamen Substanzen einer genauen Forschung unterwarf. Er zeigte für sehr viele Fälle, wie je nach dem Mengenverhältnisse der Stoffe die Erscheinung eine andere werde, und wie auch die Aggregatform der Stoffe, namentlich der feste und der gasförmige Zustand, gerade durch ihren Einfluss auf die chemisch wirksame Masse den Charakter der Erscheinungen zu bestimmen vermögen. Diese Lehren Berthollet's sind der Wissenschaft nicht verloren gegangen; aber sie werden augenblicklich oft mehr als nützliche Winke für die Praxis der chemischen Analyse, denn als fundamentalale wissenschaftliche Gesetze angesehen.

Berthollet glaubte den Einfluss der Masse auf Maass und Zahl zurückführen zu können, auf einem Wege, der keine Berechtigung hatte. Er gerieth in den Trugschluss, dass, weil die Wirkung der wirkenden Masse proportional sei, in jede

---

*) z. B. Ann. chim. LXXVII., p. 295 (März 1811) in Bemerkungen zu einer Abhandlung von Pfaff: „J'avoue que je me suis écarté de mes principes, en regardant la capacité comparative de saturation comme une mesure absolue de l'affinité etc." Ferner: „Troisième suite des recherches sur les lois de l'affinité § XVII p. 288 (Mém. de l'Inst. T. VII part. I., p. 229, 1806)."

entstehende Verbindung um so mehr von einem ihrer Bestandtheile eingehen müsse, je mehr desselben vorhanden sei. Im engsten Zusammenhange mit dieser Ansicht steht die andere, dass die Affinität der chemisch wirksamsten Stoffe, der Säuren und Basen, durch ihre Sättigungscapacität gemessen werde. Gegen beide wandte sich die gerade zur Zeit des Erscheinens der „chemischen Statik" beginnende neue Epoche in der Entwickelung der Chemie, in welcher alle chemische Wirkung auf die Wechselwirkung constanter Gewichte, der Mischungs- oder Atomgewichte, zurückgeführt wurde.

Jene Ansichten Berthollet's führten ihn in den so berühmt gewordenen Streit mit seinem Landsmanne Proust über die Frage, ob das Mengenverhältniss, in dem sich zwei oder mehr Stoffe chemisch vereinigen, stets constant sei oder mit den Umständen continuirlich wechsele. In diesem Streite, gleich bewundernswerth durch die Hartnäckigkeit und den grossen Aufwand von Scharfsinn, wie durch die Höflichkeit und Objectivität, mit denen er Jahre lang geführt wurde, unterlag Berthollet seinem Gegner, dem die Arbeiten einer stets wachsenden Zahl ausgezeichneter Forscher zu Hülfe kamen.

Noch während dieses Streites war es dem speculativen Kopfe Dalton's gelungen, eine Hypothese zu finden, welche der von Berthollet bestrittenen constanten Zusammensetzung chemischer Verbindungen eine überraschend lichtvolle Erklärung verlieh. Es war die atomistische Hypothese, die seitdem die Grundlage des ganzen chemischen Lehrgebäudes geworden ist. Die Theorie, welche sich aus dieser Hypothese entwickelte, gab der Chemie eine ganz neue, ihr vollständig eigenthümliche Gestaltung. Die Bestimmung der Mischungs- oder Atomgewichte und der Verhältnisse, in denen dieselben zu Verbindungen zusammentreten, absorbirte für lange Zeit die Kraft der begabtesten Männer. Alle Erscheinungen, die sich nicht auf bestimmte Atomgewichtsverhältnisse zurückführen liessen, wurden, als nicht eigentlich chemisch, von den übrigen ausgesondert und häufig vernachlässigt. Die Chemiker verliessen damit die Brücke, die Berthollet zwischen den Schwesterwissenschaften, der Physik und der Chemie, geschlagen; sie verfolgten die neue eigne Bahn, die zu so unendlich reichen Erfolgen führte, dass kaum je eine Wissenschaft in einem einzigen halben Jahrhundert solche Riesenschritte der Entwickelung gethan haben dürfte, wie die Chemie unserer Zeit sich rühmen kann.

Es war natürlich, dass bei dieser raschen Entwickelung der Wissenschaft in der neu eröffneten eigenthümlichen Richtung die von Berthollet versuchte, der physikalischen näher stehende Art der Forschung, für's erste wenigstens, in den Hintergrund treten musste. Es geschah dies um so mehr, als dieselbe, zwar zufällig und keineswegs nothwendig, von Gesichtspunkten ausgegangen war, welche mit der neuen atomistischen Lehre in geradem Widerspruche standen. Was Berthollet über die Abhängigkeit der chemischen Erscheinungen von den äusseren physikalischen Verhältnissen und von den Eigenschaften der in Wechselwirkung tretenden Substanzen sowohl, als auch der aus dieser Wirkung hervorgehenden Produkte gelehrt hatte, verblieb zwar der Wissenschaft; aber die Affinität selbst und die Art ihrer Wirkung war nicht mehr der Hauptzweck der Forschung; vielmehr interessirten vor allem die Producte ihrer Wirkung. Nur insofern die Bedingungen auf die Entstehung neuer interessanter Verbindungen von Einfluss waren, pflegten sie Berücksichtigung zu finden. Ebenso wurde und wird vielfach noch heute den Eigenschaften der neu entdeckten Stoffe nur soweit einige Aufmerksamkeit geschenkt, als zur Charakterisirung und Identificirung derselben nothwendig erschien, obwohl wieder und wieder die ersten Autoritäten der Wissenschaft mahnten, die physikalische Seite der Forschung nicht zu vernachlässigen.

Es lässt sich nicht leugnen, durch die Annahme und Ausbildung der atomistischen Theorie wurde die Chemie der ihr so nahe verwandten Physik zunächst mehr und mehr entfremdet. Die Gebiete wurden schärfer gesondert; jede Disciplin ging auf dem ihrigen den eigenen Weg; die gemeinschaftlichen Grenzdistrikte blieben vielfach unbebaut, wenn nicht, wie es öfter geschah, die Chemie allein sich ihrer bemächtigte. Fast täglich zwar wurden neue Beziehungen zwischen chemischen und physikalischen Erscheinungen entdeckt; aber auch die grossartigsten Entdeckungen, welche die Anwendung physikalischer Methoden auf chemischem Gebiete hervorrief, konnten das gelockerte Band zwischen beiden Disciplinen nicht fester knüpfen, weil die Ziele beider verschieden geworden waren.

Den Chemikern lag es zunächst und vor allem ob, von den unzähligen Verbindungen, deren Möglichkeit die Atomtheorie voraussehen liess, eine möglich grosse Zahl darzustellen, zu untersuchen und systematisch zu ordnen. Damit wurde die Chemie mehr und mehr zu einer beschreibenden Naturwissenschaft, in welcher allgemeine theoretische Speculationen, wie sie Berthollet in den

Vordergrund gestellt, nur in zweiter Linie Bedeutung behielten. Dieser Umschlag war nothwendig. Wie die Geologie die Mineralogie und die Palaeontologie, wie die Physiologie der Pflanzen und Thiere die systematische Botanik und Zoologie und ausser diesen die Anatomie beider Reiche voraussetzt, wie überhaupt jede spekulative Naturwissenschaft ein reiches und übersichtlich geordnetes Material verlangt, wenn sie sich nicht in leere unfruchtbare Phantasmen verlieren soll, so verlangt auch eine theoretische Chemie die genaue Kenntniss einer ausserordentlich grossen Zahl chemischer Verbindungen, ohne welche sie sehr bald Gefahr laufen würde, auf den Sand zu gerathen. Nur nachdem durch die unermüdliche Anstrengung der scharfsinnigsten Forscher das ungeheure Material, das sich, je weiter man kam, stets höher zu thürmen schien, gesichtet und geordnet worden, konnte und kann daran gedacht werden, die Fundamente eines Baues zu legen, den vielleicht erst kommende Jahrhunderte ausbauen werden zu einer Theorie der Chemie, welche, wie jetzt die Theorie des Lichtes oder der Elektricität, die Erscheinungen aus den gegebenen Bedingungen im voraus berechnen lehrt.

Von diesem Ziele, das Berthollet vorschwebte, ist auch heute noch die Chemie unendlich weit entfernt. Doch ist schon vieles geschehen, das uns Bürgschaft giebt, die Wissenschaft werde demselben dauernd und mit Erfolg entgegen streben. Die heutige Chemie gleicht der Pflanze, welche ihre Wurzeln im Boden ausbreitet und Nahrungsstoffe sammelt für das spätere rasche Emportreiben von Stengeln, Blüthen und Früchten. Das reiche Material, das die rasche Entwickelung der atomistischen Theorie geliefert hat, sichert der Chemie ihre dauernde Selbstständigkeit; sie wird nie mehr eine Dependenz, eine Unterabtheilung der Physik werden.

Wie aber kein Zweig des menschlichen Wissens sich nur nach einer Richtung entwickeln kann, ohne auch für die nebenliegenden fruchttragend zu wirken, so hat sich auch die systematische, die beschreibende Chemie nicht entwickeln können, ohne dem theoretischen, spekulativen Theile der Wissenschaft reiche Nahrung zuzuführen. Die Chemiker haben fast alle erdenklichen physikalischen Hülfsmittel angewandt, um bekannte Stoffe zu zerlegen oder neue zu bilden; sie haben ausserdem die physikalischen Eigenschaften von etlichen tausend Substanzen mehr oder weniger vollständig erforscht, deren Kenntniss zur Classificirung derselben erforderlich schien. Dadurch sind viele neue und allgemeine Gesichtspunkte gewonnen worden für die Erkenntniss der Abhängigkeit sowohl der chemischen Erscheinungen von den physikalischen Bedingungen, unter denen sie eintreten, als auch der physikalischen Eigenschaften der Stoffe von ihrer chemischen Zusammensetzung.

Wie wichtig und interessant aber auch diese Entdeckungen waren, keine der aus denselben hergeleiteten Theorien hat so rasch und sicher sich geltend gemacht, wie die Atomtheorie Dalton's. Fast alle haben harte Kämpfe bestehen müssen, manche sind in denselben erlegen, andere haben erst nach mehren Decennien die verdiente Anerkennung gefunden. Es ist gewiss ein sicheres Zeichen der gesunden Entwickelung unserer Wissenschaft, dass, während die Erkenntniss der Thatsachen ausserordentlich rasch sich mehrte, die Verallgemeinerungen, welche sich aus denselben ziehen liessen, verhältnissmässig langsam anerkannt wurden. Auf einem Gebiete, auf dem fast täglich des neuen so viel zu erwarten, läuft jede verallgemeinernde Idee Gefahr, nach wenig Schritten auf Thatsachen zu stossen, durch welche sie widerlegt oder wenigstens erheblich modificirt wird. Daher die Nothwendigkeit grosser Vorsicht. Hätte die Chemie jede auftauchende Theorie sofort anerkennen und aufnehmen wollen, so hätte sie leicht sich in ein Chaos verwandeln können, dem alle Uebersichtlichkeit verloren gegangen wäre.

Mit richtigem Takte diese Gefahr erkennend, sind die Chemiker unseres Jahrhunderts fast durchweg sehr vorsichtig gewesen, sowohl in der Aufstellung allgemeinerer Theorien, als namentlich in der Anerkennung der von einzelnen Forschern für berechtigt gehaltenen. Ja, man kann eher behaupten, dass der Widerstand gegen solche Verallgemeinerungen der Resultate zu gross, als dass er zu gering gewesen sei. Manche jetzt fast allgemein als vollkommen berechtigt anerkannte Theorien haben gegen sachlich sehr unbedeutende Hindernisse Jahrzehnde hindurch vergeblich kämpfen müssen. Erst nachdem dieser Kampf sie gekräftigt und sicherer begründet, sind sie angenommen worden. Andere wieder sind zwar ohne Kampf, aber sehr langsam, wie sich die stützenden Thatsachen mehrten, zur Geltung gekommen, nachdem sie anfangs wenig berücksichtigt worden. Nur einige wenige Theorien haben zeitweilig ein grösseres Ansehen genossen, als sie verdienten und dauernd zu behaupten im Stande waren.

Es war aber noch ein anderer Umstand fast die ganze erste Hälfte dieses Jahrhunderts hindurch der Entwickelung allgemeiner chemischer Theorien ausserordentlich hinderlich, der Zustand der Physik und deren Verhältniss zur Chemie. Es liegt in der Natur der Sache, dass eine Fundamentalhypothese, welche zur Erklärung der Eigenschaften der Materie dienen soll, nicht ausschliesslich auf das Gebiet der Chemie beschränkt bleiben kann, vielmehr der Uebereinstimmung mit den Grundbegriffen und allgemeinen Lehren der Physik und der direkten Bestätigung durch dieselben bedarf.

Die Physik aber war zu Anfang dieses Jahrhunderts, als die Chemie auf Grund der atomistischen Hypothese ihre neue glänzende Entwickelung begann, nicht im Stande, auf dieses Gebiet zu folgen. Wenn auch die Physiker in ihren Betrachtungen oft auf die kleinsten Theile der Materie zurückzugehen schienen, von Partikeln und Molekeln sprachen, von Poren und Interstitien, so legten sie ihren Rechnungen in Wirklichkeit doch meist die Annahme homogener, continuirlicher Massen zu Grunde und gingen nicht auf die einzelnen Atome zurück, ohne deren Annahme das chemische Lehrgebäude nicht mehr bestehen konnte.

Das einzige Gebiet, auf dem auch die Physiker direkt und wirklich auf die Wirkung der kleinsten Theile zurückgingen, war die Lehre von der Wärme: und gerade hier war dieses Zurückgehen nur die Folge einer Ansicht, welche der Entwickelung der theoretischen Chemie ausserordentlich hinderlich gewesen ist und in derselben viel Verwirrung erzeugt hat, der Ansicht von der Existenz eines Wärmestoffes.

Zwar hatte schon 1798 Benjamin Thompson, bekannt unter dem Namen eines Grafen von Rumford*), schlagend nachgewiesen, dass Wärme nichts anderes als eine Form der Bewegung sein könne; aber der allgemeinen Annahme dieser Lehre stand die damals noch geltende Newton'sche Emanationstheorie des Lichtes entgegen. Selbst Humphry Davy, der sich sofort zu Rumford's Ansicht bekannte und dieselbe durch sinnreich erdachte überzeugende Versuche bestätigte**), erklärte gleichwohl sich für New-

---

*) Lond. Phil. Trans. for 1798, vol. 88, p. 80: An Inquiry concerning the source of Heat excited by Friction. By Benjamin Count of Rumford. (In den Phil. Trans abridged, Vol. 18, p. 278.) In dieser Abhandlung sagt R. S. 99: „It is hardly necessary to add, that any thing which any insulated body, „or system of bodies, can continue to furnish without limitation, cannot „possibly be a material substance: and it appears to me to be extremely „difficult, if not quite impossible, to form any distinct idea of any thing „capable of being excited, and communicated, in the manner the heat was „excited, and communicated in these experiments, except it be motion."
**) Researches on Heat, Light and Respiration in Dr. Beddoes West Country Contributions, p. 16. (Vergl. auch Joule, Phil. Trans f. 1850, Part. I, p. 61 ff.); ferner: Elements of chemical philosophy, Div. I, Chap. V, Collect. Works 1840, Vol. IV, p. 66.

ton's Lehre und gegen die von Hooke, Huyghens und Euler aufgestellte und vertheidigte Undulationstheorie*). Erst nachdem letztere, was Thomas Young und Wollaston vergeblich versucht hatten, durch Fresnel zur Geltung gekommen, und durch Poisson, der jetzt, statt ein continuirliches elastisches Medium anzunehmen, von der Voraussetzung discreter Aethertheilchen ausging, mit der mathematischen Theorie in Einklang gebracht worden, war der Boden für die seitdem so glänzend entwickelte mechanische Wärmetheorie bereitet und damit ein neuer Vereinigungspunkt chemischer und physikalischer Theorie gewonnen.

Einer umfassenden, ganz allgemeinen chemischen Theorie fehlt allerdings auch jetzt noch eine der wesentlichsten Voraussetzungen, eine solche Theorie der Elektricität nämlich, welche den Zusammenhang der elektrischen Erscheinungen mit Licht und Wärme einerseits und andererseits mit den chemischen Kräften aus einem einheitlichen Gesichtspunkte übersehen und zusammenfassen liesse. Aber der gegenwärtige Stand der mechanischen Wärmetheorie, namentlich der aus derselben in neuerer Zeit hervorgegangenen Theorien der Molekularphysik, sowie andererseits die in rascher Entwickelung begriffenen Ansichten über die Constitution der chemischen Verbindungen, zu denen die Chemiker gelangt sind, lassen auch ohne die Beihülfe einer Theorie der Elektricität aus der Wechselwirkung der Physik und Chemie schon jetzt erfreuliche Resultate hoffen.

Das gegenseitige Verhältniss beider Disciplinen ist indessen augenblicklich keineswegs derart, dass diese Wechselwirkung in nur einigermaassen ausgedehnter Weise ohne weiteres eintreten könnte. Beide befinden sich in fast vollständig getrennten Händen. Die Physik zwar dürfte schon jetzt manche der Mittel besitzen, welche zu einer sowohl die chemischen als die physikalischen Molekularwirkungen umfassenden Theorie führen können; auch dürften die Methoden der Mathematik hinreichend entwickelt sein, um der Spekulation, wenn nöthig, mit Erfolg hülfreiche Hand leisten zu können, sobald die Erscheinungen logisch analysirt und in glücklich gewählten Hypothesen die Ausgangspunkte der zu entwickelnden Theorien gefunden sein werden. Aber das empirische Material, das diese Theorien unter einheitliche Gesichtspunkte bringen und logisch zusammenfassen soll, ist für den Physiker fast unzu-

---

*) Elements of chemical philosophy. Div. II, Chap. IV, Coll. Works Vol. IV, p. 157; Researches on Heat etc., p. 10 u. a. and. O.

gänglich, jedenfalls nur durch ein sehr ins einzelne gehendes, umfassendes Studium der modernen Chemie zu erreichen.

Der nothwendige Entwickelungsgang der Chemie brachte es mit sich, dass jeder theoretische Gesichtspunkt aus einer grossen Zahl oft ganz zerstreuter Einzelheiten abstrahirt werden musste. Dazu kam, dass das Gefühl der Unsicherheit oder der Zweifel an dem Werthe theoretischer Betrachtungen überhaupt oft Veranlassung wurde, dass man die Spekulationen über Ursache und Wesen der Erscheinungen meist nur beiläufig und andeutungsweise, ja oft gar nicht direkt aussprach, sondern dem Leser überliess, dieselben zu abstrahiren. Zudem sind die widersprechendsten Ansichten aufgestellt, und selten die unhaltbar gewordenen ausdrücklich zurückgenommen worden. Welche Theorien anerkannt, welche verlassen sind, das steht fast nur in dem Urtheil der jetzt lebenden Chemiker und nur ausnahms- und bruchstückweise in ihren Werken geschrieben. Wer nur die Literatur betrachtet, könnte leicht die Verschiedenheit der Ansichten für grösser halten, als sie in Wirklichkeit ist. Diese Verschiedenheit ist in der That in allen wesentlichen Dingen nicht mehr sehr gross.

Der Kampf um die systematische Ordnung des chemischen Lehrgebäudes scheint für längere Zeit hinaus beendet zu sein. Die Decennien hindurch in der verschiedensten Form so heftig discutirte Frage, ob die Eigenschaften der chemischen Verbindungen wesentlich von der Natur oder vielmehr von der Anordnung der constituirenden Atome bedingt werde, ist erledigt, nachdem beiden Parteien ihr Recht geworden. Die chemischen Zeichen und Formeln, welche bis vor wenig Jahren so häufig in den Vordergrund traten, sie beginnen mit Gleichgültigkeit betrachtet zu werden, seit, was man durch dieselben symbolisch und unbestimmt, ja manchmal sogar unbewusst und unklar auszudrücken suchte, sich in klare Worte fassen und unter bestimmte Begriffe bringen lässt. Das Dogma von der Unmöglichkeit, die atomistische Constitution der Stoffe zu erkennen, das im Herzen vielleicht nie auch nur ein einziger Chemiker wirklich anerkannt, dass aber gerade die spekulativsten Köpfe zur wirksamen Unterstützung ihrer Polemik fort und fort aufgestellt haben, ist gefallen; es hat keine Macht, kein Ansehen mehr. Wir wissen sehr vieles schon über das Verhalten der Atome in den Verbindungen; wir werden noch sehr viel mehr erfahren, und die Statik und Mechanik der Atome wird einst die Krone der gegenwärtigen Entwickelung der Chemie sein. Sie wird aus einheitlichem Gesichtspunkte kommenden Jahrhunderten die

Gründe und Ursachen der Unzahl von Erscheinungen darlegen, welche wir jetzt nur empirisch zusammenzufassen vermögen.

Die schwachen Anfänge einer solchen Theorie sind aber nicht nur über das ganze Gebiet der Wissenschaft zerstreut, sie sind auch noch in die mannichfaltigsten', heterogensten Formen eingekleidet. Der augenblickliche Zustand der Chemie gleicht einem Schlachtfelde nach dem entscheidenden Tage. Die ins Gefecht geführten Schaaren sind gelichtet, zum Theil zersprengt und wieder buntscheckig vereinigt; genommene oder verlassene, so wie viele behauptete Positionen sind noch bedeckt mit den Trümmern unbrauchbar gewordener Waffen und Geräthe. Es wird einiger Zeit der Ruhe bedürfen, ehe das brauchbare vom zerstörten gesondert und das überlebende gleichförmig gekleidet und geordnet sein wird. Mancher Feldherr wird vielleicht nur, ungern die jetzt überflüssig gewordenen Schanzen und Brustwehren abtragen sehen, die ihm zu siegreichen Erfolgen verhalfen. Die Chemie wird noch längere Zeit, auch wo keine Meinungsverschiedenheit mehr besteht, das Gepräge der verschiedenen früher einander schroff entgegengesetzten Ansichten tragen, und erst künftigen Generationen wird es vorbehalten sein, dort gleichförmige Ackerfurchen zu ziehen, wo vor wenigen Jahren noch die Geister im erbitterten Kampfe auf einander platzten.

Ist zwar der Kampf ganz innerhalb der Grenzen des chemischen Heerlagers ausgefochten worden, so ist doch zu den übrigen Naturforschern soviel Kunde von demselben gelangt, dass ein lebhaftes Interesse für die Resultate desselben geweckt worden. Vielleicht ist dieses Interesse um so grösser, je schwieriger es für den nicht chemischen Naturforscher ist, eine lohnende Uebersicht des Gegenstandes zu gewinnen. Wir Chemiker hören daher vielfach von den Vertretern der verschiedensten naturwissenschaftlichen Disciplinen den Wunsch nach einer etwas näheren Einsicht in die modernen chemischen Theorien zugleich mit der Klage aussprechen, dass eine solche gegenwärtig ein nicht zu bewältigendes Specialstudium voraussetze.

Dieser vielfach gehörte Wunsch ist mir die wesentlichste Veranlassung gewesen, dass ich den Versuch wage, die anscheinend best begründeten Theile der gegenwärtig geltenden chemischen Hypothesen und Theorien, ihres specifisch chemischen Gewandes möglichst entkleidet, darzustellen und dadurch dieselben auch einem weiteren Kreise leichter zugänglich zu machen.

Vielleicht ist eine solche Zusammenstellung der verschiedenen, im Laufe der Zeiten zur Geltung gekommenen Ansichten und Betrachtungen auch den Chemikern nicht ganz unwillkommen. Manchem unter ihnen werden vielleicht diese Theorien im organischen Zusammenhange mehr Interesse bieten, als er den zerstreuten und isolirten zu schenken sich berechtigt hielt.

Ich habe mich bemüht, im folgenden sine ira et studio diejenigen älteren und neueren theoretischen Resultate der Chemie übersichtlich zusammenzustellen, welche schon jetzt zu einer gewissen Abrundung und inneren Uebereinstimmung gelangt zu sein scheinen und darum geeignet sein dürften, eine besondere Einsicht in die Bedingungen des Gleichgewichts der kleinsten Theile der Elemente sowohl als auch der Verbindungen zu gewähren. Ich hoffe, dass es mir gelungen sein möchte, diese Darstellung möglichst frei zu halten von vorgefassten Meinungen, die nur zu oft das Urtheil über die Zulässigkeit einer Folgerung getrübt haben und noch trüben.

Neues wird der Chemiker in der Sache kaum finden, und auch in der Darstellung höchstens eine etwas grössere Bestimmtheit, als bisher üblich und vielleicht räthlich war. Enthalten diese Mittheilungen dennoch etwas für die Wissenschaft verwendbares, so ist dieses nicht mehr mein Verdienst, als das mancher meiner Freunde und Fachgenossen, mit denen ich den Gegenstand vielfach besprochen habe.

Erstes Buch.

Die Atome.

I. Die atomistische Hypothese.

§ 1.

Die Grundlage aller gegenwärtig geltenden chemischen Theorien ist die atomistische Hypothese. Dieselbe nimmt an, dass alle materiellen Körper, auch die, welche den Raum, welchen sie einnehmen, gleichförmig und zusammenhängend auszufüllen scheinen, aus Aggregaten von sehr vielen einzelnen ausserordentlich kleinen, räumlich von einander geschiedenen Massentheilchen, sogenannten Atomen bestehen, deren die Hypothese so viele verschiedene Arten annimmt, als es verschiedene bis jetzt unzerlegte Stoffe giebt. Die Atome jeder Art werden als unter sich vollkommen gleich angenommen.

Diese mit den Auffassungen alter griechischer Philosophen verwandte Hypothese verdankt ihre jetzige Gestalt in erster Linie chemischen Entdeckungen; aber sie ist durchaus in Uebereinstimmung mit den Ergebnissen auch der physikalischen Forschung, und zwar so sehr, dass jede Theorie, welche dem gegenwärtigen Stande der spekulativen Naturwissenschaft genügen will, von der Hypothese ausgehen muss, dass die Materie aus discreten Massentheilen bestehe. Diese Vorstellnng hat auf den ersten Blick nichts einleuchtendes und widersteht dem Gefühle des Laien; sie ist zudem für die Entwickelung mathematisch-physikalischer Theorien oft sehr unbequem, weil sie der Rechnung Schwierigkeiten bereitet; aber sie ist unentbehrlich, weil nur aus der Annahme discreter Massentheilchen sich die beobachteten Erscheinungen als nothwendige Consequenzen ableiten lassen. Dieser Satz dürfte unter den Physikern wie Chemiker allgemein anerkannt sein. Viele der Gründe, welche uns zu seiner Anerkennung zwingen, sind von Fechner ausführlich dargelegt worden*). Es würde nicht schwer sein, durch weiteres Eingehen auf Specialitäten die Zahl derselben nicht unerheblich zu vermehren. Hier mag es genügen, daran zu erinnern, dass in der Chemie sofort jede Möglichkeit einer Theorie, ja aller concreten Vorstellung aufhören würde, wollte man die Atomistik fallen lassen. Gleichwohl sind nicht selten Versuche gemacht worden, die atomistische Hypothese zu verdrängen. Aber alles, was man an ihre Stelle zu setzen versucht hat, ist über die Bedeutung umschreibender Redensarten nicht hinausgekommen. Eine andere entwickelungsfähige Hypothese, deren Consequenzen auch nur entfernt den Thatsachen sich so genau anpassten, wie die der atomistischen Hypothese ist bis jetzt nicht aufgefunden worden.

Wir gehen demnach hier von der Vorstellung aus, die Materie bestehe aus discreten Theilchen, aus Atomen, deren wir so viele verschiedene Arten annehmen, als es heterogene einfache Stoffe, sogenannte chemische Elemente giebt. Ob diese traditionell „Atome" genannten Theilchen wirkliche ἄτομοι, wirklich absolut untheilbar sind, ist uns ganz gleichgültig und nicht einmal wahrscheinlich. Constatiren aber müssen wir, und das genügt uns, dass wir sie vor der Hand nicht weiter zu theilen vermögen. Mag man in Zukunft die Theilung bewerkstelligen lernen oder nicht, auf unseren hier zu besprechenden Gegenstand ist dies ohne Einfluss.

§ 2.

Die Aufstellung und Annahme der chemischen Atomenlehre ist bekanntlich eine Folge der Beobachtung, dass die Vereinigung chemisch verschiedener Grundstoffe zu neuen Körpern stets in bestimmten Gewichtsverhältnissen, nach sogenannten „Mischungsgewichten" oder „stöchiometrischen Quantitäten" geschieht, so dass, wenn M, M_1, M_2, etc. die unter allen Verhältnissen unwandelbaren Mischungsgewichte verschiedener Grundstoffe bezeichnen, die Zusammensetzung jeder chemischen Verbindung sich durch einen Ausdruck der Form

$$n \ M + n_1 \ M_1 + n_2 \ M_2 +$$

darstellen lässt, in welchem die Coefficienten n, n_1, n_2, ganze Zahlen bedeuten, die in verschiedenen Fällen verschiedene Werthe haben können.

---

*) Ueber die physikalische und philosophische Atomenlehre von G. Th. Fechner, Leipzig 1855. 2. Aufl. 1864.

§ 2. I. Die atomistische Hypothese. 17

Das Quecksilber z. B. verbindet sich mit dem Sauerstoffe in zwei verschiedenen Verhältnissen: das Oxyd enthält auf einen Gewichtstheil Sauerstoff 12,51 Gew.-Th. Quecksilber, das Oxydul aber die doppelte Menge, nämlich 25,02 Gew.-Th. Man hat daher:

für das Oxyd: *1 M + 1 M$_1$*,
für das Oxydul: *1 M + 2 M$_1$*,

wo das Mischungsgewicht M des Sauerstoffs sich zu dem des Quecksilbers M_1 verhält wie

$$M : M_1 = 1 : 12{,}51.$$

Die absoluten Zahlenwerthe, welche wir den Mischungsgewichten beilegen, sind abhängig von der gewählten Gewichts-Einheit. Nehmen wir als solche das Mischungsgewicht des Sauerstoffes an, setzen wir also $M = 1$, so wird $M_1 = 12{,}51$.

Mit dieser Quantität sind im Zinnober 2,004 Theile Schwefel verbunden, während das niedere Sulfür nur halb so viel Schwefel oder auf dieselbe Menge Schwefel doppelt so viel Quecksilber enthält. Wir haben demnach:

für das Sulfid (Zinnober): *1 M$_1$ + 1 M$_2$*
und für das Sulfür: *2 M$_1$ + 1 M$_2$*,

wo $M_1 = 12{,}51$ und $M_2 = 2{,}004$ ist.

Das so gefundene Mischungsgewicht M_2 des Schwefels gilt nun auch für dessen sonstige Verbindungen, z. B. auch für die mit dem Sauerstoff, so dass wir haben:

für das Schwefligsäureanhydrid: *2 M + 1 M$_2$*
und für das Schwefelsäureanhydrid: *3 M + 1 M$_2$*,

wo wieder $M = 1$ und $M_2 = 2{,}004$ ist.

Wir kennen auch Verbindungen, welche zugleich Quecksilber, Schwefel und Sauerstoff enthalten. Die Zusammensetzung einiger derselben wird dargestellt:

die des Oxydulsulfates durch: *4 M + 2 M$_1$ + 1 M$_2$*,
die des Oxydsulfates durch: *4 M + 1 M$_1$ + 1 M$_2$*,
die des Mineralturbithes durch: *6 M + 3 M$_1$ + 1 M$_2$*
u. dgl. m.

Das Mischungsgewicht, mit welchem ein Element in die Verbindung mit irgend einem anderen eintritt, gilt auch für seine Verbindungen mit allen anderen Elementen; es ist eine nur von der Natur des betreffenden Elementes abhängige Constante.

Diese Thatsache erklärt Dalton's atomistische Lehre*) durch die Annahme chemischer Atome, welche, indem sie in verschiedener Zahl und Art zu Gruppen sich zusammenlagern, die kleinsten Theile derjenigen Stoffe bilden, welche wir als chemische Verbindungen bezeichnen. Die Massen dieser Atome sind die Grössen M, M_1, M_2 etc., während die Coefficienten n, n_1, n_2 u. s. w. die Anzahl der zusammentretenden Atome bezeichnen. Die dadurch entstehenden Atomgruppen, deren Zusammensetzung und innere Anordnung als charakteristisch für die einzelnen Verbindungen angesehen wird, bezeichnet man jetzt gewöhnlich mit dem Namen der Molekeln oder Moleküle**).

Durch die Einführung dieser atomistischen Hypothese hat die chemische Statik und Mechanik, unmittelbar nachdem Berthollet diese Disciplin zu gründen unternahm, die wesentlichste Aenderung erfahren; sie ist zur Lehre vom Gleichgewichte und der Bewegung der Atome und Molekeln umgewandelt worden.

§ 3.

Für diese aber ist es vor allem nothwendig und wesentlich, diejenigen Grössen, um deren Gleichgewicht und Bewegung es sich handelt, die Atome und Molekeln selbst zu kennen. Es ist also die Bestimmung der Masse, des Gewichtes der Atome eine der ersten Aufgaben der atomistischen Chemie geworden.

Da sich aber die absolute Grösse der Atome lange Zeit der Bestimmung entzog, und sich auch jetzt noch nicht mit hinreichender Genauigkeit bestimmen lässt, so hat man sich, wie bekannt, mit der Kenntniss ihrer relativen Grösse begnügen müssen und auch begnügen können. Man drückt die Gewichte aller verschiedenen Atome aus durch das eines beliebig gewählten, und zwar in neuerer Zeit gewöhnlich durch das schon von Dalton zur Einheit genommene Gewicht eines Wasserstoffatomes, das man, als das kleinste von allen, der Einheit gleich setzt, während früher nach dem Vorgange von Wollaston und Berzelius die Atomgewichte auf das des Sauerstoffes bezogen wurden, das man $= 1$, $= 10$ oder $= 100$ setzte.

---

*) Ueber den Ursprung und die Entwickelung dieser Lehre vergleiche H. Kopp, Geschichte der Chemie, besonders Bd. II, S. 385 ff. u. a. a. O.

**) Von „molecula", eine kleine Masse, ein Massentheilchen. Die deutsche Form des Wortes ist „Molekel", wie „Partikel" von „particula" etc. Es ist nicht abzusehen, warum wir dafür, wie es manchmal geschieht, das fehlerhaft französisirte „das Molekül" oder gar „Molécule" brauchen sollten.

Für die durch eine solche conventionelle Einheit ausgedrückten Gewichte der Atome hat Berzelius die Anfangsbuchstaben der Namen der verschiedenen Elemente als ausserordentlich bequeme Symbole in die Wissenschaft eingeführt[*]).

Aber auch diese Bestimmung der relativen Atomgrösse ist nicht so unmittelbar ausführbar. Sie gründet sich in erster Linie auf die empirische Erforschung der Mischungs- oder Verbindungsgewichte, der Gewichtsverhältnisse, nach welchen sich die verschiedenen Stoffe vereinigen. Da uns aber unsere Analysen und Synthesen nur die relativen Mengen der Bestandtheile einer Verbindung, nicht aber zugleich die Anzahl von Atomen (die Grössen n, n_1, n_2 etc. in obigem Ausdrucke), welche mit einander verbunden sind, angeben, so bleibt es a priori zweifelhaft, ob das gefundene Mischungsgewicht einem oder mehren Atomen entspricht und proportional ist.

Die analytisch gefundenen stöchiometrischen Quantitäten Q, Q_1, Q_2 etc. der Bestandtheile einer Verbindung lassen verschiedene Deutungen zu. Sie müssen zu einander und zu den Atomgewichten der Elemente in einem bestimmten Verhältnisse stehen. Enthält z. B. eine Verbindung auf die Quantität Q des einen Elementes Q_1 des andern, so muss die Beziehung stattfinden

$$Q : Q_1 = nA : n_1 A_1,$$

wo A und A_1 die Atomgewichte der beiden Elemente und n, n_1 ganze Zahlen bezeichnen. Da aber sowohl die Atomgewichte A und A_1, als auch die Coefficienten n und n_1 unbekannt sind, so ist ersichtlich, dass aus der Kenntniss der stöchiometrischen Quantitäten allein die Atomgewichte nicht bestimmt werden können.

Demgemäss sind auch den Atomgewichten vieler, um nicht zu sagen fast aller Grundstoffe zu verschiedenen Zeiten und von verschiedenen Forschern sehr verschiedene Werthe beigelegt worden. Ja, man hat sogar die sichere Bestimmung der relativen Atomgewichte öfter für eine unlösbare Aufgabe erklärt und demgemäss, statt der mehr oder weniger hypothetisch bleibenden Atomgewichte, den angeblich rein empirischen Begriff der sogenannten Aequivalentgewichte in die Wissenschaft einzuführen gesucht. Aber auch hier traf man auf Schwierigkeiten und ist in neuerer Zeit wieder auf die Atomgewichte im ursprünglichen Sinne zurückgekommen.

---

[*]) Lärbok i Kemien af Dr. J. J. Berzelius. Tredje delen. Stockholm 1818, p. 94.

§ 4.

Das Atomgewicht steht zwar in naher Beziehung zu fast allen Eigenschaften der betreffenden Substanz, und man hat seit der Aufstellung der atomistischen Theorie vielfach versucht, aus diesen Beziehungen die relative Masse der Atome abzuleiten, aber erst in neuester Zeit scheint dieses mit Sicherheit möglich geworden zu sein. Die höchst wichtigen Hülfsmittel, durch welche diese Sicherheit erreicht worden, sind in erster Linie die Bestimmung der Dichte im Gaszustande und, in Verbindung mit dieser, die der Wärmecapacität im starren Zustande, zweier Grössen, deren Beziehungen zu den chemischen Einheiten schon seit den beiden ersten Decennien dieses Jahrhunderts durch Gay-Lussac (1808) und durch Dulong und Petit (1819) in die Wissenschaft eingeführt, deren Tragweite und Anwendbarkeit aber lange Zeit hindurch unterschätzt und verkannt worden sind, weil man die aus beiden gezogenen Folgerungen nicht mit einander in Einklang zu bringen verstand. Bis zum Jahre 1858 etwa glaubte man allgemein, dass für eine Reihe von Elementen die Dichte im Gaszustande zu einem anderen Atomgewichte führe, als die specifische Wärme. Damals aber zeigte Cannizzaro*), dass dieser scheinbare Widerspruch lediglich aus einer unrichtigen Interpretation der längst bekannten Thatsachen entspringe, welche schon Avogadro richtig gedeutet hatte. Erst von da an begannen jene beiden wichtigen Hülfsmittel vollkommen richtig gewürdigt zu werden. Ein drittes, sehr werthvolles, aber nicht ganz so zuverlässiges Mittel bietet der von Mitscherlich (ebenfalls 1819) entdeckte Isomorphismus, den man daher häufig zu Rathe zu ziehen sucht, wo die beiden anderen Hülfsmittel versagen. Dagegen hat sich das an sich so werthvolle Faraday'sche Gesetz der Elektrolyse, das manche Chemiker für ein Hülfsmittel zur Bestimmung der Atomgewichte hielten, als solches nicht bewährt. Die elektrolytischen Aequivalente sind nicht identisch mit den Atomgewichten.

---

*) Sunto di un corso di filosofia chimica, Pisa 1858; s. a. Kopp und Will, Jahresbericht für 1858, S. 11 ff.

II. Die Bestimmung der Atomgewichte aus der Dichte der Gase.

§ 5.

Nach Gay-Lussac's Entdeckung*) sind die Dichtigkeiten verschiedener Gase, chemisch einfacher sowohl als auch zusammengesetzter, wenn dieselben bei gleichem Drucke und gleicher Temperatur gemessen werden, proportional ihren empirisch gefundenen Verbindungsgewichten oder einfachen rationalen Vielfachen derselben. Wenn zwei Gase chemisch auf einander einwirken, so sind die sich verbindenden oder wechselseitig zersetzenden Volumina (Gleichheit des Druckes und der Temperatur vorausgesetzt**) entweder gleich, oder sie stehen in einem einfachen rationalen Verhältnisse zu einander; und ebenso zeigt das Produkt der Verbindung oder Zersetzung, wenn es gasförmig erhalten werden kann, stets ein einfaches rationales Verhältniss seines Gasvolumens zu den Räumen, welche die Stoffe, aus denen es entstand, vor der Zersetzung oder Verbindung im Gaszustande erfüllten.

Nach der Dalton'schen Atomtheorie und den Erfahrungen, auf welche sich dieselbe gründet, ist aber jede chemische Verbindung oder Zersetzung eine Wechselwirkung zwischen einer endlichen, meist geringen Anzahl von Atomen.

Demgemäss folgt aus der Gay-Lussac'schen Entdeckung, dass die Anzahl der Atome, welche in einem bestimmten Volum irgend einer gasförmigen Substanz enthalten sind, in einfachem rationalem Verhältnisse stehe zu der Anzahl von Atomen, welche bei demselben Drucke und derselben Temperatur ein gleicher Raumtheil jedes beliebigen anderen Gases enthält. Es bleibt aber der absolute Zahlenwerth dieses Verhältnisses zunächst vollständig unbestimmt. Nothwendige Consequenz der Atomenlehre und der Gay-Lussac'schen Entdeckung ist nur der Satz, dass, wenn irgend ein Gas x Atome in einem Raumtheile enthält, ein zweites im gleichen Raume $\frac{n}{m}x$

---

*) Mém. d'Arcueil. T. II.
**) Wie im folgenden immer geschehen soll, auch wo es nicht ausdrücklich bemerkt wird.

enthalten muss, wo n und m ganze, meist nicht sehr grosse Zahlen bedeuten. Ueber den absoluten Werth dieser Zahlen lässt sich nur durch neue in die Theorie eingeführte Hypothesen eine Bestimmung treffen.

§ 6.

Als „nächstliegende und, wie es scheine, einzig zulässige Hypothese", welche man über diesen Punkt sich bilden könne, stellte schon 1811 Amadeo Avogadro[*]) eine Ansicht auf, zu welcher sich gegenwärtig wohl die Mehrzahl der Chemiker bekennen dürfte. Avogadro nahm an, dass die Anzahl der Theilchen, in welche sich eine Substanz beim Uebergange in den Gaszustand auflöse, in gleichen Raumtheilen aller Gase ohne Ausnahme gleich gross sei, Gleichheit des Druckes und der Temperatur vorausgesetzt, dass also die Massen der Theilchen den unter gleichen äusseren Bedingungen beobachteten Dichtigkeiten der Gase proportional seien. Avogadro nannte diese kleinsten Theile molécules intégrantes oder constituantes und definirte sie als diejenigen Massentheilchen, welche so weit von einander entfernt seien, dass sie keine wechselseitige Anziehung mehr auf einander ausübten, vielmehr nur der repulsiven Wirkung der Wärme folgten. Avogadro sprach die Ansicht aus, dass nur die Annahme einer gleichen Anzahl solcher Theilchen oder Molekeln in gleichen Räumen verschiedener Gase geeignet erscheine, das gleichartige Verhalten aller gasförmigen Substanzen gegen Druck, Temperatur u. s. w. genügend zu erklären[**]).

Es ist lange Zeit so gut wie unberücksichtigt geblieben, dass Avogadro diese Hypothese ausdrücklich auf alle Gase ohne Ausnahme angewendet wissen wollte. Bis in die neuere Zeit pflegte man sie nur auf die sogenannten Elementarstoffe einerseits, jedoch auch da durchaus nicht consequent, und andererseits auf die Verbindungen derselben anzuwenden, nicht aber mit Avogadro

---

[*]) Essai d'une manière de déterminer les masses relatives des molécules élémentaires des corps, et les proportions selon lesquelles elles entrent dans les combinaisons; par A. Avogadro. Journ. de phys. etc. par Delamétherie, T. 73, juillet 1811, p. 58—76. Zweite Abhandlung ibid. févr. 1814.

[**]) Da Avogadro der damals herrschenden Ansicht von der stofflichen Natur der Wärme folgt, so spricht er seine Hypothese dahin aus, dass der Abstand der Molekeln oder, was dasselbe ist, der Durchmesser ihrer Wärmeatmosphären unter gleichen äusseren Umständen für alle Gase gleich sei (a. a. O. p. 58, 59).

anzunehmen, dass zwischen einfachen und zusammengesetzten Stoffen in dieser Hinsicht kein Unterschied bestehe. Und doch hatte schon Avogadro die einzige dieser Annahme scheinbar entgegenstehende Schwierigkeit auf eine ebenso einfache als glückliche Art beseitigt.

§ 7.

Diese Schwierigkeit rührte nur daher, dass man von vornherein geneigt sein konnte, die in Rede stehenden Gastheilchen, die Molekeln der elementaren Gase, mit deren chemischen Atomen zu identificiren, wozu kein zwingender Grund vorhanden ist. Avogadro beseitigte diese Schwierigkeit einfach dadurch, dass er die Nichtidentität geradezu aussprach und vielmehr annahm, **die Molekel auch der einfachen Gase sei eine durch chemische Wirkung theilbare Masse, deren Grenze der Theilbarkeit durch Beobachtung ermittelt werden könne. Er betrachtete die Molekeln als Gruppen von mehren einzelnen Atomen (molécules élémentaires), die durch wechselseitige Anziehung zu einer Verbindung vereinigt seien.**

In der That hat diese Ansicht durchaus nichts widersinniges, da die Annahme einer wechselseitigen Anziehung, einer Cohäsion oder Molekularattraction auch zwischen gleichartigen Massentheilen in der Chemie wie in der Physik nicht zu vermeiden ist, mag man über das Wesen und die Ursache derselben auch noch so verschiedene Ansichten haben.

Avogadro führte seine Ansicht an allen damals bekannten Beispielen von Verbindungen und Zersetzungen gasförmiger Substanzen ausführlich durch. Er wies darauf hin, dass unter den bekannteren gasförmigen Verbindungen keine gefunden werde, bei deren Entstehung nicht das Volumen desjenigen Elementarbestandtheiles, der sich mit einem gleichen oder mehrfachen Volumen des anderen verbinde, verdoppelt werde*). Es sei auch wohl der Fall möglich, dass die Verbindung das vierfache Volumen des einen Bestandtheiles einnehme. Für den ersteren Fall zieht er aus seiner Hypothese die nothwendige Folgerung, dass die Molekel jenes Bestandtheiles sich in zwei Theile gespalten haben müsse; jede Molekel der Verbindung enthalte also nur je die Hälfte einer Molekel jenes Elementarstoffes. Für den andern Fall würde sich eine Theilung der Molekel in Viertel ergeben.

---

*) Später sind auch einige Fälle von Verbindungen ohne diese Verdoppelung des Volumens bekannt geworden.

§ 8.

Auf S. 70 und 71 seiner Abhandlung z. B. bespricht er die Entstehung der Salzsäure aus Chlor*) und Wasserstoff. Ein Raumtheil Chlor verbindet sich mit einem Raumtheile Wasserstoff zu zwei Raumtheilen Salzsäuregas. Sollen nun alle drei Gase in gleichen Räumen eine gleiche Anzahl von Theilchen oder Molekeln enthalten, so sind nach der Verbindung zweimal so viele Theilchen Salzsäure vorhanden, als vorher Theilchen Wasserstoff oder Chlor vorhanden waren, folglich kann jede Molekel der Verbindung nur je eine halbe Molekel jedes Bestandtheiles enthalten.

Ebenso zeigt er S. 61 (Note), dass die Molekel des Wassers aus einer halben Molekel Sauerstoff und einer ganzen oder zwei halben Molekeln Wasserstoff entstehe; und in derselben Weise bespricht er die Zusammensetzung aller übrigen damals bekannten Gase.

Avogadro sagt dabei nicht ausdrücklich, in welchem Verhältnisse die Theilchen, welche er Molekeln nennt, zu den von ihm gar nicht erwähnten Atomgewichten stehen. Aber es ergiebt sich aus seinen Betrachtungen ganz unzweifelhaft, dass er beide nicht für identisch hielt, vielmehr klar erkannte, dass die Verbindungsgewichte oder Atome in der Regel nur Bruchtheile der Molekeln sein könnten. Dies ist lange Zeit so vollständig übersehen worden, dass sogar Berzelius**) Avogadro's von Dumas vertheidigte Auffassung für „absurd" erklärte, weil sie eine Theilung der untheilbaren Atome annähme.

§ 9.

Im Jahre 1814 veröffentlichte auch Ampère eine Abhandlung***), in welcher er ähnliche Gesichtspunkte aufstellte, wie

---

*) das er mit H. Davy für ein Element hält, entgegen der damaligen Ansicht vieler seiner Zeitgenossen.
**) Jahresbericht Nr. 7 für 1826, S. 80.
***) Lettre de M. Ampère à M. le comte Berthollet, sur la détermination des proportions dans lesquelles les corps se combinent d'après le nombre et la disposition respective des molécules dont leurs particules intégrantes sont composées. Annal. de chim. T. 90, p. 43. Ampère's Ansichten sind weniger einfach als die Avogadro's, weil seine „Partikeln" zugleich identisch sein sollten mit den die Krystallform der Körper bestimmenden Elementartheilchen, die Haüy „molécules intégrantes" genannt hatte. Eine solche Ausdehnung der Hypothese hielt Avogadro für unberechtigt. S. dessen Fisica de' corpi ponderabili, 1838, T. II, p. 854.

Avogadro gethan, und namentlich versuchte, über die Zahl und die Gruppirung der die Molekeln*) verschiedener Stoffe bildenden elementaren Atome**) bestimmte Vorstellungen zu gewinnen. Andeutungsweise hatte etwas früher auch H. Davy***) sich der Ansicht geneigt erklärt, dass die Atome zunächst zu regelmässig gestalteten Gruppen zusammenträten, und aus diesen Gruppen als elementaren Theilchen die Körper zusammengesetzt seien.

§ 10.

Alle diese Ansichten und Betrachtungen erregten allerdings sofort die Aufmerksamkeit der Chemiker, aber es gelang ihren Verfechtern nicht, denselben volle Anerkennung und allgemeine Annahme zu verschaffen. Es erging diesen Hypothesen und Theorien wie vielen anderen, ebenso berechtigten. „Der erste Versuch zu generalisiren glückt selten; die Spekulation greift der Erfahrung vor, indem diese nicht so rasch zu folgen vermag."†)

Einerseits war die Aufnahme der Avogadro'schen Hypothese und der aus derselben entwickelten Theorie zu jener Zeit noch kein dringendes Bedürfniss der Wissenschaft, und andererseits reichte das damals bekannte Material nicht aus, um eine einigermaassen weitgreifende Anwendung derselben zu gestatten. Es versuchte daher schon Avogadro, die an gasförmigen Stoffen gewonnenen Resultate auf solche zu übertragen, über deren Dichtigkeit im Gaszustande keinerlei Beobachtungen vorlagen. Dadurch aber wurde eine Quelle grosser Unsicherheit in die neue Theorie eingeführt, die deren Werth in den Augen der Chemiker, wie es scheint, mehr herabsetzte, als vielleicht ohne die versuchten Erweiterungen geschehen wäre.

Erst die reiche Entwickelung der organischen Chemie und namentlich die Kenntniss der Gas- oder Dampfdichte auch solcher Substanzen, welche nur bei höherer Temperatur in den gasförmigen Aggregatzustand übergehen, machte fast ein halbes Jahrhundert nach Aufstellung der Hypothese Avogadro's das Bedürfniss fühlbar nach einer consequenten und allgemeinen Durchführung dieser Hypothese und der auf dieselbe gegründeten Theorie. Es ist be-

---

*) bei Ampère „particules".
**) „molécules."
***) Elements of chemical philosophy, Div. I Ch. VI. Ausg. v. 1812, p. 124; Collect. Works 1840, vol. IV, p. 90.
†) Berzelius, Jahresber. Nr. 11 f. 1830, S. 213.

sonders das Verdienst von Dumas, Gerhardt und Laurent, für diese Durchführung mit Erfolg gekämpft zu haben. Die Gründe aber, durch welche diese und die meisten anderen für die Avogadro'sche Hypothese eintretenden Forscher vor allem geleitet wurden, waren wesentlich verschieden von denen Avogadro's; sie waren durchweg hergenommen aus dem Verhalten der verschiedensten Substanzen bei chemischen Zersetzungen und Verbindungen. Zwar wurden vereinzelt auch aus den physikalischen Eigenschaften der Stoffe Gründe für Avogadro's Ansicht hergeleitet, so z. B. von H. Schröder*) aus den Siedpunkten der organischen Verbindungen. Aber, wie berechtigt sie an sich auch sein mochten, bei den Chemikern hatten sie damals noch keinen durchschlagenden Erfolg. Die Avogadro'sche Hypothese fand darum Aufnahme, weil nur die durch sie bestimmte Molekulargrösse geeignet erschien, einer theoretischen Betrachtung der verschiedensten chemischen Umsetzungen als Grundlage zu dienen, und besonders weil diese Hypothese zwischen den sogenannten Elementen und deren Verbindungen, indem sie jene als Verbindungen unter sich gleichartiger, diese als Verbindungen ungleichartiger Atome betrachtete, eine Analogie herstellte, welche später auch in vielen anderen Dingen hervortrat.

Es ist aber gewiss ein gewichtiges Zeichen für die Nothwendigkeit der Annahme dieser Hypothese, dass, während der Streit über dieselbe die Chemiker auf das lebhafteste bewegte, gleichzeitig und unabhängig, ja damals ganz unbekannt mit jenem Streite**), Clausius***) aus rein physikalischen, der mechanischen Wärmetheorie entnommenen Gründen dieselbe Hypothese als nothwendig erkannte.

§ 11.

Aus dem Umstande, dass erst das eingehende Studium zahlreicher chemischer Umsetzungen zur allgemeinen Annahme der durch die Regel Avogadro's bestimmten Molekulargrössen führte, hat man irrthümlich folgern wollen, dass die chemische Umsetzung an und für sich, auch ohne die Kenntniss der Raumerfüllung im Gaszustande, zur Bestimmung der Masse und der Zusammensetzung

---

*) Die Siedhitze der chemischen Verbindungen, 1844, S. 27, 67, 138; Pogg. Ann. 1845, Bd. 64, S. 399.
**) s. Pogg. Ann. 1858, Bd. 103, S. 645.
***) Pogg. Ann. 1857, Bd. 100, S. 369.

der Molekel jedes Stoffes genüge. Man hat demnach die Molekel auch wohl definirt als „die kleinste Menge Substanz, welche bei chemischen Metamorphosen in Wirkung tritt". Diese und ähnliche Definitionen sind indessen entweder unbestimmt oder unrichtig. Soll unter einer solchen „kleinsten Menge" diejenige verstanden werden, welche in irgend einem chemischen Vorgange wirksam werden kann, so giebt die Definition das Molekulargewicht sehr oft viel kleiner, als es nach der Avogadro'schen Regel von allen Chemikern angenommen wird. Ohne Zuhülfenahme dieser Regel würde z. B. die Synthese des Chlorwasserstoffes, Chlorkaliums, Chlorsilbers etc. aus den Elementen als jene kleinste Menge Chlor ein einfaches Atom ergeben, während allgemein deren zwei in der Molekel angenommen werden. Wenn wir erstere Synthese darstellen durch die Gleichung:

$$H_2 + Cl_2 = HCl + HCl,$$

so ist lediglich die im § 8 angegebene Schlussfolgerung Avogadro's maassgebend, ohne welche obige Definition zu dem Ausdrucke:

$$H + Cl = HCl$$

führen würde. Soll dagegen in der Definition jene kleinste Menge gemeint sein, welche oft oder meistens in chemische Wechselwirkung tritt, so wird die Bestimmung schwankend und willkürlich und führt mindestens sehr häufig ebenfalls zu anderen als den allgemein anerkannten Ergebnissen der Hypothese Avogadro's. Um nur ein einziges Beispiel anzuführen, so giebt es für die Salpetersäure viel mehr Fälle, in welchen nachweislich mindestens die doppelte oder dreifache, als solche, in welchen nur die einfache jetzt allgemein als Molekel betrachtete und durch die Formel HNO_3 dargestellte Quantität in chemische Wechselwirkung tritt. Wenn die gleichzeitige Bildung von Chlorid und Hypochlorit, also zweier verschiedener Chlorverbindungen, aus Chlor und Alkali als Beweis dafür angeführt wird, dass jedes Theilchen Chlor mindestens aus zwei Atomen bestehen müsse, so könnte die gleichzeitige Bildung von Nitrat und Stickoxyd oder Stickoxydul etc. aus Metall und Salpetersäure zu der Folgerung verwendet werden, dass die Salpetersäure in jeder Molekel mehr als ein Atom Stickstoff enthalten müsse. Beide Fälle beweisen eben gar nichts; denn die in Wirkung tretende Menge kann eben so gut aus einem wie aus mehren Theilchen bestehend gedacht werden.

Wenn gleichwohl namhafte Chemiker glaubten anderer Ansicht sein zu dürfen, so rührte das wesentlich daher, dass sich ihrer Erinnerung besonders lebhaft die Ueberlegungen eingeprägt hatten, durch welche sie selbst in der Entwickelung ihrer Ansichten zur Anerkennung der Avogadro'schen Hypothese geführt wurden, und dass sie daher die Gründe für die Annahme der nach dieser Hypothese bestimmten Molekulargewichte verwechselten mit den Betrachtungen und Schlüssen, durch welche die Bestimmung derselben geschieht.

Das Studium der chemischen Umsetzungen ist für die Ermittelung der Molekulargewichte ohne die Hülfe der Hypothese Avogadro's ein mindestens sehr trügerisches und durchaus unzureichendes Mittel, wie schon daraus erhellt, dass zur Darstellung der chemischen Vorgänge lange Jahre hindurch ganz andere als die Avogadro'schen Molekulargewichte allgemein als genügend angesehen wurden; aber es liefert unschätzbare Beiträge zur Bestätigung der aus der Dichte im Gaszustande nach Avogadro's Regel berechneten Molekulargewichte, indem es zeigt, dass bei Annahme derselben die chemischen Umsetzungen meist auf eine höchst einfache Art aufgefasst und dargestellt werden können.

§ 12.

Eine auch nur einigermaassen erschöpfende Darstellung aller der aus zahlreichen chemischen Thatsachen hergeleiteten Gründe, welche für die Richtigkeit der Avogadro'schen Hypothese sprechen und auf deren Einführung in die chemischen Theorien wesentlichen Einfluss geübt haben, würde jedenfalls den uns gebotenen Raum weit überschreiten und kann jetzt um so eher entbehrt werden, als diese Hypothese in fast allen in neuerer Zeit so zahlreich erschienenen Lehrbüchern der Chemie der Darstellung zu Grunde gelegt oder doch eingehend berücksichtigt ist*). Es kann sich

---

*) Zu näherem Studium verweise ich besonders auf folgende Werke:
C. Gerhardt, Traité de Chimie organique, tom. IV (Paris, 1856). Das Gerhardt'sche auf Avogadro's Hypothese gegründete System bildet im wesentlichen noch heute die Grundlage der allgemein angenommenen Systematik der organischen Chemie; daher von bleibender historischer Bedeutung.

Aug. Laurent, Méthode de Chimie (Paris, 1854), eine schneidend kritische Schrift, welche dem Systeme Gerhardt's die Wege bahnte. Manches in derselben ist heute veraltet, anderes noch täglicher Beherzigung werth.

Aug. Kekulé, Lehrb. der organischen Chemie (Erlangen, 1859—67), das auf die neueste Entwickelung der theoretischen Chemie einen sehr grossen fördernden Einfluss geübt hat. Leider unvollendet geblieben.

§ 12.   aus der Dichte der Gase.

daher jeder Leser leicht ein Urtheil über die Vortheile bilden, welche dieselbe für die Darstellung chemischer Vorgänge bietet.

Die aus der Betrachtung chemischer Erscheinungen entnommenen Gründe erscheinen, jeder für sich betrachtet, meist nicht von grossem Gewicht. Keiner unter ihnen war für die Annahme der Hypothese entscheidend. Sie überzeugten allmählich durch ihre grosse Zahl und innere Uebereinstimmung. Demgemäss ist auch die Aufnahme der Avogadro'schen Hypothese über die Molekulargrösse nur allmählich erfolgt; dieselbe fand um so mehr Anklang, je mehr sich die Thatsachen häuften, welche sich aus derselben einfach und ungezwungen erklärten. Es ist eine Folge dieser allmählichen Entwickelung, dass die Chemiker die Avogadro'sche Annahme lange Zeit als eine rein willkürliche betrachtet haben, die man, an und für sich, ebenso gut verwerfen als annehmen könne. Nur durch die hinzutretenden Gründe, welche sich aus den verschiedensten chemischen Reactionen herleiten, haben sie sich für die Anerkennung der Hypothese gewinnen lassen. Es ist aber auch, ganz abgesehen von diesen Gründen, vom rein physikalischen Standpunkte aus, sehr schwierig, um nicht zu sagen unmöglich, die bekannten Thatsachen ohne die Avogadro'sche Hypothese unter einen einheitlichen Gesichtspunkt zu bringen. Diese Schwierigkeit bleibt dieselbe, welche Ansicht man auch über das Wesen des gasförmigen Aggregatzustandes haben möge.

Herm. Kopp, Lehrb. der physikalischen und theoretischen Chemie, 2. Auflage (Braunschweig, 1863).

Desselben Einleitung und Schluss zur 14. und 15. Auflage von F. Wöhler's Grundriss der anorganischen Chemie (Leipzig, 1868 u. 1873).

Ersteres Werk giebt die vollständigste, übersichtlichste, objectivste bis jetzt erschienene Darstellung der Theorien und Erfahrungen, zu welchen die Entwickelung der theoretischen Chemie geführt hat; das letztere eine gedrängte Uebersicht der wesentlichsten Gesichtspunkte.

Ad. Wurtz, Leçons sur quelques points de philosophie chimique. (Paris, 1864.) Eine Schrift sehr ähnlicher Tendenz wie diese „Mod. Theor.", mit deren erster Auflage sie fast gleichzeitig erschien, jedoch die chemischen Gesichtspunkte mehr in den Vordergrund stellend. Neuerdings unter Benutzung dieser „Mod. Theor." umgearbeitet unter dem Titel: La théorie atomique (Paris 1879); auch deutsch: „Die atomistische Theorie" (Leipzig 1879).

Aug. Wilh. Hofmann, Einleitung in die moderne Chemie. (Braunschweig, erste Aufl. 1866; seitdem zahlreiche neue Auflagen.) Eine durch sinnreich ausgewählte Versuche und Demonstrationen erläuterte Darstellung der für die Chemie wichtigsten Folgerungen aus der Hypothese Avogadro's.

§ 13.

Bereits Avogadro, der, wie der grösste Theil seiner Zeitgenossen, noch der Lehre von der Substanzialität der Wärme anhing und demnach die Ausdehnung der Gase aus der zwischen den Wärmehüllen der einzelnen Molekeln wirksamen Abstossung erklärte, zeigte diese Schwierigkeit, indem er a. a. O. p. 58 schrieb: „En effet si l'on supposait que le nombre des molécules dans un volume donné fût différent pour différens gas, il ne serait guère possible de concevoir que la loi qui présideroit à la distance des molécules, pût donner, en tout cas, des rapports aussi simples que les faits que nous venons de citer, nous obligent à admettre entre le volume et le nombre des molécules."

In der That, geht man von der Ansicht aus, ein Gas bilde ein System von Massentheilchen, durch deren gegenseitige Abstossung das Ausdehnungsbestreben hervorgebracht werde, so erscheinen die empirisch gefundenen Beziehungen zwischen Volumen, Druck und Temperatur, das Boyle'sche oder Mariotte'sche Gesetz und das Gay-Lussac'sche über die Aenderung von Druck oder Volumen mit der Temperatur, nur begreiflich, wenn man Avogadro's Ansicht annimmt, dass bei gleichem Drucke und gleicher Temperatur alle Gase eine gleiche Anzahl von Molekeln in gleichen Räumen enthalten. Dagegen bietet die auser dieser noch einzig mögliche Annahme, eine Gruppe von Gasen enthielte, bei Gleichheit des Druckes und der Temperatur, gerade so viele, eine andere genau doppelt so viele Molekeln, eine dritte genau die dreifache Anzahl etc. in gleichen Volumen, wie z. B. der Wasserstoff oder irgend ein anderes Gas enthalte, absolut keinen Anhaltspunkt zu erklären, warum grade bei diesen Zahlenverhältnissen das Ausdehnungsbestreben und dessen Aenderungen mit der Temperatur und der Aenderung des Volumens für alle diese Gase das gleiche sei.

Aber es ist nicht nöthig auf diese Verhältnisse näher einzugehen, da die Ansicht nicht haltbar ist, das Ausdehnungsbestreben der Gase werde durch eine zwischen den Molekeln thätige Repulsivkraft hervorgebracht. Es haben nämlich die Schlussfolgerungen der mechanischen Wärmetheorie ergeben[*]), und die zur Prüfung dieser Theorie und zur Bestimmung der in ihr vorkommenden Constanten angestellten Versuche haben bestätigt, dass bei den

---

*) Clausius, Pogg. Ann. Bd. 79, S. 392, Gesamm. Abhandl. I, S. 42 2. Aufl., S. 46.

§ 13.   aus der Dichte der Gase.

Volumänderungen der Gase nur eine kaum merkliche innere Arbeit gethan wird, und zwar eine um so geringere, je näher das Gas dem Zustande eines ideellen permanenten Gases kommt. Die geringe Arbeit aber, welche die Beobachtungen ergeben haben, besteht in der Ueberwindung eines Hindernisses für die Ausdehnung, also einer geringen **Anziehung**, nicht einer Abstossung der Molekeln unter einander*). **Es kann daher die freiwillige Ausdehnung der Gase nicht herrühren von einer wechselseitigen Abstossung der Molekeln.**

Vielmehr scheinen die bis jetzt bekannten Thatsachen über das Wesen des gasförmigen Aggregatzustandes nur die Ansicht zuzulassen, auf welche Clausius**), Maxwell***) und andere Forscher eine so umfassende Theorie gegründet haben. Dieselbe geht bekanntlich von der alten, aber seit Anfang dieses Jahrhunderts fast ganz in Vergessenheit gerathenen Hypothese†) aus, welche den Uebergang in den gasförmigen Zustand und das Wesen des letzteren bestehen lässt in einer Steigerung der in Form von Wärme den Körpern zugeführten inneren Bewegung bis zu solcher Heftigkeit, dass die einzelnen Molekeln über die Wirkungssphären ihrer Nachbarn hinaus sich bewegen, nun nicht mehr durch die Anziehungen der letzteren zurückgehalten werden und daher mit der einmal erlangten Geschwindigkeit geradlinig den Raum durcheilen, bis sie auf ein Hinderniss stossen, von dem sie abprallen oder festgehalten werden.

---

*) W. Thomson und J. P. Joule, Lond. Phil. Trans. f. 1853, vol. 143 p. 357, und f. 1854, vol. 144, p. 321.

**) In der Abhandl.: „Ueber die Art der Bewegung, welche wir Wärme nennen," Pogg. Ann. 1857, Bd. 100, S. 353, und in zahlreichen folgenden Abhandlungen in derselben Zeitschrift; s. a. Clausius, Ueb. d. Wesen der Wärme, Zürich 1857.

***) Phil. Mag. [4] vol. 19, 20 und 35.

†) Ueber die Geschichte dieser Hypothese s. Gehler's phys. Wörterbuch, Bd. IV, Abth. 2, S. 1049: P. du Bois-Reymond, Pogg. Ann. 1859, Bd. 107, S. 490; Clausius ibid. 1862, Bd. 115, S. 2; Th. Graham. ibid. 1863, Bd. 120, S. 416. O. E. Meyer, Kinetische Theorie der Gase, Breslau, 1877, S. 9. Auch Humphry Davy sprach in seinen Elem. of chem. philos. (gegen Ende des V. Cap. d. I. Div., Collect. Works 1840, vol. IV, p. 67. „It seems possible to account etc.") den jetzt von Clausius vertretenen sehr ähnliche Ansichten über die Formen der Wärmebewegung aus. Auch er unterschied schwingende, rotirende und geradlinig fortschreitende Bewegung. Seine sinnreichen und scharf durchgeführten Anschauungen unterscheiden sich von den Clausius'schen nur dadurch, dass er, als Anhänger der Newton'schen Emanationstheorie, die geradlinig fortschreitende Bewegung nicht den Gasen, sondern den „aetherischen Substanzen", d. i. dem Lichtaether zuschrieb.

§ 14.

Die auf diese Hypothese gegründete Theorie hat man die Theorie der molekularen Stösse*) oder die kinetische Gastheorie genannt. Sie verdankt ihre weit gediehene Entwickelung besonders dem Umstande, dass die aus dem Zusammenhange mit anderen losgelöst sich bewegenden Molekeln von den nur auf geringe Entfernung wirkenden Molekularkräften kaum beeinflusst werden können und daher nur den allgemeinen Gesetzen der Mechanik gehorchen. Da nun diese uns viel genauer bekannt sind, als die schwer zu erforschenden Gesetze, nach denen die Molekularkräfte wirken, so hat man die Vorstellung von der geradlinig fortschreitenden Bewegung der Molekeln vollständig entwickeln und mit der Rechnung bis in die weitesten Consequenzen verfolgen können. Alle Folgerungen, welche die Theorie aus dieser Vorstellung gezogen hat, sind mit der Erfahrung in sehr genauer Uebereinstimmung befunden worden, so dass fast alle Eigenschaften, welche die Stoffe im Gaszustande zeigen, als nothwendige Folgerungen aus jener Grundhypothese erscheinen. Dadurch hat wiederum diese Hypothese einen hohen Grad von Wahrscheinlichkeit erhalten, welcher der Gewissheit mindestens ebenso nahe kommt, wie etwa der, den wir der Undulationstheorie des Lichtes beilegen.

Für die Unterstützung und Begründung der Avogadro'schen Hypothese ist besonders die theoretische Erklärung des Druckes der Gase von Wichtigkeit. Schon eine von Daniel Bernoulli angestellte Betrachtung erklärte den Druck eines Gases als die Wirkung der zahlreichen und heftigen Stösse seiner rasch bewegten Theilchen auf den Körper, welcher den Druck erleidet, und leitete aus dieser Vorstellung das von R. Boyle empirisch gefundene, häufig aber nach Mariotte benannte Gesetz ab, dass der Druck eines Gases seinem Volumen umgekehrt, also seiner Dichtigkeit geradezu proportional ist. Dieselbe Betrachtung ergab aber zugleich, dass dieses Gesetz kein ganz streng gültiges sein könne, und dass die Gase demselben um so weniger gehorchen, je weniger vollständig ihre Theilchen dem Einflusse der Molekularkräfte entzogen sind und je weniger der Raum, den die Molekeln wirklich erfüllen, gegen den ganzen vom Gase eingenommenen Raum vernachlässigt werden kann. Dieser Schluss der Theorie ist durch die genauesten

---

*) Dieser Name ist eine Uebersetzung von Maxwell's „starting molecules"; s. Pogg. Ann. 1865, Bd. 125, S. 178.

§ 14. aus der Dichte der Gase.

experimentellen Untersuchungen, insbesondere die von V. Regnault*) vollkommen bestätigt worden.

Abgesehen von diesen verhältnissmässig geringen Abweichungen vom Boyle'schen Gesetze ergiebt die kinetische Gastheorie, dass der Druck eines Gases proportional ist der Masse der in der Raumeinheit enthaltenen Theilchen und dem Quadrate ihrer Geschwindigkeit, weil mit dieser nicht nur die Heftigkeit, sondern auch die Häufigkeit der Stösse zunimmt. Da das halbe Produkt aus der Masse und dem Quadrate ihrer Geschwindigkeit als „lebendige Kraft" bezeichnet wird, so lässt sich dies Ergebniss der Theorie auch so ausdrücken, dass der Druck, den das Gas ausübt oder trägt, proportional ist der Summe der gesammten lebendigen Kraft der fortschreitenden Bewegung der in der Raumeinheit enthaltenen Masse des Gases. Gleichheit des Druckes besteht in Gleichheit der lebendigen Kraft jener Bewegung, proportional deren Aenderungen auch der Druck sich ändert, gleichgültig ob die Aenderung der in der Raumeinheit enthaltenen lebendigen Kraft durch Erhöhung der Temperatur oder durch Verdichtung der Masse bewirkt wird. Stehen also zwei verschiedene Gase unter gleichem Druck, so hat die in gleichen Raumtheilen derselben enthaltene Masse gleiche lebendige Kraft der geradlinig fortschreitenden Bewegung. Da nun die Beobachtung ergiebt, dass der Druck jedes Gases proportional seiner Dichtigkeit und der absoluten (von — 273 ° C. an gezählten) Temperatur ist, so folgt, dass bei gleichbleibender Dichtigkeit, also bei ungeändertem Volumen, der Druck und somit die lebendige Kraft der geradlinig fortschreitenden Bewegung der Theilchen der Temperatur proportional veränderlich ist. Durch eine gleiche Steigerung der Temperatur wird also gleichen, bei gleicher Temperatur abgemessenen Raumtheilen auch verschiedener Gase ein gleicher Zuwachs an lebendiger Kraft der fortschreitenden Bewegung mitgetheilt, während der in Form anderer (rotirender, vibrirender u. s. w.) Bewegung übergehende Theil der mitgetheilten lebendigen Kraft, je nach der Natur der Gase, sehr verschieden sein kann.

Bezeichnen wir mit $\mathfrak{M}$ das Moleculargewicht oder vielmehr die Masse einer Molekel und mit u deren Geschwindigkeit, so wird die lebendige Kraft der fortschreitenden Bewegung der in einem bestimmten Raumtheile des Gases enthaltenen Masse dargestellt durch die Summe

---

*) Relation des expériences etc. T. I, Mém. I, 1847.

$$\Sigma \tfrac{1}{2} \mathfrak{M} u^2,$$

in welchem Ausdrucke das Summenzeichen Σ angiebt, dass die Grösse $\tfrac{1}{2} \mathfrak{M} u^2$ für jedes Theilchen gebildet, und alle so erhaltenen Grössen summirt werden sollen.

Ist das Gas ein homogenes, so sind alle $\mathfrak{M}$ einander gleich; haben ausserdem alle Theilchen gleiche Geschwindigkeit, so geht die Summe in ein Produkt über:

$$\Sigma \tfrac{1}{2} \mathfrak{M} u^2 = n \cdot \tfrac{1}{2} \mathfrak{M} u^2,$$

wo n die Anzahl der in dem in Rede stehenden Raume, etwa der Raumeinheit, enthaltenen Molekeln bezeichnet. In Wirklichkeit kommt nun, wie sich theoretisch und experimentell nachweisen lässt, der Fall nicht vor, dass alle u gleich seien; die Theilchen haben vielmehr immer mehr oder weniger verschiedene Geschwindigkeiten. Es lässt sich aber stets eine gewisse Geschwindigkeit $\mathfrak{u}$ angeben, welche der Gleichung

$$\Sigma \tfrac{1}{2} \mathfrak{M} u^2 = n \cdot \tfrac{1}{2} \mathfrak{M} \mathfrak{u}^2$$

genügt, also so bestimmt ist, dass, wenn sie allen Theilchen gleichförmig zukäme, die lebendige Kraft der ganzen Masse denselben Werth haben würde, den sie in Wirklichkeit hat. Es ist $\mathfrak{u}$ die dem Mittelwerthe $\tfrac{1}{n} \Sigma \tfrac{1}{2} \mathfrak{M} u^2$ der lebendigen Kraft eines Theilchens entsprechende Geschwindigkeit.

Die Theorie ergiebt nun, dass zwischen diesem von Clausius*) eingeführten Mittelwerthe der Geschwindigkeit und dem Drucke p des Gases die durch die Gleichung

$$p = \tfrac{1}{3} n \mathfrak{M} \mathfrak{u}^2$$

ausgedrückte Beziehung stattfindet.

In diesem Ausdrucke ist sowohl die Anzahl n der in der Raumeinheit des Gases enthaltenen Molekeln wie auch die Masse $\mathfrak{M}$ einer solchen Molekel unbekannt. Aber das Produkt dieser beiden unbekannten Grössen ist die in der Raumeinheit enthaltene Masse des Gases, also eine leicht bestimmbare Grösse. Setzt man für diese ihren numerischen Werth ein und ebenso den für p, ausgedrückt nach absolutem Maasse durch die nach Metern gemessene Beschleunigung der Schwere, so ergiebt sich schliesslich für die Geschwindigkeit einer Secunde der Werth in Metern:

$$\mathfrak{u} = 485^m \sqrt{\frac{1 + \alpha \cdot t}{d}} = 485^m \sqrt{\frac{T}{d \cdot 273}},$$

---

*) Pogg. Ann. Bd. 100 S. 375; Abhandlungen über Wärmetheorie, 2. Abth. S. 251.

wo d die Dichtigkeit des betreffenden Gases, verglichen mit Luft von gleichem Druck und gleicher Temperatur, $\alpha = 0{,}003665$ den Ausdehnungscoefficienten der Gase, t die vom Gefrierpunkte ab gezählte und T die absolute, nach Celsius'schen Graden ausgedrückte Temperatur bezeichnet.

Für den Gefrierpunkt, also für $t = 0$ und $T = 273^0$ hat beispielsweise Clausius so berechnet:

für Sauerstoff $\mathfrak{u}_0$ 461^m,
Stickstoff $\mathfrak{u}_0$ 492^m,
Wasserstoff $\mathfrak{u}_0 = 1844^m$

§ 15.

Wendet man die oben angegebene Gleichung für den Druck p auf verschiedene unter gleichem Drucke stehende Gase an, so erhält man die Beziehung

$$p = \tfrac{1}{3} n_1 \, \mathfrak{M}_1 \, \mathfrak{u}_1^2 = \tfrac{1}{3} n_2 \, \mathfrak{M}_2 \, \mathfrak{u}_2^2 = etc.,$$

wo die den verschiedenen Gasen angehörigen Grössen durch verschiedene Indices unterschieden sind. Dieser Ausdruck besagt, dass **bei gleichem Drucke die gesammte lebendige Kraft der fortschreitenden Bewegung der in gleichen Räumen enthaltenen Molekeln verschiedener Gase gleich ist.**

Nimmt man ferner mit Avogadro an, bei gleicher Temperatur und gleichem Druck sei

$$n_1 \quad n_2 \quad n_3 \quad etc.,$$

d. h. es sei die Anzahl der Molekeln in gleichen Räumen aller Gase dieselbe, so folgt:

$$\tfrac{1}{2} m_1 \mathfrak{u}_1^2 = \tfrac{1}{2} m_2 \mathfrak{u}_2^2 = \tfrac{1}{2} m_3 \mathfrak{u}_3^2 = etc.,$$

der Mittelwerth der lebendigen Kraft der einzelnen Theilchen ist in allen Gasen bei gleicher Temperatur der gleiche. Diesen Satz können wir umgekehrt zur Definition der Temperatur benutzen, indem wir sagen:

Die Temperatur zweier Gase ist gleich, wenn der mittlere Werth der lebendigen Kraft, mit welcher sich die Molekeln geradlinig fortbewegen, in beiden derselbe ist, die mittleren Werthe der Geschwindigkeiten also sich umgekehrt verhalten wie die Quadratwurzeln aus den Molekulargewichten.

Wollte man nicht die Hypothese Avogadro's, also nicht eine gleiche Anzahl von Molekeln in gleichen Räumen, z. B. im Wasserstoffe nur halb so viel als im Sauerstoffe annehmen, so würde man auf sehr eigenthümliche Folgerungen geführt werden. Sauerstoff und Wasserstoff würden dann gleiche Temperatur haben, wenn die Molekeln des letzteren eine genau doppelt so grosse lebendige Kraft der fortschreitenden Bewegung als die des Sauerstoffes hätten. Es würde mindestens sehr schwer zu begreifen sein, wodurch auch bei der Mischung der beiden Gase und dem damit nothwendig gegebenen häufigen Zusammenprallen ihrer Molekeln gerade dieses Verhältniss erhalten bliebe, während andererseits die Annahme sehr plausibel ist, das Gleichgewicht der Temperatur bestehe in Gleichheit der lebendigen Kräfte und stelle sich, wenn es nicht schon vorhanden, dadurch her, dass die mit grösserer lebendiger Kraft begabten Molekeln bei den häufigen Zusammenstössen so lange von derselben an die mit geringerer abgeben, bis dieselbe bei allen gleich geworden. Diese Annahme und somit die Annahme einer gleichen Anzahl von Molekeln in gleichen Räumen, scheint sogar die einzig mögliche zu sein, wenn man gewisse sehr allgemeine Betrachtungen berücksichtigt, welche zuerst J. C. Maxwell[*]) angestellt und begründet hat, und welche später von L. Boltzmann[**]) und O. E. Meyer[***]) erweitert, gegen mögliche Einwürfe vertheidigt und durch neue Beweise gestützt wurden. Diese Betrachtungen sind bestimmt, nach den Methoden der Wahrscheinlichkeitsrechnung den endlichen Zustand der Bewegung zu ermitteln, welcher in einer sehr grossen Menge von Gasmolekeln nach längerer Zeit schliesslich eintreten muss, wenn das Gas, der Einwirkung äusserer Kräfte entrückt, sich selbst überlassen bleibt. In diesem Zustande können die Molekeln nicht alle eine und dieselbe Geschwindigkeit besitzen; vielmehr muss dieselbe durch die in den verschiedensten Richtungen erfolgenden Zusammenstösse sehr verschiedene Werthe annehmen, welche theils grösser, theils kleiner als der oben angegebene Mittelwerth u sein werden. Manche dieser Werthe werden häufiger, andere seltener vorkommen. Die Maxwell'sche Betrachtung hat nun den Zweck, die relative Häufigkeit jedes möglichen Werthes der Geschwindigkeit in dem nach sehr vielen Zusammenstössen der Theilchen endlich eintretenden

---

[*]) Phil. Mag. [4] 1860 vol. 19, p. 22.
,, ,, ,, 1868 ,, 35, p. 185.
[**]) Wien. Akad. Sitz.-Ber. 1868 Bd. 58, S. 517.
                                1871   63, S. 397 u. 679.
,, ,, ,, ,, 1872 ,, 66, S. 275.
[***]) Die kinetische Theorie der Gase, Breslau 1877, mathematische Zusätze, 2. Capitel, S. 259 ff.

Zustande der Bewegung zu ermitteln. Dieser endliche Gleichgewichtszustand ist dadurch charakterisirt, dass unter allen überhaupt möglichen Zuständen er die grösste Wahrscheinlichkeit hat zu entstehen und, wenn er einmal entstanden ist, sich dauernd zu erhalten. Er lässt sich ermitteln ohne Kenntniss der Gesetze, welche den Zusammenstoss der Molekeln beherrschen, lediglich mit Hülfe sehr allgemeiner Grundsätze der Mechanik, insbesondere des Gesetzes der Erhaltung der Kraft (oder Energie). Vorausgesetzt wird nur, dass beim Zusammenstosse der Theilchen keine lebendige Kraft verloren geht und, dass ausser der sehr kurzen Zeit der Zusammenstösse die Theilchen keinerlei Wirkung auf einander ausüben. Es wird aber berücksichtigt, dass bei mehratomigen, d. h. aus mehren Atomen zusammengesetzten Molekeln die fortschreitende Bewegung der ganzen Molekel ganz oder theilweise in Bewegung der einzelnen Atome und umgekehrt diese in jene umgewandelt werden kann. Ferner lässt sich auch der Fall in Betracht ziehen, dass die Molekeln ungleicher Natur sind, also verschiedenartigen Gasen angehören.

Die auf diesen Grundlagen beruhenden Betrachtungen und Rechnungen haben nun zur numerischen Bestimmung des arithmetischen Mittelwerthes der Geschwindigkeit Ω geführt, welcher bestimmt wird durch die Relation:

$$p = \frac{\pi}{8} n \mathfrak{M} \Omega^2,$$

also zu dem Clausius'schen Mittelwerthe in dem Verhältnisse steht:

$$\Omega = \mathfrak{u} \sqrt{\frac{8}{3\pi}} = 0{,}9213 \; \mathfrak{u}.$$

Um diesen Mittelwerth schwanken die wirklich vorkommenden verschiedenen Geschwindigkeiten, nach dem von Maxwell entdeckten Gesetze, in ähnlicher Weise, wie mit Beobachtungsfehlern behaftete Messungen um den richtigen Werth der zu messenden Grösse zu schwanken pflegen. Hier wie dort gilt das mathematische Gesetz, welches Gauss in der Theorie der Methode der kleinsten Quadrate benutzt hat. Grosse Abweichungen vom Mittel sind selten, kleine häufiger, so dass die Vorstellung, alle Geschwindigkeiten seien fast gleich, von der Wahrheit nicht sehr weit abweicht.

Mit Hülfe dieses Maxwell'schen Gesetzes lässt sich die relative Häufigkeit jedes beliebigen unter den vielen möglichen Werthen der Molekulargeschwindigkeit berechnen, und damit ist auch die relative Häufigkeit jedes bestimmten Werthes der lebendigen Kraft der fortschreitenden Bewegung gegeben. Diese Berechnung ergiebt nun, dass in einem Gemische mehrer Gase die Wahrscheinlichkeit eines bestimmten Werthes der lebendigen Kraft für die Molekeln des einen Gases genau so gross ist wie für die jedes anderen. Darnach hat die oben besprochene, a priori zulässig erscheinende Annahme, es könnten in einem Gemische verschiedener Gase die Molekeln des einen eine im Durchschnitt doppelt, dreifach oder nur halb, drittel so grosse lebendige Kraft besitzen als die des anderen, durchaus keine Wahrscheinlichkeit für sich. Mithin muss bei gleichem Drucke und gleicher Temperatur die Anzahl der Molekeln in gleichen Räumen verschiedener Gase nach den Regeln der Wahrscheinlichkeitsrechnung als gleich angenommen werden. Dadurch erhält die Avogadro'sche Hypothese die gleiche hohe Wahrscheinlichkeit, welche auch der kinetischen Gastheorie zukommt. Ja, die Avogadro'sche Hypothese dürfte unentbehrlich bleiben, welche Ansicht man auch über das Wesen des Gaszustandes haben möge.

Gegen diese Hypothese aber sind noch niemals erhebliche Gründe geltend gemacht worden. Wenn überhaupt eine Discussion stattgefunden hat, so ist sie nur darüber geführt worden, ob die Annahme der Hypothese zweckmässig sei oder nicht*), als nachweislich irrig dürfte sie kaum bezeichnet worden sein.

Da nur sie den physikalischen wie den chemischen Theorien Gleichförmigkeit und innere Uebereinstimmung gewährt, so konnte auf dem gegenwärtigen Standpunkte der Wissenschaft ihre Annahme nicht mehr verweigert werden**), und sie ist denn auch jetzt allgemein erfolgt.

§ 16.

Auf Grund dieser Hypothese nun, dass gleiche Volumina verschiedener Gase eine gleiche Anzahl von Molekeln enthalten, können wir zwar nicht die absolute, wohl aber die relative Grösse der Molekulargewichte aller Stoffe angeben, deren Dichte im gasförmigen Zustande gemessen worden ist. Die Molekulargewichte sind proportional den Dichtigkeiten.

---

*) S. z. B. Berzelius, Lehrb. 5. Aufl., Bd. 1, S. 62.
**) Vergl. auch Ampère a. a. O. p. 47.

Da das Wasserstoffgas die geringste Dichte, folglich auch das kleinste Molekulargewicht hat, so wählt man dieses zweckmässig zum Maasse der übrigen. Demgemäss sind die Chemiker, welche die angegebene Hypothese angenommen haben, übereingekommen, das Gewicht der Wasserstoffmolekel, die nach den Betrachtungen in § 8 mindestens zwei Atome enthält, gleich dem doppelten Atomgewichte des Wasserstoffes, also = 2 zu setzen.

Da Avogadro die Molekel und nicht das Atom des Wasserstoffes der Einheit gleich annahm, sind die jetzt gebräuchlichen Zahlenwerthe der Molekulargewichte doppelt so gross als die von ihm aufgestellten*).

Das Molekulargewicht jedes anderen Gases lässt sich nun leicht ermitteln, sobald dessen Dichtigkeit bekannt ist, der ja nach der Hypothese das Molekulargewicht proportional sein soll. Ist d die auf Luft bezogene Dichte des Gases, dessen Molekulargewicht $\mathfrak{M}$ gesucht wird, so haben wir, da die Dichte des Wasserstoffes gegen Luft = $0{,}06926$ ist**), und dessen Molekulargewicht $\mathfrak{H} = 2$ angenommen wurde:

$$\mathfrak{M} : \mathfrak{H} = \mathfrak{M} : 2 = d : 0{,}06926,$$

folglich

$$\mathfrak{M} = \frac{2 \cdot d}{0{,}06926} = 28{,}877 \ d.$$

Da es zweifelhaft erscheinen kann, ob die Dichtigkeit des Wasserstoffes mit derselben Genauigkeit und Sicherheit bestimmt sei, wie die dichterer Gase, z. B. des Sauerstoffes, so hat man noch den etwas abweichenden Weg eingeschlagen, zunächst das Verhältniss des gesuchten Molekulargewichtes zu dem des Sauerstoffes zu ermitteln und das Ergebniss mit Hülfe der stöchiometrischen Zahlen auf Wasserstoff als Einheit umzurechnen***). Die Dichte des Sauer-

---

*) In neuerer Zeit haben einzelne Autoren angefangen, sich wieder der von Avogadro gebrauchten Zahlenwerthe zu bedienen, also als Molekulargewichte die Zahlen zu betrachten, welche man erhält, indem man die Dichtigkeiten der Gase, statt auf die der Luft, auf die des Wasserstoffes als Einheit bezieht. So lange man aber das Atom des letzteren $H = 1$ und nicht, wie Avogadro that, $H = 0{,}5$ setzt, ist dieses ganz zwecklos und unpassend, da darnach das Molekulargewicht nicht mehr die Summe der Gewichte aller in der Molekel enthaltenen Atome darstellt.

**) Vergl. Regnault, Relation des expériences etc. T. I, 1847, p. 143.

***) Bödeker, Die gesetzmässigen Beziehungen zwischen Zusammensetzung, Dichtigkeit und spec. Wärme der Gase. Göttingen, 1857. B. wählt die Einheit halb so gross, als hier geschehen, also gleich der Avogadro'schen und stellt die analog berechneten Zahlen dar als die in Decigrammen aus-

stoffes, bezogen auf die der Luft, ist nach Regnault*) $= 1{,}10563$; bezeichnen wir sein Molekulargewicht mit $\mathfrak{O}$, so folgt:

$$\mathfrak{M} : \mathfrak{O} = d : 1{,}10563,$$

mithin

$$\mathfrak{M} = \frac{\mathfrak{O} \cdot d}{1{,}10563}$$

Nach Avogadro's in § 8 angeführter Betrachtung über die Zusammensetzung des Wassers enthält die Molekel dieser Verbindung eine halbe Molekel Sauerstoff und eine ganze Molekel Wasserstoff. Nach den stöchiometrischen Bestimmungen von Dumas**) sowohl, wie nach denen von Stas***) kommen aber auf 2 Gewichtstheile (d. i. 1 Mol.) Wasserstoff im Wasser 15,96 Gewichtstheile Sauerstoff. Daraus folgt

$$\mathfrak{O} : \mathfrak{H} = 31{,}92 : 2 \text{ oder } \mathfrak{O} = 31{,}92,$$

mithin:

$$\mathfrak{M} = \frac{31{,}92 \; d}{1{,}10563} = 28{,}864,$$

also sehr nahe übereinstimmend mit der obigen Zahl. Zur Berechnung der Molekulargewichte werden wir in der Folge das Mittel aus beiden benutzen, indem wir $\mathfrak{M} = 28{,}87 \; d$ setzen.

§ 17.

Die so erhaltenen Molekulargewichte müssen ganze rationale Vielfache des Atomgewichtes oder dieses selbst darstellen, da die Molekel aus einer endlichen Anzahl ganzer Atome bestehen muss und keine Bruchtheile der für uns untheilbaren Atome enthalten kann.

Nun kennen wir zwar zunächst nicht das Atomgewicht der Elemente, sondern nur ihr Verbindungsgewicht oder ihre stöchiometrische Quantität, d. h. die Quantität, in welcher sich das betreffende Element mit der bestimmten zur Einheit genommenen Quantität eines anderen Elementes verbindet. Diese stöchiometrische Quantität muss aber ebenfalls dem Atomgewichte gleich oder ein

---

gedrückten Gewichte von 1119,05 CC. der verschiedenen Gase. Es ist dies aber eine unnöthige Complication, da die aus obiger Relation berechneten Zahlen ganz unabhängig sind von jeder Einheit des Maasses und Gewichtes.

*) Regnault, a. a. O. p. 143.
**) Compt. rend. 1842, T. 14, p. 537: Ann. chim. phys. [3] 1843, T. 8, p. 200.
***) S. dessen Nouvelles Recherches sur les lois des proportions chimiques etc. Bruxelles 1865, p. 24.

§ 17. aus der Dichte der Gase.

rationales Vielfache oder endlich ein rationaler Bruchtheil desselben sein, da sich die Elemente nur nach ganzen Atomen verbinden. Es folgt hieraus, dass das Molekulargewicht und das Verbindungsgewicht entweder einander gleich sein oder in einem einfachen rationalen Verhältnisse zu einander stehen müssen.

Ist keines von beiden der Fall, so liegt zunächst die Möglichkeit vor, dass entweder die Gasdichte oder das Verbindungsgewicht oder beide unrichtig bestimmt seien. In den meisten Fällen ist die Sicherheit der stöchiometrischen Bestimmung grösser als die in der Messung der Gasdichte zu erreichende. Hat man Grund dies anzunehmen, so setzt man das Molekulargewicht gleich demjenigen Vielfachen des Verbindungsgewichtes, dem der aus der Dichte berechnete Werth angenähert gleich ist.

So ist z. B. nach einer älteren Bestimmung von Regnault die Dichte des Chlorgases, bezogen auf die der atmosphärischen Luft als Einheit, gleich 2,440. Durch Multiplication dieser Zahl mit dem oben angegebenen Coefficienten *28,87* erhalten wir für das Molekulargewicht des Chlores daraus den Werth *70,44*. Nun ist aber nach den sehr genauen analytischen Bestimmungen von Stas das chemische Mischungsgewicht des Chlores = *35,37*, das des Wasserstoffes = *1* gesetzt. Das Doppelte dieses Werthes = *70,74* kommt dem aus der Dichte berechneten Werthe des Molekulargewichtes sehr nahe und wurde daher, da die analytische Bestimmung in diesem Falle eine unzweifelhaft viel grössere Genauigkeit und Sicherheit bietet, als die Messung der Dichte, als das wirkliche relative Gewicht der Molekel angesehen, schon bevor E. Ludwig[*]) die Dichte des Chlorgases bei 200^0 C. zu 2,450 bestimmte, welche Zahl das Molekulargewicht = *70,73*, also völlig übereinstimmend mit der stöchiometrischen Zahl ergiebt.

Der Mangel an Uebereinstimmung zwischen dem aus der Dichtigkeit berechneten Werthe des Molekulargewichtes und der stöchiometrischen Quantität kann aber auch auf einem anderen Grunde als der Ungenauigkeit unserer Messungen beruhen. Es hat nämlich das in § 5 angegebene, von Gay-Lussac entdeckte Naturgesetz, dass die in chemische Wechselwirkung tretenden Gasmassen entweder gleiche oder in einfachem rationalen Verhältnisse stehende Volumina erfüllen, keine ganz unbedingte Geltung. Es gilt streng nur innerhalb gewisser für jede Gasart besonderer Grenzen des Druckes und der Temperatur. Es geht dieses schon aus der Beob-

---

[*]) Berichte der deutschen chem. Ges. Bd. 1, 1868, S. 232.

achtung hervor, dass verschiedene Gase in nicht ganz gleicher Weise durch Veränderungen des Druckes und der Temperatur ihre Raumerfüllung verändern. Das Boyle'sche Gesetz, nach welchem das Volumen jeder Gasmasse dem Drucke umgekehrt, und das Gay-Lussac'sche, nach welchem es der absoluten Temperatur geradezu proportional ist, haben nur als Annäherungen Gültigkeit. Die Coefficienten, welche die Aenderungen des Volumens durch Aenderungen des Druckes und der Temperatur ausdrücken, sind nicht ganz unabhängig von der absoluten Höhe des Druckes und der Temperatur und von der stofflichen Natur der Gase. Es folgt hieraus, dass gleiche Raumtheile verschiedener Gase nicht unter allen Umständen genau gleich viel Molekeln enthalten können, dass also die Berechnung des Molekulargewichtes aus der Gasdichte, welche auf dieser Voraussetzung beruht, nur unter ganz bestimmten Bedingungen ein völlig genaues Ergebniss liefern kann. Demnach ist man ziemlich ausnahmslos genöthigt, die aus der Gasdichte berechneten Molekulargewichte nach der stöchiometrischen Zahl zu berichtigen. Die Nothwendigkeit dieser Berichtigung bringt den Vortheil mit sich, eine sehr grosse Genauigkeit in den zur Ermittelung des Molekulargewichtes ausgeführten Messungen der Dichtigkeit überflüssig zu machen. Schon eine nur angenäherte Bestimmung der Dichte genügt zur Berechnung des Molekulargewichtes, sobald das Verbindungsgewicht genau bekannt ist.

Es ist zwar selbstverständlich, jedoch einer ausdrücklichen Bemerkung nicht unwerth, dass die angegebene Art der Berechnung des Molekulargewichtes nur auf homogene Gase anwendbar ist. Für Gasgemische würde man nach derselben nur den Durchschnittswerth der heterogenen im Gemische vorhandenen Molekeln erhalten*).

§ 18.

Die Dichtigkeit im Gaszustande ist nur für eine geringe Zahl von Elementen bekannt, da die meisten erst bei sehr hohen Temperaturen flüchtig sind, bei welchen unsere experimentellen Hülfsmittel zur Bestimmung der Dichte der Gase uns den Dienst versagen. Nur etwa ein Fünftel aller bekannten Elemente ist entweder schon bei mittlerer oder doch bei nicht sehr hoher Temperatur flüchtig. Die nachstehende Tafel, welche diese Elemente sämmtlich aufführt, enthält unter d die experimentell gefundenen Dichtig-

---

*) Vergl. § 31.

§ 18.   aus der Dichte der Gase.   43

keiten, wie sie von den in Spalte III genannten Beobachtern bei den in IV unter t angegebenen Temperaturen bestimmt wurden. In Spalte V ist das Produkt $28{,}87$. d, also das unmittelbar aus der Dichte berechnete, und in VI unter 𝔐 das nach den stöchiometrischen Zahlen corrigirte Molekulargewicht angegeben. Letzteres ist, nach dem Vorgange Cannizzaro's[*]) mit gothischen, den lateinischen Atomzeichen entsprechenden Buchstaben bezeichnet. Die Temperaturen für die Mitscherlich'schen Beobachtungen sind von mir aus Mitscherlich's Angaben berechnet.

I	II Dichte d	III Beob.	IV t	V $28{,}87 . d$	VI 𝔐
Wasserstoff . . .	0,06926	Rg	0°C	2	𝔥 = 2
Stickstoff	0,9713	„	0°	28,04	𝔑 = 28,02
Sauerstoff	1,10563	„	0°	31,92	𝔒 = 31,92
Schwefel	2,23	DT	860°	64,4	𝔖 = 63,96
„	2,24	„	1040°	64,6	„ = „
„	2,17	VM	1560°	62,7	„ = „
„	6,62	Ds	524°	191,1	𝔖' = 191,88
„	6,90	M	508°	199,2	„ = „
Chlor	2,450	L	200°	70,73	𝔆𝔩 = 70,74
„	2,44	VM	620°	70,45	„ = „
„	2,20	„	808°.	63,5	„ = „
„	1,87	„	1028°	54,0	„ = „
„	1,66	„	1242°	47,9	„ = „
„	1,67	„	1392°	48,2	„ = „
„	1,61	„	1567°	46,5	„ = „
Kadmium	3,94	DT	1040°	113,7	𝔆𝔡 = 111,6
Phosphor	4,35	Ds	500°	125,6	𝔓 = 123,84
„	4,58	M	515°	132,2	„ = „
„	4,50	DT	1040°	129,9	„ = „
Brom	5,54	M	100°	159,9	𝔅𝔯 = 159,50
Selen	5,68	DT	1420°	161,1	𝔖𝔢 = 157,8
„	6,37	„	1040°	183,9	„ = ?
„	7,67	„	860°	221,4	„ = ?
Quecksilber . . .	6,98	Ds	446°	201,5	𝔥𝔤 = 199,8
„	7,03	M	424°	203,0	„ = „
„	6,86	VM	440°	198,1	„ = „
„	6,81	„	1560°	196,3	„ = „
Jod	8,72	Ds	185°	251,7	𝔍 = 253,07
„	8,70	DT	447°	251,2	„ = „
„	8,72	„	1040°	251,7	„ = „

[*]) S. Cannizzaro, Sunto di un corso di filosofia chimica, Pisa 1858, p. 15; (Nuovo Cimento, Vol. VII, Maiheft 1858).

I	II Dichte d	III Beob.	IV t	V $28{,}87 \cdot d$	VI m
Tellur	9,08	DT	1440°	262,1	Te 256
Arsen	10,65	M	644—668°	307,4	As = 299,6
	10,2	DT	860°	294,5	" — "

In III bedeutet Rg Regnault, 1847; Ds Dumas, 1826 und 1832; M Mitscherlich, 1833; DT Deville und Troost, 1859 und 1863; L E. Ludwig, 1868; VM Victor Meyer, 1879.

Was in dieser Tafel sehr auffallen muss, ist zunächst das Verhalten des Schwefels, für den die Beobachtungen, je nach der Temperatur, bei welcher sie angestellt wurden, zwei verschiedene Molekulargewichte ergaben. Der bei Temperaturen über 800° C. bestimmte Werth desselben beträgt nur ein Drittel des von Dumas bei 524° und von Mitscherlich bei 508° gefundenen. Es ist $S' = 3 \cdot S$; d. h. (die Richtigkeit beider Beobachtungen vorausgesetzt) die bei etwa 500° bestehende Molekel des Schwefels zerfällt in drei Theile, sobald sie bedeutend über diese Temperatur hinaus erhitzt wird. Diese Molekel erscheint also als eine verhältnissmässig leicht veränderliche Grösse. Ob der Zerfall derselben plötzlich bei einer bestimmten Temperatur oder allmählich geschieht, ist nicht mit Sicherheit bekannt. Zwar hat Bineau*) Beobachtungen veröffentlicht, nach welchen der Schwefeldampf zwischen 700 und 1200° C. nachstehende Dichtigkeiten besitzt:

Temperatur	714°	727°	731°	743°	im Mittel
Dichte	2,8	2,7	2,6	2,8	2,7
Temperatur	834°	851°	963°	1082°	1162°
Dichte	2,4	2,6	2,4	2,1	2,3

Aber die von ihm angewandte Beobachtungsmethode ist sehr unzuverlässig**); ihre Ergebnisse also zweifelhaft. Indessen dürfen wir nach den von Deville und Troost am Selen gemachten Beobachtungen vermuthen, dass die von Bineau für den Schwefel gefundenen Zahlen nicht allzuweit von der Wahrheit abweichen

---

*) Compt. rend. 1859, T. 49, pag. 799; Ann. Chem. Pharm. 1860, Bd. 114. S. 383.
**) Vergl. die Kritik von H. Sainte-Claire Deville und Troost, Ann. chim. phys. [3] 1860, T. 58, p. 299.

werden. Es zeigt sich nämlich auch die Dichte des Selendampfes, verglichen mit der der Luft von gleicher Temperatur und gleichem Drucke, veränderlich; sie nimmt ab bei steigender Temperatur. Bei 1420° giebt sie das Molekulargewicht 161, welches der stöchiometrischen Quantität 156 schon sehr nahe kommt, so dass bei dieser Temperatur der Selendampf wesentlich aus Molekeln vom Gewichte $Se = 156$ zu bestehen scheint, denen aber eine gewisse Menge von grösseren Molekeln beigemischt ist. Bei der etwas niedrigeren Temperatur 1040° müssen wir die Anzahl derselben erheblich grösser, bei 860° aber noch grösser annehmen; denn die bei diesen Temperaturen beobachteten Dichtigkeiten geben für das Molekulargewicht Werthe, welche keiner stöchiometrischen Quantität so nahe kommen, dass man diese für jene setzen könnte.

Aehnliches gilt vom Chlor bei Temperaturen, welche 600° C. übersteigen. Bis zu dieser Temperatur ist das Molekulargewicht gleich der doppelten stöchiometrischen Quantität $= 70{,}74 = 2 \cdot 35{,}37$. Die für höhere Temperaturen berechneten Werthe nehmen mit steigender Temperatur rasch ab bis auf $^2/_3$ des ursprünglichen Molekulargewichtes. Von hier ab geht die Abnahme sehr langsam weiter; zwischen 1200° und 1400° ist sie nicht merklich und auch bis 1600° nur sehr gering, etwa 3 Procent betragend. In diesem stabilen zwischen 1200° und etwa 1500° bestehenden Zustande scheint das Chlorgas gerade zur einen Hälfte seines Gewichtes aus Molekeln, vom Gewichte $70{,}74$, zur andern aus solchen vom Gewichte $35{,}37$ zu bestehen; denn es ist

$$\frac{70{,}74 + 35{,}37 + 35{,}37}{3} = 47{,}16.$$

Bei gewissen Temperaturen versagt uns daher die Regel Avogadro's für die Bestimmung des Molekulargewichtes dieser Elemente den Dienst. Sie ist nur da anwendbar, wo die Dichte des Dampfes, verglichen mit der Dichte der Luft oder eines anderen Gases, nicht mit der Temperatur variabel oder doch innerhalb eines grösseren Temperaturintervalles constant ist. (Vergl. weiter unten § 28 bis 34.)

Es geht schon aus dieser einen Bemerkung hervor, wie fehlerhaft der öfter gemachte Versuch war, den der Voraussetzung nach unveränderlichen Atomgewichten Werthe zu geben, welche den hier angegebenen Molekulargewichten proportional waren, also die Dichte im Gas- oder Dampfzustande unmittelbar zum Maasse des Atomgewichtes, statt, wie es Avogadro verlangte, nur des Molekulargewichtes zu machen.

§ 19.

Nur mittelbar kann die Avogadro'sche Hypothese auch zu einer, freilich nicht unbedingt sicheren, Bestimmung des Atomgewichtes benutzt werden. Es gründet sich diese Möglichkeit auf die Erwägung, dass, zufolge der Atomtheorie, keine Molekel Bruchtheile von Atomen enthalten kann. Zur Ausführung dieser Bestimmung genügt in der Regel nicht die Kenntniss des Molekulargewichtes des Elementes im isolirten Zustande; es muss vielmehr auch noch das Molekulargewicht einer oder mehrer seiner Verbindungen bekannt sein. Dieses aber ist nach Avogadro's Hypothese ebenfalls leicht zu ermitteln; denn diese beschränkt sich wie schon in § 6 angegeben, nicht auf die bisher unzerlegten Elemente, sondern erstreckt sich auch auf alle Verbindungen derselben, welche im gasförmigen Zustande erhalten werden können. Jede gasförmige Verbindung enthält nach dieser Hypothese im gleichen Raume genau so viele Molekeln, wie jeder der gasförmigen Elementarstoffe. Wir erhalten folglich die relativen Molekulargewichte der Verbindungen ebenfalls durch multipliciren ihrer auf atmosphärische Luft bezogenen Dichte im Gaszustande mit dem Coefficienten *28,87*. Die so erhaltenen Werthe müssen auch hier in rationalem Verhältnisse zu den chemischen Verbindungsgewichten stehen und können daher mit Hülfe der letzteren corrigirt werden.

Die Dichte des Chlorwasserstoffgases z. B. ist nach Biot und Arago 1,247, woraus das Molekulargewicht zu *28,87×1,247   36,00* sich ergiebt, nahe übereinkommend mit der Summe der analytisch gefundenen Verbindungsgewichte der Bestandtheile: nämlich auf 1 Gewichtstheil Wasserstoff 35,37 Gewichtstheile Chlor. Das corrigirte Molekulargewicht ist folglich = *36,37*.

Die Dichte des Wasserdampfes ist nach Regnault bei 100° C. 0,623 von der der Luft, mithin das Molekulargewicht = *28,87×0,623   17,99*. Mit einem Theile Wasserstoff verbinden sich zu Wasser aber 7,98 Theile Sauerstoff. Die Summe *1 + 7,98 = 8,98* ist nahezu die Hälfte des aus der Dichte berechneten Molekulargewichtes, folglich ist dessen stöchiometrisch berichtigter Werth *2 × 8,98   17,96*; und in diesem Molekulargewichte sind 2 Gewichtstheile Wasserstoff und 15,96 Gewichtstheile Sauerstoff enthalten.

Kaum weniger einfach gestaltet sich die Rechnung, wenn die Verbindung keinen Wasserstoff enthält. Für das aus Schwefel und Sauerstoff bestehende Anhydrid der schwefligen Säure z. B. fand Berzelius die Dichtigkeit 2,247, woraus sich das Molekulargewicht zu $28,87 \times 2,247 = 64,87$ ergiebt. In 64,87 Gewichtsth. dieser Verbindung sind aber, den stöchiometrischen Untersuchungen zufolge, enthalten 32,40 Gewichtsth. Sauerstoff und 32,47 Gewichtsth. Schwefel. Die Verbindungsgewichte dieser beiden Elemente, d. h. die Quantitäten derselben, welche sich mit 1 Gewichtsth. Wasserstoff verbinden, sind für Sauerstoff $7,98$, für Schwefel $15,99$. Zu diesen Gewichten sollten jene Quantitäten in einem rationalen Verhältnisse stehen, was sie genau nicht thuen. Es kommen aber die Vielfachen $4 \times 7,98 = 31,92$ und $2 \times 15,99 = 31,98$ jenen im nicht corrigirten Molekulargewichte enthaltenen Quantitäten $32,40$ und $32,47$ so nahe, dass wir sie unbedingt für diese setzen und das Molekulargewicht des Schwefligsäureanhydrides zu $31,92 + 31,98 = 63,90$ statt $64,87$ annehmen dürfen.

§ 20.

Die stöchiometrischen Zahlen dienen aber nicht nur zur Berichtigung der aus der beobachteten Dichtigkeit berechneten Molekulargewichte, sondern sie erlauben sogar unter Umständen, diese auch da zu berechnen, wo die Dichtigkeit nicht unmittelbar beobachtet wurde. Es ist dazu nur erforderlich, dass beobachtet worden sei, wie viel Raumtheile des einen oder anderen Bestandtheiles in einen Raumtheil der gasförmigen Verbindung eingehen, oder wie viel Raumtheile dieses oder jenes Zersetzungsproduktes aus einem solchen erhalten werden können.

Die Dichtigkeiten z. B. des Selenwasserstoffes und des Tellurwasserstoffes sind nicht unmittelbar bestimmt worden. Wir wissen aber aus Versuchen von Bineau[*]), dass beide Gase, mit gewissen Metallen in Berührung gebracht, an diese alles Selen und Tellur abgeben unter Zurücklassung eines dem ihren gleichen Volumens Wasserstoff. Aus diesen Beobachtungen folgt, dass jedes Theilchen Selenwasserstoff und jedes Theilchen Tellurwasserstoff genau so viel Wasserstoff enthält, wie in einem Theilchen Wasserstoff im freien Zustande enthalten ist, und das sind, wie wir oben (§ 8) gesehen haben, zwei Atome. Da nun die stöchiometrischen Bestimmungen ergeben, dass auf einen Gewichtstheil Wasserstoff im Selenwasserstoff 39,45 Gewichtstheile Selen und im Tellurwasserstoff 63 Gewichtstheile Tellur kommen, so folgt, dass in den Molekulargewichten dieser Verbindungen das Doppelte dieser Quantitäten enthalten ist, dass also die Molekel des Selenwasserstoffes besteht aus 2 Gewichts-

---

[*]) s. Gmelin's Handb. d. Chemie, 5. Aufl. I. S. 684, II. S. 804.

theilen Wasserstoff und 78,9 Gewichtstheilen Selen, die des Tellurwasserstoffes aus 2 Gewichtstheilen Wasserstoff und 126 Gewichtstheilen Tellur. Die Moleculargewichte dieser Verbindungen sind also $2 + 78{,}9 = 80{,}9$ und $2 + 126 = 128$, woraus sich rückwärts auch die Dichtigkeiten berechnen lassen, und zwar für Selenwasserstoff $d = \dfrac{80{,}9}{28{,}87} = 2{,}80$ und für Tellurwasserstoff $d = \dfrac{128}{28{,}87} = 4{,}43$, bezogen auf Luft von gleichem Druck und gleicher Temperatur.

Ebenso lässt sich Moleculargewicht und Dichtigkeit des Bromwasserstoffes herleiten aus den beiden Beobachtungen, dass dieses Gas auf einen Gewichtstheil Wasserstoff 79,75 Gewichtstheile Brom enthält, und dass es, wenn ihm das Brom durch Metalle oder andere Stoffe entzogen wird, genau sein halbes Volumen Wasserstoff zurücklässt[*]. Hieraus folgt, dass die Molekel Bromwasserstoff eine halbe Molekel, d. i. ein Atom Wasserstoff und ausserdem 79,75 Gewichtstheile Brom enthält.

§ 21.

Aus den wie angegeben unmittelbar oder mittelbar bestimmten und stöchiometrisch corrigirten Moleculargewichten der Verbindungen lassen sich nun auch Schlüsse auf die Atomgewichte der Bestandtheile ziehen. Da wir als Atom diejenige Grösse bezeichnen, welche bei den chemischen Zersetzungen nicht weiter zerlegt wird, so folgt, dass keine Molekel einer Verbindung Bruchtheile von Atomen enthalten kann. Mithin muss jede Quantität eines Elementes, die in dem Moleculargewichte einer seiner Verbindungen gefunden wird, mindestens *ein*, sie *kann* auch zwei oder mehr Atomgewichte ausmachen. Sie kann aber nur entweder dem Atomgewichte selbst oder einem ganzen Vielfachen desselben gleich sein, niemals aber Bruchtheile eines Atomes darstellen oder enthalten. Folglich ist, wenn Q die in der Molekel enthaltene Quantität, A das Atomgewicht bezeichnet,

$$Q = n\,A \text{ und } A = \frac{1}{n}\,Q,$$

wo der unbekannte Faktor n nur eine ganze Zahl, also nur $n = 1, 2, 3, 4$ u. s. w. sein kann. Für $n = 1$ wird $A = Q$, und dies ist der Maximalwerth, den wir für das Atomgewicht annehmen dürfen.

---

[*] Balard, Ann. chim. phys. 1826, T. 32, p. 350.

Mit dieser Betrachtung ist zwar das Atomgewicht noch nicht bestimmt, aber es ist damit ein nicht unwichtiger Schritt zu seiner Bestimmung gethan, da eine Anzahl der von vornherein für das Atomgewicht möglich erscheinenden Werthe ausgeschlossen wird.

So ergiebt sich z. B. das Molekulargewicht des Chlorsiliciums aus der Dampfdichte (5,94) nach der stöchiometrischen Berichtigung zu *169,5*, bestehend aus 28 Theilen Silicium und 141,5 Theilen Chlor. Demnach kann das Atomgewicht des Siliciums nur einen der nachstehenden Werthe haben:

$$Si = 28 \text{ oder } \frac{28}{2} = 14, \text{ oder } \frac{28}{3} = 9{,}33 \text{ oder } \frac{28}{4} = 7 \text{ u. s. w.}$$

Es ist dagegen der früher angenommene Werth $Si = 21$ ausgeschlossen, weil die Molekel des Chlorides sonst $4/3$ Atom enthalten würde. Ob aber nun das Atomgewicht 28, oder 14 u. s. w. sei, ist zunächst nicht zu entscheiden.

Die Auswahl der für das Atomgewicht möglichen Werthe lässt sich aber noch weiter einschränken, sobald man verschiedene Verbindungen desselben Elementes vergleichen kann.

So ergiebt sich sofort, dass die in der Molekel des Chlorsiliciums enthaltene Chlormenge *141,5* aus mehr als einem Atom bestehen muss, da es Verbindungen giebt, welche weniger Chlor enthalten. Das Molekulargewicht des flüssigen Chlorphosphors z. B. ist *138* mit 106,1 Thl. Chlor, das des Quecksilber-Sublimates $= 270{,}5$ mit 70,74 Th. Chlor und das der Salzsäure $36{,}37$ mit 35,37 Th. Chlor. Es verhalten sich aber diese Quantitäten Chlor wie *4 3 2 1*, d. h. es ist

141,5 = 4 . 35,37; 106,1 = 3 . 35,37; 70,74 = 2 . 35,37.

Für das Atomgewicht des Chlores bleibt uns jetzt nur noch die Wahl zwischen der Zahl *35,37* oder der Hälfte, einem Drittel, Viertel, Fünftel etc. dieses Werthes.

Da sich aber unter den zahlreichen Verbindungen des Chlores, deren Dichtigkeit im Gaszustande bestimmt wurde, deren Molekulargewicht sich also berechnen lässt, bis jetzt keine einzige findet[*]), welche weniger als 35,37 Th. Chlor in der Molekel, d. h. im Gaszustande weniger als ein gleicher Raumtheil Salzsäuregas enthielte, da vielmehr alle diese Verbindungen entweder diese selbe Quantität oder ganze Vielfache derselben enthalten, so wird es **sehr wahrscheinlich**, dass das Atomgewicht des Chlores $Cl = 35{,}37$ und

---

[*]) Die nur scheinbare Ausnahme, die der Salmiak und analoge Verbindungen bilden, wird weiter unten besprochen werden; s. §§ 30 u. 31.

nicht etwa gleich der Hälfte, einem Drittel oder einem anderen Bruchtheile dieser Quantität zu setzen sei. Bewiesen ist aber die Richtigkeit dieser Annahme des Atomgewichtes damit keinesweges.

§ 22.

Wäre oder würde uns auch nur eine einzige gasförmige Verbindung bekannt, welche im gleichen Volumen nur halb so viel Chlor oder Wasserstoff enthielte, wie das Chlorwasserstoffgas*), so würde es nothwendig sein, die Atomgewichte nur halb so gross, als eben geschehen, anzunehmen, mithin zu setzen:

$$H = 0{,}5 \text{ und } Cl = 17{,}685$$
und $\mathfrak{H} = H_4 = 2$ und $\mathfrak{Cl} = Cl_4 = 70{,}74$

oder, wenn man das Atomgewicht des Wasserstoffes wieder durch die Einheit auszudrücken für gut fände,

$$H = 1 \text{ und } Cl = 35{,}37$$
$\mathfrak{H} = H_4 = 4$ und $\mathfrak{Cl} = Cl_4 = 141{,}48.$

Für das Wasserstoffgas würde dies hinauskommen auf die Ansicht Ampère's, der in einer Molekel (bei ihm „particule") vier einzelne Atome („molécules") annahm, die geringste Zahl, welche nach ihm überhaupt in einer Molekel anzunehmen sei. Zu dieser Annahme von mindestens 4 Atomen veranlasste ihn die Hoffnung, auf dem von ihm eingeschlagenen Wege zur Kenntniss der von Haüy angenommenen krystallographischen Elemente, der sogenannten molécules intégrantes, gelangen zu können. Er dachte sich die vier Atome wie die Ecken eines Tetraëders gruppirt und betrachtete den so begrenzten tetraëdrischen Raum als die gesuchte molécule intégrante. Es hat aber diese Betrachtung bisher keinerlei Früchte getragen und erscheint daher nicht gerechtfertigt. Vielmehr scheinen alle bekannten Thatsachen zu erweisen, dass die Molekel des freien Wasserstoffes nie weiter als in zwei Hälften getheilt wird, folglich die halbe Molekel als ein Atom, die Molekel als eine Verbindung von zwei Atomen betrachtet werden muss.

Ebensowenig hat sich die von Ampère über das Chlor ausgesprochene Ansicht bestätigt, in dessen Molekel er, veranlasst durch die Versuche H. Davy's über das sogenannte Euchloringas, acht einfache Atome annahm.

Zu den seinen ähnlichen Annahmen sind wir dagegen bei Phosphor und Arsen genöthigt, für welche wir wenigstens vier

---

*) was einige Autoren für den Salmiak angenommen haben. S. u. §§ 30, 31.

§ 22. aus der Dichte der Gase. 51

Atome in der Molekel annehmen müssen, weil es Verbindungen giebt, welche im Gaszustande im gleichen Raume nur den vierten Theil von der Quantität enthalten, welche sich in einem Raumtheile des Gases der unverbundenen Elemente findet.

In den soeben betrachteten Fällen ergab sich als wahrscheinlichster Werth des Atomgewichtes die geringste Quantität eines Elementes, welche in dem Molekulargewichte irgend einer seiner Verbindungen vorkommt. Es erhellt daraus, dass für die Bestimmung des Atomgewichtes die Kenntniss des Molekulargewichtes besonders derjenigen Verbindungen von Wichtigkeit ist, welche dem Volumen nach am wenigsten von dem betreffenden Elemente enthalten, in welchen also dieses mit der geringsten Dichtigkeit auftritt. In manchen Fällen lässt sich aber das Atomgewicht auch aus solchen Verbindungen ableiten, welche unzweifelhaft mehr als ein einfaches Atom in der Molekel enthalten. Der Maximalwerth für das Atomgewicht des Fluors ergiebt sich z. B. aus dem Molekulargewichte *34,0* des Fluormethyls, in welchem 19,1 Gewichtstheile Fluor enthalten sind, zu 19,1, folgt aber ebenso gut aus der Vergleichung der Molekulargewichte des Fluorbor's *68,3* mit 57,3 Gewichtstheilen Fluor, und des Fluorsiliciums *104,4* mit 76,4 Gewichtstheilen Fluor. Da in der Molekel jeder dieser Verbindungen nur ganze Atome enthalten sein können, so muss auch der Unterschied der in beiden Molekeln enthaltenen Quantitäten mindestens ein ganzes Atomgewicht ausmachen. Es ist aber dieser Unterschied *76,4—57,3 = 19,1*, also gleich der im Molekulargewicht des Fluormethyles enthaltenen Quantität. Da von dieser die in den beiden anderen Verbindungen enthaltenen Mengen rationale Vielfache sind, nämlich $57,3 = 3 \times 19,1$ und $76,4 = 4 \times 19,1$, so betrachtet man *19,1* als das Gewicht eines Atomes und nimmt im Fluorbor drei und im Fluorsilicium vier Atome Fluor in der Molekel an.

Allgemein können wir jetzt die Regel für die Bestimmung des Atomgewichtes aus dem Molekulargewicht wie folgt ausdrücken. Das Atomgewicht eines Elementes ist so zu bestimmen, dass sämmtliche in den Molekulargewichten seiner Verbindungen vorkommenden Quantitäten ganze rationale Vielfache des Atomgewichtes werden. Der so bestimmte Werth kann (abgesehen von etwaigen Irrthümern in der Ermittelung des Molekulargewichtes) wohl zu gross, nicht aber zu klein ausfallen.

Ist er nicht der richtige Werth eines Atomes, so stellt er den von 2, 3, 4 oder irgend einer anderen Anzahl von ganzen Atomen dar. Wie viel Atomen er entspricht, lässt sich aber zunächst nicht mit Sicherheit angeben.

Die Kenntniss der Gas- oder Dampfdichten und der aus ihnen gefolgerten Molekulargewichte ist also ein zwar werthvolles, aber doch nicht völlig ausreichendes Mittel zur Bestimmung der Atomgewichte; sie giebt unmittelbar nur den Maximalwerth an, welcher denselben beigelegt werden darf, lässt aber unentschieden, ob nicht etwa das Atomgewicht in Wirklichkeit nur ein rationeller Bruchtheil jenes Maximalwerthes ist. Wo aber die Zahl der untersuchten Verbindungen sehr gross ist, wie z. B. beim Kohlenstoff, Wasserstoff, Stickstoff und anderen Elementen, da ist auch die Wahrscheinlichkeit gross, dass die kleinste Quantität des Elementes, die in einer Molekel gefunden wurde, auch wirklich die kleinste Menge ist, welche in ihr vorkommen kann, also das Atomgewicht selbst und nicht ein Vielfaches desselben; denn es ist nicht eben wahrscheinlich, wenn auch nicht unmöglich, dass unter einer grossen Zahl von zur Untersuchung kommenden Verbindungen eines Elementes nicht eine einzige sein sollte, die nur ein einziges Atom desselben enthielte. Wo aber nur von einer oder einigen wenigen Verbindungen eines Elementes die Dichtigkeit im Gaszustande und folglich das Molekulargewicht bestimmt ist, da bleibt der allein auf diese gegründete Schluss auf das Atomgewicht in der Regel sehr unsicher und bedarf daher der Bestätigung durch andere Hülfsmittel.

§ 23.

Die nachstehende Tabelle giebt die Dichtigkeiten und die aus denselben berechneten Molekulargewichte einer grösseren Anzahl solcher Verbindungen, welche den oben angegebenen Anforderungen für die Berechnung der Atomgewichte entsprechen, welche also die geringste Menge des betreffenden Elementes in der Raumeinheit enthalten.

Die Zusammenstellung umfasst alle Elemente, von denen überhaupt die Dichte gasförmiger Verbindungen gemessen ist. Elemente, welche sehr viele solcher Verbindungen bilden, sind nur durch eine Auswahl derselben vertreten.

Unter den aufgeführten Verbindungen befinden sich auch die solcher Elemente, welche in der Tafel des § 16 sich nicht finden, da ihr Molekulargewicht im isolirten oder sogenannten freien Zustande nicht bekannt ist. Die Kenntniss desselben ist, wie leicht ersichtlich, zur Bestimmung des Atomgewichtes nicht erforderlich. Die erste Spalte der Tafel enthält den Namen der Verbindung, die zweite unter d die Dichte im Verhältniss zu Luft, die dritte das Zeichen für den Namen des Beobachters, die vierte unter $28{,}87 \cdot d$ in runder Zahl das nicht corrigirte, die fünfte unter $\mathfrak{M}$ das stöchiometrisch berichtigte Molekulargewicht, endlich die sechste die in letzterem enthaltenen Quantitäten der betreffenden Bestandtheile. Es sind diese Quantitäten diejenigen, welche die gasförmige Verbindung in einem Raume enthält, welcher gleich ist dem von zwei Gewichtstheilen Wasserstoff bei gleichem Druck und gleicher Temperatur erfüllten Raume.

Die für die Namen der Beobachter gesetzten Abkürzungen bedeuten: B. A. Biot und Arago, Ba. Balard, Bé. Bérard, Bi. Bineau, Bk. Buckton, Bn. Bunsen, Bt. Butlerow, Bz. Berzelius, Ch. Cahours, Col. Colin, Db. Debray, D. Db. Deville und Debray, Ds. Dumas, Ds. P. Dumas und Peligot, D. T. Deville und Troost, Dv. John Davy, E. L. Emmerling und Lengyel, Fd. Friedel, Fd. C. Friedel und Crafts, Fk. Frankland, G. L. Gay-Lussac, Hf. A. W. Hofmann, Jq. Jaquelain, Kb. Kolbe, L. S. Löwig und Schweitzer, Mt. Mitscherlich, Rc. Roscoe, Rg. Regnault, Rs. Rose, Sl. Salet, T. H. Troost und Hautefeuille, Tm. Thomson, Tn. Than, Tp. Thorpe, V. M. Victor Meyer, W. D. Wöhler und Deville, Wd. Wrede, Wk. Wanklyn, Wt. Walter, Wz. Würtz.

	d	Beob.	$28{,}87\,d$	$\mathfrak{M}$	Bestandtheile.
Fluorwasserstoff	—	Gore.	—	20,1*)	1 Th. Wasserstoff, 19,1 Th. Fluor.
Chlorwasserstoff	1,247	B. A.	36,0	36,37	1 Th. Wasserstoff. 35,37 Th. Chlor.
Bromwasserstoff	—	Ba.	—	80,75*)	1 Th. Wasserstoff, 79,75 Th. Brom.
Jodwasserstoff	4,443	G. L.	128,0	127,53	1 Th. Wasserstoff, 126,53 Th. Jod.
Wasser	0,623	Rg.	77,99	17,96	15,96 Th. Sauerstoff, 2 Th. Wasserstoff.

*) mittelbar bestimmt; s. oben § 20, S. 47, 48.

	d	Beob.	$28,87d$	$\mathfrak{M}$	Bestandtheile.
Schwefelwasserstoff	1,191	G. L.	34,4	33,98	**31,98** Th. Schwefel, 2 Th. Wasserstoff.
Schwefligsäureanhydrid	2,247	Bz.	64,9	63,90	**31,98** Th. Schwefel, 31,92 Th. Sauerstoff.
Schwefelsäureanhydrid	3,01	Mt.	86,9	79,86	**31,98** Th. Schwefel, 47,88 Th. Sauerstoff.
Sulfurylchlorid	4,67	Rg.	134,8	134,64	**31,98** Th. Schwefel, 31,92 Th. Sauerstoff, 70,74 Th. Chlor.
Selenwasserstoff	—	Bi.	—	80,9*)	**78,9** Th. Selen, 2 Th. Wasserstoff.
Selenigsäureanhydrid	4,03	Mt.	116	111,8	**78,9** Th. Selen, 31,92 Th. Sauerstoff.
Tellurwasserstoff	—	Bi.	—	128,3*)	**126,3** Th. Tellur, 2 Th. Wasserstoff.
Ammoniak	0,597	B. A.	17,2	17,01	**14,01** Th. Stickstoff, 3 Th. Wasserstoff.
Stickoxyd	1,039	Bé.	30,0	29,97	**14,01** Th. Stickstoff, 15,96 Th. Sauerstoff.
Stickoxydul	1,520	Col.	43,9	43,98	**15,96** Th. Sauerstoff, 28,02 Th. Stickstoff.
Phosphorwasserstoff	1,15	Rs.	33,1	33,96	**30,96** Th. Phosphor, 3 Th. Wasserstoff.
Phosphorpentafluorid	—**)	Tp.	—	126,46	**30,96** Th. Phosphor, 95,5 Th. Fluor.
Phosphortrichlorid	4,88	Ds.	140,9	137,07	**30,96** Th. Phosphor, 106,11 Th. Chlor.
Phosphoroxychlorid	5,40	Wz.	155,9	153,03	**30,96** Th. Phosphor, **15,96** Th. Sauerstoff, 106,11 Th. Chlor.
Phosphorsulfochlorid	5,88	Ch.	169,7	169,05	**30,96** Th. Phosphor, **31,98** Th. Schwefel, 106,11 Th. Chlor.
Triaethylphosphinoxyd	4,60	Hf.	132,8	133,74	**30,96** Th. Phosphor, **15,96** Th. Sauerstoff, 71,82 Th. Kohlenstoff, 15 Th. Wasserstoff.
Arsenwasserstoff	2,695	Ds.	77,8	77,9	**74,9** Th. Arsen, 3 Th. Wasserstoff.
Arsentrichlorid	6,30	Ds.	181,9	181,0	**74,9** Th. Arsen, 106,11 Th. Chlor.

*) mittelbar bestimmt; s. oben § 20, S. 47, 48.
**) Dichte nicht angegeben. Chem. News, 1875, vol. 32, pag. 232.

	d	Beob.	$28{,}87\,d$	$\mathfrak{m}$	Bestandtheile.
Kakodylchlorid	4,56	Bn.	131,7	140,2	74,9 Th. Arsen, 35,37 Th. Chlor, 23,94 Th. Kohlenstoff, 6 Th. Wasserstoff.
Kakodylcyanid	4,63	Bn.	133,7	130,8	74,9 Th. Arsen, 14,01 Th. Stickstoff, 35,91 Th. Kohlenstoff, 6 Th. Wasserstoff.
Arsentrijodid	16,1	Mt.	464,8	454,5	74,9 Th. Arsen, 379,59 Th. Jod.
Antimontrichlorid	7,8	Mt.	224,7	228,1	122 Th. Antimon, 106,11 Th. Chlor.
Antimontriaethyl	7,44	L. S.	214,8	208,8	122 Th. Antimon, 71,82 Th. Kohlenstoff, 15 Th. Wasserstoff.
Wismuthtrichlorid	11,35	Jq.	327,7	316,1	210 Th. Wismuth, 106,11 Th. Chlor.
Bortrifluorid	2,312	Ds.	66,8	68,3	11,0 Th. Bor. 57,3 Th. Fluor.
Bortrichlorid	3,942	Ds.	113,8	117,1	11,0 Th. Bor, 106,11 Th. Chlor.
" "	4,02	W. D.	116,1	"	
Bortribromid	8,78	W. D.	253,5	250,2	11,0 Th. Bor, 239,25 Th. Brom.
Bortrimethyl	1,93	Fk.	55,7	55,9	11,0 Th. Bor, 35,91 Th. Kohlenstoff, 9 Th. Wasserstoff.
Indiumchlorid	7,78	V. M.	224,7	219,5	113,4 Th. Indium, 106,1 Th. Chlor.
Grubengas	0,555	Tm.	16,0	15,97	11,97 Th. Kohlenstoff, 4 Th. Wasserstoff.
Fluormethyl	1,186	Ds. P.	34,3	34,1	11,97 Th. Kohlenstoff, 19,1 Th. Fluor, 3 Th. Wasserstoff.
Chlormethyl	1,736	Ds. P.	50,1	50,34	11,97 Th. Kohlenstoff, 35,37 Th. Chlor, 3 Th. Wasserstoff.
Brommethyl	3,253	Bn.	93,9	94,72	11,97 Th. Kohlenstoff, 79,75 Th. Brom, 3 Th. Wasserstoff.
Jodmethyl	4,883	Ds. P.	141,0	141,50	11,97 Th. Kohlenstoff, 126,53 Th. Jod, 3 Th. Wasserstoff.
Chloroform	4,20	Ds.	121,3	119,08	11,97 Th. Kohlenstoff, 1 Th. Wasserstoff, 106,11 Th. Chlor.

	d	Beob.	$28,57\,d$	$\mathfrak{m}$	Bestandtheile.
Kohlentetrachlorid	5,24	Kb.	151,3	153,45	11,97 Kohlenstoff,
"	5,33	Rg.	153,9	"	141,48 Th. Chlor.
Kohlenoxyd	0,968	Wd.	27,96	27,93	11,97 Th. Kohlenstoff, 15,96 Th. Sauerstoff.
Kohlensäureanhydrid	1,529	Rg.	44,15	43,89	11,97 Th. Kohlenstoff, 31,92 Th. Sauerstoff.
Kohlenoxychlorid	3,505	E. L.	101,2	98,67	11,97 Th. Kohlenstoff, 15,96 Th. Sauerstoff, 70,74 Th. Chlor.
Kohlenoxysulfid	2,105	Tn.	60,8	59,91	11,97 Th. Kohlenstoff, 15,96 Th. Sauerstoff, 31,98 Th. Schwefel.
Schwefelkohlenstoff	2,645	G. L	76,4	75,93	11,97 Th. Kohlenstoff, 63,96 Th. Schwefel.
Blausäure	0,948	G. L.	27,4	26,98	11,97 Th. Kohlenstoff, 14,01 Th. Stickstoff, 1 Th. Wasserstoff,
Chlorcyan	2,13	Sl.	61,5	61,35	11,97 Th. Kohlenstoff, 14,01 Th. Stickstoff, 35,37 Th. Chlor.
Cyansäure	1,50	T. H.	43,3	42,94	11,97 Th. Kohlenstoff, 14,01 Th. Stickstoff, 15,96 Th. Sauerstoff, 1 Th. Wasserstoff.
Holzgeist	1,12	Ds. P.	32,3	31,93	11,97 Th. Kohlenstoff, 15,96 Th. Sauerstoff, 4 Th. Wasserstoff.
Methylnitrat	2,64	Ds. P.	76,2	76,86	11,97 Th. Kohlenstoff, 14,01 Th. Stickstoff, 3 Th. Wasserstoff, 47,88 Th. Sauerstoff.
Fluorsilicium	3,57	Dv.	103,0	104,4	28 Th. Silicium, 76,4 Th. Fluor.
Chlorsilicium	5,94	Ds.	171,5	169,5	28 Th. Silicium, 141,48 Th. Chlor.
Jodsilicium	19,1	Fd.	551,4	534,1	28 Th. Silicium, 506,12 Th. Jod.
Siliciummethyl	5,13	Fd. C.	148,1	143,8	28 Th. Silicium, 95,76 Th. Kohlenstoff, 20 Th. Wasserstoff.
Chlortitan	6,84	Ds.	197,5	189,5	48 Th. Titan, 141,48 Th. Chlor.
Chlorzircon	8,15	D. T.	235,4	231,5	90 Th. Zirconium, 141,48 Th. Chlor.

§ 23.   aus der Dichte der Gase.   57

	d	Beob.	$28,87\,d$	$\mathfrak{M}$	Bestandtheile.
Chlorzinn	9,20	Ds.	265,7	259,3	117,8 Th. Zinn, 141,48 Th. Chlor.
Stannaethyl	8,02	Fk.Bk.	231,6	233,6	117,8 Th. Zinn, 95,76 Th. Kohlenstoff, 20 Th. Wasserstoff.
Stanntriaethylchlorür	8,43	Ch.	243,4	240,0	117,8 Th. Zinn, 35,37 Th. Chlor, 71,82 Th. Kohlenstoff, 15 Th. Wasserstoff.
Stanntriaethylbromür	9,92	Ch.	286,4	284,4	117,8 Th. Zinn, 79,75 Th. Brom, 71,82 Th. Kohlenstoff, 15 Th. Wasserstoff.
Stanntrimethyljodür	10,33	Ch.	298,2	289,2	117,8 Th. Zinn, 126,53 Th. Jod, 35,91 Th. Kohlenstoff, 9 Th. Wasserstoff.
Chlorblei	9,5	Rc.	274,3	277,14	206,4 Th. Blei, 70,74 Th. Chlor.
Bleimethyl	9,6	Bt.	277,2	266,3	206,4 Th. Blei, 47,88 Th. Kohlenstoff, 12 Th. Wasserstoff.
Chlorthallium	8,2	Rc.	236,7	238,97	203,6 Th. Thallium, 35,37 Th. Chlor.
Chlorzink	4,57	V. M.	131,9	135,64	64,9 Th. Zink. 70,74 Th. Chlor.
Zinkmethyl	3,29	Wk.	95,0	94,8	64,9 Th. Zink, 23,94 Th. Kohlenstoff, 6 Th. Wasserstoff.
Zinkaethyl	4,62	Fk.	123,0	122,8	64,9 Th. Zink, 47,88 Th. Kohlenstoff, 10 Th. Wasserstoff.
Kadmium	3,94	D. T.	113,7	111,6	111,6 Th. Kadmium,
Bromkadmium	9,25	V. M.	267,1	271,1	111,6 Th. Kadmium, 159,5 Th. Brom.
Quecksilber	6,98	Ds.	201,5	199,8	199,8 Th. Quecksilber.
Quecksilberchlorid	9,8	Mt.	283	270,5	199,8 Th. Quecksilber, 70,74 Th. Chlor.
Quecksilberbromid	12,16	Mt.	351	359,3	199,8 Th. Quecksilber, 159,5 Th. Brom.
Quecksilberjodid	16,2	Mt.	468	452,9	199,8 Th. Quecksilber, 253,06 Th. Jod.
Quecksilbermethyl	8,29	Bk.	239,4	229,7	199,8 Th. Quecksilber, 23,94 Th. Kohlenstoff, 6 Th. Wasserstoff.

	d	Beob. $28{,}87 d$	m	Bestandtheile.
Quecksilberaethyl	9,97	Bk. 287,8	257,7	199,8 Th. Quecksilber, 47,88 Th. Kohlenstoff, 10 Th. Wasserstoff.
Osmiumsäureanhydrid	8,9	D.Db. 257	262,4†)	198,6 Th. Osmium†), 63,84 Th. Sauerstoff.
Chromacichlorid	5,55	Bi. 159	155,1	52,4 Th. Chrom,
"	5,9	Wt. 170		31,92 Th. Sauerstoff, 70,74 Th. Chlor.
Molybdänpentachlorid	9,46	Db. 273	272,7	95,8 Th. Molybdän, 176,85 Th. Chlor.
Wolframpentachlorid	12,7	Rc. 366	360,9	184 Th. Wolfram, 176,85 Th. Chlor.
Wolframhexachlorid	13,2	Rc. 382	396,2	184 Th. Wolfram, 212,22 Th. Chlor.
Wolframmonoxychlorid	11,84	Rc. 342	341,4	184 Th. Wolfram, 15,96 Th. Sauerstoff, 141,48 Th. Chlor.
Vanadintetrachlorid	6,69*)	Rc. 193	192,7	51,2 Th. Vanadin, 141,48 Th. Chlor.
Vanadinacichlorid	6,11	Rc. 176	173,3	51,2 Th. Vanadin, 15,96 Th. Sauerstoff, 106,11 Th. Chlor.
Niobchlorid	9,6	D. T. 277	270,9	94 Th. Niob, 176,85 Th. Chlor.
Niobacichlorid	7,88	D. T. 228	216,1	94 Th. Niob, 15,96 Th. Sauerstoff, 106,11 Th. Chlor.
Tantalchlorid	12,9	D. T. 372	358,9	182 Th. Tantal, 176,85 Th. Chlor.
Kupferchlorür	7,05	V. M. 203,5	197,34	126,6 Th. Kupfer, 70,74 Th. Chlor.
Aluminiumchlorid	9,35	D. T. 270	266,8	54,6 Th. Aluminium, 212,22 Th. Chlor.
Aluminiumbromid	18,6	D. T. 537	533,1	54,6 Th. Aluminium, 478,5 Th. Brom.
Aluminiumjodid	27,0	D. T. 780	813,8	54,6 Th. Aluminium, 759,18 Th. Jod.
Eisenchlorid	11,39	D. T. 329	324,0	111,8 Th. Eisen,
"	11,14	V. M. 322	"	212,22 Th. Chlor.

†) wahrscheinlich etwas weniger; s. Abschnitt V.
*) In Roscoe's Abhandlung, Ann. Chm. Pharm. 1870, VII. Suppl.-Bd., S. 75, ist irrthümlich die Zahl 6,99 gedruckt.

In den in dieser Tafel aufgeführten Verbindungen kommen 36 verschiedene Elemente vor, also etwa die Hälfte der mit einiger Sicherheit bekannt gewordenen, deren Zahl augenblicklich gegen 70 beträgt.

Für einige dieser Verbindungen, besonders für solche, die erst bei hoher Temperatur flüchtig sind, ist die Abweichung des aus der beobachteten Dichte berechneten Molekulargewichtes von dem stöchiometrisch berichtigten sehr gross; doch dürfte diese Abweichung in den meisten Fällen wesentlich auf Unreinheit oder theilweiser Zersetzung der Substanz oder auf einem Beobachtungsfehler in der Dichtigkeitsbestimmung beruhen.

§ 24.

Fragen wir nun, ob wir für alle diese 36 Elemente die kleinste in den Verbindungen auftretende Quantität als das Atomgewicht annehmen dürfen, so erscheint dies allerdings nicht ganz ungerechtfertigt bei Elementen, von denen die Dichte in Gasform einer grossen Anzahl von Verbindungen bekannt und es daher wahrscheinlich ist, dass wir auch wenigstens einige der Verbindungen kennen, welche nur 1 Atom des Elementes in der Molekel enthalten. Diese Wahrscheinlichkeit wird nicht unerheblich erhöht durch den Umstand, dass die Verbindungen, welche eine geringere Anzahl von Atomen enthalten und dem entsprechend ein geringeres Molekulargewicht besitzen, in der Regel leichter flüchtig, also leichter im Gaszustande zu erhalten und zu untersuchen sind, als Verbindungen derselben Elemente mit mehr Atomen in der Molekel und entsprechend grösserem Molekulargewicht. Als Gewissheit darf indessen diese Wahrscheinlichkeit nicht genommen werden, da niemals die Möglichkeit ausgeschlossen ist, dass noch eine Verbindung entdeckt werde, welche weniger als die bisher bekannten von einem dieser Elemente in der Molekel enthielte. Diese Möglichkeit ist um so grösser, je weniger Verbindungen des betreffenden Elementes untersucht sind, da es dann um so weniger sicher erscheint, dass unter diesen gerade solche mit einem Atom in der Molekel sich befinden.

Man wird aber immerhin jene kleinsten in den Molekulargewichten auftretenden Mengen als Atomgewichte so lange gelten lassen können, bis Gründe vorliegen, welche es wahrscheinlich oder unzweifelhaft machen, dass jene Quantitäten aus zwei, drei oder mehr Atomen bestehen.

Solche Gründe liegen nun, wie weiter unten gezeigt werden soll*), für das Kupfer, Aluminium und Eisen vor. Die in der Molekel ihrer Chlor-, Brom-, Jodverbindungen vorkommende Quantität des Metalles besteht schwerlich aus einem, sondern aller Wahrscheinlichkeit nach aus zwei Atomen. Scheinbar geht dieses für das Aluminium auch aus den von Buckton und Odling**) ausgeführten Bestimmungen der Dichte seiner Methylverbindung hervor, die so gering gefunden wurde, dass auf das aus ihr berechnete Molekulargewicht weniger als 54,6 Th. Aluminium kommen. Indessen ist es wahrscheinlich, dass bei diesen Beobachtungen die Verbindung durch die zu ihrer Verflüchtigung angewandte Hitze zersetzt worden war, also nicht ihre, sondern ihrer Zersetzungsprodukte Raumerfüllung gemessen wurde***).

Für die übrigen 33 in der Tabelle vorkommenden Elemente liegt bis jetzt kein Grund vor, der uns hinderte, die kleinsten in den Molekulargewichten auftretenden Mengen derselben als die Atomgewichte anzunehmen. Wir werden vielmehr unten sehen, dass diese Annahme anderweit mehrfache Bestätigung findet, ohne welche dieselbe allerdings nur von zweifelhaftem Werthe sein würde.

§ 25.

Vergleichen wir die so mit Hülfe der Hypothese Avogadro's aus den Molekulargewichten der Verbindungen ermittelten Atomgewichte mit den Molekulargewichten der Elemente selbst, soweit diese bekannt sind, so ergiebt sich nur für das Quecksilber und das Kadmium die Identität beider. Für alle anderen Elemente ist das Molekulargewicht ein Vielfaches des Atomgewichtes.

Nachstehende Tafel giebt eine Uebersicht über die Atom- und Molekulargewichte der Elemente, soweit sie in der im vorigen angegebenen Weise mittelst der Avogadro'schen Hypothese bis jetzt haben bestimmt werden können. Es sind die Atomgewichte durch die lateinischen, die Molekulargewichte durch die entsprechenden gothischen Anfangsbuchstaben der Namen ausgedrückt, und zugleich das Verhältniss beider in der letzten Spalte der Tafel angegeben. Die Elemente sind nach der Grösse ihres Atomgewichtes geordnet.

---

*) S. u. § 39 ff.
**) Lond. Roy. Soc. Proc. XIV, p. 19; Phil. Mag. [4] 29, p. 316.
***) s. A. Williamson, Proc. ib. p. 74; Phil. Mag. ib. p. 395; A. Wanklyn, Phil. Mag. ib. p. 313.

Element	Atomgewicht	Molekulargewicht
Wasserstoff	H = 1	$\mathfrak{H}$ $H_2 = 2$
Bor	B = 11,0	$\mathfrak{B}$?
Kohlenstoff	C = 11,97	$\mathfrak{C}$ = ?
Stickstoff	N = 14,01	$\mathfrak{N}$: $N_2 = 28,02$
Sauerstoff	O = 15,96	$\mathfrak{O}$ — O_2 31,92
Fluor	F = 19,1	$\mathfrak{F}$ = ?
Silicium	Si = 28	$\mathfrak{Si}$ = ?
Phosphor	P = 30,94	$\mathfrak{P}$ = P_4 — 123,76
Schwefel	S = 31,98	$\mathfrak{S}$ = S_2 = 63,96*)
		oder = S_6 — 191,88**)
Chlor	Cl = 35,37	$\mathfrak{Cl}$ = Cl_2 = 70,74***)
Titan	Ti 48	$\mathfrak{Ti}$ = ?
Vanadin	V = 51,2	$\mathfrak{V}$ = ?
Chrom	Cr = 52,4	$\mathfrak{Cr}$ = ?
Zink	Zn = 64,9	$\mathfrak{Zn}$ = ?
Arsen	As = 74,9	$\mathfrak{As}$: As_4 299,6
Selen	Se 78,9	$\mathfrak{Se}$ = Se_2 = 157,8
Brom	Br = 79,75	$\mathfrak{Br}$ Br_2 — 159,50
Zirkonium	Zr 90	$\mathfrak{Zr}$?
Niob	Nb = 94	$\mathfrak{Nb}$?
Molybdän	Mo = 95,8	$\mathfrak{Mo}$ — ?
Kadmium	Cd = 111,6	$\mathfrak{Cd}$ = Cd = 111,6
Indium	Jn = 113,4	$\mathfrak{Jn}$ 113,4
Zinn	Sn 117,8	$\mathfrak{Sn}$?
Antimon	Sb — 122	$\mathfrak{Sb}$ = ?
Tellur	Te = 126,3	$\mathfrak{Te}$ = Te_2 = 252,6
Jod	J = 126,53	$\mathfrak{J}$ = J_2 — 253,06
Tantal	Ta 182	$\mathfrak{Ta}$?
Wolfram	W = 184	$\mathfrak{W}$?
Osmium	Os = 198,6	$\mathfrak{Os}$ = ?
Quecksilber	Hg : 199,8	$\mathfrak{Hg}$ — Hg 199,8
Thallium	Tl — 203,6	$\mathfrak{Tl}$ = ?
Blei	Pb = 206,4	$\mathfrak{Pb}$ = ?
Wismuth	Bi = 210	$\mathfrak{Bi}$?

Die Tafel enthält alle nicht metallischen bis jetzt bekannt gewordenen Elemente. Auch von den spröden Metallen oder Halbmetallen fehlen nur einige wenige. Dagegen sind die eigentlichen,

---

*) über 800°C.
**) bei 500°C.
***) unter 600° C.; von da an kommen auch Molekeln Cl. = 35,37 vor, die bei 1200° die Hälfte des Gewichtes oder zwei Drittel der Anzahl aller Molekeln ausmachen.

die dehnbaren Metalle nur durch eine sehr geringe Minderzahl vertreten; ausser vielen schweren fehlen alle leichten Metalle. Die in der zweiten Spalte aufgeführten Atomgewichte sind, mit alleiniger Ausnahme von Bor, Silicium, Vanadin, Zirkon, Niob und Tantal und abgesehen von den durch neuere Untersuchungen bewirkten kleinen Berichtigungen der stöchiometrischen Werthe, identisch mit den von Berzelius angenommenen und durch nicht durchstrichene Buchstaben bezeichneten Atomgewichten*); nur dass Berzelius diese in der Regel nicht auf den Wasserstoff, sondern auf den Sauerstoff als Einheit zu beziehen pflegte**). Sie sind aber für etwa die Hälfte der Elemente verschieden von den Gmelin'schen sogenannten Aequivalentgewichten, welche lange Zeit fast einzig in Gebrauch waren und sich auch jetzt noch, ausser in dem Handbuche der Chemie von Leopold Gmelin***), in manchen chemischen Werken finden, aus den neueren Lehrbüchern aber jetzt fast ganz wieder verdrängt sind.

Diese allgemeine Rückkehr von den Gmelin'schen zu den Berzelius'schen Atomgewichten hat sich durchaus nicht so glatt, wie es möglich und wünschenswerth gewesen wäre, sondern auf einem sehr verworrenen Umwege vollzogen. Indem Gerhardt bei seiner Reform des Systemes der organischen Chemie nur die Avogadro'sche Regel und die chemische Aequivalenz zur Richtschnur nahm, wurde er zwar mit Nothwendigkeit dazu geführt, für die nicht metallischen und halbmetallischen Elemente, welche vorzugsweise flüchtige Verbindungen bilden, die von Berzelius angenommenen und mit nicht durchstrichenen Buchstaben bezeichneten Atomgewichte wieder einzuführen. Für die Metalle aber gewann er keinen sicheren Anhaltspunkt, gerieth vielmehr mit ihnen vollständig in die Irre. Er wählte, wie Gmelin, den Wasserstoff zum Maasse der Atomgewichte, bezog aber diese nicht, wie jener, auf das dem Berzelius'schen Doppelatome H entsprechende elektrolytische Aequivalent des Wasserstoffes, sondern auf die Hälfte desselben, das einfache Berzelius'sche H. Folgerichtig hätte er demnach die Atomgewichte der Metalle durch doppelt so grosse

---

*) Mit dem Verhältnisse der Berzelius'schen zu den jetzigen Ansichten beschäftigt sich ausführlich: Blomstrand, Chemie der Jetztzeit etc. Heidelberg 1869.

**) In den Atomgewichtstafeln von 1826, Berzelius Jahr.-Ber. No. VII, S. 73, finden sich noch die auf ein Wasserstoffatom als Einheit bezogenen, den jetzt geltenden entsprechenden Werthe, z. B. $O = 16,0$, $S = 32,2$ u. s. f.

***) L. Gmelin, Handbuch der Chemie, 5. Aufl., I. S. 46, Spalte C. u. D.

Zahlenwerthe darstellen müssen, als ihnen Gmelin nach seiner doppelt so grossen Einheit, übereinstimmend mit Berzelius, beigelegt hatte. Statt dessen behielt er die Gmelin'schen Zahlenwerthe bei, halbirte also in Wirklichkeit die Atomgewichte, ohne deren Zeichen zu ändern. Da nun schon Gmelin durch die Berzelius'schen nicht durchstrichenen Zeichen für viele Halb- und Nichtmetalle Gewichte dargestellt hatte, welche im Verhältnisse zum Atomgewichte des Sauerstoffes doppelt so gross waren, als die Berzelius'schen, und nun Gerhardt durch die Zeichen der Metalle Grössen darstellte, die nur der Hälfte der von Berzelius und Gmelin angenommenen Atomgewichte gleichkamen, erhielt fast jedes Atomzeichen bei verschiedenen Autoren mindestens zwei, manche noch mehr verschiedene Bedeutungen. Um der daraus entstehenden Verwirrung vorzubeugen, machte Williamson*) damals den Vorschlag, die Zeichen für alle die Atomgewichte zu durchstreichen, denen im Verhältniss zum Wasserstoffatom ein doppelt so grosser Werth gegeben wurde, als Gmelin für dieselben angenommen hatte. Dieser Vorschlag hatte darum etwas missliches, weil die durchstrichenen Buchstaben von Berzelius schon ihre Bedeutung erhalten hatten als Zeichen nicht für ein, sondern für zwei Atome, für ein sogenanntes „Doppelatom". Einige Zeit sind indessen diese durchstrichenen Zeichen zur Vermeidung von Verwechselungen in Gebrauch gewesen, jetzt aber überflüssig geworden, nachdem man allgemein, mit wenigen, allseitig als nothwendig anerkannten Ausnahmen, zu den Berzelius'schen Atomgewichten zurückgekehrt ist, welche keinen Verwechselungen und Missverständnissen Raum geben.

§ 26.

Wie die Tabelle auf S. 61 ergiebt, führt die Hypothese Avogadro's zu der Ansicht, dass die Molekeln der meisten sogenannten einfachen Stoffe Verbindungen mehrer Atome seien. Dieses zunächst überraschende Ergebniss ist in voller Uebereinstimmung mit den Eigenschaften und dem Verhalten dieser Stoffe. Ja, ohne die Annahme, dass die Elemente im sogenannten isolirten Zustande meist nicht aus isolirten Atomen, sondern aus Gruppen mit einander verbundener Atome bestehen, würden viele Eigenschaften der Elemente ganz räthselhaft erscheinen, die durch jene Annahme eine sehr einfache Erklärung

---

*) Ann. Chem. Pharm. 1854, Bd. 91, S. 211.

finden. Besonders ist einzig diese im Stande, die auffallenden Erscheinungen des Status nascendi auf schlagende Weise zu erklären. Ohne diese Annahme von Atomverbindungen würde es schwer zu begreifen sein, warum Elemente, die im sogenannten freien Zustande nur schwache Verwandtschaften zeigen, im Status nascendi so sehr viel leichter Verbindungen eingehen. Solches ist aber sofort klar, wenn wir annehmen, im sogenannten freien Zustande seien die Atome zu regelmässigen Gruppen, zu Molekeln, mit einander verbunden, im Entstehungszustande aber die einzelnen Atome isolirt. In ersterem ist, bevor ein Atom eine neue Verbindung eingehen kann, die Kraft zu überwinden, durch welche es in der Verbindung mit den übrigen festgehalten wird; bei letzterem, dem Status nascendi, ist kein solches Hinderniss vorhanden; die Atome werden also viel leichter Verbindungen eingehen.

Sauerstoff und Wasserstoff z. B. vereinigen sich bekanntlich nicht, wenn sie bei gewöhnlicher Temperatur im sogenannten freien Zustande zusammentreffen, sondern erst bei hoher Temperatur, d. h. wenn durch Steigerung der Temperatur der Zusammenhang ihrer Molekeln OO und HH gelockert worden. In dem Augenblicke aber, wo sie aus anderen Verbindungen austreten, in statu nascendi, d. i. wo sich ihre Atome noch nicht zu Molekeln verbunden haben, findet die Vereinigung von O mit H_2 zu Wasser auch bei niederer Temperatur statt.

Der freie Kohlenstoff und der freie Stickstoff gehören zu den chemisch indifferentesten Körpern, die wir kennen, da sie nur mit einigen wenigen anderen Stoffen und auch mit diesen nur bei sehr hohen Hitzegraden Verbindungen eingehen. Sind sie aber mit anderen Elementen in Verbindung und werden ihnen diese entzogen, so gehen sie sehr leicht neue Vereinigungen ein. Mit Wasserstoff z. B. vereinigen sich beide direct sehr schwierig, sehr leicht aber, wenn Wasserstoff im Entstehungszustande auf ihre Sauerstoffverbindungen einwirkt. So entsteht aus der Salpetersäure und anderen Sauerstoffverbindungen des Stickstoffes sehr leicht dessen Wasserstoffverbindung, das Ammoniak, NH_3, das aus NN und HH sehr schwierig zu erhalten ist, offenbar weil dazu erst die Kräfte, die N mit N und H mit H verbinden, überwunden werden müssten. So entsteht in den grünen Blättern der Pflanzen unter dem Einflusse des Lichtes jene grosse Zahl von sogenannten organischen Verbindungen dadurch, dass Kohlenstoff und Wasserstoff den mit ihnen verbundenen Sauerstoff ganz oder theilweise verlieren und ihre dadurch freigewordenen Verwandtschaftskräfte durch Verbindung mit einander befriedigen.

Diese und zahlreiche andere Fälle würden unerklärt bleiben ohne jene Consequenz aus Avogadro's Hypothese, die ihnen eine so ungezwungene Erklärung zu Theil werden lässt.

§ 27.

Es bleibt nach diesen Betrachtungen noch die Annahme möglich, es seien die kleinsten in den Molekulargewichten der Verbindungen gefundenen Quantitäten der Elemente niemals einfache Atome, sondern stets Gruppen von mehren Atomen. Dieser Annahme steht aber eine sehr wichtige Beobachtung entgegen. Kundt und Warburg*) bewiesen durch die Bestimmung der Schallgeschwindigkeit im Quecksilberdampfe, dass die Molekeln dieses Dampfes keine inneren Bewegungen haben, folglich nicht aus mehren gegen einander beweglichen Theilen bestehen. Darnach ist es mindestens höchst wahrscheinlich, wenn nicht sicher bewiesen, dass das Molekulargewicht wirklich, wie oben angenommen wurde, gleich dem Atomgewichte selbst und nicht gleich einem Vielfachen desselben ist. Die Analogie lässt vermuthen, dass auch die übrigen nach der Avogadro'schen Methode bestimmten Atomgewichte die richtigen Werthe und nicht Vielfache der wirklichen Atome sind.

§ 28.

Nachdem wir im vorigen die wichtigsten und werthvollsten Folgerungen erörtert haben, welche die theoretische Chemie aus der Hypothese Avogadro's gezogen hat, müssen wir noch eine Anzahl von Fällen betrachten, auf welche angewandt, diese selbe Hypothese zu erheblichen Irrthümern führen könnte und z. Th. sogar schon geführt hat.

Es ist schon oben in § 17 darauf hingewiesen worden, dass die Annahme Avogadro's, in gleichen Raumtheilen verschiedener Gase und Dämpfe seien bei gleichem Druck und gleicher Temperatur gleich viel Theilchen enthalten, keine ganz strenge Gültigkeit haben kann, weil die Raumerfüllung verschiedener Gase und Dämpfe in nicht ganz gleicher Art mit Druck und Temperatur veränderlich ist. Wenn z. B. Wasserstoff und Sauerstoff beim Drucke einer Atmosphäre genau gleich viel Theilchen in gleichen Räumen enthalten, so muss bei zwei Atmosphären Druck ein Raumtheil Sauer-

---

*) Ber. d. d. chem. Ges 1875, S. 945; Pogg. Ann. 1876, Bd. 157, S.

stoff mehr Theilchen enthalten als ein Raumtheil Wasserstoff; denn nach Regnault's Versuchen*) bewirkt eine und dieselbe Steigerung des Druckes beim Sauerstoff eine grössere Zusammendrückung als beim Wasserstoff; bei jenem nimmt das Volumen in etwas stärkerem Verhältniss ab, als der Druck zunimmt, während bei diesem umgekehrt die Abnahme des Volumens geringer ist als die Zunahme des Druckes. Diese Abweichungen, welche von den Dimensionen der Theilchen und den zwischen ihnen wirksamen Molekularkräften abzuhängen scheinen, sind aber bei den meisten Gasen so gering, dass sie die Anwendung der Avogadro'schen Hypothese zur Bestimmung der Molekular- und Atomgewichte nicht verhindern. Jedoch dürfen wir nie übersehen, dass, da das Gesetz Avogadro's nur in sehr grosser Annäherung richtig ist, die Anzahl der in gleichen Räumen enthaltenen Theilchen verschiedener Gase fast niemals absolut, sondern nur sehr angenähert gleich sein kann.

Ausser und neben diesen sehr kleinen Abweichungen kommen aber noch andere vor, welche die Anwendung der Avogadro'schen Regel entweder ganz unmöglich machen oder doch nur unter gewissen Einschränkungen zulassen.

Die Abweichungen vom Boyle'schen und Gay-Lussac'schen Gesetze, welche bei den permanenten Gasen und den von dem Punkte ihrer Condensation weit entfernten Dämpfen so klein sind, dass sie bei der Bestimmung des Molekulargewichtes vernachlässigt werden dürfen, nehmen bei allen bis jetzt untersuchten Stoffen sehr bedeutend zu, sobald sich die Dämpfe derselben, sei es durch Steigerung des Druckes, sei es durch Erniedrigung der Temperatur, dem Punkte ihrer Verdichtung nähern. Hier wächst die Dichtigkeit in viel rascherem Verhältniss, als die Temperatur sinkt und der Druck steigt. Da nun die Grenzen von Druck und Temperatur, bei welchen die Condensation eintritt, für verschiedene Stoffe sehr verschieden sind, so folgt, dass ein der Condensation naher Dampf zu einem anderen, der bei derselben Temperatur und demselben Drucke der Condensation sehr fern ist, oder zu einem permanenten Gase nicht in demselben Verhältnisse der Dichtigkeit stehen kann, welches die beiden Dämpfe, resp. Gas und Dampf, unter Umständen zeigen, unter denen beide von ihrem Condensationspunkte weit entfernt sind und daher den allgemeinen Ausdehnungsgesetzen der Gase wenigstens nahezu folgen.

---

*) Relation des expériences etc. T. I, 1847, 6me mémoire, p. 329.

§ 28. aus der Dichte der Gase. 67

So zeigt z. B. nach Versuchen von Cahours*) die Essigsäure unter dem Druck einer Atmosphäre bei Temperaturen über 250° C. die Dichte 2,08, bezogen auf Luft von gleichem Druck und gleicher Temperatur. Dieser Dichte entspricht das Molekulargewicht $C_2 H_4 O_2$ 59,9. Bestimmt man aber die Dichte unter demselben Drucke bei niedrigeren Temperaturen, so findet man dieselbe grösser, verglichen mit der von gleich temperirter Luft, und zwar um so grösser, je niedriger die Temperatur**). Bei 125° C. z. B. fand sie Cahours 3,20. Beobachtet man bei geringerem Drucke, so zeigt sich ein ähnliches Verhältniss; nur dass eine stärkere Erniedrigung der Temperatur erforderlich ist, um dieselbe Vergrösserung der Dichtigkeit hervorzubringen. Erhält man die Temperatur constant und lässt den Druck wachsen, so nimmt die relative Dichtigkeit ebenfalls zu***). Es wächst also die relative Dichte des Essigsäuredampfes, verglichen mit Luft von gleicher Temperatur und gleichem Druck, sowohl mit steigendem Drucke wie mit fallender Temperatur; oder mit anderen Worten, die absolute Dichte wächst mit beiden rascher als die der Luft und anderer den allgemeinen Ausdehnungsgesetzen folgender Gase. Es fragt sich, ob hier die Avogadro'sche Hypothese noch Anwendung finden darf.

Da die Dichte des Dampfes von dem dem Molekulargewichte $C_2 H_4 O_2$ entsprechenden Werthe 2,08 zu den grösseren Werthen allmählich und stetig zunimmt, so ist klar, dass sich nicht für jede der beobachteten Dichtigkeiten nach der Regel Avogadro's ein Molekulargewicht berechnen lässt, das einer stöchiometrischen Quantität entspricht. Die nächst grössere solche Quantität, durch welche die analytisch gefundene Zusammensetzung der Essigsäure dargestellt werden könnte, wäre $C_3 H_6 O_3$ 89,8, welcher die relative Dichtigkeit $\frac{89,8}{28,87} = 3,11$ entspricht. Die nächste würde $C_4 H_8 O_4$ 119,7 sein, welcher die Dichte $\frac{119,7}{28,87} = 4,15$ entsprechen würde. Die aus den zwischen 2,08 und 3,11 und zwischen diesem und 4,15 liegenden beobachteten Werthen der relativen

---

*) Cahours, 1845, Compt. rend. T. 19, p. 771; Ann. Chem. Pharm. Bd. 56, S. 176.
**) s. die Zusammenstellung der Beobachtungen von Bineau, Cahours und Horstmann in des Letzteren Abhandlung, Ann. Chem. Pharm. 1868, 6. Suppl.-Bd. S. 53 ff.
***) Alex. Naumann, Ann. Chem. Pharm. 1870, Bd. 155, S. 325.

Dichtigkeit nach Avogadro's Regel berechneten Molekulargewichte würden sich dagegen nicht durch eine stöchiometrische Formel mit ganzen Atomgewichten darstellen lassen.

§ 29.

Dieses eigenthümliche Verhalten lässt zwei verschiedene Erklärungen zu, die in der That beide von verschiedenen Autoren versucht worden sind. Man kann entweder mit Horstmann*) annehmen, der Dampf der Essigsäure (und ebenso der aller sich ähnlich verhaltenden Stoffe) enthalte nur bei der hohen Temperatur, bei welcher er die normale Dichte (2,08) zeigt, dieselbe Anzahl Theilchen, wie ein gleicher Raumtheil Luft von gleichem Druck und gleicher Temperatur, bei allen niederen Temperaturen aber eine grössere Anzahl, entsprechend der grösseren Dichtigkeit; oder aber man kann mit Playfair und Wanklyn**) annehmen, der Dampf gehorche der Regel Avogadro's, enthalte also ebenso viel Theilchen wie andere Dämpfe und Gase; aber eine gewisse Anzahl dieser Theilchen habe ein grösseres Molekulargewicht als die übrigen; endlich kann man drittens noch die Annahme machen, dass beide Ursachen gleichzeitig wirksam seien.

Da nach der jetzt sehr allgemein anerkannten Theorie der molekularen Stösse der Druck eines Gases oder Dampfes durch den Stoss der geradlinig sich fortbewegenden Theilchen entsteht, so kommt die erste obiger Erklärungen auf die Annahme hinaus, dass in einem Dampfe mit abnorm vergrösserter Dichte, wie in dem der Essigsäure, die Geschwindigkeit der Theilchen nicht wie in normalen Gasen der Quadratwurzel aus der absoluten (von — 273° C. gezählten) Temperatur proportional, sondern stärker als diese veränderlich sei. Während nach der Theorie für alle normalen Gase und Dämpfe Gleichheit der Temperatur bei Gleichheit der mittleren lebendigen Kraft der fortschreitenden Bewegung der Theilchen besteht, würden also die abnormen Dämpfe dann gleiche Temperatur mit den normalen Dämpfen und Gasen besitzen, also in Berührung mit diesen weder Wärme verlieren noch gewinnen, wenn ihren Theilchen nicht dieselbe, sondern eine in bestimmtem Verhältnisse

---

*) A. Horstmann, in der oben angeführten Abhandlung S. 55.
**) Playfair und Wanklyn, Edinb. Trans. Vol. 22, Part. III, p. 441; Ann. Chem. Pharm. 1862, Bd. 122, S. 247. Die übrige Literatur dieses Gegenstandes ist in den angeführten Abhandlungen von A. Horstmann und Alex. Naumann angegeben.

geringere lebendige Kraft der fortschreitenden Bewegung zukäme. Das Verhältniss der mittleren lebendigen Kraft eines Essigsäuretheilchens zu dem eines Lufttheilchens z. B. würde aber bei einer und derselben Temperatur ein anderes sein, je nachdem der Dampf der Essigsäure über einen grösseren oder geringeren Raum ausgedehnt wäre*). Diese Vorstellung führt also auf nicht unerhebliche Schwierigkeiten, wenn auch ihre Unzulässigkeit sich kaum bestimmt erweisen lassen wird, so lange wir über das Wesen der Temperaturgleichheit noch so sehr im Unklaren sind.

Mehr Wahrscheinlichkeit aber hat die andere Annahme für sich, die grössere Dichte der abnormen Dämpfe komme dadurch zu Stande, dass die Flüssigkeiten beim Uebergange in Dampf sich nicht sogleich vollständig in die möglichst kleinsten Molekeln auflösen, dass vielmehr im Dampfe, ähnlich wie es bei der Auflösung fester Körper in Flüssigkeiten der Fall zu sein scheint (vgl. Abschnitt VIII), zunächst grössere Molekularaggregate bestehen bleiben. Da die fortschreitende Geschwindigkeit der Theilchen, der Theorie nach, der Quadratwurzel aus dem Molekulargewichte umgekehrt proportional angenommen wird, so ist solchen grösseren Molekularaggregaten eine ihrer grösseren Masse entsprechend geringere Geschwindigkeit beizulegen, so dass ihre lebendige Kraft der der kleineren Theilchen gleichkommt. Daraus ist ersichtlich, dass ein solcher Dampf, trotz seiner grösseren in einem Raumtheile enthaltenen Masse, keinen grösseren Druck ausübt, als er ausüben würde, wenn er aus lauter Theilchen vom möglichst kleinsten Molekulargewicht bestände. Es erklärt sich aus dieser Annahme auch leicht, warum die relative (mit Luft von derselben Temperatur verglichene) Dichte bei constanter Temperatur mit dem Drucke oder, was dasselbe sagt, mit der absoluten Dichte veränderlich ist. Ist der dem Dampfe gebotene Raum klein, werden also die Theilchen nahe zusammengedrängt gehalten, so müssen sie häufiger zusammenstossen, als wenn ihren Bewegungen ein grösserer Raum geboten wird. Bei den Zusammenstössen der schon ganz isolirten kleinsten Theilchen ist aber jedesmal Gelegenheit geboten zur Bildung

---

*) So ist z. B. nach Naumann's Bestimmung bei 100°C. die Dichte des Essigsäuredampfes, verglichen mit Luft von gleicher Temperatur und gleichem Druck, 3,4, wenn 1 Liter Dampf 1,68 grm. Essigsäure enthält; sie ist nur 2,6, wenn im Liter nur 0,25 grm. Dampf enthalten sind. Unter der oben gemachten Voraussetzung würde also durch die Verdünnung des Dampfes die lebendige Kraft eines einzelnen Theilchens im Verhältniss von 2,6 : 3,4, d. i. ungefähr wie 3 : 4 gesteigert werden.

grösserer Molekularaggregate. Wenn daher die Flüssigkeit unter einem geringen Druck in Dampf verwandelt wird und dabei sich in eine gewisse Menge grösserer und kleinerer Molekeln und Molekularaggregate auflöst, so wird die Zahl der grösseren zunehmen, wenn, bei gleichbleibender Temperatur, der Dampf auf einen kleineren Raum zusammengedrückt wird. Wenn er nicht vollständig zu grösseren Aggregaten oder zu tropfbarer Flüssigkeit condensirt wird, so kann das nur daher rühren, dass bei der bestehenden Temperatur die Bewegung der Theilchen so lebhaft ist, dass ein Theil der gebildeten grösseren Aggregate stets wieder zerfällt. Der Gleichgewichtszustand tritt ein, wenn dieser Zerfall der Neubildung gerade die Wage hält. Es ist daraus ersichtlich, dass bei Ausdehnung des Dampfes über einen grösseren Raum, wodurch die Zusammenstösse und folglich die Neubildungen der grösseren Aggregate seltener werden, der Zerfall derselben das Uebergewicht bekommen, folglich die Anzahl der grösseren Theilchen ab-, die der kleineren zunehmen muss.

Welche Grösse man nun den grösseren Aggregaten zuschreiben soll, ist bis jetzt kaum zu bestimmen. Man hat die Annahme gemacht, diese Aggregate seien aus zweien der kleinsten Theilchen gebildet, so dass also der Dampf aus Molekeln $C_2 H_4 O_2$ und $C_4 H_8 O_4$ bestehe*); für die Annahme der letzteren scheint in der That, wie schon Horstmann**) aussprach, besonders die Existenz des sauren Kalisalzes $KC_4 H_7 O_4$ zu sprechen; indessen ruht doch diese Ansicht bis jetzt auf sehr schwanken Stützen. Es ist ebenso gut möglich, dass die grösseren Aggregate sehr unregelmässig aus bald mehr, bald weniger einfachen Theilchen gebildet sind. Entscheiden lässt sich diese Frage zur Zeit nicht. Mit Bestimmtheit können wir daher nur sagen, dass oberhalb einer bestimmten Grenze von Druck und Temperatur***) das Molekulargewicht der Essigsäure durch $C_2 H_4 O_2$ dargestellt wird, während unterhalb dieser Grenze den Molekeln von dieser Zusammensetzung grössere Massentheilchen von zur Zeit unbekannter Grösse beigemischt sind.

§ 30.

Bei den meisten Dämpfen giebt, wie bei dem so eben besprochenen, die Avogadro'sche Regel zur Bestimmung des Mole-

---

*) Playfair und Wanklyn a. a. O.
**) a. a. O., S. 55.
***) Beim Drucke einer Atmosphäre liegt diese Grenze nach Cahours bei $250°$; bei einem Drucke von etwa 100^{mm} scheint sie nach Naumann's nicht ganz bis zu ihr reichenden Versuchen etwa bei $200°$ zu liegen.

kulargewichtes erst oberhalb einer gewissen mit dem Drucke veränderlichen Temperaturgrenze einen einer stöchiometrischen Quantität entsprechenden Werth für das Molekulargewicht, während unterhalb jener Grenze sich stets grössere Werthe ergeben, welche nicht durch eine Summe von ganzen Atomgewichten dargestellt werden können. Es giebt aber eine ziemlich grosse Anzahl von Verbindungen, deren Dampf eine so geringe Dichte hat, dass das aus dieser berechnete Molekulargewicht kleiner ist als jede durch eine Summe ganzer Atome darstellbare stöchiometrische Quantität.

Dieses eigenthümliche Verhalten zeigen besonders zahlreiche Verbindungen des Stickstoffes, darunter viele Ammoniaksalze, ferner einige Verbindungen des Phosphors mit Chlor, Brom und anderen Elementen, ferner Schwefelquecksilber, und ausserdem noch manche andere Stoffe.

Versucht man für solche Verbindungen das Molekulargewicht nach der Avogadro'schen Regel zu bestimmen, so erhält man stets Zahlen, welche Bruchtheile der im vorigen angenommenen Atomgewichte einschliessen. So fand z. B. Bineau*), dass dem Gase, welches man durch Verflüchtigung des Salmiak's erhält, die Dichtigkeit 0,89 zukomme. Darnach wäre das Molekulargewicht:
$$28{,}87 \times 0{,}89 = 25{,}69.$$
Mit Beibehaltung unserer oben bestimmten Atomgewichte ist aber die kleinste stöchiometrische Quantität von der Zusammensetzung des Salmiak's:
$$NH_4Cl = 53{,}38 = 2 \times 26{,}69.$$
Das aus der Dichte des Gases berechnete Molekulargewicht entspräche also der Formel:
$$N_{\frac{1}{2}} H_2 Cl_{\frac{1}{2}}.$$
Ebenso erhielte man für den Fünffachchlorphosphor aus der von Cahours**) zu 3,65 gefundenen Dampfdichte die Molekularformel:
$$P_{\frac{1}{2}} Cl_{\frac{5}{2}} = 103{,}9$$
und ähnliche für analoge Verbindungen.

Wäre man genöthigt, diese Werthe als die wirklichen Molekulargewichte gelten zu lassen, so würde das Atomgewicht des Stickstoffes, des Phosphors, des Chlores und noch einiger Elemente nur halb so gross anzunehmen sein, als wir im vorigen sie angenommen haben; denn ein Atom ist ja die kleinste Menge eines

---

*) Ann. chim. phys. T. 68, p. 416.
**) Ann. chim. phys. [3] 1848, T. 20, p. 369.

Elementes, welche in der Molekel irgend einer Verbindung vorkommen kann.

Wir würden aber mit dieser Reduction noch nicht ausreichen; denn aus der Dichte 0,89*) des in Gas verwandelten carbaminsauren Ammoniaks (sogenannten wasserfreien kohlensauren Ammoniaks) berechnet sich das Molekulargewicht:
$$N_{\frac{2}{3}} H_2 C_{\frac{1}{3}} O_{\frac{2}{3}} = 25,97.$$

Um in dieser, und zugleich in der Formel des Salmiaks, ganze Atomzahlen zu erhalten, müsste man das Atomgewicht des Stickstoffes auf $^1/_6$ des angenommenen oder $\dfrac{14,01}{6} = 2,33$ zurückführen und in fast allen übrigen Verbindungen dieses Elementes, auch den aller einfachsten, mindestens 6 Atome annehmen.

Die von Mitscherlich zu 5,51 und 5,68**) und von V. Meyer zu 5,39***) gefundene Dampfdichte des Zinnobers würde auf das stöchiometrisch corrigirte Molekulargewicht $\mathfrak{M} = 154,5$ führen mit *133,2* $\frac{2}{3} \times$ *199,8* Gew.-Th. Quecksilber und *21,3* $= \frac{2}{3} \times$ *31,98* Gew.-Th. Schwefel. Darnach müssten die Atomgewichte dieser Elemente auf den dritten Theil des jetzt geltenden Werthes herabgemindert werden.

Um der Nöthigung zu diesen so unbequemen als ungewöhnlichen Annahmen auszuweichen, haben einige namhafte Chemiker, besonders H. Sainte-Claire Deville, die Berechtigung der Avogadro'schen Hypothese überhaupt bestritten und ihr entgegen die früher verbreitete gewesene Ansicht wieder vertheidigt, dass manche Stoffe, und unter diesen der Salmiak, im Gaszustande nur halb so viel, andre, wie das Ammoniumcarbamat, nur ein Drittel so viel Molekeln in einem Raumtheile enthielten, als die meisten Gase unter gleichen Umständen enthalten. Diese Ansicht ist nachweislich unrichtig, auch in neuerer Zeit nicht mehr vertheidigt worden.

§ 31.

Schon Mitscherlich†) fand, dass das dem Fünffachchlorphosphor analog zusammengesetzte Antimonchlorid, $SbCl_5$, beim Verdampfen in Antimonchlorür, $SbCl_3$, und Chlor, Cl_2, zerfalle.

---

*) H. Rose, Pogg. Ann., 1839, Bd. 46, S. 303.
**) Pogg. Ann., 1833, Bd. 29 (105); S. 225. Die angegebenen Zahlen sind die aus dem für sich bestimmten Gewichte des Zinnobers abgeleiteten.
***) Ber. d. d. chem. Ges. 1879, S. 1118.
†) Pogg. Ann. 1833, Bd. 29 (105), S. 227.

Ebenso zeigte Gladstone*) für das Phosphorbromid, PBr_5, die Zerlegung in PBr_3 und Br_2. Die ungleiche Flüchtigkeit der Zersetzungsprodukte erlaubt in beiden Fällen die Trennung derselben. Erhitzt man $SbCl_5$ oder PBr_5 in einem unvollständig geschlossenen Gefässe, so gelingt es, namentlich wenn man durch dasselbe einen Strom eines indifferenten Gases treten lässt, das leichter flüchtige Cl_2 oder Br_2 hinwegzuführen, während die schwerer flüchtigen Verbindungen $SbCl_3$ oder PBr_3 zurückbleiben oder sich in den weniger heissen Theilen des Gefässes wieder verdichten.

Durch diese und einige ähnliche Beobachtungen wurden fast gleichzeitig und unabhängig von einander drei verschiedene Chemiker, S. Cannizzaro**), H. Kopp***) und A. Kekulé†), zu der Ansicht geführt, ein solcher Zerfall finde auch bei der Verflüchtigung aller der anderen Verbindungen statt, welche auf ein Atom N, P, As, Sb u. s. w. mehr als drei Atome Chlor, Brom, Jod oder Wasserstoff enthalten, also beim Fünffachchlorphosphor, beim Salmiak u. s. f.††). Diese Annahme giebt für das scheinbar aussergewöhnliche Verhalten dieser Substanzen eine sehr einfache Erklärung. Sie bilden in Wirklichkeit keine Ausnahme von der Regel Avogadro's, enthalten vielmehr im gasförmigen Zustande in gleichen Räumen ebenso viele Molekeln wie alle übrigen Gase. Aber diese Molekeln sind unter sich nicht gleich; bei den Chloriden und Bromiden z. B. hat die eine Hälfte die Zusammensetzung $SbCl_3$ oder PBr_3 etc., die andere ist Cl_2 oder Br_2 etc. Die Dichte des Gemisches muss daher das arithmetische Mittel aus den Dichtigkeiten der beiden zu gleichen Volumen mit einander gemischten Substanzen sein.

Ganz ebenso ist die Dichte des in Gas verwandelten Salmiaks (0,89) das Mittel aus der der Salzsäure (1,25) und der des Ammoniaks (0,59), und das nach Avogadro's Regel aus derselben zu $26,69 = N_{\frac{1}{2}} H_2 Cl_{\frac{1}{2}}$ berechnete scheinbare Molekulargewicht ist nichts weiter als das arithmetische Mittel aus den Molekulargewichten der genannten beiden Bestandtheile:

$$N_{\frac{1}{2}} H_2 Cl_{\frac{1}{2}} = \frac{NH_3 + HCl}{2} = \frac{17,01 + 36,37}{2} = 26,69.$$

---

*) Phil. Mag. [3], 1849, Vol. 35, p. 345.
**) Nota sulle condensazioni di vapore, im Anhange des citirten Sunto etc.; auch: Nuovo Cimento T. VI, p. 428, 1857.
***) Ann. Chem. Pharm. 1858, Bd. 105, S. 390.
†) ibid. 1858, Bd. 106, S. 143. Vergl. auch dessen Lehrbuch I, S. 443.
††) Vergl. auch Kopp, Jahresbericht für 1859, S. 27.

Das Carbamat des Ammoniums dagegen muss, wenn es beim Uebergange in den Gaszustand nach der Gleichung:
$$N_2H_6CO_2 = NH_3 + NH_3 + CO_2$$
zu 2 Raumtheilen Ammoniak und einem Raumtheile Kohlensäureanhydrid zerfällt, ein Gas geben, dessen Dichtigkeit nur ein Drittel beträgt von der Summe der Dichtigkeiten seiner Bestandtheile (0,59 für das Ammoniak und 1,53 für die Kohlensäure). Dies ist in der That der Fall; denn es ist dieses Drittel
$$\frac{0{,}59 + 0{,}59 + 1{,}53}{3} = 0{,}90,$$
übereinstimmend mit der von H. Rose gefundenen Dichte 0,89; und das scheinbare Molekulargewicht wird:

$$N_{\tfrac{2}{3}} H_2 C_{\tfrac{1}{3}} O_{\tfrac{2}{3}} = \frac{2\ NH_3 + CO_2}{3}\ \frac{2 \cdot 17{,}01 + 43{,}89}{3}\ 25{,}97.$$

Diese zunächst hypothetisch aufgestellten Ansichten haben sehr bald für verschiedene hierher gehörige Substanzen die experimentelle Bestätigung erhalten. So zeigte zunächst Pebal[*]) den Zerfall des Salmiak's, indem er durch Diffusion in einer Atmosphäre von Wasserstoff einerseits Salzsäure, andererseits Ammoniak abschied. Wanklyn und Robinson[**]) bewiesen in ähnlicher Weise den Zerfall des Fünffachchlorphosphors in Dreifachchlorphosphor und Chlor. Als dann H. Ste.-Claire Deville[***]) den Nachweis geführt zu haben glaubte, dass Chlorwasserstoff und Ammoniak, bei einer Temperatur von 350°, bei welcher Salmiak gasförmig, also nach der angeführten Ansicht zerfallen ist, zusammengebracht, eine Steigerung der Temperatur bis auf 394,5° bewirkten und aus dieser Wärmeentwickelung den Schluss zog, dass diese beiden Substanzen eine chemische Verbindung eingingen, der gasförmige Salmiak also eine chemische Verbindung, nicht ein Gemenge von Ammoniak und Salzsäure sei, wiederholte K. Than[†]) diesen selben Versuch nach einer besseren Methode und zeigte, dass eine irgend erhebliche Wärmeentwickelung, wie sie eine chemische Verbindung zu begleiten pflegt, nicht eintritt. Dies wird bestätigt durch die spätere Beobachtung von Marignac[††]), dass zur Ver-

---

[*]) Ann. Chem. Pharm. 1862, Bd. 123, S. 199.
[**]) Lond. Roy. Soc. Proc. XII, 507 u. a. a. O.; s. Will, Jahresber. der Chem. für 1863, S. 38.
[***]) Comptes r. T. 56, p. 729; Ann. Chem. Pharm. 1863, Bd. 127, S. 108 ff. S. ibid. Bemerkungen von H. Kopp; ebenso S. 280.
[†]) Ann. Chem. Pharm. 1864, Bd. 131, S. 129.
[††]) Compt. rend., T. 68, p. 877; Strecker's Jahr.-Ber. für 1868, S. 71.

flüchtigung des Salmiaks ziemlich ebenso viel Wärme verbraucht wird, wie bei der Bildung desselben aus Ammoniak und Salzsäure sich entwickelt, mithin, den Grundsätzen der mechanischen Wärmetheorie zufolge, bei der Verflüchtigung zugleich eine Zerlegung in die ursprünglichen Bestandtheile stattfindet.

Etwas später lieferte dann H. Ste.-Claire Deville*), der anfangs den Zerfall aller dieser Verbindungen geleugnet hatte, selbst den Beweis, dass der Fünffachchlorphosphor zerfalle, indem er zeigte, dass der Dampf dieser Verbindung die Farbe des mit einem farblosen Gase verdünnten Chlores annimmt, die um so intensiver wird, je höher die Temperatur steigt.

Jetzt wird es allgemein als zweifellos betrachtet, dass alle diese Verbindungen wirklich zerfallen, also keine Nöthigung vorliegt, weder Avogadro's Hypothese zu verwerfen, noch auch die aus derselben hergeleiteten Atomgewichte in der oben angegebenen Weise zu verkleinern.

§ 32.

Es ist aber eine Anzahl von Fällen zur Beobachtung gekommen, in welchen die Dichtigkeit dieser Stoffe im Gaszustande grösser gefunden wurde, als die mittlere Dichtigkeit der Zersetzungsprodukte sein würde, wenn der Zerfall vollständig in der oben angegebenen Weise stattfände. So fanden z. B. Deville und Troost**), abweichend von der oben angeführten Bestimmung Bineau's, für das aus Salmiak bei dessen Verdampfung entstehende Gas bei 350° C. die Dichtigkeit 1,01 und bei etwa 1040° C. (dem Siedpunkte des Zinks) dieselbe zu 1,00, bezogen auf Luft von gleicher Temperatur und gleichem Druck, während einem Gemische aus gleichen Raumtheilen Salzsäure und Ammoniak die Dichtigkeit 0,92, einer Verbindung aber mit dem Molekulargewichte $NH_4Cl = 53{,}38$ eine solche von 1,84 zukommen würde. Aehnliches ist auch bei anderen Stoffen von verschiedenen Forschern beobachtet und dabei ausser Zweifel gestellt worden, dass die Abweichungen der beobachteten von den berechneten Werthen in vielen Fällen zu gross sind, als dass sie von Beobachtungsfehlern herrühren könnten.

Besonders gross sind diese Abweichungen beim Fünffachchlorphosphor, dessen Dichte gegen Luft Cahours***) bei 300° C. und

---

*) Compt. rend. 1866, T. 62, p. 1157.
**) Compt. rend. 1859, T. 49, p. 239 und 1863, T. 56, p. 891.
***) Ann. chim. phys. [3] 1847, T. 20, p. 369; Liebig und Kopp, Jahresb. 1847/48, S. 364.

darüber constant $= 3,66$ ermittelte, während sich die Dichtigkeit eines Gemisches aus gleichen Raumtheilen PCl_3 und Cl_2 zu 3,61 berechnet. Es ist also bei und über 300° C. der Dampf völlig oder doch sehr nahe vollständig zu Dreifachchlorphosphor und Chlor zerfallen. Unter dieser Temperatur ergaben sich dagegen erheblich grössere Werthe für die Dichtigkeit. Cahours fand:

Temperatur.	Dichte.	Temperatur.	Dichte.
182° C.	5,08	288° C.	3,67
190° C.	4,99	289° C.	3,69
200° C.	4,85	300° C.	3,65
230° C.	4,30	327° C.	3,66
250° C.	3,99	336° C.	3,66.
274° C.	3,84		

Bestimmungen, die Cahours später bei 170 und 172° C. ausgeführt hat, ergaben ihm noch grössere Zahlen als die bei 182° C. ausgeführte.[*] Er hat aber diese neuen Zahlen nicht veröffentlicht. Später hat Würtz[**] gefunden, dass der Dampf des Fünffachchlorphosphors mit Luft gemischt bei niederer Temperatur und mit PCl_3 gemischt bei Temperaturen zwischen 160 und 175° C. eine Dichtigkeit besitzt, welche viel grösser ist, als sie sein würde, wenn er zu Chlor und Trichlorid zerfiele. Insbesondere zeigen die mit Gemischen aus Dreifach- und Fünffachchlorphosphor angestellten Versuche, dass ein solches Gemisch im Dampfzustande ziemlich genau denselben Raum einnimmt, welchen der Dampf von reinem Trichlorid von gleichem Gehalt an Phosphor unter gleichen äusseren Umständen erfüllt, dass also die Quantitäten $n\,PCl_3 + m\,PCl_5$ und $(n+m)\,PCl_3$ bei gleichem Druck und gleicher Temperatur ein ziemlich genau gleiches Volumen Dampf geben. Die Zahlen n und m schwankten in den Versuchen nicht unerheblich; doch betrug m nie mehr als die Hälfte von n. Ob über diese Grenze hinaus das Dampfgemisch dasselbe Verhalten zeigt, ist noch nicht bekannt. Diese von Würtz angestellten Beobach-

---
[*] Compt. rend. T. 63, p. 14; Ann. Chem. Pharm. 1867, Bd. 141, S. 42.
[**] Vorläufige Mittheilungen: Bull. soc. chim. April 2. 1869; Deutsche chem. Ges. Ber. 1869, S. 162. Bull. soc. chim. Mai 20. 1870; Deutsche chem. Ges. Ber. 1870, S. 572; vollständige Abhandlung: Compt. rend. 1873, T. 76, p. 607.

tungen lassen sich ungezwungen nur durch die Annahme erklären, dass der aus einem Gemische beider Chloride entstehende Dampf nicht mehr Molekeln bilde, als er Phosphoratome enthält, mithin nicht aus PCl_3 und Cl_2, sondern aus PCl_3 und PCl_5 bestehe*).

Darnach wird es dann sehr wahrscheinlich, dass der Dampf des Pentachlorides auch bei Temperaturen zwischen 175 und 300° C. noch Molekeln von der Zusammensetzung PCl_5 enthält, während ein Theil derselben zu $PCl_3 + Cl_2$ zerfallen ist, und zwar ein um so grösserer Theil, je näher die Temperatur an 300° C. kommt, wo alle vorher vorhanden gewesenen Theilchen PCl_5 zerfallen sind. Diese Annahme ist in Uebereinstimmung mit der Beobachtung von Ste.-Claire Deville und der von Würtz, nach welchen dieser Dampf um so weniger die Farbe des Chlores zeigt, je dichter er ist.

§ 33.

Bei einigen Stoffen, welche sich ähnlich wie die soeben besprochenen verhalten, hat man noch festere Anhaltspunkte für die Erklärung ihrer abnorm erscheinenden Dichtigkeiten im Dampfzustande gewonnen. Dies gilt besonders von den Verbindungen des Amylens C_5H_{10} mit HCl, HBr und HJ, deren höchst interessantes Verhalten A. Würtz entdeckte und untersuchte. Das Bromwasserstoff-Amylen**) $C_5H_{11}Br$ z. B. zeigt nach den Untersuchungen von Würtz***) beim Drucke einer Atmosphäre zwischen 150 und 180° C. die Dampfdichte 5,2 gegen Luft von gleichem Druck und gleicher Temperatur, entsprechend dem Molekulargewichte $C_5H_{11}Br$ $150,6$. Steigert man aber die Temperatur, so nimmt die Dichte ab, erst langsam, dann rasch und zuletzt wieder langsam, bis sie bei 360° nur noch 2,6 ist, verglichen mit der von gleich temperirter Luft unter demselben Drucke. Die letzte Dichte ist die eines Gemenges aus gleichen Raumtheilen C_5H_{10} und HBr, welche Bestandtheile Würtz in der That als in dem Dampfe vorhanden nachweisen konnte. Hiernach ist es unzweifelhaft, dass die unter 180° C. mit dem Molekulargewichte $C_5H_{11}Br$ unzersetzt flüchtige Verbindung bei 360° C. vollständig zu C_5H_{10} und HBr zerfallen ist, welche sich bei niederer Temperatur wieder vereinigen.

---

*) Eine durch das Experiment zu prüfende Folgerung aus den Versuchen von Würtz ist die, dass Dreifachchlorphosphor und Chlor, gasförmig zwischen 160 und 175° C. gemischt, eine bedeutende Contraction zeigen werden.
**) jetzt gewöhnlich Bromid des Methyl-Isopropyl-Carbinol's genannt.
***) Ad. Würtz, Compt. rend. T. 60, p. 728; Ann. Chem. Pharm. 1865, Bd. 135, S. 315.

Dieser eigenthümliche, mit steigender Temperatur zu- und mit fallender abnehmende Zerfall einer Verbindung ist als eine ziemlich häufig vorkommende Erscheinung von H. Ste.-Claire Deville mit dem besonderen Namen der Dissociation bezeichnet worden. Wir werden mit dem vom chemischen Umsatze durch die Wirkung der Wärme handelnden Abschnitte des dritten Buches uns näher mit derselben beschäftigen.

§ 34 (35).

Die bisherige Darstellung der Mittel, welche wir gegenwärtig zur Feststellung des Atomgewichtes besitzen, enthält aber noch eine Lücke. Die Regel nämlich, dass die kleinste in der Molekel einer Verbindung vorkommende Menge eines Grundstoffes als das Atom desselben betrachtet werde, ist offenbar nicht zureichend. Sie setzt voraus, dass uns für jedes Element wenigstens eine von denjenigen Verbindungen im Gaszustande bekannt sei, welche in der Molekel nur ein Atom, also unter allen überhaupt möglichen Verbindungen die geringste Menge dieses Elementes in einem bestimmten Volumen enthalten, oder mit anderen Worten, in welchen das betreffende Element in der grösstmöglichen Verdünnung, der geringsten Condensation vorkommt.

Wir werden aber vielleicht niemals mit absoluter Sicherheit behaupten können, dass uns für jedes Element eine solche Verbindung bekannt sei. Namentlich ist die Wahrscheinlichkeit, dass die im Gaszustande bekannten Verbindungen gerade dieser Bedingung genügen, nicht gross in allen den Fällen, wo nur eine sehr geringe Zahl gasförmiger Verbindungen eines Elementes bekannt ist[*]).

Die Kenntniss der Molekulargrösse, d. h. der Dichte im Gaszustande, ist streng genommen nur ausreichend, für den Werth des Atomgewichtes eine Maximalgrenze zu bestimmen. Da wir als Atom diejenige Grösse betrachten, welche durch chemische Zersetzung nicht weiter getheilt wird, so kann das Atom eines Elementes nicht grösser sein, als die Quantität dieses Elementes, welche in der Molekel irgend einer Verbindung enthalten ist. Wenn z. B., in der oben angegebenen Einheit ausgedrückt, jede uns bekannte Sauerstoffverbindung mindestens 15,96 Gewichtseinheiten Sauerstoff in der Molekel enthält, so schliessen wir, dass das Atom des Sauerstoffes nicht mehr als 15,96 Einheiten wiegen könne. Es ist aber a priori nicht erwiesen, dass diese Quantität nicht

---

[*]) Vergl. a. § 24.

etwa aus zwei oder mehr mit einander fest verbundenen Atomen bestehe, demnach das Atomgewicht des Sauerstoffes vielleicht doch — 7,98 also rund — 8 zu setzen sei, wie es lange Zeit hindurch in Wirklichkeit angenommen worden ist. Wahrscheinlich ist dieses freilich nach § 27 durchaus nicht.

Es geschieht selten in den theoretischen Naturwissenschaften, dass ein allgemeines Ergebniss der Spekulation, ein aus dem empirischen Materiale gefolgertes Princip, sichere Geltung gewinnt, so lange es nur von einem einzigen Gesichtspunkte aus abgeleitet werden kann. Der Werth einer solchen theoretischen Folgerung steigt aber sofort ausserordentlich, sobald man auf ganz verschiedenen Wegen ungezwungen zu demselben Resultate gelangt.

Dies gilt in vollem Maasse auch von den aus der Dichtigkeit der Gase und Dämpfe gefolgerten Atomgewichten. Die Kenntniss der Dichte erlaubt zwar noch etwas weiter gehende Folgerungen über die relative Masse der Atome, als wir im vorhergehenden gezogen haben; aber die auf dem angegebenen Wege bestimmten Werthe der Atomgewichte würden für uns nicht den an Sicherheit grenzenden Grad von Wahrscheinlichkeit für sich haben, wenn sie nicht, wie Cannizzaro in klarer und überzeugender Weise gezeigt hat[*], eine Bestätigung fänden in ihrer gesetzmässigen Beziehung zu einer anderen wesentlichen Eigenschaft der Materie, zur specifischen Wärme. Die Kenntniss der letzteren bildet daher ein zweites wichtiges Hülfsmittel zur Bestimmung der Atomgewichte.

III. Die Bestimmung der Atomgewichte aus der Wärmecapacität im starren Zustande.

§ 35 (36).

Bereits 1819 gelangten Dulong und Petit[**] durch ihre sorgfältigen Messungen der specifischen Wärme von 13 chemisch einfachen Stoffen zu dem so interessanten als wichtigen Resultat, dass die (auf die Gewichtseinheit bezogene) specifische Wärme

---

[*] Sunto di un corso di filosofia chimica. Pisa 1858; s. a. Kopp und Will, Jahresbericht für 1858, S. 11 ff.

[**] Recherches sur quelques points importans de la théorie de la chaleur, Ann. chim. phys. T. 10, p. 395—413.

dieser Elemente dem Atomgewichte derselben umgekehrt proportional, mithin direkt proportional sei der in der Gewichtseinheit enthaltenen Anzahl von Atomen. Sie berechneten durch Multiplication der für die specifische Wärme gefundenen Werthe mit den Atomgewichten die relative Wärmecapacität der Atome selbst und fanden, dass die so erhaltenen Produkte von specifischer Wärme und Atomgewicht für alle untersuchten Elemente gleich seien. Sie folgerten daraus das allgemeine Gesetz:

„Die Atome aller einfachen Körper haben genau dieselbe Capa„cität für die Wärme."

Die Einfachheit dieses von Dulong und Petit aufgestellten Naturgesetzes konnte die Erwartung hervorrufen, dasselbe werde bei den Chemikern sofortige Anerkennung und freudige Aufnahme finden. Aber der vorsichtige Skepticismus der Chemiker liess ihm diese keineswegs unmittelbar und rückhaltslos zu Theil werden. Und in der That wäre eine solche Anerkennung vorschnell und übereilt gewesen.

In der richtigen Erwägung, dass die chemische Analyse nicht allein und endgültig über die Grösse des Atomgewichtes entscheiden könne, vielmehr immer die Wahl zwischen mehren, zu einander in einfachen rationalen Verhältnissen stehenden Zahlen offen lasse, hatten Dulong und Petit, um ihrem Gesetze für alle untersuchten Elemente Gültigkeit zu verschaffen, für vier Metalle, nämlich Wismuth, Platin, Silber und Kobalt, statt des bis dahin gebräuchlichen Atomgewichtes, ein Multiplum oder Submultiplum substituirt und ausserdem die Atomgewichte aller Metalle im Verhältniss zu dem des Schwefels auf die Hälfte der Berzelius'schen Werthe erniedrigt. Diese vorgeschlagenen Aenderungen der Atomgewichte, die bis auf zwei später durchdrangen, stiessen damals auf Bedenken, wenn auch nicht auf geraden Widerspruch. Berzelius namentlich, die erste Autorität auf diesem Gebiete, forderte mit Recht zunächst eine weitere Ausdehnung der Untersuchungen, indem er sagte[*]:

„Versucht man diese Ideen auch auf zusammengesetzte Körper zu übertragen, und bestätigt sich auch hier das Resultat, so wird es die Grundlage einer der schönsten Seiten der chemischen Theorie ausmachen."

---

[*] in seinem ersten Jahresberichte, deutsche Ausgabe, S. 19; auch im 21. Jahresberichte, S. 6, spricht er noch seine Bedenken aus gegen die von Regnault aus seinen Bestimmungen der spec. Wärme gezogenen Folgerungen.

§ 36 (37).

Dieser Forderung zu genügen, war Dulong und Petit nicht gelungen. Den ersten erfolgreichen Schritt zu diesem Ziele that F. Neumann, indem er 1831 zeigte*), dass auch aequivalente Mengen analog zusammengesetzter Verbindungen gleiche Wärmecapacität haben, und dass diese Gleichheit nicht etwa bedingt wird durch die bei ähnlich zusammengesetzten Stoffen häufig gleiche Krystallform, vielmehr auch ungleich krystallisirende Verbindungen gleicher Zusammensetzung (z. B. Kalkspath und Arragonit) gleiche Capacität haben.

Neumann versuchte nicht, das von ihm für verschiedene Gruppen von Verbindungen entdeckte Gesetz mit dem von den französischen Forschern für die Elemente gefundenen in direkte Beziehung zu bringen. Diesen Versuch wagte, aber mit entschiedenem Unglück, Avogadro, der bald nachher**) zahlreiche, aber weniger zuverlässige***) Bestimmungen der specifischen Wärme sowohl einfacher als zusammengesetzter Stoffe veröffentlichte.

Die Erkenntniss des Zusammenhanges zwischen der specifischen Wärme der Verbindungen und der ihrer Bestandtheile hat sich erst nach und nach, und nicht ohne mancherlei Irrthümer durchzumachen, durch die Arbeiten verschiedener Forscher, besonders von R. Hermann, V. Regnault, de la Rive und Marcet, H. Schröder, A. C. Woestyn, H. Kopp†) und H. F. Weber entwickelt und ist auch jetzt noch nicht als abgeschlossen zu betrachten.

§ 37 (38).

Je weiter die Untersuchungen über die specifische Wärme fortschritten, desto deutlicher zeigte sich, wie sehr die Vorsicht gerechtfertigt war, mit der Berzelius und die seiner Autorität folgenden Chemiker die aus den Bestimmungen jener Eigenschaft hergenommenen Vorschläge zu Aenderungen der Atomgewichte aufnahmen.

---

*) Untersuchung über die specifische Wärme der Mineralien. Pogg. Ann. Bd. 23, S. 1.

**) Aus den Memorie della Società italiana delle Scienze T. XX. in den Ann. chim. phys. 1834, T. 55, p. 80 und T. 57, p. 113.

***) Siehe u. a. Regnault's Kritik, Ann. chim. phys. 1840, T. 73, p. 10.

†) Ueber den Antheil, den diese u. a. Forscher an dieser Entwickelung genommen, s. die historische Einleitung zu Kopp's Untersuchungen über die spec. Wärme, Ann. Chem. Pharm. 1864. 3. Suppl.-Bd., S. 5, ff.

Zunächst waren es die Schwierigkeit der Untersuchung, die durch dieselbe bedingte Unsicherheit der Resultate*) und Ungewissheit über die Reinheit der untersuchten Stoffe, die zur Vorsicht mahnten. Mit der wachsenden Sicherheit der Methoden wuchs andererseits die Erkenntniss, dass die specifische Wärme selbst keine constante, vielmehr eine sehr veränderliche Grösse sei, dass folglich, was schon Avogadro 1834 aussprach**) und auch Regnault ausführte***), das Dulong-Petit'sche Gesetz nur angenähert gelten könne.

Die Wärmecapacität, wie sie die Beobachtung ergiebt, wächst im allgemeinen mit steigender Temperatur; sie ist bei einer und derselben Substanz im flüssigen Zustande grösser, in einigen Fällen, z. B. beim Wasser und beim Jod sogar doppelt so gross, als im festen, in durch Hämmern verdichteten Metallen kleiner als in ausgeglühten; allotrope Zustände eines und desselben Stoffes haben manchmal ganz verschiedene Capacität; so zeigt z. B. unter gleichen äusseren Umständen der Kohlenstoff in seinen Modificationen als Diamant und Graphit verschiedene Capacitäten.

Alle diese Verhältnisse mussten erst durch umfassende zuverlässige Beobachtungen aufgeklärt werden, ehe die theoretische Chemie aus den Entdeckungen von Dulong und Petit und Neumann dauernden Nutzen zu gewinnen vermochte. Diese Möglichkeit herbeigeführt zu haben ist vor allen das Verdienst Regnault's, der seit 1840 durch zahlreiche Beobachtungen†) die Gültigkeit des Dulong-Petit'schen Gesetzes für eine grosse Zahl von Elementen nachwies und das Neumann'sche Gesetz erheblich erweiterte und ausdehnte. Die von Regnault für die specifische Wärme gefundenen Zahlenwerthe bilden seitdem die wesentliche Grundlage aller theoretisch-chemischen Spekulationen über die Beziehung zwischen Wärmecapacität und Atomgewicht.

Durch die Bemühungen Regnault's wurde es ausser Zweifel gestellt, dass wir dem von Dulong und Petit aufgestellten Gesetze mit grosser Annäherung Gültigkeit zuerkennen dürfen für

---

*) Dulong und Petit fanden z. B. die spec. W. des metallischen Kobalt um fast die Hälfte ihres Werthes zu gross und folgerten daraus, das Atomgewicht müsse auf $2/3$ des bis dahin angenommenen Werthes reducirt werden.

**) a. a. O., T. 55, p. 80.

***) a. a. O., T. 73, p. 66.

†) Ann. chim. phys. 1840 Tom. 73, p. 5; 3me série 1840, T. 1, p. 129; 1843, T. 9, p. 322 und spätere Abhandlungen in den Compt. rend. und den Ann. chim. phys.

die weit überwiegende Mehrzahl (etwa vierzig) der bis jetzt untersuchten Elemente, dass wir also für diese Elemente diejenige stöchiometrische Quantität als Atomgewicht betrachten können, welche mit der specifischen Wärme multiplicirt für alle Elemente nahezu dasselbe Produkt liefert. Dieses Produkt stellt die **Wärmecapacität des Atomes** dar, die gewöhnlich kurz als **Atomwärme** bezeichnet wird. Nimmt man für die Atomgewichte das des Wasserstoffes zur Einheit und für die Wärmecapacitäten die des flüssigen Wassers, so liegt der Zahlenwerth dieses Produktes zwischen den Zahlen 5 und 7; er ist für die meisten Elemente etwas grösser als *6*, nämlich etwa *6,4*. Bezieht man dagegen die Atomgewichte, wie Berzelius that, auf das des Sauerstoffes *100*, so schwanken die Werthe des Produktes um die Zahl *40*. Dabei ist jedoch immer vorausgesetzt, dass die Wärmecapacität derselben gemessen werde unter analogen Verhältnissen, insbesondere im festen Aggregatzustande und bei Temperaturen, welche weit unter dem Schmelzpunkte der Substanz liegen. Die Abweichungen sind meist um so grösser, je weniger dieser Bedingung genügt werden konnte.

Es blieben aber auch nach den Arbeiten Regnault's noch einige Elemente übrig, für welche diejenige stöchiometrische Quantität, die mit der in üblicher Weise bestimmten Wärmecapacität das von der Dulong-Petit'schen Regel geforderte Produkt giebt, nicht wohl das Atomgewicht darstellen konnte. Die specifische Wärme dieser Elemente wurde dann von H. F. Weber[*)] mittelst des Bunsen'schen Eiscalorimeters einer sehr eingehenden Untersuchung unterworfen, welche auch diese Elemente dem Gesetze von Dulong und Petit unterordnete, zugleich aber zeigte, dass **dieses Gesetz nur innerhalb eines bestimmten, nicht nur nach oben, sondern auch nach unten begrenzten Temperaturintervalles Gültigkeit hat.**

§ 38 (39).

Die specifische Wärme der Elemente Bor, Kohlenstoff und Silicium war vor Weber's Arbeit nur für Temperaturen zwischen Schmelz- und Siedpunkt des Wassers bestimmt und dabei

---

[*)] Die specifischen Wärmen der Elemente Kohlenstoff, Bor und Silicium. I. Abhandlung: Die Abhängigkeit der spec. Wärme der isolirten Elemente Kohlenstoff, Bor und Silicium von der Temperatur; von Dr. H. F. Weber. Stuttgart, Mezler, 1874; Pogg. Ann. 1875, Bd. 154, S. 367. Vorläufige Mittheilung eines Theiles dieser Arbeit: Berichte der deutsch. chem. Gesellschaft 1872, Bd. 5, S. 303.

sehr viel kleiner gefunden worden, als sie nach dem Dulong-Petit'schen Gesetze für die nach Avogadro's Regel bestimmten Atomgewichte hätte sein sollen. Man hatte aber nicht nur für verschiedene allotrope Modificationen eines und desselben Elementes, sondern auch für eine und dieselbe Modification hatten verschiedene Forscher sehr verschiedene Werthe erhalten. Durch eine genaue Vergleichung aller ausgeführten Bestimmungen wurde Weber zu der Ansicht geführt, der Grund der bis dahin unerklärten Unterschiede der gefundenen Werthe möchte in einer sehr starken Veränderlichkeit der specifischen Wärme dieser Elemente mit der Temperatur zu suchen sein. Ausgedehnte Versuchsreihen, in welchen die specifische Wärme des Kohlenstoffes für sehr verschiedene zwischen — 80° und + 1060° C. liegende Temperaturen, die des Bor's und die des Siliciums für solche zwischen — 80° und + 260° C. bestimmt wurde, bestätigten nicht nur diese Ansicht, sondern zeigten auch, dass **oberhalb einer bestimmten Temperatur die specifische Wärme nahezu constant wird und dann dem Dulong-Petit'schen Gesetze entspricht**. Diese Grenze liegt für das Silicium bei etwa 200° C., für die verschiedenen Modificationen des Kohlenstoffes aber erst in der Rothgluth bei etwa 600° C. Für Bor wurde sie durch das Experiment nicht direkt ermittelt; die angestellten Beobachtungen zeigen aber eine solche Uebereinstimmung im Verhalten des Bor's mit dem des Kohlenstoffes, dass mit einer an Sicherheit grenzenden Wahrscheinlichkeit auch für das Bor die Grenze bei etwa 500 bis 600° C. angenommen werden kann. Zugleich bestätigte Weber die Wahrnehmung früherer Forscher, dass von den allotropen Modificationen des Kohlenstoffes der Graphit unterhalb der beginnenden Rothgluth eine erheblich grössere Wärmecapacität besitzt, als der Diamant; er fand aber, dass in der Glühhitze dieser Unterschied so klein wird, dass er mit Sicherheit nicht mehr gemessen werden konnte. Entgegen den früheren Angaben zeigte aber Weber, dass zwischen Graphit, dichter fossiler Kohle (von Wunsiedel) und poröser Holzkohle ein merklicher Unterschied der specifischen Wärme nicht besteht, der **Kohlenstoff also in thermischer Beziehung nur zwei Modificationen zeigt, die durchsichtige und die undurchsichtige**, welche in der Glühhitze, wo ihr optischer Unterschied verschwindet, auch thermisch fast vollständig zusammenfallen. Bor und Silicium scheinen sich ähnlich zu verhalten.

Nachstehende Tafel enthält für die in Spalte I angegebenen Elemente und deren Modificationen in Spalte II unter den für die in Spalte III unter t aufgeführte Temperatur von Weber gefundenen Werth der specifischen Wärme, bezogen auf die des flüssigen Wassers von 0° C. als Einheit. Die Zahlen unter c geben also an, welcher Theil einer Wärmeinheit erforderlich ist, um die Gewichtseinheit der betreffenden Substanz von der Temperatur t^0 auf $(t+1)^0$ C. zu erwärmen. Da die Werthe von c sich der unmittelbaren Beobachtung entziehen, so wurden dieselben durch eine zweckmässige Interpolation aus den bei der Abkühlung oder Erwärmung um bestimmte Temperaturintervalle abgegebenen oder aufgenommenen Wärmemengen berechnet. Weil die zur Zeit von Weber's Arbeit für ziemlich reines Bor gehaltenen octaëdrischen Krystalle nach Hampe's Untersuchung[*] eine nach der Formel $C_2 Al_3 B_{48}$ zusammengesetzte Verbindung mit $13{,}00\%$ Al, $3{,}78\%$ C und $83{,}22\%$ B bilden, habe ich die in Spalte IIa aufgeführten von Weber gefundenen Werthe auf reines Bor umgerechnet, unter der Voraussetzung, dass die nach den Beobachtungen von V. Regnault und H. Kopp anscheinend ebenfalls mit der Temperatur etwas wachsende specifische Wärme des Aluminiums bei $0°$ $c = 0{,}20$ und $c = 0{,}23$ bei $233°$ C., dazwischen aber der Temperatur proportional veränderlich, und dass die specifische Wärme des Kohlenstoffes in diesen Krystallen die des Diamantes sei. Die so berechneten Werthe von c sind in Spalte IIb angegeben. Spalte IV zeigt unter Δc die Zunahme dieser specifischen Wärme für $1°$ C. in dem betreffenden Temperaturintervall, Spalte V unter A das nach Avogadro's Regel bestimmte Atomgewicht und VI unter $A\,c$ das Product desselben und der specifischen Wärme.

I.	IIa. c'	IIb. c	III. t	IV. Δc	V. A	VI. $A\,c$
Bor, in Quadratoktaëdern krystallisirt	0,1915	0,196	— 39°,6		11,0	2,16
				0,000800		
	0,2382	0,249	+ 26°,6			2,74
				0,000788		
	0,2737	0,289	+ 76°,7			3,07
				0,000757		
	0,3069	0,326	+ 125°,8			3,58
				0,000675		
	0,3378	0,360	+ 177°,2			3,96
				0,000543		
	0,3663	0,391	+ 233°,2			4,30

[*] Liebig's Ann. 1876, Bd. 183, S. 98.

I.	II. c	III. t	IV. Δc	V. A	VI. $A \cdot c$
Kohlenstoff					
a) Diamant	0,0635	− 50,5		11,97	0,76
			0,000802		
"	0,0955	− 10,6		"	1,15
			0,000812		
"	0,1128	+ 10,7		"	1,35
			0,000837		
"	0,1318	+ 33,4		"	1,58
			0,000859		
"	0,1532	+ 58,3		"	1,84
			0,000856		
"	0,1765	+ 85,5		"	2,12
			0,000831		
"	0,2218	+ 140,0		"	2,66
			0,000779		
"	0,2733	+ 206,1		"	3,28
			0,000716		
	0,3026	+ 247,0		"	3,63
			—		
"	0,4408	+ 606,7		"	5,29
			—		
"	0,4489	+ 806,5		"	5,39
			—		
"	0,4589	+ 985,0		"	5,51
b) Graphit	0,1138	− 50,3		"	1,37
			0,000749		
"	0,1437	− 10,7		"	1,73
			0,000777		
"	0,1604	+ 10,8		"	1,93
			0,000764		
"	0,1990	+ 61,3		"	2,39
			0,000715		
"	0,2542	+ 138,5		"	3,05
			0,000672		
"	0,2966	+ 201,6		"	3,56
			0,000596		
"	0,3250	+ 249,3		"	3,88
			—		
"	0,4454	+ 641,9		11,97	5,35
			—		
"	0,4539	+ 822,0		"	5,45
			—		
"	0,4670	+ 977,9		"	5,50

I.	II. c	III. t	IV. Δc	V. A	VI. A.c
Silicium, kryst.	0,1360	− 39,8		28	3,81
"	0,1697	+ 21,6	0,000550	"	4,75
"	0,1833	+ 57,1	0,000382	"	5,13
"	0,1901	+ 86,0	0,000235	"	5,32
"	0,1964	+ 128,7	0,000148	"	5,50
"	0,2011	+ 184,3	0,000085	"	5,63
"	0,2029	+ 232,4	0,000038	"	5,68

Obschon nach den Untersuchungen Weber's die älteren Bestimmungen der specifischen Wärme der drei Elemente für die Ermittelung der Atomgewichte nicht mehr verwerthet werden können, mögen sie doch hier, der Vollständigkeit wegen, eine Stelle finden, jedoch mit Ausnahme der mit poröser Kohle angestellten, welche zu grosse Zahlen ergaben, weil durch Einsaugen des Wassers in die Kohle viel Wärme erzeugt wird. (S. H. F. Weber a. a. O. S. 54 ff.) Die Anordnung nachstehender Tafel ist die gleiche, wie die der vorigen, nur dass Spalte IV die Namen der Beobachter in den Abkürzungen: Rg für V. Regnault[*]), Kp für H. Kopp[**]), BW für Bettendorf und Wüllner[***]), MD für Mixter und Dana[†]) angiebt. Die in Spalte III angegebenen Werthe von t sind unter der nach Weber's Arbeit zwar nicht ganz streng richtigen, aber als Annäherung zulässigen Voraussetzung berechnet, dass die spec. Wärme innerhalb der Temperaturgrenzen, zwischen denen sie gemessen wurde, eine lineare Function der Temperatur sei.

---

[*]) Ann. chim. phys. [3] 1841, T. 1, p. 202—205; 1861, T. 63, p. 24—38; [4] 1866, T. 7, p. 450—462.
[**]) Ann. Chem. Pharm. 1864 und 1865. 3. Suppl.-Bd., S. 63—73.
[***]) Pogg. Ann. 1868, Bd. 133. Bezüglich der Berechnung dieser Beobachtungen s. H. F. Weber a. a. O., S. 5.
[†]) Ann. Chem. Pharm. 1873, Bd. 169, S. 388.

I.	II. c	III. t	IV. Beob.	V. A	VI. A.c
Bor, amorph	0,254	+ 36°	Kp 1864	B = 11,0	2,8
" krystallisirt	0,230	+ 36°	" "	"	2,6
" " *)	0,252	+ 50°	MD 1873	"	2,8
" "	0,262	+ 54	Rg 1861	"	2,9
" "	0,225	+ 55	" "	"	2,5
" "	0,257	+ 57	" "	"	2,8
" „graphitisch"	0,235	+ 58	" "	"	2,6
Kohlenstoff:					
a) Diamant	0,143	+ 47	BW 1868	C = 11,97	1,7
"	0,147	+ 54	Rg 1841	"	1,8
b) Hochofengraphit	0,165	+ 36	Kp 1864	"	2,0
"	0,186	+ 45	BW 1868	"	2,2
"	0,197	+ 55	Rg 1841	"	2,4
c) natürl. Graphit	0,174	+ 36	Kp 1864	"	2,1
"	0,188	+ 46	BW 1868	"	2,3
"	0,198	+ 57	Rg 1866	"	2,4
Silicium, geschmolzen	0,138	+ 35	Kp 1864	Si 28	3,9
" "	0,166	+ 60	Rg 1861	"	4,6
" krystallisirt	0,165	+ 35°	Kp 1864	"	4,6
" " **)	0,171	+ 50	MD 1873	"	4,8
" "	0,173	+ 60	Rg 1861	"	4,8

§ 39 (40).

Bei keinem der übrigen bis jetzt auf ihre Wärmecapacität im starren Zustande untersuchten Elemente ist eine so grosse Veränderlichkeit derselben, wie bei den dreien im vorigen Paragraphen besprochenen, beobachtet worden. So weit die Beobachtungen reichen, wächst ihre specifische Wärme zwar ebenfalls mit steigender Temperatur, jedoch nur etwa in dem Grade, wie die des Kohlenstoffes in und oberhalb der Rothgluth und die des Siliciums von etwa 200° C. an aufwärts. Nur in der Nähe des Schmelzpunktes zeigt sich in der Regel eine stärkere Zunahme der Wärmecapacität mit steigender Temperatur. Die hinreichend weit unterhalb des Schmelzpunktes bestimmte specifische Wärme gehorcht dem Gesetze von Dulong und Petit; d. h. es lässt sich

---

*) Das Bor wurde analysirt und die Wärmecapacität der Verunreinigungen in Abzug gebracht.
**) Das Silicium wurde analysirt und die Capacität der Verunreinigungen in Abzug gebracht.

für jedes Element eine stöchiometrische Quantität, das thermische Atomgewicht, angeben, deren Produkt mit der specifischen Wärme, die Atomwärme, für alle Elemente nahezu denselben Werth hat.

Nachstehende Tafel giebt eine Uebersicht aller der Elemente, deren Capacität im festen Aggregatzustande bis jetzt mit einiger Sicherheit bestimmt wurde*). Spalte I zeigt wieder den Namen des Elementes; Spalte II unter c die specifische Wärme desselben, bezogen auf die des flüssigen Wassers als Einheit für die in Spalte III unter t angegebene Temperatur**); Spalte IV den Namen des Beobachters in den Abkürzungen: Rg für Regnault***), Kp für Kopp†), N für Neumann††), BW für Bettendorf und Wüllner†††), Bn für Bunsen§), Wb für H. F. Weber§§), MD für Mixter und Dana§§§), H für Hillebrand₃), E. R für Emerson Reynolds♃), NP für Nilson und Pettersson♃), Bt. für Berthelot♂); Spalte V unter A diejenige stöchiometrische Quantität, welche als Atomgewicht (bezogen auf 1 Atom Wasserstoff als Einheit) angenommen werden muss, damit das Produkt derselben und der specifischen Wärme der Zahl $6{,}4$ so nahe wie möglich komme; Spalte VI enthält unter $A\;c$ den Zahlenwerth des Produktes aus dem Atomgewicht und der specifischen Wärme, die Atomwärme.

---

*) Eine sehr vollständige Zusammenstellung der Bestimmungen findet sich auch in Nr. 276 der Smithsonian Miscellaneous Collections; the Constants of Nature, part. II, compiled by F. W. Clarke, Washington 1876.

**) Diese Temperatur t ist das arithmetische Mittel aus den Grenzen, zwischen denen die specifische Wärme bestimmt wurde.

***) Ann. chim. phys. [2] 1840, T. 73, p. 5; [3] 1841, T. 1, p. 129; 1843, T. 9, p. 322; 1849, T. 26, p. 261; 1853, T. 38, p. 129; 1856, T. 46, p. 257; 1861, T. 63, p. 5; 1862, T. 67, p. 427.

†) Ann. Chem. Pharm. 1863, Bd. 126, S. 362; 1864 und 1865, 3. Suppl.-Band, S. 1 und S. 289.

††) Pogg. Ann. 1865, Bd. 126, S. 123.

†††) Pogg. Ann. 1868, Bd. 133, S. 293. Bezüglich der Berechnung dieser Beobachtungen s. H. F. Weber an d. unten a. Orte.

§) Pog. Ann. 1870, Bd. 141, S. 1.

§§) a. d. S. 87 a. O.

§§§) Ann. Chem. Pharm. 1873, Bd. 169, S. 388.

₃) Pogg. Ann. 1876, Bd. 158, S. 71 ff.

♃) Phil. Mag. [5], 1877, Vol. 3, p. 38.

♃) Ber. d. d. chem. Ges. 1878, S. 381; Nov. Acta Reg. Soc. Sc. Ups. Ser. III, Mai 1878.

♂) Ann. chim. phys [5], 1878, T. 15, p. 242.

I.	II. c	III. t	IV. Beob.	V. A	VI. A.c
Lithium	0,941	+ 64°C.	Rg	Li — 7,01	6,6
Bor, kryst.*)	0,366	+233°	Wb	B = 11,0	4,3
" "	0,5 (?)	+600°	" *)	" "	(5,5)
Beryllium	0,642	+ 60°	E. R	Be 9,3	5,9
"	0,408	+ 50°	N. P.	Be — 9,3	3,8
				Be — 13,9	5,6
Kohlenstoff:					
a) Diamant	0,459	+985°	Wb	C = 11,97	5,5
b) Graphit	0,467	+978°	"	" "	5,5
Natrium	0,293	— 14°	Rg	Na = 22,99	6,7
Magnesium	0,245	+ 36°	Kp	Mg 23,94	5,9
"	0,250	+ 60°	Rg	" "	6,0
Aluminium	0,202	+ 37°	Kp	Al — 27,3	5,5
"	0,214	+ 60°	Rg	" "	5,8
Silicium, krystallisirt	0,203	+232°	Wb	Si = 28	5,7
Phosphor, gelb	0,174	— 34°	Rg	P 30,96	5,4
" "	0,189	+ 19°	"	" "	5,9
" roth	0,170	+ 67°	"	" "	5,3
Schwefel, rhomb.	0,163	+ 31°	Kp	S = 31,98	5,2
" "	0,171	+ 50°	Bn	" "	5,5
" "	0,178	+ 67°	Rg	" "	5,7
" geschmolzen	0,203**)	+ 56°	"	" "	6,5
Kalium	0,166	— 34°†)	"	K = 39,04	6,5
Calcium	0,170	+ 50°	Bn	Ca = 39,90	6,8
Chrom	0,100††)	+ 36°	Kp	Cr = 52,4	5,2††
Mangan†††)	0,122	+ 55°	Rg	Mn = 54,8	6,7
Eisen	0,112	+ 31°	Kp	Fe — 55,9	6,3
"	0,114	+ 58°	Rg	" "	6,4
Kobalt§)	0,107	+ 55°	"	Co 58,6	6,3
Nickel§)	0,108	+ 55°	"	Ni — 58,6	6,4
Kupfer	0,0930	+ 35°	Kp	Cu — 63,3	5,9
"	0,0952	+ 58°	Rg	" "	6,0

*) s. oben S. 85.
*) hypothetische Annahme; vgl. § 38.
**) zu gross durch Wärmeabgabe bei Aenderung des Zustandes.
†) Zwischen —78° und einer nicht angegebenen mittleren Temperatur, wahrscheinlich +10°, beobachtet.
††) Die Zahl wurde zu klein beobachtet aus dem a. a. O. S. 77 von Kopp angegebenen Grunde.
†††) wenig Silicium enthaltend; ein viel Silicium und Kohle enthaltendes Präparat gab c = 0,133.
§) und §) die kleinsten beobachteten Werthe; kohlehaltige Präparate gaben grössere Zahlen bis zu 0,116 und 0,117.

§ 39.   aus der Wärmecapacität im starren Zustande.   91

I.	II. c	III t	IV. Beob.	V. A		VI. A.c
Zink	0,0932	+ 33°	Kp	Zn	64,9	6,1
"	0,0935	+ 50°	Bn	"	"	6,1
"	0,0955	+ 55°	Rg	"	"	6,2
Gallium	0,079	+ 17°§)	Bt	Ga	69,9	5,5
Arsen, amorph	0,0758*)	+ 45°	BW	As =	74,9	5,7
" krystallisirt . . .	0,0830*)	+ 45°	"	"	"	6,2
" " . . .	0,0814	+ 55°	Rg	"	"	6,1
" " . . .	0,0822	+ 56°	N	"	"	6,2
Selen, amorph**)	0,0746	− 9°	Rg	Se =	78,9	5,9
" krystallisirt . . .	0,0745	− 5°	"	"	"	5,9
" " . . .	0,0840*)	+ 42°	BW	"	"	6,6
" " . . .	0,0861	+ 61°	N	"	"	6,8
" " . . .	0,0762	+ 59°	Rg	"	"	6,0
Brom, starr	0,0843	− 51°	"	Br =	79,75	6,7
Zirconium	0,0662	+ 50°	MD	Zr =	90	6,0
Molybdän***)	0,0722	+ 55°	Rg	Mo =	95,8	6,9
Ruthenium	0,0611	+ 50°	Bn	Ru =	103,5	6,3
Rhodium†)	0,0580	+ 55°	Rg	Rh =	104,1	6,0
Palladium	0,0593	+ 55°	"	Pd =	106,2	6,3
Silber	0,0560	+ 36°	Kp	Ag =	107,66	6,0
"	0,0559	+ 50°	Bn	"	"	6,0
"	0,0570	+ 55°	Rg	"	"	6,1
Kadmium	0,0542	+ 37°	Kp	Cd	111,6	6,0
"	0,0548	+ 50°	Bn	"	"	6,1
"	0,0567	+ 55°	Rg	"	"	6,3
Indium	0,0570	+ 50°	Bn	In =	113,4	6,5
Zinn	0,0548	+ 34°	Kp	Sn	117,8	6,5
"	0,0559	+ 50°	Bn	"	"	6,6
"	0,0562	+ 55°	Rg	"	"	6,6
Antimon	0,0523	+ 31°	Kp	Sb =	122	6,4
"	0,0495	+ 50°	Bn	"	"	6,0
"	0,0508	+ 55°	Rg	"	"	6,2
Jod	0,0541	+ 59°	"	J =	126,53	6,8

§) zwischen 23 u. 12°C., also innerhalb sehr enger Grenzen.
*) Die von Bettendorf und Wüllner gefundenen Zahlen sind zu gross aus dem von Weber a. a. O. S. 5 angegebenen Grunde.
**) Zwischen + 20° und + 40° fanden Bettendorf und Wüllner c = 0,095, A.c = 7,4, Regnault zwischen +18° u. +77° c = 0,1026, A.c = 8,0, zwischen +19° und +85° c = 0,1036, A.c = 8,1. Diese Zahlen sind zu gross durch die latente Wärme, welche das amorphe Selen aufnimmt, indem es erweicht, lange bevor es schmilzt.
***) kohlenstoffhaltig.
†) ein anderes von R. für iridiumhaltig gehaltenes Präparat gab c = 0,0553.

I.	II. c	III t	IV. Beob.	V. A	VI. A.c
Tellur	0,0475	+ 36°	Kp	Te 126,3	6,0
"	0,0474	+ 55°	Rg	" "	6,0
Lanthan	0,0449	+ 50°	H	La = 139	6,2
Didym	0,0456	+ 50°	"	Di 140	6,4
Cer	0,0448	+ 49°	"	Ce 141	6,3
Wolfram	0,0334	+ 55°	Rg	Wo = 184	6,1
Iridium	0,0326	+ 60°	"	Jr = 192,7	6,3
Platin	0,0325	+ 36°	Kp	Pt 195	6,3
"	0,0324	+ 55°	Rg	" "	6,3
Gold	0,0324	+ 55°	"	Au 196,2	6,4
Osmium	0,0311	+ 60°	"	Os 198,6	6,2
Quecksilber*)	0,0319	− 59°	"	Hg = 199,8	6,4
Thallium	0,0335	+ 58°	"	Tl 203,6	6,8
Blei	0,0307	− 34°	"	Pb 206,4	6,3
"	0,0315	+ 34°	Kp	" "	6,5
"	0,0314	+ 55°	Rg	" "	6,5
Wismuth	0,0305	+ 34°	Kp	Bi = 210	6,5
"	0,0308	+ 55°	Rg	" "	6,5

Von den 46 in der vorstehenden Tabelle aufgeführten Elementen finden sich 24 auch in der in § 25 gegebenen Zusammenstellung derjenigen Elemente, für welche die Dichtigkeit wenigstens einer Verbindung im Gaszustande gemessen wurde, für welche sich also auf Grund der Hypothese Avogadro's der Maximalwerth angeben lässt, welcher ihrem Atomgewichte zugeschrieben werden darf. Dieser ist gegeben durch die geringste Menge des Elementes, welche in einer Molekel einer seiner Verbindungen vorkommt.

Dieser Maximalwerth stimmt für die meisten der in beiden Tafeln vorkommenden Elemente mit derjenigen stöchiometrischen Quantität überein, welche mit der specifischen Wärme das vom Dulong-Petit'schen Gesetze verlangte Product giebt. Für diese Elemente, nämlich für Bor, Kohlenstoff, Silicium, Phosphor, Schwefel, Chrom, Zink, Arsen, Selen, Brom, Zircon, Molybdän, Kadmium, Indium, Zinn, Antimon, Jod, Tellur, Wolfram, Osmium, Quecksilber, Thallium, Blei und Wismuth führen also beide Hypothesen zu denselben Atomgewichten.

---

*) im starren Zustande; im flüssigen ist dieselbe nur weniger grösser, nämlich für t = 55°, c = 0,0333 (Rg. 1840).

Als Atomgewicht des Aluminiums, des Eisens und des Kupfers ergeben sich aus der specifischen Wärme die halben Werthe der bis jetzt in den Molekulargewichten ihrer Verbindungen gefundenen Quantitäten; wir müssen also in allen bis jetzt im Gaszustande bekannten Verbindungen zwei Atome des Metalles in der Molekel annehmen. Die Zusammensetzung dieser Verbindungen wird darnach ausgedrückt durch die Formeln: Al_2Cl_6, Al_2Br_6, Al_2J_6, Fe_2Cl_2 und Cu_2Cl_2. Auch für diese Metalle ist sonach das Gesetz der specifischen Wärmen im Einklange mit dem Avogadro'schen Gesetze der Molekulargewichte.

Die für die specifische Wärme des Berylliums von Reynolds und von Nilson und Petterson gefundenen Werthe führen zur Annahme verschiedener Atomgewichte. Wahrscheinlich ist die von den letztgenannten Forschern gefundene Zahl die richtigere; doch bleibt es aus später (§§ 41, 68, 80) zu besprechenden Gründen zweifelhaft, ob das Atomgewicht wirklich $Be \quad 13,9$ zu setzen ist.*)

§ 40 (41).

Die in der Columne VI. der Tabelle im § 40 unter $A \quad c$ verzeichneten Produkte aus Wärmecapacität und Atomgewicht, die „Atomwärmen", sollten nach dem von Dulong und Petit aufgestellten Gesetze für alle Elemente denselben Werth haben. Dieses ist ganz genau nicht der Fall; das Gesetzt zeigt nur angenäherte Gültigkeit. Die Zahlen schwanken zwischen ziemlich weiten Grenzen. Während die Atomwärmen der meisten Elemente zwischen 6,1 und 6,5 liegen, ergaben andere Elemente, besonders Bor, Kohlenstoff, Aluminium, Silicium, Phosphor und Schwefel merklich kleinere, z. Th. bis zu 5,2 hinabgehende, andre dagegen, wie Lithium, Natrium, Calcium, Mangan, Brom, Molybdän und Jod, etwas grössere, bis zu 6,9 steigende Zahlen. Diese Abweichungen können allerdings z. Th. daher rühren, dass manche der untersuchten Stoffe, z. B. Mangan und Molybdän nachweislich, andere wahrscheinlich unrein waren und daher je nach der Natur der Verunreinigungen eine zu grosse oder zu kleine specifische Wärme zeigten. Andere Abweichungen können Folge von Beobachtungsfehlern sein, die namentlich bei schwer zu manipulirenden Stoffen, z. B. den Alkalimetallen, ferner bei seltenen

---

*) Vergl. Ber. d. d. chem. Ges. 1878, S. 576; ferner Brauner, daselbst S. 872 ff.; Nilson und Pettersson, daselbst S. 906; Carnelley, Phil. Mag. 1879, p. 371.

Körpern, von denen nur geringe Quantitäten zur Verfügung standen, einen nicht ganz unerheblichen Einfluss auf das Ergebniss der Beobachtung zu üben vermögen. Die hauptsächlichste Ursache der Verschiedenheit der gefundenen Atomwärmen ist aber ohne Zweifel die **Veränderlichkeit der Wärmecapacität mit der Temperatur und den Zuständen der Stoffe**. Wo die specifische Wärme eines Elementes für verschiedene Temperaturen bestimmt wurde, zeigt sich fast ausnahmslos eine Zunahme derselben mit steigender Temperatur, die bei verschiedenen Elementen sehr verschieden gross ist. Es können daher die Atomwärmen verschiedener Elemente auch bei gleicher Temperatur nicht immer genau gleich sein.

Trotzdem ist es möglich, dass das Gesetz von Dulong und Petit eine strengere Gültigkeit hat, als es nach den vorliegenden Beobachtungen zu haben scheint. Die Grösse, welche in unseren Experimenten als specifische Wärme gemessen wird, setzt sich zusammen aus der **eigentlichen oder wahren specifischen Wärme**, d. i. derjenigen Wärmemenge, welche zur Erhöhung der Temperatur dient und als Wärme vorhanden bleibt, und aus einer zweiten Wärmequantität, welche, indem sie aufhört Wärme zu sein, zur Ausdehnung der Substanz und anderer innerer, d. i. die Molekularkräfte überwindender Arbeit, überhaupt zur Aenderung derjenigen Funktion verbraucht wird, welche Clausius*) als **Disgregation** bezeichnet hat. Es ist nun sehr wohl denkbar, dass die scheinbare specifische Wärme einiger Elemente nur darum erheblich grösser oder kleiner sei, als sie nach der Regel von Dulong und Petit sein sollte, weil bei diesen Elementen erheblich mehr oder weniger Wärme zur Aenderung der Disgregation verbraucht werde als für die meisten anderen Elemente.

Wenn aber auch die kleineren Unterschiede, welche die Atomwärmen der verschiedenen Elemente zeigen, ohne Schwierigkeit sich aus der Ungleichheit der zu innerer Arbeit verbrauchten Wärmemengen erklären lassen, so ist eine solche Erklärung doch nicht ausreichend für die grossen Abweichungen, welche **Bor, Kohlenstoff** und **Silicium** bei niederen Temperaturen zeigen. Wir müssen vielmehr aus den Beobachtungen den Schluss ziehen, dass für diese Elemente das Gesetz erst oberhalb einer bestimmten von der Natur der Substanz abhängigen Temperatur Geltung erhält.

---

*) S. 79 seiner Abhandlung: Ueber die Anwendung des Satzes von der Aequivalenz der Verwandlungen auf die innere Arbeit. Pogg. Ann. 1862, Bd. 116, S. 73; Gesammelte Abhandl. I. S. 242.

Halten wir damit die an anderen Elementen gemachte Wahrnehmung zusammen, dass diese Geltung in der Regel, wenn auch nicht in allen Fällen, in der Nähe des Schmelzpunktes, sowie im flüssigen Zustande aufhört, so liegt die Vermuthung nahe, dass das **Gesetz von Dulong und Petit allgemein für alle, oder vielleicht auch nur für alle nicht metallischen Elemente nur innerhalb eines bestimmten, nicht nur nach oben, sondern auch nach unten begrenzten Temperaturintervalles Gültigkeit habe. Dieses Intervall ist dadurch charakterisirt, dass innerhalb desselben die specifische Wärme sich mit der Temperatur nur wenig ändert, während sie unterhalb und oberhalb der Grenzen mit steigender Temperatur sehr rasch zunimmt.**

§ 41 (42).

Nachdem wir diese Einsicht gewonnen, wäre zur sicheren Bestimmung des Atomgewichtes streng genommen für jedes der untersuchten Elemente der Nachweis erforderlich, dass seine specifische Wärme zwischen Temperaturgrenzen bestimmt wurde, innerhalb welcher sie nur sehr wenig veränderlich ist. Dieser Nachweis ist dadurch zu führen, dass die specifische Wärme für verschiedene möglichst weit auseinander liegende Temperaturen bestimmt wird.

Solche Bestimmungen sind von Dulong und Petit[*]) für Eisen, Kupfer, Zink, Silber, Antimon, Platin und Quecksilber, von Pouillet[**]) für Platin, von Bède[***]) für Eisen, Kupfer, Zink, Zinn, Antimon, Blei und Wismuth, von Byström[†]) für Eisen, Silber und Platin, von Weinhold[††]) für Platin und von Violle[†††]) für Platin, Iridium und Gold ausgeführt worden. Die von diesen Forschern gefundenen Werthe der specifischen Wärme und ihrer Veränderung mit der Temperatur weichen zwar z. Th. nicht unerheblich von einander ab, stimmen aber darin alle überein, dass die Atomwärme aller genannten Elemente auch bei Temperaturen mehre hundert, ja tausend Grade über dem Siedepunkte des Wassers theils weniger, theils nur ganz unerheblich mehr als sieben Wärmeeinheiten beträgt, so dass also die Regel

---

[*]) Ann. chim. phys. [2], 1818, T. 7, p. 142.
[**]) Compt. rend. 1836, T. 2, p. 782.
[***]) s. Fortschr. d. Physik, 1855, Bd. 9, S. 379.
[†]) Daselbst, 1860, Bd. 14, S. 369.
[††]) Programm der h. Gewerbschule zu Chemnitz, Ostern 1873, S. 32.
[†††]) Compt. rend. 1877, T. 85, p. 543; 1879, T. 89, p. 702.

von Dulong und Petit auch bei diesen hohen Temperaturen noch ihre Geltung behält.

Für die meisten Elemente fehlt zwar dieser Nachweis noch. Indessen können wir aus der Uebereinstimmung der thermischen Atomgewichte mit den nach Avogadro's Regel ermittelten, sowie aus anderen, später zu besprechenden Regelmässigkeiten schliessen, dass die in Spalte V der Tabelle in § 39 angegebenen stöchiometrischen Quantitäten fast ausnahmslos die wirklichen Atomgewichte sind, dass also die Temperaturen, für welche die specifischen Wärmen bestimmt wurden, entweder vollständig innerhalb oder doch nicht sehr weit ausserhalb der richtigen Grenzen liegen. Nur für das Beryllium wäre, worauf zuerst Brauner (a. d. § 39 a. O.) aufmerksam gemacht hat, eine Untersuchung der Veränderung seiner specifischen Wärme mit der Temperatur höchst wünschenswerth. Man hat zwar bei Metallen eine sehr starke Aenderung derselben nicht beobachtet, aber das Beryllium ist nach Nilson und Petersson ein sprödes Metall und steht daher seinen Nachbarn in der Tabelle des § 39, dem Bor und Kohlenstoff, nicht so fern, wie die eigentlichen Metalle. Zudem sprechen, wie weiter unten gezeigt werden soll, seine und seiner Verbindungen Eigenschaften mehr für das Atomgewicht $Be \quad 9,3$ als für $Be \quad 13,9$.

Vielleicht würde eine grössere Uebereinstimmung der Atomwärmen hervortreten, wenn für jedes Element die specifische Wärme für die Temperatur ermittelt würde, bei welcher sie die geringste Veränderlichkeit besitzt. Da indessen Kohlenstoff und Silicium auch bei Temperaturen, bei denen ihre specifische Wärme nahezu constant ist, Atomwärmen von weniger als 6 Wärmeeinheiten besitzen, so ist es möglich und sogar nicht unwahrscheinlich, dass auch die etwas zu klein gefundenen Atomwärmen einiger anderen Elemente bei allen Temperaturen kleiner sind als die der meisten übrigen. Solche zu kleine Atomwärmen zeigen besonders nicht metallische und halbmetallische Elemente mit kleinen Atomgewichten, namentlich Bor, Kohlenstoff, Silicium, Phosphor und Schwefel, jedoch auch das metallische Aluminium und das Beryllium.

Sollten aber auch künftige Untersuchungen, diese Vermuthung bestätigend, zeigen, dass das Gesetz der specifischen Wärme nur angenähert gelte, so würde dies seinem Werthe doch keinen Eintrag thun; denn was wir Naturgesetze nennen, sind allgemeine durch Induction aus den Beobachtungen abgeleitete Sätze, welche nur innerhalb der Grenzen Gültigkeit haben, in denen die zu ihrer

Auffindung oder Bestätigung führenden Thatsachen liegen; und diese Grenzen können oft ziemlich eng sein, ohne dass darum jene Gesetze ihren Werth verlören. Das Gesetz von Boyle z. B., oder, wie es gewöhnlich genannt wird, von Mariotte, nach welchem Dichte und Druck der Gase einander proportional sind, gilt bekanntlich nicht streng und auch angenähert nur innerhalb gewisser Grenzen der Dichtigkeit und der Temperatur; und ebenso gilt das Gesetz Avogadro's, weil es von jenem abhängig ist, nicht ganz streng und auch angenähert nur unter den Bedingungen, unter denen das Boyle'sche Gesetz Gültigkeit hat; es gilt insbesondere nicht bei Temperaturen, welche derjenigen nahe kommen, bei welcher sich das Gas zu einer Flüssigkeit verdichtet.

Ebenso gilt das Gesetz von Dulong und Petit, wie wir längst wissen, wenigstens in seiner jetzigen Gestalt, weder für Gase noch für tropfbare Flüssigkeiten; es gilt auch nicht, oder doch nicht allgemein, für starre Substanzen in der Nähe ihres Schmelzpunktes, sondern nur erheblich weit unterhalb desselben. Weber's Beobachtungen zeigen, dass es auch eine untere Grenze der Temperatur giebt, unterhalb welcher seine Gültigkeit ebenfalls aufhört. Andererseits finden wir, dass es bei einigen Stoffen den festen Aggregatzustand überdauert; es hat z. B. Gültigkeit nicht nur für starres, sondern auch für tropfbares Quecksilber. Zur Zeit aber lassen sich die Grenzen seiner Geltung noch nicht ganz allgemein angeben. Damit dieses möglich werde, erscheint zunächst eine möglichst viele Elemente umfassende Untersuchung des Einflusses erforderlich, welchen die Temperatur auf die scheinbare specifische Wärme ausübt. Diese Untersuchung wird voraussichtlich, wie Weber a. a. O. andeutet, auch für die Physik von wesentlichem Nutzen sein.

§ 42 (43).

Die Wärmecapacität der Atome scheint, in der Regel wenigstens, nicht erheblich verändert zu werden, wenn die Atome sich zu Verbindungen vereinigen, so dass dem Molekulargewichte jeder Verbindung im festen Aggregatzustande eine Capacität zukommt, welche, wenigstens angenähert, gleich ist der Summe der Capacitäten der in der Molekel enthaltenen Atome*).

---

*) Der Antheil, den verschiedene Forscher, besonders Regnault, de la Rive und Marcet, H. Schröder, Woestyn, Garnier, Bancalari,

So z. B. ist die specifische Wärme des Jodbleies nach Regnault 0,0427, die des Brombleies 0,0533. Multiplicirt man diese Zahlen mit den Molekulargewichten*) $Pb\,J_2 = 459,4$ und $Pb\,Br_2$ 365,9, so erhält man die Molekularcapacitäten oder Molecularwärmen 19,6 und 19,5. Die Summen der Capacitäten der in diesen Verbindungen enthaltenen Atome ergeben sich aber aus der Tabelle in § 39:

für das Jodblei zu *6,5 + 2 × 6,8 = 20,1*
„ „ Bromblei „ *6,5 + 2 × 6,7   19,9*.

Man würde also, wäre etwa die Capacität des Bromes oder Jodes unbekannt, nicht sehr irren, wollte man dieselbe dadurch berechnen, dass man von der bekannten Capacität des Brom- und Jodbleies die des darin enthaltenen Bleies abzöge und die Reste als die Capacitäten des Broms und des Jodes betrachtete.

In der That hätte man:
19,6 — 6,5   13,1 — 2 × 6,55 für Jod
und *19,5 — 6,5   13,0   2 × 6,50* „ Brom,
wenig abweichend von den unmittelbar gefundenen Werthen 6,8 und 6,7.

In derselben Weise kann man aus der von Regnault zu 0,0664 gefundenen specifischen Wärme des Chlorbleies die noch unbekannte des Chlores berechnen. Aus einem Atom oder 206,4 Gewichtstheilen Blei erhält man 277,1 Gewichtstheile Chlorblei. Diese Zahl mit der specifischen Wärme multiplicirt giebt die Molekularcapacität *277,1 × 0,0664 = 18,4*. Davon die Capacität des Bleies abgezogen giebt:

18,4 — 6,5 = 11,9 = 2 × 5,95 für 70,7 Gewichtstheile Chlor.

Folglich ergiebt sich für 35,37 Gewichtstheile oder das aus der Dichte der Chlorverbindungen gefolgerte Atomgewicht die Atomwärme 5,95, also eine sehr nahe an 6 liegende Zahl. Nahezu denselben Werth erhält man durch Ausführung derselben Rechnung für andere Chlorverbindungen, deren Wärmecapacität bekannt ist.

Cannizzaro u. A. an der Aufstellung und Begründung dieses Satzes genommen, ist in der geschichtlichen Einleitung zu H. Kopp's ausführlicher Arbeit über diesen Gegenstand (Ann. Chem. Pharm. 1864, 3. Suppl.-Bd., S. 1 ff.) dargelegt, worauf ich hier verweise.

*) Diese Molekulargewichte sind hypothetisch; statt ihrer kann man ebensogut die doppelten Quantitäten Pb_2J_4 und Pb_2Br_4 oder andere Multipla als Molekeln betrachten. Es ist das aber auf den hier besprochenen Gegenstand, wie leicht ersichtlich, ganz ohne Einfluss.

Es folgt daraus, dass das nach Avogadro's Regel bestimmte Atomgewicht Cl 35,37 ebenfalls den Anforderungen des Gesetzes von Dulong und Petit genügt.

Berechnungen dieser Art sind öfter mit Glück versucht worden. So hat z. B. Regnault aus der Capacität, welche den Verbindungen der Alkalimetalle Kalium, Natrium und Lithium zukommt, für die sogenannten thermischen Atome dieselben Werthe erschlossen, welche er später aus der Capacität der isolirten Metalle ableiten konnte. Dasselbe gilt vom Magnesium und Calcium. Für Strontium und Baryum dagegen fehlt bis jetzt noch die direkte Bestätigung.

Es ist zu solcher Berechnung der Capacität eines Elementes nicht einmal erforderlich, dass die aller übrigen in der untersuchten Verbindung enthaltenen bekannt sei. Es genügt, die Aenderung zu kennen, welche die Capacität der Verbindung erfährt, wenn das Element von unbekannter Capacität durch ein solches von bekannter ersetzt wird. So bleibt z. B. die Molekularcapacität einer Bleiverbindung annähernd ungeändert, wenn in derselben das Blei durch Calcium, Baryum oder Strontium oder umgekehrt ersetzt wird. Wir schliessen daraus, dass die sich gegenseitig vertretenden Quantitäten gleiche Capacität haben, dass folglich die Mengen jener drei leichten Metalle, welche ein Atom oder 206,4 Gewichtstheile Blei ersetzen, die (thermischen) Atome dieser Metalle darstellen.

So sind z. B. 206,4 Gewichtstheile Blei enthalten in 266,25 Theilen Weissbleierz, verbunden mit 11,97 Gewichtstheilen Kohlenstoff und 47,88 Gewichtstheilen Sauerstoff. Dieselben Quantitäten dieser letzteren beiden Elemente verbinden sich mit 39,9 Theilen Calcium zu 99,75 Theilen Arragonit oder Kalkspath, mit 87,2 Theilen Strontium zu 147,05 Theilen Strontianit und mit 136,8 Theilen Baryum zu 196,65 Theilen Witherit. Diese Quantitäten, mit den zu gehörigen specifischen Wärmen*) multiplicirt, geben nahezu gleiche Produkte, haben also nahezu gleiche Wärmecapacität. Man hat für

Kalkspath und
Arragonit $99,75 \times 0,206 = 20,6$
Strontianit $147,05 \times 0,145 = 21,3$
Witherit $196,65 \times 0,109 = 21,4$
Weissbleierz $266,25 \times 0,080 = 21,3$.

---

*) Die hier angegebenen Werthe der spec. Wärme sind das Mittel aus den Bestimmungen von Neumann, Regnault und Kopp; s. Kopp's Zusammenstellung a. a. O., 3. Suppl.-Bd., S. 295.

Ohne dass wir die Wärmecapacität der übrigen beiden Bestandtheile dieser Verbindungen zu kennen brauchen, können wir aus diesen Zahlen die Folgerung ziehen, dass die sich hier gegenseitig vertretenden Quantitäten von Calcium, Strontium, Baryum und Blei gleiche oder nahezu gleiche Wärmecapacität besitzen, dass also die oben angegebenen Quantitäten Calcium, Strontium und Baryum ebenso wie 206,4 Theile Blei je ein Atom darstellen mit der normalen Capacität von etwas über 6 Wärmeeinheiten. Für das Calcium ist diese Folgerung durch Bunsen's Bestimmung der specifischen Wärme des Metalles bestätigt worden.

Auf diesem Wege lässt sich noch für eine Anzahl von Elementen das Atomgewicht erschliessen. Diese Bestimmungen haben um so grössere Sicherheit und Zuverlässigkeit, je grösser die Zahl der Verbindungen ist, auf deren bekannte Wärmecapacität sie sich stützen. Der höchste Grad der Wahrscheinlichkeit kommt nachstehenden auf diesem Wege erschlossenen Atomgewichten zu (deren Zahlenwerthe wie früher nach den besten analytischen Bestimmungen corrigirt sind):

$$\begin{aligned}
\text{Chlor} \quad & Cl = 35{,}37 \\
\text{Titan} \quad & Ti = 48 \\
\text{Chrom} \quad & Cr = 52{,}4 \\
\text{Rubidium} \quad & Rb = 85{,}2 \\
\text{Strontium} \quad & Sr = 87{,}2 \\
\text{Baryum} \quad & Ba = 136{,}8.
\end{aligned}$$

Die Wärmecapacität, welche diese Quantitäten in ihren Verbindungen besitzen, entspricht dem Gesetze von Dulong und Petit; sie ist etwas grösser als 6. Für Chlor, Titan und Chrom ist ausserdem dieses aus der Wärmecapacität bestimmte Atomgewicht identisch mit dem aus dem Volumen ihrer gasförmigen Verbindungen gefolgerten (Tabelle in § 25).

Diese Bestimmung der Atomwärme und des Atomgewichtes eines Elementes aus der specifischen Wärme seiner Verbindungen ist indessen nur dann zuverlässig, wenn die Anzahl der in der betreffenden Verbindung enthaltenen Atome klein ist und alle der Regel von Dulong und Petit gehorchen. Wo dies nicht der Fall ist, liefert sie unzuverlässige Ergebnisse. So habe z. B. ich[*]) aus der spec. W. des Uranoxydules vermuthungsweise $U = 180$,

---

[*]) Ann. Chem. Pharm. 1870, 7. Suppl.-Bd., S. 363.

J. Donath*) aber aus der des Oxydoxydules $U = 120$ abgeleitet, welche Werthe wahrscheinlich beide unrichtig sind. Aus der spec. Wärme der Oxyde wird man die Atomwärme der Elemente nicht mit Sicherheit berechnen können, bevor nicht die Veränderlichkeit ihrer spec. Wärme innerhalb sehr weiter Temperaturgrenzen untersucht ist.

§ 43 (44).

Nicht für alle Elemente ergiebt sich dieselbe Uebereinstimmung zwischen der Avogadro'schen und der Dulong-Petit'schen Hypothese. Wäre dieselbe durchweg vorhanden, hätten also die Atome aller Elemente in ihren Verbindungen die vom Dulong-schen Gesetze geforderte Capacität, so müsste die Capacität der Molekel jeder Verbindung, dividirt durch die Anzahl der in der Verbindung enthaltenen Atome, annähernd die Zahl 6 ergeben, die ja die vom Dulong-Petit'schen Gesetze geforderte Capacität eines einzelnen Atomes darstellt.

Man erhält aus den bisherigen meist zwischen 0^0 und 100^0 angestellten Beobachtungen diesen Quotienten allerdings für die Verbindungen solcher Elemente, welche auch im isolirten Zustande dem Gesetze genügen; man erhält aber Quotienten, welche kleiner sind als die Zahl 6, für die Verbindungen derjenigen Elemente, welche wie Bor, Kohlenstoff und Kiesel dem Gesetze unter 100^0 C. nicht folgen oder dasselbe, wie Phosphor, Schwefel, Beryllium, Aluminium und Magnesium, nur angenähert erfüllen, und ebenfalls für die Verbindungen einiger Elemente, welche isolirt bisher nicht im festen Zustande untersucht werden konnten, deren Atomgewichte aber nach Avogadro's Regel bestimmt worden sind, besonders des Sauerstoffes und des Wasserstoffes, auch des Stickstoffes und des Fluors.

Diese Abweichungen hat man in verschiedener Weise zu erklären versucht. H. Schröder, der schon 1840**) allgemein aussprach, die Wärmecapacität aller Verbindungen müsse sich darstellen lassen als die Summe der Capacitäten ihrer Bestandtheile, hielt die Annahme für nothwendig, dass die Atomcapacität eines und desselben Elementes in verschiedenen Verbindungen eine sehr verschiedene sein könne und besonders durch den Condensationszustand bedingt werde, in dem sich das Element befinde. Später

---

*) Ber. d. d. chem Ges. 1879, S. 742.
**) Pogg. Ann. Bd. 50. S. 553.

hat dagegen H. Kopp*) aus einem sehr reichen Beobachtungsmateriale den Schluss gezogen, die Capacität jedes Atomes bleibe annähernd stets dieselbe, möge nun das Atom in einer sogenannten einfachen Substanz oder in irgend einer zusammengesetzten Verbindung enthalten sein, vorausgesetzt nur, dass diese Substanz sich im starren Zustande befinde, und die Temperatur vom Schmelzpunkte der Substanz erheblich entfernt sei.

Er hat nun, auf dieser Ansicht fussend, die Capacitäten der Atome auch der nicht im isolirten Zustande untersuchten Elemente aus der ihrer Verbindungen berechnet, indem er von der letzteren die direkt gemessene Capacität der in ihnen enthaltenen anderen Elemente abzog**). Er findet so für

Atom:			Capacität des Atomes:
Wasserstoff	$H =$	1	etwa 2,3
Sauerstoff	O	$15,96$	4
Fluor	F	$19,1$	5.

Wir fügen noch hinzu für den

Stickstoff	N	$14,01$	5 bis 5,5.

Es lässt nämlich zwar Kopp***) die Frage offen, ob der Stickstoff dem Gesetze der specifischen Wärme streng oder nur angenähert genüge. Da aber die nach der Formel RNO_3 (wo R das Atom eines dem Gesetze folgenden Metalles) zusammengesetzten Nitrate durchweg eine kleinere Molekularcapacität zeigen als die Chlorate $RClO_3$, Metaphosphate RPO_3 und Arseniate $RAsO_3$ und eine nicht viel grössere als die Silicate $RSiO_3$ und selbst als die Carbonate RCO_3, so scheint es doch, dass die Atomwärme des Stickstoffes schwerlich grösser, vielmehr eher etwas kleiner als die des Phosphors sei.

Kopp berechnete ferner aus der Capacität ihrer Verbindungen

für	Atom:			Capacität des Atomes:
	Bor	$B =$	$11,0$	etwa 2,7
	Kohlenstoff	$C =$	$11,97$	1,8
	Silicium	$Si =$	28	4

---

*) a. a. O. Bd. 126, S. 368; 3. Suppl.-Bd., S. 314 ff. Ebendaselbst § 82 bis 89, S. 290 bis 298, und § 103 bis 110, S. 330 bis 334, findet sich eine vollständige Zusammenstellung der bis zum Jahre 1865 gewonnenen zuverlässigen Ergebnisse der Untersuchungen über die spec. Wärme der Elemente und Verbindungen.
**) a. a. O. S. 321.
***) a. a. O. S. 323.

Atom: Capacität des Atomes:
Phosphor $P = 30{,}96$ etwa 5,4
Schwefel $S = 31{,}98$ 5,4,

welche Zahlen mit den für die isolirten Elemente zwischen 0^0 und 100^0 unmittelbar beobachteten sehr gut übereinstimmen. Auch die Verbindungen des Aluminiums, Berylliums und Magnesiums zeigen meist eine etwas geringere Molekularcapacität als die entsprechenden Verbindungen anderer Metalle, was ebenfalls mit der etwas geringeren Atomwärme jener Metalle in Uebereinstimmung ist.

Diese Kopp'schen Annahmen erlauben, die Wärmecapacität der weit überwiegenden Mehrzahl der bisher untersuchten Verbindungen in naher Uebereinstimmung mit den Beobachtungen darzustellen*). Bei einigen Verbindungen dagegen kommen zwischen Rechnung und Beobachtung Abweichungen vor, welche erheblich grösser sind, als die Fehler der Beobachtungen sein dürften.

Nachdem nun Weber für Bor, Kohlenstoff und Silicium eine sehr grosse Veränderlichkeit der specifischen Wärme mit der Temperatur nachgewiesen hat, ist es wahrscheinlich geworden, dass auch einige andere der oben angeführten Elemente eine solche zeigen könnten. Da ferner nachgewiesen ist, dass allotrope Modificationen eines und desselben Elementes, wie Diamant und Graphit, verschiedene Capacität besitzen können, so ist zu vermuthen, dass auch in verschiedenen Verbindungen die Capacität eines und desselben Elementes und ihre Veränderlichkeit mit der Temperatur verschieden sein könne. Daher dürfen wir die von Kopp angenommenen Atomwärmen zunächst nur als Mittelwerthe ansehen, um welche die wirklichen Werthe in einzelnen Fällen vielleicht nicht unerheblich schwanken mögen. Dass die Abweichungen von denselben, wie Schröder angenommen hat, mit der Dichtigkeit der Verbindungen in Zusammenhang stehen, ist nicht unwahrscheinlich; doch genügt das vorhandene Beobachtungsmaterial nicht zur Lösung dieser Frage.

§ 44 (45).

Alle diese Elemente, welche eine etwas kleinere Atomwärme als die übrigen zeigen, haben, so verschieden sie auch sonst sein mögen, eine Eigenschaft gemeinsam; sie haben alle kleine Atomgewichte, und zwar sind die Atomgewichte aller Elemente, welche

---

*) a. a. O. S. 330 ff.

sehr erhebliche Abweichungen vom Durchschnitte zeigen, kleiner als das des Fluors (19); die derjenigen, welche von den übrigen weniger abweichen, sind nicht grösser als das des Chlores (35,37). Andererseits haben, wie es scheint, alle Elemente, deren Atomgewicht diese Zahl überschreitet, zwischen 0^0 und 100^0 eine Atomwärme von wenigstens 6 Wärmeeinheiten, während nur zwei Elemente mit kleinerem Atomgewichte, Natrium und Lithium, den Mittelwerth der Atomwärme erreichen, ja sogar, wenn anders ihre Wärmecapacität richtig bestimmt ist*), etwas überschreiten. Die drei anderen Metalle, deren Atomgewichte ebenfalls kleiner als 35 sind, Beryllium, Magnesium und Aluminium, haben sowohl isolirt, als in ihren Verbindungen eine kleinere Capacität ergeben, als den meisten anderen Elementen zukommt**).

Die Elemente nun mit kleinen Atomgewichten, für welche die Regel von Dulong und Petit nur angenähert zutrifft oder zwischen 0^0 und 100^0 ganz versagt, gehören aber grösstentheils zu denjenigen, welche vorzugsweise gasförmige oder leicht flüchtige Verbindungen bilden, deren Atomgewichte also nach der Avogadro'schen Regel bestimmt werden können. Beide Hülfsmittel ergänzen sich also in höchst willkommener Weise.

Da für alle Elemente mit grösseren Atomgewichten, also verhältnissmässig kleiner specifischer Wärme, und besonders, wenigstens angenähert, für die Metalle das Dulong-Petit'sche Gesetz sich für Temperaturen unter 100^0 C. zutreffend erwiesen hat, so kann man für diese unbedenklich das Atomgewicht aus der unter 100^0 bestimmten specifischen Wärme erschliessen. Die so bestimmten Werthe sind, wie wir gesehen haben, in Uebereinstimmung mit denen, welche man für einige Metalle und für

---

*) Vgl. u. a. Pape's Kritik, Pogg. Ann. 1863, Bd. 120, S. 579 ff. Es ist bemerkenswerth, dass nach Regnault's eigenen Bestimmungen den Verbindungen des Lithiums eine kleinere Molekularcapacität zukommt als den entsprechenden des Natriums, und diesen eine kleinere als denen des Kaliums. Darnach sollte die Capacität des Lithiums und Natriums im isolirten Zustande etwas kleiner sein, als sie Regnault gefunden, jedoch nicht, oder doch nicht erheblich kleiner, als die Regel von Dulong und Petit verlangt.

**) Schon bei seinen ersten Untersuchungen bemerkte Regnault, dass bei analogen und namentlich bei isomorphen Stoffen die Molekularcapacität um so grösser sei, je grösser das Molekulargewicht. S. Ann. chim. phys. [3] 1841 T. 1, p. 198; 1843, T. 9, p. 341 u. a. O.

Metalloide mit hohem Atomgewicht aus der Dichte ihrer gasförmigen Verbindungen hat bestimmen können. Nur für Elemente mit niedrigem Atomgewicht, also grosser specifischer Wärme, erscheint der Schluss aus der für ein einziges nicht sehr grosses Temperaturintervall bestimmten specifischen Wärme im allgemeinen gewagt. Für diese ist, wofern nicht Avogadro's Regel zu einer sicheren Bestimmung des Atomgewichtes führt, die specifische Wärme auf ihre Veränderlichkeit mit der Temperatur zu untersuchen und zur Bestimmung des Atomgewichtes nur derjenige Werth derselben anzuwenden, welcher innerhalb weiter Temperaturgrenzen nahezu constant bleibt.

Diese Regel ist rein empirisch und entbehrt zunächst der theoretischen Begründung. Es kann uns das aber von ihrer Anwendung nicht abhalten, da wir auf diesem ganzen Gebiete vor der Hand noch ganz wesentlich auf die Erfahrung angewiesen sind, welche uns sehr häufig Entdeckungen gebracht hat und noch bringen wird, die unseren theoretischen Ansichten widerstreiten und uns daher zu Aenderungen unserer Theorien nöthigen.

§ 45 (46).

Vergleichen wir nun die nach der Regel von Dulong und Petit bestimmten Atomgewichte mit denen, welche sich aus der Dampfdichte nach Avogadro's Regel ergaben, so zeigt sich uns eine vollkommene Uebereinstimmung bei allen Elementen, welche isolirt im starren Zustande auf ihre specifische Wärme bisher untersucht wurden. Nur die aus der Capacität der Verbindungen berechnete specifische Wärme des Wasserstoffes und des Sauerstoffes giebt mit den aus der Dichte bestimmten Atomgewichten ein viel zu kleines Product, vermuthlich weil die specifische Wärme dieser Elemente, wie die von Bor, Kohlenstoff und Silicium unter 100^0 sehr stark variabel und folglich kleiner sein wird, als das Gesetz von Dulong und Petit verlangt. Für alle übrigen bis jetzt untersuchten Elemente haben die nach Avogadro bestimmten Atomgewichte eine Atomcapacität von nahezu sechs Wärmeeinheiten.

Die folgende Zusammenstellung giebt eine Uebersicht aller derjenigen Elemente, deren Atomgewicht bis jetzt nach Avogadro oder nach Dulong und Petit bestimmt werden konnte. Die erste Spalte enthält den Namen des Elementes, die zweite den Werth des Atomgewichtes, bezogen auf das des Wasserstoffes als Einheit in vom kleinsten zum grössten fortlaufender Ordnung. Wo das Atomgewicht mit der kleinsten Quantität zusammenfällt, welche in dem nach Avogadro bestimmten Molekulargewicht gefunden wurde, ist dem Werthe des Atomgewichtes das Zeichen Av. beigesetzt. Wo die bis jetzt in einer Molekel gefundene kleinste Quantität dem Atomgewichte nicht gleich ist, sondern ein Vielfaches desselben darstellt, ist dies durch (Av.) angezeigt. Die dritte Spalte giebt in abgerundeten Mittelwerthen die specifische Wärme an, die vierte die Atomwärme. Wo diese Werthe nicht unmittelbar bestimmt, sondern aus der Molekularwärme der Verbindungen berechnet wurden, sind die Zahlen eingeklammert.

I. Element.	II. Atom.	III. Spec. W.	IV. Atom-W.
Wasserstoff	H = 1 Av.	(2,3)	(2,3)
Lithium	Li = 7,01	0,94	6,6
Beryllium	Be = 9,3 ?	0,41	3,8 ?
Bor	B = 11,0 Av.	0,5 ?	5,5
Kohlenstoff	C = 11,97 Av.	0,46	5,5
(Beryllium ?)	Be = 13,9 ?	0,41	5,6 ?
Stickstoff	N = 14,01 Av.	(0,36)	(5)
Sauerstoff	O = 15,96 Av.	(0,25)	(4)
Fluor	F = 19,1 Av.	(0,26)	(5)
Natrium	Na = 22,99	0,29	6,7
Magnesium	Mg = 23,94	0,25	6,0
Aluminium	Al = 27,3 (Av.)	0,21	5,7
Silicium	Si = 28 Av.	0,16	5,7
Phosphor	P = 30,96 Av.	0,17	5,3
Schwefel	S = 31,98 Av.	0,16	5,1
Chlor	Cl = 35,37 Av.	(0,18)	(6,4)
Kalium	K = 39,04	0,17	6,5
Calcium	Ca = 39,90	0,17	6,8
Titan	Ti = 48 Av.	(0,13)	(6,4)
Vanadin	V = 51,2 Av.	?	?
Chrom	Cr = 52,4 Av.	(0,12)	(6,4)
Mangan	Mn = 54,8	0,12	6,7
Eisen	Fe = 55,9 (Av.)	0,11	6,3
Nickel	Ni = 58,6	0,11	6,4
Kobalt	Co = 58,6	0,11	6,4
Kupfer	Cu = 63,3 (Av.)	0,094	6,1
Zink	Zn = 64,9 Av.	0,094	6,1
Gallium	Ga = 69,9	0,079	5,5
Arsen	As = 74,9 Av.	0,081	6,1
Selen	Se = 78,9 Av.	0,075	5,8
Brom	Br = 79,75 Av.	0,084	6,7
Rubidium	Rb = 85,2	(0,077)	(6,4)

I. Element.	II. Atom.		III. Spec. W.	IV. Atom-W.
Strontium	Sr	87,2	(0,074)	(6,4)
Zirkon	Zr	90 Av.	0,066	6,0
Niob	Nb	94 Av.	?	?
Molybdän	Mo	95,8 Av.	0,072	6,9
Ruthenium	Ru	103,5	0,061	6,3
Rhodium	Rh = 104,1		0,058	6,0
Palladium	Pd	106,2	0,059	6,3
Silber	Ag = 107,66		0,056	6,0
Kadmium	Cd = 111,6	Av.	0,057	6,3
Indium	In	113,4	0,057	6,5
Zinn	Sn	117,8 Av.	0,056	6,6
Antimon	Sb = 122	Av.	0,051	6,3
Tellur	Te = 126,3	Av.	0,047	6,0
Jod	I	126,53 Av.	0,054	6,8
Baryum	Ba = 136,8		(0,047)	(6,4)
Lanthan	La = 139		0,045	6,2
Didym	Di = 147		0,046	6,7
Cer	Ce	140	0,045	6,3
Tantal	Ta	182 Av.	?	?
Wolfram	W = 184	Av.	0,033	6,1
Iridium	Ir = 192,7		0,033	6,3
Platin	Pt = 195		0,033	6,3
Gold	Au = 196,2		0,032	6,4
Osmium	Os	198,6 Av.	0,031	6,2
Quecksilber	Hg = 199,8	Av.	0,032	6,3
Thallium	Tl = 203,6	Av.	0,034	6,8
Blei	Pb	206,4 Av.	0,031	6,5
Wismuth	Bi	210 Av.	0,031	6,5

Diese Tafel enthält fast alle bis jetzt genauer bekannt gewordenen Elemente. Es fehlen in derselben nur die Metalle der Gadoliniterden, ferner das Caesium, Thorium, Uran, Scandium, Norvegium und einige andre neu entdeckte, aber z. Th. noch zweifelhafte Elemente. Auf Grund seines physikalischen und chemischen Verhaltens und seiner zahlreichen Aehnlichkeiten und Analogien mit dem Kalium und Rubidium ist für das Caesium das Atomgewicht *Cs = 132* bis *133* ebenfalls als zweifellos richtig bestimmt anzusehen; ebenso mit grosser Wahrscheinlichkeit für das dem Aluminium analoge Scandium *Sc = 45* etwa. Die übrigen können einstweilen nicht sicher bestimmt werden.

§ 46 (47).

Auffällig und bemerkenswerth ist das Verhältniss der in der Tafel aufgeführten Werthe der specifischen Wärme im starren Zustande zu den für den Gaszustand bei constantem Volumen gefundenen. In nachstehender Tafel sind für die wenigen sowohl im starren, wie im gasförmigen Zustande untersuchten Elemente die beiden Werthe der specifischen Wärme und der Atomwärme neben einander gestellt. Die Zahlenwerthe der specifischen Wärme der Gase bei constantem Volumen sind die von Clausius[*]) berechneten; nur der für das Quecksilbergas ist von mir durch Division des von Kundt und Warburg[**]) angegebenen auf Volum bezogenen Werthes 0,1027 durch die Dampfdichte 6,98 des Quecksilbers berechnet worden.

	starr		gasförmig		Verhältniss
	c	$A \cdot c$	c	$A \cdot c$	
Wasserstoff	2,3	2,3	2,41	2,4	1 : 1
Sauerstoff	0,25	4,0	0,156	2,5	1,6 : 1
Stickstoff	0,36	5,0	0,173	2,4	2 : 1
Chlor	0,18	6,4	0,093	3,3	2 : 1
Brom	0,084	6,7	0,042	3,4	2 : 1
Quecksilber	0,032	6,4	0,015	3,0	2 : 1.

Diese Tafel zeigt, dass mit alleiniger Ausnahme der beiden einzigen dem Gesetze Avogadro's nicht folgenden Elemente Wasserstoff und Sauerstoff, die specifische Wärme und folglich auch die Atomwärme im starren Zustande doppelt so gross ist als im Gaszustande. Ist auch der Grund dieser Regelmässigkeit zur Zeit noch nicht ersichtlich, so dürfte sie doch schwerlich einem Spiele des Zufalls entsprungen sein.

Sollte die Wärmecapacität des Wasserstoffes und des Sauerstoffes in ihren starren Verbindungen wie die des Kohlenstoffes mit der Temperatur sehr veränderlich sein, so gilt für diese Elemente

---

[*]) Ann. Chem. Pharm. 1861, Bd. 118, S. 118. Durch Benutzung der von Röntgen (Pogg. Anm. 1873, Bd. 148, S. 603 ff.) für das Verhältniss der specifischen Wärme bei constantem Drucke zu der bei constantem Volumen gefundenen Werthe würden obige Zahlen nur unerheblich grösser werden.
[**]) Pogg. Ann. 1876, Bd. 157, S. 368.

bei hoher Temperatur wahrscheinlich dasselbe Gesetz wie für die übrigen. Die wiederholten Versuche, die specifische Wärme der gasförmigen Verbindungen unter so einheitliche Gesichtspunkte zu bringen, wie sie uns für die starren Körper das Dulong-Petit'sche und das von Regnault und Kopp erweiterte Neumann'sche Gesetz bieten, sind bis jetzt ziemlich erfolglos geblieben. Es konnte das kaum anders sein, da die specifische Wärme vieler Gase mit der Temperatur stark veränderlich, die anderer dagegen so gut wie unveränderlich ist*).

§ 47 (48).

Die Uebereinstimmung zwischen den auf zwei sehr verschiedenen Wegen, aus der Gasdichte und der Wärmecapacität, erschlossenen Werthen der Atomgewichte einer grossen Zahl von Elementen zeigt, dass die so bestimmten Grössen in mehr als einer einzigen Hinsicht einander analog und gleichartig sind, und eine sachliche, nicht etwa eingebildete Bedeutung für die chemische Statik haben. Diese Bedeutung wird ihnen bleiben, man mag später lernen sie weiter zu zerlegen oder nicht. Der ganze Umfang dieser Bedeutung lässt sich freilich zur Zeit noch nicht übersehen; doch können wir bereits durch eine etwas näher eingehende Betrachtung einen Gesichtspunkt gewinnen, von dem aus die beiden verschiedenen zur Bestimmung der Atomgewichte führenden Wege einander sehr genähert erscheinen, indem eine nahe liegende Analogie hervortritt zwischen den durch die Hypothese Avogadro's bestimmten Molekulargewichten und den Atomgewichten, wie sie nach der Hypothese von Dulong und Petit sich ergeben.

Auf Grund der Avogadro'schen Annahme führt, wie oben (§ 14) besprochen wurde, die gegenwärtig geltende kinetische Gastheorie, unter Voraussetzung von gleichem Druck und gleicher Temperatur, zu der für je zwei beliebige Gase, deren Molekulargewichte $\mathfrak{M}$ und $\mathfrak{M}_1$ sind, geltenden Beziehung:

$$\tfrac{1}{2} \mathfrak{M}\, \mathfrak{u}^2 = \tfrac{1}{2} \mathfrak{M}_1\, \mathfrak{u}_1^2.$$

Demnach lassen sich nach Avogadro's Hypothese die Molekulargewichte definiren als diejenigen Massentheilchen, deren lebendige Kraft der geradlinig fortschreitenden Bewegung bei gleichem Druck und gleicher

---

*) s. Regnault, Relation des expér. T. 2, p. 128 162; Eilhard Wiedemann, Pogg. Ann. 1876, Bd. 157, S. 1 ff.

Temperatur für alle Gase gleich ist und bei gleicher Erhöhung der Temperatur einen gleichen Zuwachs erhält. In ganz analoger Weise lassen sich die thermischen Atome definiren als diejenigen Masseneinheiten, denen im starren Zustande eine gleiche Wärmemenge, also gleiche lebendige Kraft übertragen werden muss, damit ihre Temperatur sich um eine gleiche Grösse erhöhe.

Durch diesen Vergleich ergiebt sich zwischen den nach Avogadro's Regel ermittelten Molekulargewichten des Gaszustandes und den nach der Regel von Dulong und Petit bestimmten thermischen Atomgewichten des starren Zustandes eine auffallende Analogie, die wohl unzweifelhaft darin begründet ist, dass die beiden anscheinend auf so verschiedene Art bestimmten Grössen diejenigen Massentheilchen sind, welche eine selbstständige Bewegung einer bestimmten Art besitzen. Bei den Gasmolekeln ist diese Bewegung eine geradlinig fortschreitende, die den nach aussen wirkenden Druck des Gases erzeugt; für die Atome des starren Zustandes ist sie vielleicht eine eben solche, nur mit dem Unterschiede, dass jedes Theilchen nur eine sehr kleine Bahn durchlaufen kann, bevor es mit einem seiner Nachbarn zusammenstösst und zurückgeworfen wird.

§ 48 (49).

Bei dieser Auffassung bleibt aber zur Zeit noch eine Schwierigkeit, die Erklärung der zu kleinen Atomwärme, welche einige Elemente bei niederen Temperaturen zeigen. Wenn diese nur bei den Elementen im isolirten Znstande und nicht auch bei ihren Verbindungen beobachtet würde, so könnte man diese Ausnahmen mittelst der Vorstellung erklären, dass in diesen Elementen die aus mehren fest und unbeweglich mit einander verbundenen Atomen bestehenden Molekeln dieselbe Rolle spielten, wie in anderen Elementen die jedes für sich beweglichen Atome. Diese Annahme ist aber nicht zulässig, weil diese Elemente auch in solchen Verbindungen, die nur ein einziges Atom derselben enthalten, eine zu kleine Wärmecapacität zeigen.

Bevor man wusste, wie sehr die specifische Wärme solcher Elemente mit der Temperatur veränderlich ist, stellte H. Kopp[*]) zur Erklärung dieser sehr auffälligen Ausnahmen eine Hypothese

---

[*]) Ann. Chem. Pharm. 1863, Bd. 126, S. 370; 1864 und 1865, 3. Suppl.-Bd., S. 366 ff.

auf, welche diese scheinbare Anomalie im Verhalten sonst analoger Substanzen mit ganz ähnlichen Unterschieden in den Eigenschaften zusammengesetzter Stoffe verglich und dadurch sehr glücklich die Schwierigkeit wenigstens bis auf einen gewissen Grad zu beseitigen geeignet erschien. Er nahm an, die bis jetzt unzerlegten Atome unserer Elemente, gegen deren Einfachheit schon öfter Zweifel erhoben wurden, seien zusammengesetzt aus Atomen einer höheren Ordnung, und zwar enthielten die mit kleinerer specifischer Wärme deren eine geringere Zahl als die mit grosser. Es sollte sich also das Atom des Kohlenstoffes oder des Siliciums zu dem des Zinnes etwa so verhalten, wie das Kalium zum Ammonium, deren Verbindungen, bei aller sonstigen Analogie, noch eine grössere Wärmecapacität besitzen als die des Kaliums.

Nachdem der ausserordentlich grosse Einfluss, den die Temperatur auf die Wärmecapacität des Kohlenstoffes und der anderen Ausnahme bildenden Elemente ausübt, entdeckt worden, bedarf die Kopp'sche Hypothese einer Umgestaltung, die sich durch die Annahme gewinnen lässt, dass jedes Atom eines Elementes aus kleineren Theilchen, die wir Partikeln nennen wollen, bestehe, die bei niederer Temperatur sich als ein einziges zusammenhängendes Massensystem, bei höheren aber in mehren aus einer geringeren Zahl von Partikeln bestehenden Massentheilchen und bei noch höherer Temperatur jede für sich unabhängig von den übrigen bewegen. Nach dieser Vorstellung würden bei Temperaturen, bei denen die Atome dem Gesetze von Dulong und Petit nicht gehorchen, die Partikeln sich nicht einzeln, sondern nur in Gruppen von mehren Partikeln bewegen, deren jede zur Erhöhung ihrer Temperatur um einen Grad nicht mehr Wärme erfordert als eine einzige Partikel in einem dem Gesetze folgenden Atome.

Ein Atom Kohlenstoff im Diamant würde darnach z. B. bei — 50° C., wo seine Atomwärme nur 0,76 Wärmeeinheiten ausmacht, nur halb soviel Partikelgruppen enthalten als bei 27,7°, wo seine Atomwärme doppelt so gross 1,52 Wärmeeinheiten ist. Die verschiedenen Gruppen brauchten dabei nicht nothwendig alle gleich gross zu sein; im Durchschnitte aber müssten sie bei — 50° C. doppelt so viele einzelne Partikeln enthalten als bei + 27,7° u. s. f.

§ 49 (50).

Diese Art der Auffassung stellt die bei niederen Temperaturen auftretenden Ausnahmen vom Gesetze der specifischen Wärme in

Parallele mit den in § 31—33 besprochenen der Dissociation unterworfenen Molekeln. Wie z. B. der Dampf des sog. bromwasserstoffsauren Amylen's bei Temperaturen unter 180^0 C. aus Molekeln von der Zusammensetzung $C_5H_{11}Br = 150{,}60$ besteht, über 360^0 C. aber zu zweierlei Molekeln $C_5H_{10} = 69{,}85$ und $HBr = 80{,}75$ zerfallen ist, während er in dem zwischen beiden Grenzen liegenden Temperaturintervall ein Gemisch von allen drei Arten von Molekeln bildet, deren jede ihre selbstständige Bewegung besitzt, ebenso würde nach der oben ausgeführten Hypothese der Kohlenstoff im starren Zustande bei einer gewissen sehr niedrigen Temperatur t_0 aus für sich beweglichen Theilchen von der Masse $C = 11{,}97$ bestehen. Diese würden bei einer bestimmten höheren Temperatur t_1 zerfallen zu kleineren Theilchen von der Masse $^1/_2\,C = 5{,}985$ und bei $t_2{}^0$ zu solchen von der Masse $^1/_3\,C = 3{,}99$ etc. Bei Temperaturen zwischen $t_0{}^0$ und $t_1{}^0$ würden Theilchen von der Masse C neben solchen von der Masse $^1/_2\,C$ bestehen, und zwischen $t_1{}^0$ und $t_2{}^0$ sowohl solche von der Masse $^1/_2\,C$ wie solche, deren Masse $^1/_3\,C$ wäre. In dem dissociirten Bromwasserstoffamylen erhält jede der Theilmolekeln dieselbe lebendige Kraft der fortschreitenden Bewegung, welche die ganze Molekel bei derselben Temperatur haben würde, wenn kein Zerfall einträte; die lebendige Kraft dieser Bewegung wird also durch den Zerfall, der die Anzahl der Molekeln verdoppelt, ebenfalls verdoppelt. Um bei constantem Druck eine Temperaturerhöhung um 1^0 zu erzeugen, ist nach dem Zerfall jeder Molekel ein ebenso grosser Zuwachs an lebendiger Kraft der fortschreitenden Bewegung zu geben, also ebenso viel Wärme zuzuführen wie vor demselben, folglich der Gesammtmasse des Gases doppelt so viel wie vor dem Zerfalle, weil sie jetzt die doppelte Zahl von Molekeln enthält. Ebenso ist nach der aufgestellten Hypothese dem Kohlenstoffe, um eine gleiche Erwärmung zu erzeugen, nach dem Zerfall seiner Theilchen (sog. Atome) in zwei, resp. drei Stücke, die doppelte, resp. dreifache Wärme, d. i. lebendige Kraft, zuzuführen wie vor dem Zerfalle, womit Weber's Beobachtungen ihre Erklärung finden würden.

Der Zulässigkeit dieser Erklärung steht aber das eine schwer wiegende Bedenken entgegen, dass nach der oben (§ 27) besprochenen Beobachtung von Kundt und Warburg im Atome des Quecksilbers, und darnach wahrscheinlich auch in denen anderer Elemente, innere Bewegungen nicht stattfinden, sich vielmehr das ganze Atom als eine einzige feste Masse bewegt.

IV. Die Bestimmung der Atomgewichte durch den Isomorphismus.

§ 50 (51).

Wo die Beobachtungen nicht so weit geführt sind, dass eines der beiden besprochenen Hülfsmittel anwendbar ist, bietet sich als drittes Mittel zur Bestimmung des Atomgewichtes der fast gleichzeitig mit der Aufstellung des Gesetzes der specifischen Wärme von E. Mitscherlich entdeckte Isomorphismus dar. Ist von einem Elemente weder eine gasförmige Verbindung, noch die Wärmecapacität bekannt, kann also das Atomgewicht desselben auf den angegebenen Wegen nicht bestimmt werden, vermag aber dieses Element ein anderes, dessen Atomgewicht durch eines der besprochenen Mittel bestimmt ist, in irgend einer Verbindung ohne Aenderung der Krystallform zu ersetzen, so betrachtet man diejenige Quantität als sein Atomgewicht, welche in einer solchen Verbindung ein Atom des anderen Elementes zu ersetzen vermag.

Diese sich gegenseitig vertretenden Quantitäten isomorpher Elemente sind nämlich, wie bereits für zahlreiche Fälle nachgewiesen ist, in der Regel wenigstens, identisch mit den aus den Hypothesen von Avogadro und von Dulong und Petit gefolgerten Atomgewichten.

Es war bereits im vorigen, sowie im Anfange dieses Jahrhunderts beobachtet worden, dass oft Stoffe verschiedener Zusammensetzung eine gleiche oder beinahe gleiche Krystallgestalt zeigen. Man hatte diese Erscheinung durch die Annahme zu erklären gesucht, dass gewisse Stoffe die Fähigkeit besässen, anderen ihre eigene Krystallform aufzuzwingen, wenn sie mit ihnen zusammen krystallisirten, und zwar sollten sie diesen Einfluss selbst dann äussern können, wenn sie auch nur in sehr geringer Menge vorhanden wären. So glaubte man z. B., dass die vielen in der Form des Kalkspathes in der Natur vorkommenden Carbonate alle eine gewisse Menge Kalkspath enthielten, dem sie ihre Gestalt verdankten, und ebenso sollte der nicht in dieser, sondern in der Gestalt des Arragonites vorkommende kohlensaure Kalk stets eine gewisse Menge kohlensauren Strontian enthalten und daher in dessen Form krystallisiren. Während also das Carbonat des Calciums denen des Magnesiums, Mangans, Eisens und Zinks seine Krystallform mitzutheilen befähigt schien, sollte es selbst sich von dem des Strontiums in dessen Form zwingen lassen.

Diese Erklärung gleicher Krystallgestalt bei ungleicher Zusammensetzung wurde im Jahre 1819 von Eilhard Mitscherlich*) durch eine andere ersetzt, deren Richtigkeit sehr bald allgemein anerkannt wurde. Mitscherlich fand bei Untersuchung der Salze der Arsen- und der Phosphorsäure, dass diejenigen unter den Salzen beider Säuren, welche eine gleiche Anzahl von Atomen in der Molekel enthalten, gleiche oder doch einander sehr ähnliche Krystallformen besitzen. Um dieses auffallende Verhältniss näher zu erforschen, studirte er nach Anleitung seines Freundes G. Rose die Gesetze und die Methoden der Krystallographie**) und fand, dass die der Atomzahl nach einander entsprechenden Salze beider Säuren in der That gleiche und nicht nur ähnliche Formen haben. Indem er diese Entdeckung weiter verfolgte, zeigte er, dass die Sulfate verschiedener Metalle, z. B. des Eisens und des Kupfers, die sogenannten Vitriole, die in verschiedenen Formen krystallisiren, mit verschiedenem Gehalt an Krystallwasser anschiessen, also eine ungleiche Anzahl von Atomen enthalten; dass sie aber, wenn sie, gemischt krystallisirend, beide dieselbe Krystallform annehmen, auch beide dieselbe, dieser Form entsprechende Menge Krystallwasser binden, also nur dann gleiche Gestalt zeigen, wenn sie eine gleiche Anzahl von Atomen enthalten.

Mitscherlich glaubte anfangs, dass nur die Anzahl, nicht die Natur der Atome die Krystallform bestimme. Im weiteren Verlaufe seiner im Berzelius'schen Laboratorium fortgesetzten Untersuchungen fand er aber bald, dass die Natur der Atome von wesentlichem Einfluss sei, so zwar, dass es gewisse Gruppen von Elementen gäbe, deren Atome mit gleichviel Atomen eines oder mehrer anderer Elemente Verbindungen gleicher Krystallform

---

*) Abhandl. d. Berl. Akad. 9. Dec. 1819; Ann. chim. phys. 1820, T. 14, p. 172.
**) Ueber den lebhaften und fördernden Antheil, den Rose an diesen Untersuchungen genommen, vergl. Zeitschrift d. deutschen geologischen Gesellsch., Jahrg. 1868, S. 621.

erzeugten*). Die zu einer solchen Gruppe gehörigen Elemente nannte er „isomorph". Er erkannte aber zugleich, dass die Verbindungen derselben mit gleichviel Atomen anderer Elemente nicht nothwendig gleiche Krystallform haben müssen, sondern nur in dem Falle, dass die Anordnung der Atome in den Verbindungen die gleiche sei. Er fand in dem sauren Natriumphosphat einen Körper, der unter verschiedenen Umständen bei gleicher Zusammensetzung zwei verschiedene Krystallformen annehmen kann, und führte, nach Analogie dieses Stoffes, auch die bisher fremden Beimischungen zugeschriebene Abweichung des Arragonites von der Form des Kalkspathes auf die gleiche Eigenschaft zurück, die er später, nachdem sich die Zahl der beobachteten Fälle erheblich vermehrt hatte, als „Di-, Tri- und Polymorphie" bezeichnete. Er fasste 1821 seine Lehre dahin zusammen**), dass „eine gleiche Anzahl auf gleiche Art verbundener Atome gleiche Krystallform erzeuge; und dass die gleiche Krystallform unabhängig sei von der chemischen Natur der Atome und nur bedingt werde durch Zahl und Lagerung derselben".

Die chemische Natur erschien darnach nur in sofern von Einfluss, als durch sie Zahl und Lagerung der Atome bestimmt wird.

§ 51 (52).

In der Entdeckung Mitscherlich's bot sich ein sehr werthvolles Hülfsmittel zur Bestimmung der Anzahl der zu einer Verbindung vereinigten Atome und folglich auch der Masse jedes einzelnen Atomes. Berzelius, der den ganzen Werth der grossen Entdeckung sofort erkannte, nahm fortan bei der Bestimmung der Atomgewichte den Isomorphismus der Elemente und Verbindungen fortwährend zur Richtschnur und legte stets mehr Gewicht auf denselben als auf die Folgerungen aus der Dichte im Gaszustande und aus der specifischen Wärme.

Es zeigte sich dabei, dass die Atomgewichte der meisten Elemente von Berzelius nach dem chemischen Verhalten, nach mehr oder weniger nahe liegenden Analogien oder auch mit einer gewissen willkürlichen Auswahl so bestimmt worden waren, dass die einander ohne Aenderung der Krystallform vertretenden Mengen der Elemente eine gleiche Anzahl von Atomen darstellten. Wo

---

*) Kongl. Vetenskaps-Acad. Handl. ar. 1821; Ann. chim. phys. 1822, T. 19, p. 350.
**) a. a. O. p. 419.

dieses in einzelnen Fällen nicht zutraf, änderte Berzelius seine Annahmen in dem Sinne, dass isomorphe Verbindungen nunmehr eine gleiche Zahl von Atomen in der Molekel aufwiesen. Gleichwohl gelang es ihm nicht, nach dieser Richtschnur die Atomgewichte endgültig festzustellen; vielmehr wurden gerade die von Mitscherlich und später auch von anderen Forschern eifrig fortgesetzten Untersuchungen über den Isomorphismus mehr als einmal die zwingende Veranlassung, die in Uebereinstimmung mit demselben angenommenen Atomgewichte auf's neue zu verändern. Es erscheint darnach der Isomorphismus als ein zwar werthvolles, aber doch unzuverlässiges Hülfsmittel zur Bestimmung des Atomgewichtes.

§ 52 (53).

Diese Unsicherheit der aus dem Isomorphismus gezogenen Schlüsse hat verschiedene Gründe.

Zunächst kommen nachweislich nicht selten Fälle gleicher Krystallform von Verbindungen vor, in welchen sich eine gleiche Anzahl von Atomen durchaus nicht annehmen lässt. Es ist also eine bestimmte Krystallform nicht nothwendig durch stets dieselbe, sondern sie kann durch verschiedene Anordnungen der Atome bedingt sein. Es ist nun meist sehr schwierig, oft geradezu unmöglich, die Fälle, in denen eine gewisse Form durch eine gleiche Anzahl von Atomen und gleiche Anordnung derselben erzeugt wird, von denen zu sondern, in welchen eine solche Gleichheit der Zahl und Ordnung auch bei gleicher Krystallform nicht stattfindet.

Um diese Sonderung vorzunehmen hat man als charakteristisches Merkmal der eigentlichen Isomorphie, der Gleichheit der Form bei gleicher Atomgruppirung, das schon von Mitscherlich studirte Zusammenkrystallisiren der Stoffe benutzt und betrachtet nur diejenigen Stoffe als wirklich isomorph, welche mit einander krystallisiren, so dass sie in beliebiger Menge in die Zusammensetzung eines und desselben Krystalles als Bestandtheile eingehen oder sich gegenseitig in gleicher Orientirung der Flächen überwachsen. Es trifft diese engere Begrenzung des Begriffes der Isomorphie ziemlich zusammen mit der von H. Kopp[*]) auf-

---

[*]) Ueber Atomvolum, Isomorphismus und specifisches Gewicht. Habilitationsschrift, Giessen, 1841; Ann. Chem. Pharm. Bd. 36, S. 1; s. a. dessen Abhandlung über die Verwerthung des Isomorphismus für Atomgewichtsfeststellungen, Ber. d. d. chem. Ges. 1879, S. 868; auch besonders gedruckt, Berlin bei Schade, 1879.

gestellten Bedingung, dass als isomorph nur solche Stoffe anzusehen sind, von welchen eine gleiche Anzahl von Atomen bei gleicher Krystallform auch gleiche oder annähernd gleiche Räume erfüllt, die also gleiches „Atom-" oder, wie man heutzutage genauer sagt, gleiches „Molekularvolumen" besitzen.

Aber auch diese Bedingungen werden von manchen Stoffen vollkommen erfüllt, in deren Molekel wir eine gleiche Anzahl von Atomen nicht annehmen können. Es giebt vielmehr eine Anzahl von Verbindungen, in welchen unzweifelhaft einzelne Atome gewisser Elemente isomorph durch Gruppen von mehren Atomen vertreten werden, eine Erscheinung, welche Th. Scheerer mit dem Namen des polymeren Isomorphismus belegt hat*). Ein schlagendes Beispiel desselben bilden die Salze des Kaliums und des Ammoniums. Schon Mitscherlich führte in seiner ersten Abhandlung**) als eine „einfache, jeder Theorie bare Thatsache" an, dass die sich entsprechenden dieselbe Säure enthaltenden Kali- und Ammoniaksalze dieselbe Krystallform zeigen, vorausgesetzt, dass das Ammoniaksalz „zwei Proportionen Krystallisationswasser" enthalte. Da Mitscherlich damals mit Berzelius im Stickstoff und also auch im Ammoniak noch Sauerstoff annahm, so drückte er die sich isomorph vertretenden Quantitäten z. B. der Sulfate beider Basen aus durch die Formeln:

$$K\ddot{S}^2 \text{ und } 2\,N\ddot{H}^6\,\ddot{S}Aq^2$$
oder $KO_2, 2\,SO_3$ und $2\,NOH_6SO_3, 2\,H_2O$,

welche auch nicht entfernt gleiche Anzahl der Atome zeigen.

Als man später den Stickstoff wieder als einen einfachen Stoff ansah, und Berzelius, in Folge von Mitscherlich's späteren Arbeiten über den Isomorphismus, die Atomgewichte der Metalle auf die Hälfte ihrer früheren Werthe reducirt und das Radical Ammonium als Analogon des Kaliums eingeführt hatte, wurden sich die Formeln etwas ähnlicher, nämlich:

$$KO, SO^3 \text{ und } NH^4O, SO^3,$$

---

*) Siehe Handwörterbuch der Chemie von Liebig, Poggendorff und Wöhler, Bd. 4, 1849, S. 170, Artikel: „Isomorphismus, polymerer"; auch als Separatabdruck: Isomorphismus und polymerer Isomorphismus, Braunschweig 1850, Vorwort und S. 33 ff. Scheerer hat das Auftreten des polymeren Isomorphismus ganz unzweifelhaft in einem viel zu weiten Umfange angenommen (vergl. z. B. Will's Jahresbericht der Chemie für 1865, S. 192); aber ganz wegleugnen lässt sich derselbe nicht.

**) Ann. chim. phys. T. 14, p. 174.

wofür wir jetzt, nachdem das Atomgewicht des Kaliums, gemäss der Regel von Dulong und Petit, nochmals halbirt worden,

$$K_2SO_4 \text{ und } (NH_4)_2SO_4$$

schreiben. Aber auch hier werden immer noch zwei durch zehn Atome isomorph vertreten. Wollten wir in diesem und vielen ähnlichen Fällen von unbestrittenem Isomorphismus aus der gleichen Krystallform auf eine gleiche Anzahl von Atomen schliessen, so müssten wir annehmen, unser jetziges Kaliumatom bestehe aus mindestens fünf einfachen wirklichen Atomen, was zwar möglich, aber nichts weniger als bewiesen ist.

§ 53 (54).

Ein zweiter Umstand, der die Schlüsse aus dem Isomorphismus auf das Atomgewicht sehr unsicher macht, ist der, dass jeder dieser Schlüsse sich nur über eine beschränkte Gruppe von Elementen und Verbindungen erstreckt, also nur innerhalb dieser eine Vergleichung ermöglicht.

So ergiebt sich z. B. aus Mitscherlich's Untersuchungen der Phosphate und Arseniate, dass Phosphor und Arsen sich im Verhältnisse von 1 : 2,42 Gewichtstheilen isomorph vertreten. Es folgt daraus, dass $P : As = 1 : 2,42$ sein muss. Wie sich aber das Atomgewicht eines dieser Elemente zu dem des Sauerstoffes oder des Wasserstoffes verhält, ist durch den Isomorphismus nicht zu ermitteln. Den Anforderungen desselben genügt (für $H = 1$ und $O = 15,96$) sowohl die Annahme $P = 62$ und $As = 150$ wie $P = 31$ und $As = 75$; denn es ist: $62 : 150 = 31 : 75 = 1 : 2,42$. Nach der ersten Annahme wird die Zusammensetzung der wasserfreien Säuren ausgedrückt durch die Formeln PO_5 und AsO_5, nach der letzten durch P_2O_5 und As_2O_5. Die Gesetze von Avogadro und von Dulong und Petit haben die Frage zu Gunsten der letzten Annahme entschieden; der Isomorphismus vermochte keine Entscheidung zu geben. Mitscherlich hat nach einander beide Arten von Formeln gebraucht.

Ebenso wurde der gleichfalls schon von Mitscherlich gefundene Isomorphismus einer grossen Zahl von Metallen, wie Kupfer, Eisen, Nickel, Kobalt, Mangan, Zink, Magnesium, gleich gut durch die ältere Ansicht von Berzelius erklärt, nach welcher die stark basischen Oxyde (Oxydule) dieser Metalle aus einem Atom Metall und zwei Atomen Sauerstoff (CuO_2, FeO_2, NiO_2 etc.) bestehen sollten, wie nach der späteren, welche die Zusammensetzung derselben aus je einem Atom Metall und einem Atom Sauerstoff (CuO, FeO, NiO etc.) annahm. Der Isomorphismus der Oxyde, Spinelle und Alaune lässt sich ebensowohl aus der Ansicht erklären, die Oxyde des Aluminiums, Eisens und des Chromes seien zusammengesetzt nach den älteren Formeln AlO_3, FeO_3 und CrO_3, die Oxydoxydule und Spinelle also: Fe_3O_8, $MgAl_2O_8$ u. s. w., wie nach der späteren Annahme, sie seien Al_2O_3, Fe_2O_3 und Cr_2O_3, resp. Fe_3O_4, $MgAl_2O_4$ u. s. w. In beiden Fällen findet Vertretung durch eine gleiche Anzahl von Atomen statt.

Berücksichtigt man indessen, dass nach Avogadro's Regel das Atomgewicht des Chromes nicht grösser als $Cr = 52{,}4$ sein kann*), so ergiebt sich für das Chromoxyd die Formel Cr_2O_3 und für den Chromeisenstein $FeCr_2O_4$; und hieraus ergeben sich weiter für Eisenoxyd, Thonerde, Magneteisen, Spinelle u. s. w. die Formeln Fe_2O_3, Al_2O_3, Fe_3O_4, $MgAl_2O_4$ u. s. w.

Ganz ähnlich ist es in anderen Gruppen von Elementen. Fast in jeder erscheinen verschiedene Annahmen über die Atomgewichte möglich, die sich sämmtlich in Uebereinstimmung mit den Gesetzen des Isomorphismus befinden; erst wenn das Atomgewicht für eines der isomorphen Elemente anderweit bestimmt ist, dient der Isomorphismus zur Bestimmung der den anderen Gliedern der Gruppe zukommenden Atomgewichte.

In manchen Fällen aber wird ein Uebergang von einer zur anderen Gruppe dadurch möglich, dass ein oder einige Elemente mehren Gruppen angehören. Werthvolle Beispiele dieser Art bilden u. a. das Chrom und das Mangan. Schon Mitscherlich entdeckte, dass diese beiden Metalle nicht nur untereinander und mit einer grossen Zahl anderer Metalle wie Eisen, Kobalt, Nickel, Zink u. a. in vielen ihrer Verbindungen isomorph auftreten, sondern beide auch mit dem Schwefel und dem Selen und das Mangan mit dem Chlor isomorphe Vertretung zeigen.

Der Isomorphismus der Chromate und Manganate mit den Sulfaten und Seleniaten wurde der entscheidende Grund für Berzelius, die Atomgewichte des Chromes und Manganes auf die Hälfte der bis dahin angenommenen Werthe zu verkleinern**). Diese Aenderung fand sofort allgemeinen Beifall. Dagegen hat der Isomorphismus der Permanganate und Perchlorate nicht sogleich sämmtliche Chemiker veranlasst, die Atomgewichte des Manganes

---

*) s. § 23, S. 58.
**) Berzelius, Jahr.-Ber. No. 7 für 1826, S. 69.

und des Chlores so anzunehmen, dass der Isomorphismus in einer gleichen Anzahl von Atomen begründet erscheint. Vielmehr ist die Zusammensetzung des Kaliumpermanganates und Perchlorates lange Jahre hindurch von manchen Chemikern durch die sich nicht entsprechenden Formeln:

$$KO, Mn_2O_7 \text{ und } KO, ClO_7$$

ausgedrückt worden, während Berzelius seit Mitscherlich's Untersuchung beider Salze stets:

$$KO, MnO_7 \text{ und } KO, ClO_7$$

oder $\qquad KO, Mn_2O_7$ und KO, Cl_2O_7 schrieb.

Nachdem man heute das Atomgewicht des Kaliums abermals halbirt hat, damit es dem Gesetze von Dulong und Petit genüge, schreibt man jetzt:

$$KMnO_4 \text{ und } KClO_4,$$

nimmt also, wie es Berzelius that, die Zusammensetzung der isomorphen Verbindungen so an, dass beide dieselbe Anzahl von Atomen enthalten.

§ 54 (55).

Während in diesen Fällen die Ansicht von Berzelius im wesentlichen allgemein zur Geltung gekommen ist, so dass die jetzt angenommenen Atomgewichte für Cu, Cd, Zn, Ni, Co, Fe, Mn, Cr, S, Se und Cl mit dem Mitscherlich'schen Gesetze des Isomorphismus im Einklange sich befinden, so ist in anderen Fällen Berzelius gerade durch das Bemühen, diesem Gesetze überall getreu zu bleiben, zur Annahme von Werthen für die Atomgewichte geführt worden, welche nach unseren jetzigen Anschauungen durchaus unrichtig sind.

Als Regnault auf Grund seiner Bestätigung der Bestimmung von Dulong und Petit die Forderung wiederholte, dass das Atomgewicht des Silbers halbirt werde, damit sich dasselbe mit dem Gesetze der specifischen Wärme im Einklange befinde, lehnte Berzelius[*]), wenn auch nicht ganz unbedingt, diese Aenderung ab, indem er gegen dieselbe besonders den Isomorphismus der Natriumverbindungen mit denen des Silbers geltend machte. Als es später Regnault gelang, die specifische Wärme des Natriums zu bestimmen, sah man, dass dieser Grund hinfällig war, da auch das Atomgewicht des Natriums halbirt werden musste, um dem Gesetze von Dulong und Petit zu genügen.

---

*) Lehrb. 5. Aufl., Bd. III, S. 1215.

§ 54.   durch den Isomorphismus.   121

Berzelius glaubte auch aus dem vermeintlichen Isomorphismus des Granates mit dem Magneteisen folgern zu dürfen, dass das Atomgewicht des Siliciums so anzunehmen sei, dass die Zusammensetzung der wasserfreien Kieselsäure durch die Formel SiO_3 dargestellt würde*), während nicht nur aus der Regel Avogadro's, sondern auch aus dem wirklichen Isomorphismus der Verbindungen des Silicium's mit denen des Zinnes, Titanes und Zirconium's folgt, dass das Atomgewicht des Silicium's nur $^2/_3$ so gross sein kann, als es Berzelius angenommen, nämlich so, dass die Zusammensetzung des Kieselsäureanhydrides durch die Formel SiO_2 ausgedrückt wird.

Wenn Berzelius in seinen Folgerungen aus dem Isomorphismus zuweilen irre ging, so darf es uns nicht wundern, wenn solches auch anderen Chemikern begegnete. Besonders leicht geschah dies in denjenigen Fällen gleicher Krystallgestalt, welche bis jetzt noch nicht auf eine gleiche Zahl und Ordnung der Atome zurückgeführt werden konnten. So hat z. B. nach Mitscherlich**) das Barytsalz der Uebermangansäure dieselbe Krystallform wie die wasserfreien Natronsalze der Schwefel- und der Selensäure. Wir drücken die Zusammensetzung dieser drei Salze gegenwärtig durch die Formeln aus:
$$BaMn_2O_8 ,\ Na_2SO_4 \text{ und } Na_2SeO_4 ,$$
welche keine gleiche Anzahl von Atomen zeigen. Um eine solche zu erreichen, hat früher Clarke***) vorgeschlagen, das Atomgewicht des Natriums doppelt so gross als damals, d. i. viermal so gross, als wir jetzt thuen, anzunehmen, wodurch die Formeln
$$BaMn_2O_8 ,\ NaS_2O_8 \text{ und } NaSe_2O_8$$
werden würden. Für diese Aenderung des Atomgewichtes wäre heute, ausser der Krystallform dieser Verbindungen, kein irgend nennenswerther Grund anzuführen. Ob die Gleichheit der Krystallform einen inneren Grund in einer jetzt nicht ersichtlichen Gleichheit in der Anordnung der Atome hat oder lediglich zufällig ist, vermögen wir bis jetzt nicht zu übersehen.

Die Fälle solcher Unsicherheit sind ziemlich zahlreich. Sie machen die Schlüsse aus dem Isomorphismus auf die Atomgewichte ebenfalls unsicher, besonders seitdem Marignac darauf aufmerksam

---

*) Daselbst Bd. III, S. 1204 u. a. a. O.
**) Pogg. Ann. 1832, Bd. 25, S. 301.
***) Ann. Chem. Pharm., 1838, Bd. 27, S. 167; s. a. Kopp ebendas. 1840, Bd. 36, S. 4.

gemacht, dass Gleichheit der Anzahl von Atomen in der Molekel nicht unbedingt erforderlich ist, damit Verbindungen isomorph seien*). Er hält „die Annahme für nothwendig, dass, wenn zwei zusammengesetzte Körper dasselbe Element oder dieselbe Gruppe von Elementen als dem Gewichte nach vorwiegenden gemeinsamen Bestandtheil in sich enthalten, sie darauf allein hin isomorph sein können, wenn auch die anderen Elemente, bezüglich deren sich die Verschiedenheit in ihrer Zusammensetzung zeigt, nicht eine ähnliche oder isomorphe Atomgruppirung ausmachen."

Marignac hat ferner gezeigt, dass gewisse Atomgruppen sich wechselseitig isomorph vertreten können, auch wenn die einzelnen diese Gruppen bildenden Atome sonst nicht einander isomorph auftreten. Eines der auffallendsten Beispiele dieser Art ist der Isomorphismus der Titanfluoride mit den Oxyfluoriden des Niobs und des Wolframs. So sind nach Marignac's Untersuchung**) isomorph die Verbindungen:

$$K_2TiF_6, H_2O\ ,\ K_2NbOF_5, H_2O\ \text{und}\ K_2WO_2F_4, H_2O$$

und ferner unter einander isomorph:

$$CuTiF_6, 4H_2O\ ,\ CuNbOF_5, 4H_2O\ \text{und}\ CuWO_2F_4, 4H_2O.$$

Die sich hier isomorph vertretenden Gruppen sind $TiF_2, NbOF$ und WO_2, für deren einzelne Bestandtheile bisher der Isomorphismus nicht beobachtet wurde, da wir noch keine isomorphe Vertretung eines Atomes Ti durch Nb oder W, noch auch eine solche von F durch O kennen gelernt haben. Freilich ist nicht unbedingt ausgeschlossen, dass eine solche nicht vielleicht später einmal beobachtet werden sollte, mag dies auch etwas unwahrscheinlich sein, da gewöhnlich in chemischen Umsetzungen nicht O durch F, sondern O durch $2F$ ersetzt zu werden pflegt, also in den meisten anderen Verhältnissen O mit $2F$, und nicht mit F gleichwerthig auftritt.

§ 55 (56).

Durch diese Erweiterungen, welche das Mitscherlich'sche Gesetz des Isomorphismus erfahren, ist seine Anwendung zur Bestimmung der Atomgewichte sehr viel unsicherer geworden, so dass man sich seiner in den meisten Fällen nur mit grosser Vorsicht bedienen kann. Immerhin aber behält der Isomorphismus eine hohe Bedeutung für die Atomgewichtsbestimmung; nur die

---

*) Ann. Chem. Pharm. 1864, Bd. 132, S. 29.
**) Compt. rend. Jan. 30, 1865, T. 60, p. 234; Will, Jahr.-Ber. der Chemie f. 1865, S. 198 ff.

Form, in welcher sein Einfluss zur Geltung kommt, hat sich nicht unwesentlich verändert. Während er zu Berzelius' Zeiten sehr oft die entscheidende Stimme führte, dient er jetzt vorwiegend, um einerseits zweifelhafte und unrichtige Bestimmungen von Atomgewichten aufzufinden und zu deren Feststellung nach den Regeln von Avogadro oder von Dulong und Petit anzuregen, andererseits aber um die mit Hülfe dieser Regeln bestimmten Atomgewichte nachträglich zu bestätigen. Es hat sich nämlich durch zahllose Beobachtungen klar herausgestellt, dass die aus der Dampfdichte der Verbindungen oder der specifischen Wärme der Elemente hergeleiteten Werthe der Atomgewichte mindestens so gut und meistens besser den Gesetzen des Isomorphismus entsprechen, als alle nach anderen leitenden Gesichtspunkten, wie z. B. der chemischen oder elektrolytischen Aequivalenz, angenommenen oder anzunehmenden Atomgewichtswerthe. Es ist eine grosse Zahl von Fällen bekannt, in denen nach den früher im Widerspruche mit den Regeln von Avogadro und von Dulong und Petit angenommenen Atomgewichten der gleichen Krystallform gewisser Verbindungen nicht eine gleiche Zahl und Ordnung von Atomen entsprach, welche nach Annahme der jetzt gebräuchlichen Atomgewichte sofort hervortrat.

Eines der auffallendsten Beispiele dieser Art ist der Isomorphismus des Chilisalpeters mit dem Kalkspath und des Kalisalpeters mit dem Arragonit. So lange man die Zusammensetzung dieser Stoffe in den Gmelin'schen sogenannten Aequivalentgewichten durch die Formeln:

$$NaO, NO_5 = NaNO_6 \text{ und } CaO, CO_2 = CaCO_3$$
$$KO, NO_5 = KNO_6 \text{ und } CaO, CO_2 = CaCO_3$$

ausdrückte, erschien die Uebereinstimmung in der Krystallform als ein Spiel des Zufalls. Seit man sich jetzt der Ausdrücke:

$$NaNO_3 \text{ und } CaCO_3, KNO_3 \text{ und } CaCO_3$$

bedient, erscheint die Gleichheit der Krystallform begründet in der gleichen Anzahl der zu einer Molekel zusammengetretenen Atome[*].

---

[*] s. Schaffgotsch, Pogg. Ann. 1839, Bd. 48, S. 335; H. Kopp, Ann. Chem. Pharm. 1863, Bd. 125, S. 372. Den Nachweis, dass hier wirklicher und nicht etwa nur scheinbarer Isomorphismus stattfindet, haben zuerst Marx, Frankenheim und Sénarmont geliefert (Compt. rend. 1854, T. 38, pag. 105); Bestätigungen s. Ber. d. deutsch. chem. Ges. 1871, S. 53 und 104, Literaturangaben bei H. Kopp, daselbst 1879 S. 914, Anm. 2.

Dieselbe Krystallform kommt aber auch den Rothgültigerzen Ag_3AsS_3 und Ag_3SbS_3 zu, in welchen wir nicht dieselbe Anzahl von Atomen wie in jenen beiden Verbindungen annehmen können.

§ 56 (57).

Wo eine sicher und unzweifelhaft nachgewiesene Gleichheit der Krystallform nicht mit einer analogen Zusammensetzung zusammen zu fallen scheint, nehmen wir Veranlassung, die bisherigen analytischen Untersuchungen einer erneuten Prüfung zu unterziehen.

So folgerte Marignac aus dem Isomorphismus der Fluoride des von H. Rose so genannten Unterniobs mit den entsprechenden Verbindungen des Titanes und des Zinnes, dass Rose's sogenanntes Unterniob nicht ein Element und eine allotrope Modification des Niobes sein könne, vielmehr sein vermeintliches Atomgewicht, welches für TiF und SnF isomorph eintreten kann, zusammengesetzt sein müsse aus einem Atom eines metallischen und einem Atom eines nicht metallischen Elementes. Die nähere Untersuchung zeigte ihm in der That, dass dasselbe aus einem Atom Niob und einem Atom Sauerstoff bestehe, wonach die Gruppe NbO isomorph mit TiF und SnF auftritt, ganz entsprechend dem Mitscherlich'schen Gesetze*). Das von Marignac dem entsprechend zu $Nb = 94$ (wenn H 1) berechnete Atomgewicht des Niobs wurde von Deville und Troost durch Bestimmung der Dampfdichte des Chlorides $NbCl_5$ bestätigt**).

Der Isomorphismus des Vanadinites mit Apatit, Pyromorphit und Mimetesit, welchem bis dahin keine analoge Zusammensetzung entsprach, wurde für Roscoe Veranlassung, die Verbindungen des Vanadins neu zu untersuchen und dessen Atomgewicht zu bestimmen. Er fand, dass, was man bisher für ein Atom Vanadin gehalten, aus zwei Atomen des wirklichen Vanadins und zwei Atomen Sauerstoff bestehe***). Dieses Ergebniss wurde von ihm nach der Avogadro'schen Regel durch die Bestimmung der Dampfdichte des Oxychlorides $VOCl_3$†) und des Chlorides VCl_4††) bestätigt. Die genannten isomorphen Verbindungen zeigen nach dieser Berichtigung des Atomgewichtes analoge Zusammensetzung:

---

*) Compt. rend. 1865, T. 60, p. 234; Ann. Chem. Pharm. 1865, Bd. 135, S. 49.
**) Compt. rend. 1865, T. 60, p. 1221; Ann. Chem. Pharm. 1865, Bd. 136, S. 249.
***) Lond. Phil. Trans. f. 1868, p. 1, Ann. Chem. Pharm. 1868, 6. Suppl., S. 77.
†) Ann. Chem. Pharm. 1868, 6. Suppl.-Bd., S. 108.
††) Ann. Chem. Pharm. 1870, 7. Suppl.-Bd., S. 75.

$Pb_3V_3O_{12}Cl$, $Ca_5P_3O_{12}F$, $Ca_5P_3O_{12}Cl$,
Vanadinit,   Fluorapatit,   Chlorapatit,
$Pb_5P_3O_{12}Cl$, $Pb_5As_3O_{12}Cl$,
Pyromorphit,   Mimetesit.

So überzeugend in diesen und ähnlichen Fällen auch die Folgerungen aus dem Isomorphismus erscheinen mögen, so hat man doch in neuerer Zeit stets die nach demselben aus den chemischen Analysen gefolgerten Atomgewichte noch der Bestätigung durch die Bestimmung der Atomwärme oder des Molekularvolumens einer oder einiger Verbindungen des betreffenden Elementes bedürftig erachtet und erst nach Erlangung dieser Bestätigung das Atomgewicht als endgültig festgestellt angenommen.

Nur wo ein Element in zahlreichen, genau und zuverlässig analysirten Verbindungen unzweifelhaften Isomorphismus mit den Verbindungen anderer Elemente zeigt, deren Atomgewicht nach den Regeln von Avogadro oder von Dulong und Petit sicher bestimmt ist, nimmt man das Atomgewicht unbedenklich so an, wie es den Forderungen des Isomorphismus entspricht. So wurde seit Marignac's Untersuchung*) der isomorphen Verbindungen des Tantals und des Niobs das Atomgewicht des Tantals Ta *182* entsprechend dem des Niobs $Nb = 94$ angenommen, obwohl die specifische Wärme des Tantals unbekannt ist, und die Dampfdichte des Chlortantals von Deville und Troost in ihren ersten mit unreinem Material angestellten Versuchen nicht so gefunden wurde**), dass aus ihr jenes Atomgewicht hätte hergeleitet werden können.

Bei Schlussfolgerungen dieser Art ist aber grosse Vorsicht geboten. So hatte man z. B. aus dem vermeintlichen Isomorphismus der Sulfate des Didymes und seiner Verwandten mit dem des Kadmiums die Atomgewichte jener Elemente zu $^2/_3$ des Werthes angenommen, der ihnen nach der später bestimmten specifischen Wärme zukommt. Neuerdings hat nun H. Kopp gezeigt***), dass jener Isomorphismus in Wirklichkeit nicht besteht, da die Salze nicht zusammen krystallisiren und sich nicht gegenseitig überwachsen.

Wenn bei dem gegenwärtigen Stande unserer Kenntnisse der Isomorphismus allein zur Feststellung der Atomgewichte in der

---

*) s. Will's Jahresber. f. 1866, S. 200 ff.
**) ebendaselbst S. 203.
***) Ber. d. d. chem. Ges. 1879, S. 909 ff.

Regel nicht genügt, so ist er doch stets ein sehr wichtiges Mittel zur Prüfung und Bestätigung der aus der Dampfdichte oder der specifischen Wärme gefolgerten Atomgewichte und hat als solches sehr viel zu deren allgemeiner Annahme beigetragen. Die nach den Regeln von Avogadro und von Dulong und Petit bestimmten Werthe der Atomgewichte genügen besser, als alle sonst jemals angenommenen oder noch anzunehmenden Werthe den Gesetzen des Isomorphismus, so sehr, dass diese vielfach erst durch diese neuen Atomgewichte zur vollen Geltung gelangt sind. Ja, wir dürfen für unsere Kenntniss dieser letzteren Gesetze jetzt manchen wichtigen Fortschritt erwarten, der so lange unmöglich war, als es an einheitlichen, allgemein anerkannten Grundsätzen für die Bestimmung der Atomgewichte fehlte. Für die nächste Zukunft wenigstens dürfte die Lehre vom Isomorphismus noch mehr den Einfluss der gegenwärtig geltenden Atomgewichtsbestimmung zu erfahren haben, als sie selbst auf diese Einfluss zu üben im Stande sein wird.

V. Das Wesen der chemischen Atome.

§ 57 (151).

So unentbehrlich auch die Kenntniss der Atom- oder Aequivalentgewichte den Chemikern für ihre analytischen und stöchiometrischen Arbeiten war, so ist doch die eigentliche Natur der Atome auffallend selten Gegenstand ihrer Untersuchungen gewesen. Die Beantwortung, ja die Besprechung der Frage nach dem Wesen der Atome ist von den Chemikern selten gesucht, meistens umgangen oder ganz vermieden worden. Was wir über das Wesen der Atome bis jetzt mit einiger Bestimmtheit aussagen können, ist ausserordentlich wenig; doch ist allmählich ein Anfang gewonnen worden, von dem ausgehend wir hoffen dürfen, später zu einer entwickelungsfähigen Hypothese über das Wesen der Atome zu gelangen, deren theoretische Consequenzen sich mit den Ergebnissen der Beobachtung werden vergleichen lassen.

Wie schon in § 3 angeführt wurde, entziehen sich die Atome der unmittelbaren Beobachtung; sie sind nur hypothetisch angenommene Grössen. Da jedoch ohne die atomistische Hypothese eine grosse Zahl nicht nur chemischer, sondern auch physikalischer Erscheinungen einer theoretischen Erklärung gänzlich ermangeln würde, so hat diese Hypothese einen sehr hohen Grad der Wahrscheinlichkeit gewonnen. Wenn aber auch die Annahme discreter Massentheilchen von bestimmtem, unveränderlichem Gewichte für die chemische wie für fast jede physikalische Theorie die unerlässliche Grundlage bildet, so bleibt doch noch ein weiter Spielraum für die Vorstellungen, welche man sich über die sonstigen Eigenschaften dieser elementaren Massentheilchen oder Atome bilden will.

Dass den Atomen nothwendig Gewicht beigelegt werden muss, ist nicht bestritten worden, doch hat man lange geglaubt, dass dieses Gewicht nur in relativem, nicht nach absolutem Maasse bestimmt werden könne. In neuerer Zeit ist aber eine, freilich zunächst nur angenäherte Bestimmung des absoluten Gewichtes der Molekeln und damit auch der Atome gelungen, auf Grund von Messungen der von diesen kleinen Massentheilen erfüllten Räume.

Die Frage nach der räumlichen Ausdehnung derselben ist vielfach in der Schwebe gehalten worden. Wie die Vertreter der theoretischen Physik im 17ten und der ersten Hälfte des 18ten Jahrhunderts ihren Betrachtungen und Entwickelungen in der Regel die Annahme zwar sehr kleiner, aber doch noch räumlich ausgedehnter Massentheilchen zu Grunde gelegt hatten, so schrieb auch Dalton, der Urheber unserer chemischen Atomtheorie, seinen Atomen ganz bestimmt eine räumliche Ausdehnung zu*). Später ist wohl auch hie und da mit mehr oder weniger Bestimmtheit angenommen worden, die Atome seien „unendlich klein" oder auch, bestimmter ausgedrückt, sie entbehrten gänzlich der räumlichen Ausdehnung und seien nur sogenannte Kraftcentra, d. i. Punkte, nach welchen Kräfte oder Bewegungen gerichtet seien. Diese Auffassung hat an Boden verloren in Folge der neueren Untersuchungen auf verschiedenen Gebieten der Molekularphysik, welche gezeigt haben, dass wenigstens die Molekeln eine räumliche Ausdehnung besitzen müssen, da aus der Annahme unendlich kleiner Molekeln sich Folgerungen ergeben, welche mit den beobachteten Thatsachen nicht in Einklang zu bringen sind. Es ist sogar möglich geworden, aus der theoretischen Untersuchung der verschiedensten Molekularwirkungen Folgerungen zu ziehen, welche eine ungefähre Schätzung der Grenzen erlauben, innerhalb welcher die Dimensionen der Molekeln verschiedener Stoffe liegen müssen. Einige dieser Folgerungen sind vor einiger Zeit von William Thomson in einem populären Vortrage**) zusammengestellt und dabei gezeigt worden, dass zwischen den aus sehr verschiedenen Untersuchungen gezogenen Folgerungen eine über alle Erwartung grosse Uebereinstimmung besteht, durch welche die Wahrscheinlichkeit, dass jene Folgerungen nicht unrichtig seien, ausserordentlich erhöht wird. Dieselben ergeben, dass der Durchmesser einer Molekel

---

*) so z. B. in seinem New System of chemical philosophy Bd. I., Cap. II, Abschn. I, S. 164 der deutschen Uebersetzung von F. Wolff, Berlin, 1812.

**) Nature, No. 22, 31, March 1870; Silliman, Amer. Journ. of science and arts [2], 50, 38; Ann. Chem. Pharm. 1871, Bd. 157, S. 54.

§§ 57, 58.   V. Das Wesen der chemischen Atome.   129

irgend einer Substanz niemals kleiner sein kann, als der fünfzigmillionte Theil eines Millimeters, meistens aber erheblich grösser ist.

Besonders geben die Eigenschaften und das Verhalten der Gase und Dämpfe verschiedene Anhaltspunkte zur Bestimmung der Grösse ihrer Molekeln. Aus ihrer Reibungsconstante und der Vergleichung ihrer Raumerfüllung im tropfbaren und gasförmigen Zustande, sowie aus den Abweichungen vom Boyle-Mariotte'schen Gesetze lässt sich das Volumen zunächst aller in einem bestimmten Raume enthaltenen Theilchen, ferner das eines einzelnen Theilchens, daraus die Anzahl und schliesslich auch das Gewicht eines einzelnen Theilchens angenähert berechnen[*]. Es ergiebt sich so, dass der **Durchmesser einer Molekel** der bis jetzt hinreichend untersuchten Stoffe meist **kleiner als ein Milliontel-Millimeter** ist, aber **grösser als der zehnte Theil eines solchen**, und dass bei Mitteltemperatur von etwa 20^0 C. und dem Drucke einer **Atmosphäre 1 Cubikcentimeter jeder gasförmigen, der Regel Avogadro's gehorchenden Substanz etwa 21 Trillionen Molekeln enthält.** Da nun 1 cbcm. Wasserstoff unter den angegebenen Umständen 0,0835 Milligramm wiegt, so ergiebt sich das **Gewicht einer Molekel Wasserstoff**:

$$\mathfrak{H} = H_2 = \frac{0{,}0835}{21 \cdot 10^{18}} = \frac{4}{10^{21}} \overset{\text{mgr.}}{=} 0{,}000\,000\,000\,000\,000\,000\,004$$

oder eine **Quadrillion Wasserstoffmolekeln wiegt etwa 4 Gramm**, wonach sich das Molekulargewicht jeder beliebigen anderen Substanz nach der Regel Avogadro's ebenfalls leicht in absolutem Gewichte berechnen lässt.

§ 58 (152).

Volumen und Gewicht der Atome lassen sich aus denen der Molekeln nicht ohne weiteres berechnen, da wir zunächst die absolute Anzahl der die Molekel bildenden Atome kennen und zweitens wissen müssen, ob der von der Molekel eingenommene Raum von den Atomen völlig erfüllt, oder diese durch leere Zwischenräume von einander getrennt werden.

Wir haben zwar in unseren Betrachtungen über die Bestimmung der Molekulargewichte (im III. Abschnitt) die Anzahl der zu einer Molekel vereinigten Atome bestimmt, jedoch dabei (§ 22) den

---

[*] Das Nähere s. in: O. E. Meyer, Kinetische Theorie der Gase, Abschnitt III, „Ueber die unmittelbaren Eigenschaften der Molekeln", besonders §§ 101 bis 107, S. 223 ff.

Vorbehalt machen müssen, dass das wirkliche Atomgewicht möglicherweise ein rationaler Bruchtheil des von uns bestimmten sein könnte, so dass die Anzahl der Atome in einer Molekel ein Vielfaches der nach Avogadro's Regel gefundenen Zahl sein würde. Wenn wir aber auch nicht ganz sicher beweisen können, dass z. B. wirklich, wie wir annehmen, in einer Molekel Salzsäure ein Atom Wasserstoff mit einem Atome Chlor, und nicht vielleicht zwei mit zweien, oder drei mit dreien u. s. w. vereinigt sind, so dürfen wir doch behaupten, dass eine Molekel Salzsäure nicht etwa fünfzig oder hundert einfache Atome enthält. Wären in derselben z. B. fünfzig Atome Wasserstoff mit fünfzig Atomen Chlor vereinigt, so möchte es leicht geschehen, dass auch einmal ein oder einige Atome an dieser Zahl fehlen könnten, ohne dass das Gleichgewicht des ganzen Systemes aufgehoben würde. Das Fehlen eines einzigen Chloratomes würde aber das Gewichtsverhältniss der beiden Bestandtheile von *1 : 35,37* auf *1 : 34,69* herabdrücken, eine Aenderung, welche ausserhalb der Fehlergrenzen unserer stöchiometrischen Bestimmungen liegen würde.

Die Frage, ob das Verhältniss der Bestandtheile chemischer Verbindungen constant oder variabel sei, hat Stas bei seinen umfangreichen Untersuchungen über die Atomgewichte der Elemente einer besonderen Prüfung unterworfen*). Die zu diesem Zwecke dienenden Versuche wurden mit der allen von Stas ausgeführten stöchiometrischen Bestimmungen eigenen ausserordentlichen Genauigkeit angestellt, so dass sie auch ganz ungemein kleine Schwankungen in den Atomgewichten der Elemente hätten erkennen lassen, wenn solche überhaupt vorkämen. In den Versuchen z. B., in welchen geprüft wurde, ob das Verhältniss des Atomgewichtes des Jodes zu dem des Silbers im Jodüre dasselbe sei wie im Jodate, hätten selbst Veränderungen von nur einem Hunderttausendtheile des Werthes einer dieser Grössen der Beobachtung nicht entgehen können**). Da sie nicht beobachtet wurden, dürfen wir schliessen, dass jenes Verhältniss mindestens bis auf $1/100000$ seines Werthes und wahrscheinlich absolut constant sei. Diese Constanz des Verhältnisses, in welchem sich beide Stoffe vereinigen, würde schwerlich vorhanden sein, wenn die Anzahl der zusammentretenden Atome eine grosse wäre. Wir können also annehmen, dass die Zahl der

---

*) J. S. Stas, Nouvelles recherches sur les proportions chimiques, etc. I. Mémoire, p. 27—108; Aronstein's Uebersetzung S. 29—107.
**) Daselbst p. 68—77, Uebersetzung S. 69—77.

zu einer Molekel vereinigten Atome nicht sehr gross, die Masse des Atomes also im Verhältniss zur Masse der Molekel nicht verschwindend klein ist.

Da aber die in § 27 besprochenen Versuche von Kundt und Warburg es im höchsten Grade wahrscheinlich machen, dass das Molekulargewicht des Quecksilbers wirklich gleich dem Atomgewichte und nicht gleich einem Vielfachen desselben sei, dass also wenigstens für dieses Element das nach Avogadro und Dulong und Petit bestimmte Atomgewicht nur ein einziges einheitliches Massentheilchen bildet, so wird es ebenso auch für alle anderen nach denselben Regeln bestimmten Atomgewichte höchst wahrscheinlich, ja fast gewiss. **Wir dürfen daher die Anzahl der in einer Molekel enthaltenen Atome wirklich so annehmen, wie sie sich nach Avogadro's Regel ergiebt.**

Damit ist aber nicht gesagt, dass nun auch der Raum, den die Molekel einnimmt, gleich der Summe der Raumerfüllungen der Atome sei; denn da die Atome jedenfalls lebhafte Bewegungen ausführen, so ist es so gut wie unzweifelhaft, dass der Raum, den die Molekel umfasst, nicht völlig durch die Masse der Atome erfüllt werde; andererseits aber ist es auch nicht wahrscheinlich, dass der Raum, den die Atome wirklich einnehmen, im Verhältniss zu dem von der Molekel eingenommenen Raume sehr klein, geschweige denn verschwindend klein sei. Wir dürfen also schliessen, dass der von den Atomen erfüllte Raum zwar sehr klein, aber doch nicht unendlich klein sei.

§ 59 (153).

An die Frage nach der Raumerfüllung der Atome schliesst sich sehr nahe die Frage an, ob sie wirkliche ἄτομοι, wirklich untheilbare Massentheilchen und damit die letzten Elemente seien, in welche die Materie aufgelöst werden kann. Diese Frage ist bis jetzt nicht mit Bestimmtheit zu beantworten, doch lassen sich manche Gründe für die Ansicht geltend machen, dass die Atome zwar Massentheilchen einer höheren Ordnung als die Molekeln, aber doch noch nicht die letzten, kleinsten Massentheilchen seien. Es scheint vielmehr, dass, wie die Massen von grösserer, unseren Sinnen wahrnehmbarer Ausdehnung aus Molekeln, die Molekeln oder Massentheilchen erster Ordnung aus Atomen oder Massentheilchen zweiter Ordnung sich zusammensetzen, so auch die Atome wiederum aus Vereinigungen von Massentheilchen einer dritten, höheren Ordnung bestehen.

Zu dieser Ansicht leitet zunächst schon die Erwägung, dass, wenn die Atome unveränderliche, untheilbare Grössen wären, wir ebenso viele Arten von durchaus verschiedenen Elementarmaterien annehmen müssten, als wir chemische Elemente kennen. Die Existenz von einigen sechzig oder noch mehr grundverschiedenen Urmaterien ist aber an sich wenig wahrscheinlich. Sie wird noch unwahrscheinlicher durch die Kenntniss gewisser Eigenschaften der Atome, unter denen besonders die wechselseitigen Beziehungen, welche die Atomgewichte der verschiedenen Elemente zu einander zeigen, Beachtung verdienen.

Schon kurz nach der allgemeinen Anerkennung der Daltonschen Atomtheorie stellte Prout[*]) im Jahre 1815 die Ansicht auf, die Urmaterie, aus welcher alle Elemente zusammengesetzt seien, sei der Wasserstoff, und demgemäss seien die Atomgewichte aller Elemente ganze Vielfache vom Atomgewichte dieses Urelementes. Diese namentlich von Th. Thomson und später von Dumas vertheidigte Ansicht befindet sich mit unseren genauesten stöchiometrischen Bestimmungen nicht im Einklange. Die eigens zu ihrer Prüfung ausgeführten Untersuchungen von Berzelius, Turner, Marignac und Stas haben ergeben, dass die Atomgewichte vieler Elemente zwar nahezu, aber nicht genau rationale Vielfache von dem des Wasserstoffes sind, also nicht genau durch ganze Zahlen ausgedrückt werden, wenn das Atomgewicht des Wasserstoffes zur Einheit genommen wird[**]), noch auch unter sich in rationalen Verhältnissen stehen.

Es ist indessen sehr bemerkenswerth, was besonders Marignac a. a. O. hervorgehoben hat, dass unter den bestbestimmten Atomgewichten die ganz überwiegende Mehrzahl nahezu mit rationalen Vielfachen vom Atomgewichte des Wasserstoffes zusammenfällt,

---

[*]) Annals of Philosophy by Th. Thomson, Vol. 6, p. 321.
[**]) Zur Geschichte der Prout'schen Hypothese und ihrer Prüfung vergl. besonders:
H. Kopp, Geschichte der Chemie, Bd. 2, S. 391 ff.
J. J. Berzelius, Lehrbuch d. Chemie, 5. Aufl., Bd. 3, S. 1173 ff.
J. S. Stas, Recherches sur les rapports réciproques des poids atomiques, Bruxelles 1860, p. 6 ff. und p. 131 ff. (Bull. Acad. roy. Brux. [2] t. X. No. 8).
—, Nouvelles Recherches sur les lois des proportions chimiques etc., 1865, Introduction. (Mém. Acad. roy. Brux. t. XXXV, 1865.) (Die Einleitung findet sich, wörtlich übersetzt, auch: Ann. Chem. Pharm., 4. Suppl.-Bd. S. 168.)
C. Marignac, Arch. sciences phys. nat. 1860, IX, p. 101, 1865, XXIV, p. 375; auch Ann. Chem. Pharm., 4. Suppl.-Bd., S. 201.

was nicht wohl auf reinem Zufalle beruhen kann. Es ist wohl denkbar, dass die Atome aller oder vieler Elemente doch der Hauptsache nach aus kleineren Elementartheilchen einer einzigen Urmaterie, vielleicht des Wasserstoffes, bestehen, dass aber ihre Gewichte darum nicht als rationale Vielfache von einander erscheinen, weil ausser den Theilchen dieser Urmaterie etwa noch grössere oder geringere Mengen der vielleicht nicht ganz gewichtlosen den Weltraum erfüllenden Materie, welche wir als Lichtäther zu bezeichnen pflegen, in die Zusammensetzung der Atome eingehen. Es ist das eine Hypothese, die nicht unzulässig erscheint, und deren weitere Ausführung, obwohl sie zur Zeit weder erwiesen noch widerlegt werden kann, vielleicht in der Zukunft lohnende Früchte zu tragen vermag, wenn sich auch für den Augenblick die Gewinnung solcher noch nicht erwarten lässt.

§ 60 (154).

Unsere Forschung nach dem Wesen und der möglichen Zusammensetzung der Atome muss zunächst darauf gerichtet bleiben, das empirisch gewonnene Material zu vermehren, kritisch zu prüfen, zu berichtigen und systematisch zu ordnen. Damit ist allerdings schon ein viel versprechender Anfang gemacht worden. Die fast alle bekannten Elemente umfassenden, meist schon sehr genauen Atomgewichtsbestimmungen von Berzelius sind für manche Elemente durch noch genauere berichtigt und ersetzt worden. Nachdem C. Marignac schon vor mehr als dreissig Jahren eine ganz ausserordentliche Genauigkeit und Sicherheit in seinen systematisch zusammengreifenden stöchiometrischen Bestimmungen erreicht hatte, hat neuerdings Stas durch seine mit dem grössten Aufwande von Scharfsinn, Kühnheit, Sorgfalt und Geduld und mit unerhört grossen materiellen Opfern ausgeführten Arbeiten*) die Methoden der Atomgewichtsbestimmung so vervollkommnet, dass die Atomgewichtszahlen einer ganzen Reihe von Elementen bis auf den tausendsten, einige sogar bis auf den zehntausendsten Theil ihres Werthes sicher bestimmt sind. Dieser Erfolg erscheint um so grösser, wenn man bedenkt, dass die Atomgewichte mancher Elemente, die bisher nicht nach so ausgezeichneten Methoden untersucht wurden, nachweislich Fehler enthalten, welche bei vielen mehre Hunderttheile, bei einigen vielleicht sogar Zehntheile ihres Werthes betragen können. Erst wenn die Atomgewichte aller oder

---

*) s. die Note auf vor. S.

doch der meisten Elemente mit einer wenigstens annähernd ebenso grossen Genauigkeit und Sicherheit bestimmt sein werden, wird es möglich sein, die gesetzmässigen Beziehungen, in denen die Atomgewichte der verschiedenen Elemente zu einander stehen, genau festzustellen, ihre ursächlichen Momente aufzusuchen und damit einen tieferen Einblick in das Wesen der Atome zu gewinnen.

Obschon diese Beziehungen gegenwärtig sich meist nur ungefähr und mit geringer Sicherheit und Genauigkeit ermitteln lassen, verdienen sie doch schon als erster Ausgangspunkt der Forschung auf diesem noch wenig bebauten Felde die aufmerksamste Beachtung.

Schon seit geraumer Zeit ist es aufgefallen, dass in den Zahlenwerthen der Atomgewichte einander verwandter Elemente sich gewisse Regelmässigkeiten zeigen. So haben manche einander ähnliche Elemente nahezu gleiche Atomgewichte; in vielen Gruppen von je drei verwandten Elementen, welche Döbereiner[*] als Triaden bezeichnet hat, ist das Atomgewicht des einen Elementes nahezu das arithmetische Mittel aus dem der beiden anderen. Nachdem schon seit 1826 Leopold Gmelin in allen Auflagen seines Handbuches[**] auf Regelmässigkeiten dieser Art aufmerksam gemacht hatte, sind dieselben von vielen Chemikern, insbesondere von Max Pettenkofer, J. J. Dumas, P. Kremers, J. H. Gladstone, J. P. Cooke, Low, W. Odling, E. Lenssen, J. Mercer, M. C. Lea, J. A. R. Newlands u. A.[***] zusammengestellt und besprochen worden und haben wiederholt die Behandlung der Frage veranlasst, ob nicht unsere Atome selbst wieder Vereinigungen von Atomen höherer Ordnung, also Atomgruppen oder Molekeln seien. In der That hat letztere Ansicht eine ausserordentlich grosse Wahrscheinlichkeit für sich, da die Atomgewichte gewisser Gruppen unter einander nahe verwandter Elemente ganz ähnliche Beziehungen zu einander darbieten, wie z. B. die Molekulargewichte gewisser Reihen organischer Verbindungen analoger Constitution. So hat man z. B.:

---

[*] Pogg. Ann. 1829, Bd. 15, S. 301.
[**] 3te Aufl., 1826, I, S. 35; 4te Aufl., 1842, I, S. 52; 5te Aufl., 1852, I, S. 47.
[***] Für die Literatur verweise ich auf die Jahresberichte üb. d. Fortschr. d. Chemie von Liebig u. Kopp, Kopp u. Will, Will, Jahrg. 1851, S. 291, 292; 1852, S. 294; 1853, S. 312; 1854, S. 284, 285; 1857, S. 27, 28, 29, 30, 36; 1858, S. 13, 14; 1859, S. 1, 7; 1860, S. 5; 1862, S. 7; 1863, S. 13; 1864, S. 16; 1865, S. 17.

Atome:	Molekeln:	Radicale:
$Li = 7,07$	Holzgeist $= CH_4O = 31,93$	Methyl $= CH_3 = 14,97$
Diff... $15,98$	$CH_2 = 13,97$	$CH_2 = 13,97$
$Na = 22,99$	Weingeist $= C_2H_6O = 45,90$	Aethyl $= C_2H_5 = 28,94$
Diff.. $16,05$	$CH_2 = 13,97$	$CH_2 = 13,97$
$K = 39,04$	Propylgeist $= C_3H_8O = 59,87$	Propyl $= C_3H_7 = 42,91.$

Es liegt nahe anzunehmen, die Differenz der Atomgewichte dieser Metalle rühre, wie bei den angeführten und ähnlichen organischen Verbindungen oder Radicalen, ebenfalls von einer Differenz in der Zusammensetzung ihrer s. g. Atome her. Letztere würden demnach nicht untheilbare Grössen, vielmehr wiederum Verbindungen von Atomen höherer Ordnung, also zusammengesetzte Radicale sein. Die Analogie in ihrem Verhalten mit dem der jetzt schon als zusammengesetzt erkannten Radicale würde nach dieser Ansicht eine sehr naturgemässe Erklärung finden.

Den angegebenen ähnliche Zahlenrelationen zwischen den Atomgewichten finden sich vielfach. Die verschiedenen Autoren, die sich mit dem Gegenstande beschäftigt, haben aber solche in der verschiedensten Weise dargestellt, besonders so lange als für die Bestimmung der Atomgewichte noch keine einheitliche Regel gewonnen war, und die Atomgewichte noch fort und fort mit den Aequivalentgewichten verwechselt wurden. Vielfach wurden numerische Regelmässigkeiten gesucht, wo sie schwerlich vorhanden sind, und, was das bedenklichste war, die durch den Versuch gefundenen Zahlen häufig willkürlich so abgeändert, dass sie Regelmässigkeiten zeigten, welche aus den unmittelbaren Beobachtungen nicht hervorgingen.

Indem die meisten der genannten Forscher zugleich der Prout'schen Hypothese huldigten und demgemäss die empirisch gefundenen Atomgewichte auf die nächstliegenden ganzen Zahlen abrundeten, erhielten sie natürlich auch für die Differenzen je zweier Atomgewichte ganze Zahlen, die nicht selten Vielfache der Zahl 8 waren oder diesen doch nahe kamen. Die am häufigsten für die Darstellung der Regelmässigkeiten gebrauchte Form war daher der Ausdruck $A = a + n\,8$, wo A das Atomgewicht und a und n ganze, meist nicht sehr grosse Zahlen bedeuten. Es ist bis jetzt nicht erwiesen, ja sogar mindestens sehr unwahrscheinlich, dass sich die richtigen Werthe der Atomgewichte durch Ausdrücke dieser oder ähnlicher Form darstellen lassen.

§ 61 (155).

Erst nachdem Cannizzaro*) den vermeintlichen Widerspruch zwischen den Regeln von Avogadro und von Dulong und Petit durch den Nachweis, dass erstere zunächst nur das Molekulargewicht, letztere dagegen das Atomgewicht bestimme, gehoben und dadurch beiden Regeln ihre gegenwärtig allgemein anerkannte, im II. und III. Abschnitte besprochene Bedeutung beigelegt hatte, gewannen die Beziehungen zwischen den Zahlenwerthen der Atomgewichte eine viel grössere Gleichförmigkeit, und haben sich seither zu einer einheitlichen systematischen Zusammenstellung**) sämmtlicher Elemente von bekanntem Atomgewichte gestalten lassen.

Die Grundlage dieses Systems bildet die Wahrnehmung, dass Eigenschaften und Verhalten der Elemente durch die Grösse ihrer Atomgewichte bestimmt werden, dass also, um es mathematisch auszudrücken, **die Eigenschaften Functionen und zwar periodische Functionen des Atomgewichtes sind.** Ordnet man die Elemente lediglich nach der Grösse ihrer Atomgewichte in eine einzige Reihe, so wechseln, wenn man diese vom kleinsten zum grössten durchläuft, die Eigenschaften von Glied zu Glied, kehren aber bei gewissen Differenzen im Werthe der Atomgewichte mehr oder weniger vollständig wieder. Für das erste Glied der Reihe, den Wasserstoff, kennen wir kein Analogon. Dagegen finden sich die wesentlichsten Eigenschaften des zweiten Gliedes, des Lithiums *(Li 7,01)*, nach einem Zuwachse des Atomgewichtes von etwa 16 Einheiten im neunten Gliede, dem Natrium *(Na = 22,99)*, und ebenso abermals nach einem gleichen Zuwachse im fünfzehnten, dem Kalium *(K = 39,04)* wieder. Von diesem weicht das vierte leichte Alkalimetall, das Rubidium *(Rb = 85,2)*, um rund 46 und von diesem das fünfte, das Caesium, um 47 Einheiten ab. An jedes dieser Alkalimetalle schliesst sich in der Reihe des Atomgewichtes ein Metall einer alkalischen Erde, an das Lithium das Beryllium *(Be = 9,3)****), an das Natrium das Magnesium *(Mg = 23,94)*, an das Kalium das Calcium *(Ca 39,9)*, an das Rubidium das Strontium *(Sr = 87,2)*, und endlich an das Caesium das Baryum *(Ba = 136,8)*, deren

---

*) an dem § 18, S. 43 und § 34, S. 79 a. O.
**) Zur Entstehungsgeschichte dieser systematischen Zusammenstellung Ber. d. d. chem. Ges. 1880, S. 259 ff.
***) Falls *Be* zweien Atomen Wasserstoff aequivalent ist; s. § 39, S. 93.

Atomgewichte nahezu dieselben Differenzen zeigen. Ebenso folgen auf diese Métalle der alkalischen Erden wieder Elemente, die einander ähnlich sind und ähnliche Differenzen der Atomgewichte zeigen. Bricht man nun die Reihe an einander entsprechenden Punkten, d. h. bei Elementen ähnlicher Natur ab, so erhält man eine Anzahl kürzerer einander analog gebildeter Reihen, welche sich zu nachstehendem Netze zusammenstellen lassen, in dessen Horizontalreihen die Elemente nach der Grösse ihrer Atomgewichte einander folgen, während die Vertikalreihen aus Gliedern natürlicher Familien gebildet sind. Das erste Glied jeder Horizontalen schliesst unmittelbar an das letzte der vorhergehenden an.

Durch die (etwas abwärts geneigten) Horizontalreihen umstehender Tafel folgen sich die 58 Elemente, deren Atomgewichte (ausser dem des Wasserstoffes) bis jetzt bestimmt wurden, und ferner durch vorgesetzte Fragezeichen kenntlich gemacht, noch 11 Elemente mit vermuthungsweise angenommenen Atomgewichten, nach der Grösse dieser Atomgewichte geordnet, so dass das erste Glied jeder Horizontalen an das letzte der vorhergehenden sich unmittelbar anreiht.

Denkt man sich diese Tafel auf einen senkrecht stehenden Cylinder so aufgerollt, dass ihre rechte Seite die linke unmittelbar berührt, Ni also an Cu, Pd an Ag, Pt an Au sich anschliesst, so erhält man, wie leicht ersichtlich, eine **spiralförmig angeordnete***), **nach der Grösse der Atomgewichte continuirlich fortlaufende Reihe aller Elemente**. Die bei dieser Anordnung über einander stehenden Elemente bilden eine natürliche Familie, deren Glieder jedoch in sehr ungleichem Grade einander ähnlich sehen. In den meisten sind von den 7 oder 8 Gliedern 4 oder 5 unter sich näher als mit den 3 oder 4 anderen verwandt, die dafür wieder unter sich grosse Aehnlichkeit besitzen. In der ersten, mit Li beginnenden Verticalspalte sind die 5 leichten Alkalimetalle Li, Na, K, Rb, Cs einander sehr ähnlich, während die drei Schwer-

---

*) Statt dieser einfachen, sich wie von selbst ergebenden spiralförmigen Anordnung der Elemente, die sich, auf einen Cylinder aufgetragen, auch als Unterrichtsmittel empfiehlt, hat H. Baumhauer eine solche auf der Ebene des Papieres disponirte veröffentlicht (Die Beziehungen zwischen dem Atomgewichte und der Natur der chemischen Elemente, Braunschweig 1870), die aber zu viel Willkür enthält, als dass sie als unbefangener Ausdruck der Thatsachen gelten könnte. Noch viel künstlicher und schwer verständlich ist eine schon früher von P. Kremers gegebene graphische Darstellung der Atomgewichte der Elemente (Physikalisch-chemische Untersuchungen, Wiesbaden 1869/70).

138 V. Das Wesen der chemischen Atome. § 61.

I.	II.	III.			IV.	V.	VI.	VII.	VIII.		
Li 7,01	?Be 9,3	B 11,0			C 11,97	N 14,01	O 15,96	F 19,1			
15,98	11,6	16,3			16	16,95	16,02	16,3			
Na 22,99	Mg 23,94	Al 27,3			Si 28	P 30,96	S 31,98	Cl 35,37			
16,05	15,96	17,7			20	20,2	20,4	19,4			
K 39,04	Ca 39,90	?Sc 45			Ti 48	V 51,2	Cr 52,4	Mn 54,8	Fe 55,9	Co 58,6	Ni 58,6
24,3	25,0	25			23	23,7	26,5	25,0			
Cu 63,3	Zn 64,9	Ga 69,9			? 72	As 74,9	Se 78,9	Br 79,75			
21,9	22,3	19			18	19	16,9	19			
Rb 85,2	Sr 87,2	?Y 88	X 88,5	X 89	Zr 90	Nb 94	Mo 95,8	? 99	Ru 103,5	Rh 104,1	Pd 106,2
22,5	24,4		25		27,8	28	30,5	28			
Ag 107,66	Cd 111,6	In 113,4			Sn 117,8	Sb 122	Te 126,3	J 126,53			
24,3	25,2	26									
Cs 132,0	Ba 136,8	La 139	Di 140	Ce 141	? 142	? 143	? 144	? 146	? 147	? 148	? 149
? 150	?Ng 150?		? 158?		? 160	? 162	? 164	? 165			
? 172	? 173	Yb 174	X 176	X 177	? 180	Ta 182	W 184	? 187			
Au 196,2	Hg 199,8	Tl 203,6			Pb 206,4	Bi 210	? 212	? 213	Os 198?	Ir 192,7	Pt 195
					27,5						
? 222	? 227	X 229	X 231	X 232	?Th 233,9	? 238	?U 240				

metalle Cu, Ag, Au unter sich ebenfalls in manchen Eigenschaften
übereinstimmen, mit jenen aber nur in einzelnen Punkten, besonders
im Isomorphismus mancher Verbindungen und in dem Vermögen,
sich mit einem einzigen Atome eines Salzbilders zu vereinen.
Ebenso stehen in der zweiten Spalte zwei Gruppen, die der Metalle
der alkalischen Erden Be, Mg, Ca, Sr, Ba und die der Schwermetalle Zn, Cd, Hg, die mit jenen ebenfalls nur einige wenige
Beziehungen, besonders durch den Isomorphismus mancher Verbindungen und durch ihre Zweiwerthigkeit haben. In gleicher

§§ 61, 62.   V. Das Wesen der chemischen Atome.   139

Weise lässt sich auch jede der folgenden Spalten in zwei bestimmt zu unterscheidende, doch untereinander in gewissen Beziehungen verwandte Gruppen zerlegen.

Um die regelmässige Anordnung obiger Tafel zu erhalten, mussten Lücken gelassen und einige Elemente, deren Atomgewichte nahe gleich gefunden wurden und nicht als sicher bestimmt gelten können, etwas anders gestellt werden, als sie nach der Grösse ihrer gewöhnlich angenommenen Atomgewichte stehen würden, nämlich das Tellur vor das Jod und das Osmium vor Iridium, Platin und Gold, worauf unten in §§ 81, 82 näher eingegangen werden soll. In Spalte III ist statt einiger noch wenig untersuchter Erdmetalle das von Soret gebrauchte Zeichen X gesetzt worden.

§ 62 (156).

Durchläuft man die Horizontalreihen der Tafel, so zeigt sich innerhalb jeder derselben bald schroffer, bald allmählicher Wechsel der Eigenschaften. Bei näherer Betrachtung findet man indessen auch hier Regel und Gesetz, die sowohl den Wechsel der chemischen wie der physikalischen Eigenschaften deutlich erkennbar beherrschen. **Fast alle Eigenschaften der Elemente stehen in nahem Zusammenhange mit dem Atomgewichte; sie sind Functionen, und zwar periodische Functionen der Grösse des Atomgewichtes.**

Eine der wenigen Eigenschaften, welche bisher für die meisten Elemente mit einiger Genauigkeit gemessen wurden, ist die Dichtigkeit derselben im starren Zustande; und diese erweiset sich deutlich als eine periodische Function des Atomgewichtes, indem sie mit steigendem Atomgewichte regelmässig ab- und zunimmt. Ihre Abhängigkeit von demselben lässt sich am übersichtlichsten darstellen, wenn man nicht die Dichte selbst, sondern das Verhältniss des Atomgewichtes zur Dichte betrachtet; wenn man, mit andern Worten, nicht die Masse, welche in der Raumeinheit enthalten ist, sondern den Raum, welchen die Masse des Atomes erfüllt, zur Darstellung bringt.

Diesen Raum, das Atomvolumen, können wir bis jetzt nach absolutem Masse nicht messen, wohl aber nach einer relativen Maasseinheit, indem wir die Räume vergleichen, welche den Atomgewichten proportionale Massen der verschiedenen Elemente, einnehmen. Nimmt man, wie gebräuchlich, zur Einheit der Dichtigkeit die des flüssigen Wassers und zur Einheit der Raumerfüllung den Raum, welcher von der Gewichtseinheit des Wassers erfüllt wird, so werden die Zahlenwerthe der Atomvolumina dargestellt durch den Quotienten des Atomgewichtes durch die Dichtigkeit des betreffenden Elementes. Das Atomgewicht des Lithiums z. B. ist $Li = 7{,}01$, die Dichte dieses Metalles gegen Wasser ist 0,59, das Atomvolumen also $V = \frac{7{,}01}{0{,}59} = 11{,}9$. Nach metrischem Maass und Gewicht ausgedrückt, sagt diese Zahl, dass 7,01 Gramm Lithium einen Raum von 11,9 Cubikcentimetern erfüllen.

Berechnet man in gleicher Weise die Atomvolumina für alle Elemente, deren Atomgewichte so wie ihre Dichtigkeiten im starren Zustande bekannt sind, so findet man bei der Vergleichung dieser Volumina mancherlei Regelmässigkeiten. Aehnliche Elemente haben oft gleiche oder nahezu gleiche Atomvolumina. So ist z. B. für Cl, Br, J das Volumen nahezu gleich, nämlich ungefähr $V = 26$; für Mn, Fe, Co, Ni ist ebenso V etwa 7, für Ru, Rh, Pd, Os, Ir, Pt ungefähr $V = 9$, für Ag und Au $V = 10$. In anderen Gruppen wächst V mit wachsendem Atomgewichte. So haben wir z. B. für die Atomvolumina der Familien des Phosphors und des Schwefels:

$V(P) = 13{,}5$; $V(As) = 13{,}2$; $V(Sb) = 18{,}2$; $V(Bi) = 21{,}1$;
$V(S) = 15{,}7$; $V(Se) = 17{,}2$; $V(Te) = 20{,}2$.

Diese Zunahme mit wachsendem Atomgewichte ist in der Gruppe der Alkalimetalle sehr stark; man hat

$V(Li) = 11{,}9$; $V(Na) = 23{,}7$; $V(K) = 45{,}4$; $V(Rb) = 56{,}1$,

welche Zahlenwerthe unter sich in dem einfachen Verhältnisse von

$$1 \quad 2 \quad 4 \quad 5$$

stehen.

Diese ganz verschiedenartigen Beziehungen erschienen ohne inneren Zusammenhang, bis das Verhältniss zwischen Atomvolumen und Atomgewicht unter einen einheitlichen Gesichtspunkt gebracht, das Atomvolumen als Function des Atomgewichtes allgemein dargestellt wurde[*]. Untersucht man die Veränderungen, welche das Atomvolumen mit wachsendem Atomgewichte erfährt, so zeigt sich eine ganz auffällige Periodicität. In der nach der Grössse der Atomgewichte geordneten Reihe der Elemente nimmt das Atomvolumen periodisch und allmählich ab und zu. Seine Maxima gehören den Alkalimetallen, Li, Na, K, Rb und wahrscheinlich auch dem Cs, an, die Minima dagegen solchen Elemen-

---

[*] Lothar Meyer, die Natur der chemischen Elemente als Function ihrer Atomgewichte; Ann. Chem. Pharm. 1870, 7. Suppl.-Bd., S. 354 ff.

§ 62. V. Das Wesen der chemischen Atome. 141

ten, deren Atomgewichte ungefähr in der Mitte zwischen denen von je zwei Alkalimetallen liegen.

	I	II	III	IV	V	VI	VII	VIII		
	Li	*?Be*	*B*[1])	*C*[2])	*N*	*O*	*F*			
D	0,59	1,64	2,68	3,3	?	?	?			
V	11,9	5,6	4,1	3,6	?	?	?			
	Na	*Mg*	*Al*	*Si*	*P*[3])	*S*[4])	*Cl*[5])			
D	0,97	1,74	2,56	2,49	2,3	2,04	1,38			
V	23,7	13,8	10,7	11,2	13,5	15,7	25,6			
	K	*Ca*	*Sc*	*Ti*	*V*	*Cr*	*Mn*	*Fe*	*Co*	*Ni*
D	0,86	1,57	?	?	5,5	6,8	8,0	7,8	8,5	8,8
V	45,4	25,4	?	?	9,3	7,7	6,9	7,2	6,9	6,7
	Cu	*Zn*	*Ga*	—	*As*	*Se*	*Br*[6])			
D	8,8	7,15	5,96		5,67	4,6	2,97			
V	7,2	9,1	11,7		13,2	17,2	26,9			
	Rb	*Sr*	*?Y*	*Zr*	*Nb*[7])	*Mo*	—	*Ru*	*Rh*	*Pd*
D	1,52	2,50	?	4,15	6,27	8,6		12,26	12,1	11,5
V	56,1	34,9	?	21,7	15,0	11,1		8,4	8,6	9,2
	Ag	*Cd*	*In*	*Sn*	*Sb*	*Te*	*J*			
D	10,5	8,65	7,42	7,29	6,7	6,25	4,95			
V	10,2	12,9	15,3	16,1	18,2	20,2	25,6			
	Cs	*Ba*	*La Di Ce*							
D	?	3,75	6,2 6,5 6,7							
V	?	36,5	22,6 21,5 21,1							
		Ng								
D		9,4								
V		16								
			?Yb	—	*Ta*[7])	*W*	—	*Os*	*Ir*	*Pt*
D			?		10,8	19,13		22,48	22,42	21,50
V			?		16,9	9,6		8,8[8])	8,6	9,1
	Au	*Hg*	*Tl*	*Pb*	*Bi*					
D	19,3	13,59	11,86	11,38	9,82					
V	10,2	14,7	17,1	18,1	21,1					
				Th	*U*					
D				7,7	18,3					
V				30,4	13,1					

[1]) Nicht rein (s. Hampe, Ann. Chem. Pharm. 1876, Bd. 183, S. 75).
[2]) Diamant; für Graphit ist $D = 2,15$, $V = 5,58$
[3]) schwarz, krystallisirt.
[4]) 2gliedrig, krystallisirt.
[5]) Dichte des tropfbaren Chlores.
[6]) Dichte des tropfbaren Bromes bei 4° C.
[7]) die Dichte von Niob und Tantal wurde von H. Rose an unreinem Materiale bestimmt; daher D wahrscheinlich zu klein und V zu gross.
[8]) wahrscheinlich nur $8,5$, falls $Os = 192$.

Vorstehende Tafel enthält die Elemente nach der Grösse ihrer Atomgewichte geordnet in derselben Reihenfolge wie die Tafel in § 61; die Horizontalreihen sind so abgebrochen, dass die Elemente, deren Atomvolumen ein Maximum ist, in die erste Verticalreihe kommen. Die wenig bekannten Erdmetalle sind weggelassen.

Unter dem Atomzeichen jedes Elementes ist seine Dichtigkeit im starren Zustande, D, bezogen auf die des Wassers als Einheit, und unter dieser der Quotient aus Atomgewicht und Dichtigkeit, das Atomvolumen, V, angegeben. Wie man leicht sieht, nehmen beide periodisch ab und zu; und zwar umfassen die beiden ersten Horizontalreihen je eine ganze Periode, in welcher die Dichte durch ein Maximum von einem Minimum zum andern geht, das Atomvolumen, dem entsprechend, von Maximum zu Maximum sich ändert; von der dritten Horizontalreihe ab umfasst aber eine solche Periode je zwei Reihen, in deren erster die Dichte wächst, das Atomvolumen abnimmt, während in der folgenden das umgekehrte stattfindet.

§ 63 (157).

Noch ersichtlicher wird die Abhängigkeit des Atomvolumens vom Atomgewichte durch eine graphische, meiner oben angeführten Abhandlung entnommene Darstellung. In die Fig. 1 der beigehefteten Tafel sind den Atomgewichten der Elemente proportionale Längen auf die horizontale Axe der Abscissen vom Nullpunkte aus eingetragen und die Endpunkte dieser Längen durch die entsprechenden Atomzeichen markirt worden. In jedem dieser Punkte ist eine dem Atomvolumen des betreffenden Elementes proportionale Länge als verticale Ordinate errichtet und mit demselben Atomzeichen versehen worden. Eine die oberen Endpunkte dieser Ordinaten verbindende Curve giebt ein Bild von den Aenderungen, welche das Atomvolumen mit wachsendem Atomgewichte erfährt. Da für eine Anzahl von Elementen die Dichte und somit auch das Atomvolumen unbekannt ist, so lässt sich diese Curve nicht vollständig ziehen. Es sind aber in der Tafel die Lücken z. Th. durch punktirte Linien ausgefüllt worden unter der nach dem ganzen Verlaufe der Curve gerechtfertigt erscheinenden Voraussetzung, dass dieselbe bei analogen Elementen auch analog verlaufe, also z. B. vom C über N, O, F zum Na ähnlich wie vom Si über P, S, Cl zum K, ferner vom J über Cs zum Ba ähnlich wie vom Br über Rb zum Sr u. s. w. An diese vermuthungsweise ergänzten Curvenstücke sind die Zeichen der Elemente in Currentschrift (𝔐, 𝔑, 𝔒, 𝔉

V. Das Wesen der chemischen Atome.

u. s. w.), sonst in fetter Cursivschrift (*B*, *P*, *S*, *Cl* u. s. w.) gesetzt. Nur die grossen Lücken zwischen dem Norvegium und Tantal, Wismuth und Uran sind nicht ausgefüllt worden aus Mangel an genügenden Anhaltspunkten. Die für die übrigen Abschnitte gemachten, zunächst hypothetischen Annahmen gewinnen durch anderweite Betrachtungen eine Bestätigung. Aus dem durch die Transpiration bestimmten Molekularvolumen von **Wasserstoff**, **Sauerstoff** und **Stickstoff** im gasförmigen Zustande[*]), so wie aus der Vergleichung der Raumerfüllung der Fluor- und Titanverbindungen im starren Zustande mit der verwandter Verbindungen lässt sich mit ziemlicher Sicherheit folgern, dass den Elementen *H*, *N*, *O*, *F* und *Ti* wenigstens ungefähr die Atomvolumina im starren Zustande zukommen werden, welche ihnen in der Tafel beigelegt sind. Für den flüssigen Sauerstoff hat zudem R. Pictet[**]) gezeigt, dass seine Dichte von der des Wassers nicht sehr abweicht. In der Zeichnung ist sie für den starren etwas grösser als diese angenommen worden.

Man sieht aus dem Verlaufe der Curve sofort, dass die **Raumerfüllung der isolirten Elemente im starren Zustande eine periodische Function der Grösse ihres Atomgewichtes ist**[***]). Wie das Atomgewicht wächst, nimmt das Atomvolumen regelmässig ab und zu. Die Curve, welche seine Aenderungen darstellt, wird durch fünf Maxima in sechs Abschnitte zerlegt, welche etwa die Form an einander gereihter Kettenlinien zeigen, unter denen die zweite und dritte und ebenso die vierte und fünfte einander sehr ähnlich sind und

---

[*]) Ann. Chem. 1867, 5. Suppl.-Bd., S. 129 ff.

[**]) Liquéfaction de l'oxigène, Genève 1878, p. 67.

[***]) Die Raumerfüllung der Elemente in Verbindungen ist ebenfalls unzweifelhaft eine periodische Function des Atomgewichtes; doch lässt sich die Form dieser Function zur Zeit noch nicht allgemein angeben. So unsicher aber auch unsere Kenntniss der den verschiedenen Atomen in einer Verbindung zukommenden Raumerfüllung noch sein mag, so können wir doch mit ziemlicher Sicherheit annehmen, **dass die Unterschiede zwischen den Raumerfüllungen verschiedener Elemente in der Regel in Verbindungen kleiner sind als im isolirten Zustande.** Um nur ein Beispiel anzuführen, so nehmen die Oxyde der leichten Metalle einen **kleineren**, die der schweren einen **grösseren** Raum ein, als die in ihnen enthaltene Quantität Metall. Die Volumina der Oxyde der leichten Metalle weichen von einander viel weniger ab, als die Volumina der isolirten Metalle unter sich. Bei den schweren Metallen ist oft der Unterschied im Volumen der einander entsprechenden Oxyde gleich dem im Volumen der Metalle.

nahezu gleichen Stücken der Abscissenaxe entsprechen. Denkt man sich die zwischen Norvegium und Tantal und zwischen Wismuth und Thorium fehlenden Curvenstücke, analog dem zwischen Kupfer und Niob und dem zwischen Arsen und Zirconium ergänzt, so erhält man im Ganzen acht Abschnitte, deren erster und letzter aber nur die Hälfte einer Kettenlinie bilden.

Die Stellung der Elemente auf der Curve hängt sehr nahe mit ihren physikalischen und chemischen Eigenschaften zusammen, so dass an entsprechenden Stellen der einander ähnlichen Curvenstücke ähnliche Elemente stehen. Dass die Maxima der Curve durch leichte, die letzten Minima durch schwere Metalle gebildet werden, ist nicht gerade auffallend, da, wie längst bekannt, jene sehr grosse, diese sehr kleine Atomvolumina besitzen. Dagegen ist es sehr bemerkenswerth, dass auch bei gleichem oder nahezu gleichem Atomvolumen die Eigenschaften sehr verschieden sind, je nachdem das Element auf steigendem oder fallendem Curvenaste liegt, je nachdem also ihm ein kleineres oder ein grösseres Atomvolumen zukommt, als dem Elemente mit nächst grösserem Atomgewichte. Beispiele für diesen Satz liefern P und Mg, Cl und Ca, Nb und In, Mo und Cd u. a. m. Die Verschiedenheiten in den Eigenschaften und dem Verhalten der Elemente sind in der Tafel zum Theile durch beigeschriebene Worte angedeutet.

§ 64 (158).

Die Eigenschaft der metallischen Dehnbarkeit zeigen nur solche Elemente, welche in einem Maximum oder Minimum der Curve liegen oder unmittelbar auf ein solches folgen; und zwar liegen die leichten dehnbaren Metalle in den Maximalpunkten und den an diese unmittelbar sich anschliessenden absteigenden Curvenstücken (Li, Be; Na, Mg, Al; K, Ca; Rb, Sr; Cs, Ba); die schweren dehnbaren Metalle dagegen in den Minimalstellen des IV., V., VI. und VII. Abschnittes und in den aus diesen unmittelbar emporsteigenden Stücken der Curve (Fe, Co, Ni, Cu, Zn; Rh, Pd, Ag, Cd, In, Sn; Ng; Pt*), Au, Hg, Tl, Pb). Die Abschnitte I, II, III enthalten keine Schwermetalle.

---

*) Vorausgesetzt, wie oben § 61, S. 142 geschehen, dass das Atomgewicht des Osmiums kleiner als das des Iridiums sei, wie das des Rutheniums kleiner ist, als das des Rhodiums.

§ 64. 65. 66. V. Das Wesen der chemischen Atome. 145

Die spröden Schwermetalle und Halbmetalle stehen in IV, V und wohl auch in VII (falls Os wirklich kleiner ist als Au) kurz vor dem Minimum auf absteigender Curve (Ti, V, Cr, Mn; Zr, Nb, Mo, Ru; Ta, W, Os, Ir). Halbmetallisch (d. i. spröde und metallglänzend) oder nicht metallisch sind in allen Abschnitten die Elemente auf den dem Maximum vorhergehenden aufsteigenden Zweigen der Curve; und zwar in II und III auf dessen ganzer Erstreckung vom Minimum bis zum Maximum (B, C, N, O, F; Si, P, S, Cl), in IV, V und VII nur auf dem letzten, dem Maximum zugewandten Theile des aufsteigenden Astes (As, Se, Br; Sb, Te, J; Bi).

§ 65 (165).

Nach Bottone*) soll die Härte der Elemente dem Atomvolumen umgekehrt proportional sein. Seine Angaben sind indessen mit Vorsicht aufzunehmen, da seine Regel auch für das Indium zutrifft obschon er für dasselbe das unrichtige Atomgewicht $In = 74$ in Rechnung stellt, und da er die ganz unrichtige Behauptung aufstellt, Calcium sei weicher als Natrium u. dgl. m.

§ 66 (159).

Die Schmelzbarkeit und Flüchtigkeit der Elemente steht ebenfalls in nahem Zusammenhange mit ihrem Atomgewichte und Atomvolumen. Obschon die Schmelzpunkte mancher, besonders der leicht flüchtigen und der sehr strengflüssigen, wegen der Schwierigkeit ihrer Bestimmung, z. Th. gar nicht, z. Th. nicht genau bekannt sind, von verschiedenen Forschern auch nicht unerheblich verschieden bestimmt wurden, so genügt doch schon die ungefähre Kenntniss zum Nachweise ihrer Abhängigkeit von der Grösse des Atomgewichtes.

Nachstehende einer Abhandlung von Th. Carnelley**) entnommene Tafel giebt die Schmelzpunkte der Elemente, so weit möglich, in absoluter, von — 273° C. an gezählter Temperatur, an. Für Cu, Ag, Pd, Ir, Pt und Au habe ich die von Violle***) bestimmten Schmelzpunkte eingesetzt, denen auch Carnelley†) vor

---

*) Mondes 31, p. 720; Sill. Journ. Dec. 1873, p. 457.
**) Phil. Mag. [5], vol. 8, p. 315, Oct. 1879.
***) Compt. rend. 1879, T. 89, p. 703.
†) Chem. Soc. Journ. March 1880.

den früheren Zahlen den Vorzug giebt. Den Schmelzpunkt des Bromes habe ich nach der Angabe von Jul. Philipp*) berichtigt und für den Wasserstoff nach Pictet's Versuchen**) den Schmelzpunkt zu etwa — 200° C. oder absolut zu 70° angesetzt. In der Tafel bedeutet:

  n. g.: nicht geschmolzen; s. h.: sehr hoch;
  s. n.: sehr niedrig; üb.: über; u.: unter;
  h. a.: höher als; n. a.: niedriger als; ferner
  beim Phosphor r.: roth, f.: farblos.

Schmelzpunkte in absoluter Temperatur.

I.	II.	III.	IV.	V.	VI.	VII.	VIII.		
H 70?									
Li 453	Be u.1270	B s. h.	C n. g.	N s. n.	O s. n.	F s.n.?			
Na 369	Mg 1023	Al 1123	Si s. h.	P r.528 f.317	S 388	Cl 198			
K 335	Ca h.a.Sr	Sc ?	Ti n. g.	V n.g.	Cr ü.2270	Mn 2170	Fe 2080	Co 2070	Ni 1870
Cu 1330	Zn 676		Ga 303	As üb.773	Se 490	Br 266			
Rb 311	Sr h.a.Ba	Y ?	Zr üb.Si	Nb n. g.	Mo s. h.	—	Ru 2070	Rh 2270	Pd 1775
Ag 1230	Cd 593		In 449	Sn 503	Sb 710	Te 725	I 387		
Cs ?	Ba 748	La Di Ce ü.710 u.1273	—	—	—	—			
—	Ng 527	—	—	—	—	—			
—	—	Yl ?	—	Ta n. g.	W s. h.	—	Os 2770	Ir 2223	Pt 2050
Au 1310	Hg 233		Tl 563	Pb 605	Bi 538				
—	—	—	Th ?	—	U s. h.	—	—	—	—

Der Inhalt dieser Tabelle ist graphisch in Figur 2 der beigehefteten Tafel dargestellt, die Atomgewichte wieder als Abscissen,

---

*) Ber. d. d. chem. Ges. 1879, S. 1424.
**) Liquéfaction de l'oxygène etc., Genève 1878, p. 98.

§ 66.   V. Das Wesen der chemischen Atome.   147

die Schmelzpunkte als Ordinaten, letztere punktirt, wo sie nicht oder nicht genau genug bestimmt sind, und für die sehr strengflüssigen Elemente bis an das obere Ende der Tafel verlängert.

Vergleicht man die die oberen Enden dieser Ordinaten verbindende Curve mit der der Atomvolumina, so erkennt man sofort eine grosse Aehnlichkeit. Beide werden durch Maxima in Abschnitte zerlegt, deren jeder einem gleichgrossen der anderen Curve entspricht; doch decken sich dieselben nicht, sondern die Schmelzpunktscurve erscheint soweit nach rechts verschoben, dass ihre Maxima je auf das dritte (oder vielleicht auch vierte) Element nach dem Maximum des Atomvolumens fallen, auf C, Si, Ti oder V, Zr oder Nb und Ta, die Minima dagegen dicht vor die Maxima des Volumens, auf den Wasserstoff und die Elemente der Chlorgruppe oder vielleicht deren nächste Verwandte, in der II. Periode N oder O und wahrscheinlich Cs, also das Maximum des Volumens selbst, in V. Da die Schmelzpunkte dieser Stoffe nicht bekannt sind, lässt sich dies z. Z. nicht entscheiden. In den grösseren Curvenabschnitten zeigt sich ein zweites Minimum bei den Metallen Ga, In, Hg.

Alle gasförmigen oder leicht schmelzbaren, unter Rothgluth flüssigen Elemente finden sich auf den aufsteigenden Aesten und in den Maximalpunkten der Volumcurve; alle strengflüssigen und für unsere Mittel unschmelzbaren auf den absteigenden Aesten und in den Minimalpunkten derselben.

Die Schmelzbarkeit der Elemente zeigt also, als Function des Atomgewichtes betrachtet, eine Periodicität, welche der des Atomvolumens und der Dehnbarkeit vollständig entspricht. Leicht schmelzbar sind nur solche Elemente, deren Atomvolumen grösser ist als das des Elementes mit nächst kleinerem Atomgewichte; strengflüssig sind die Elemente, für welche das Umgekehrte der Fall ist. Zwischen je zwei Gruppen leicht- und strengflüssiger Elemente bildet je ein weder sehr leicht, noch sehr schwer schmelzbares Element den Uebergang. Nur zwischen C und N und zwischen Si und P fehlen diese vermittelnden Glieder.

Andere Regelmässigkeiten ergeben sich, wenn man die auf entsprechenden Punkten der Volumcurve und in der Tabelle S. 146 senkrecht unter einander stehenden eine natürliche Familie bildenden Elemente mit einander vergleicht. In den meisten dieser

10*

Gruppen nimmt mit wachsendem Atomgewichte die Schmelzbarkeit ab, der Schmelzpunkt steigt; nur in der Gruppe der leichten Alkalimetalle *Li*, *Na*, *K*, *Rb*, wahrscheinlich bis zum *Cs*, anscheinend auch in der der alkalischen Erdmetalle, *Be*, *Mg*, *Ca*, *Sr*, *Ba* und sicher in der der Schwermetalle *Zn*, *Cd*, *Ng*, *Hg* nimmt die Schmelzbarkeit mit wachsendem Atomgewichte zu. Die höheren Glieder sind hier leichter schmelzbar als die niederen. In der Stickstoff-Wismuth-Gruppe nimmt die Schmelzbarkeit vom Stickstoff zum Arsen ab und von diesem zum Wismuth wieder zu. Bei den Edelmetallen wächst sie vom Kupfer zum Silber, um von diesem zum Golde wieder abzunehmen. Diese Unterschiede bewirken einige Verschiedenheiten der einzelnen Abschnitte der Schmelzpunktcurve. So wird z. B. der Unterschied zwischen dem Schmelzpunkte der sogenannten Halogene *F*, *Cl*, *Br*, und der ihnen folgenden Alkalimetalle *Li*, *Na*, *K*, *Rb* mit steigendem Atomgewichte immer kleiner, bis er bei *J* und *Cs* sich wahrscheinlich umkehrt, so dass *Cs* leichter schmilzt als *J*. Das *Zn* schmilzt $373°$ höher als das *Ga*, das *Cd* nur $144°$ höher als *Jn*, das *Hg* aber um $330°$ niedriger als das *Tl*. Aehnlich variiren die Beziehungen zwischen den benachbarten Elementen *P*, *S*, *Cl*; *As*, *Se*, *Br*; *Sb*, *Te*, *J*. Die Schmelzpunkte der Schwefelgruppe wachsen mit dem Atomgewichte stärker als die der Chlorgruppe; sie sind stets etwa doppelt so hoch als diese*):

Cl : 198° ; *Br : 266°* ; *J : etwa 387°*
S : 388 — 2 × 194°; *Se : 490 — 2 × 245°*; *Te : etwa 773 = 2 × 386°*.

§ 67.

Auch die Verbindungen der Elemente zeigen Regelmässigkeiten in ihren Schmelzpunkten, welche in letzter Zeit besonders von Carnelley**) untersucht worden sind. So haben z. B. die Verbindungen der Alkali- und der Alkalierdmetalle (Spalte I und II der Tafel in § 62) mit den Elementen der Chlorgruppe (Spalte VII), in gewöhnlichen (das ist von $0°$ gezählten) Centesimalgraden ausgedrückt, nachstehende Schmelzpunkte:

---

*) Williams und Carnelley, Chem. Soc. Journ. 1879, p. 563; Phil. Mag. [5] vol. 8, p. 320, Oct. 1879.
**) Seit 1876 in verschiedenen, im Journ. Chem. Soc., den Roy. Soc. Proc. und dem Phil. Mag. veröffentlichten Abhandlungen.

RX	R	Li	Na	K	Rb	Cs
$X = F$		801	902	789	753	?
Cl		598	772	734	710	630
Br		547	708	699	683	?
J		446	628	634	642	?

RX_2	$R =$	Be	Mg	Ca	Sr	Ba
$X_2 = F_2$		?	908	902	902	908
Cl_2		cca 600	708	719	825	
Br_2		cca 600	695	676	630	812
J_2		?	?	631	507	

Diese sind sowohl in den Horizontalen wie in den Verticalen ziemlich regelmässig veränderlich. In den meisten sinkt der Schmelzpunkt mit steigendem Atomgewichte sowohl des positiven wie des negativen, nur vom ersten zum zweiten Metalle steigt es. Ausserdem zeigen in der zweiten Tafel Strontium und Baryum ein etwas abweichendes Verhalten.

Die Chloride, Bromide, Jodide des Bor's, des Aluminiums und der übrigen in Spalte III (§ 62) aufgeführten Metalle sind viel leichter schmelzbar und ebenso, soweit sie beständig sind, leichter sublimirbar als die so eben besprochenen. Die betreffenden Verbindungen des Bor's $B\,Cl_3$, $B\,Br_3$, sind bei Mitteltemperatur flüssig, die des Aluminiums schmelzen:

$Al_2\,Cl_6$ $Al_2\,Br_6$ $Al_2\,J_6$
sehr niedrig,   bei 90° C,   bei 185°.

Carnelley[*] folgert aus diesem Verhalten, dass das Chlorberyllium, das bei etwa 600° schmilzt, nicht in diese Gruppe von

---

[*] Phil. Mag., Nov. 1879, p. 371.

Verbindungen gehören, also nicht nach der Formel $BeCl_3$ oder Be_2Cl_6 zusammengesetzt, das Atomgewicht des Berylliums also nicht etwa anderthalbmal so gross sein kann, als es oben (§ 61) angenommen wurde. Dieser Schluss ist um so mehr gerechtfertigt, als Carnelley*) mit Hülfe der Regeln, nach welchen die Schmelzpunkte der Verbindungen mit dem Atomgewichte veränderlich sind, die Schmelzpunkte des Chlor- und Bromberylliums sehr nahe richtig berechnen konnte, bevor sie experimentell bestimmt waren. Er fand den Schmelzpunkt für

	berechnet		beobachtet	
$Be\,Cl_2$	zwischen 547	und 597°,	zwischen 585	und 617° C.
$Be\,Br_2$	529	547	585	617

§ 68 (160).

In nahem Zusammenhange mit der Schmelzbarkeit steht die Flüchtigkeit. Nur die auf den aufsteigenden Aesten der Volumcurve stehenden leicht schmelzbaren Elemente sind flüchtig; jedoch in sehr ungleichem Grade. Während die in III und IV auf steigendem Curvenaste stehenden Elemente entweder gasförmig, oder wenigstens leicht flüchtig sind, bedürfen manche der in V und VII ebenso gestellten einer hohen Rothgluth oder gar Weissgluth zur Verflüchtigung.

Nachstehende Tafel giebt eine Uebersicht der bis jetzt bestimmten Siedepunkte dieser Elemente beim Drucke einer Atmosphäre in absoluter Temperatur, geordnet nach den Curvenabschnitten und in der Reihenfolge, in der sie sich auf diesen finden.

								Li
I.	H u. 70?							
II.					N u. 70?	O u. 70?	F u. 100?	Na 1130–1230
III.					P 563	S 720	Cl 240	K 990–1000
IV.	Zn 1300	Ga ?			As	Se 953	Br 331	Rb ?
V.	Cd 1045	In ?	Sn 1870–2070	Sb 1360–1870		Te u. 1600	J 487	Cs ?
VI.	Hg 633	Tl ?	Pb 1870–2070	Bi 1360–1870				

---

*) Proc. Roy. Soc. 1879, No. 197; Chem. Soc. Journ. March 1880.

§ 68.   V. Das Wesen der chemischen Atome.   151

Aus diesen unvollständigen Zahlen lässt sich wenigstens so viel schliessen, dass die Siedpunkte den Schmelzpunkten ähnlich variiren. In den meisten Familien scheinen sie wie diese mit dem Atomgewichte zu steigen; nur die beiden am Anfange und Ende der steigenden Curvenäste stehenden Familien, die der Alkalimetalle und die Zinkgruppe zeigen das umgekehrte Verhalten.

Wie die leicht schmelzbaren auf steigender Curve stehenden Elemente z. Th. sehr leicht, z. Th. weniger leicht, alle jedoch innerhalb der künstlich zu erzeugenden Temperaturen flüchtig sind, lassen sich alle strengflüssigen auf fallender Curve und im Minimum stehenden Elemente auch bei den stärksten Hitzegraden, welche wir hervorbringen können, nicht merklich verdampfen. Von einem der Metalle, welche den Uebergang von den strengflüssigen zu den leichtflüssigen und flüchtigen Elementen bilden, von dem Silber, das am Anfange der steigenden Curve steht, ist es bekannt, dass es sich in Weissgluth destilliren lässt*). Es ist möglich, dass auch die anderen oben genannten zwischen den schwer und leicht schmelzbaren die Mitte haltenden Metalle nicht allzu schwer flüchtig sind; es fehlt aber noch an geeigneten Beobachtungen zur Entscheidung dieser Frage.

Die in Vorstehendem geschilderten Beziehungen zwischen Atomgewicht, Atomvolumen, Schmelzbarkeit und Flüchtigkeit lassen sich zusammenfassen zu dem Satze:

Jedes Element, das ein grösseres Atomvolumen besitzt, als das ihm unmittelbar mit nächst kleinerem Atomgewichte vorhergehende, ist leichtflüssig und flüchtig, seine Molekeln lassen sich leicht von einander trennen. Umgekehrt ist strengflüssig und schwer flüchtig jedes Element, dessen Atomvolumen kleiner, oder doch nicht grösser ist als das des vorhergehenden Elementes mit nächst kleinerem Atomgewichte. Leicht zu schmelzen und zu verdampfen sind also alle die Elemente, welche ihr Atomvolumen verkleinern würden, wenn es möglich wäre, sie durch Verkleinerung ihrer Atomgewichte jedes in das Element mit nächst kleinerem Atomgewichte zu verwandeln. Schwer zu schmelzen und zu verflüchtigen sind dagegen alle die Elemente, welche ihr Atomvolumen vergrössern würden, wenn sie durch Verkleinerung ihrer Atomgewichte jedes in das nächst vorhergehende übergehen könnten.

---

*) Ueber die Destillation des Silbers s. Stas, Nouvelles Recherches, p. 36 ff.

Offenbar liegt dieser einfachen Beziehung eine bestimmte, wahrscheinlich ebenfalls einfache Ursache zu Grunde, die aber bis jetzt nicht näher anzugeben ist. Ebenso wird das oben angegebene Verhältniss nicht zufällig sein, dass **dehnbar nur solche Elemente sind, deren Atomvolumen ein Maximum oder Minimum ist, und solche, welche sich an diese mit nächst grösseren Atomgewichten unmittelbar anschliessen.** Aber auch für diese Beziehung bleibt uns die Ursache vor der Hand unbekannt.

§ 69 (161).

Dehnbarkeit, Schmelzbarkeit und Flüchtigkeit der Elemente stehen in einem nahen, jedoch erst theilweise erforschten Zusammenhange mit dem **inneren Gefüge ihrer Masse**, insbesondere mit der **Krystallform und der Ausdehnung durch die Wärme**. Es sind daher auch diese periodische Functionen des Atomgewichtes. Soweit das noch sehr lückenhafte Beobachtungsmaterial reicht, krystallisiren die **im und nahe am Maximum oder im und am Minimum der Volumcurve stehenden dehnbaren Metalle durchweg regulär**. Mit mehr oder weniger Sicherheit ist dieses nachgewiesen für *Na, Mg, Al; K, Fe, Co, Ni, Cu; Pd* (? dimorph), *Ag; Pt, Ir, Au, Hg, Pb*. Regulär krystallisiren ausserdem die im **Minimum** des II. und III. Curvenabschnittes stehenden **nicht metallischen** Elemente *C* (als Diamant, dimorph), *Si* und *P* (farblos, dimorph). **Die auf steigender Curve stehenden, flüchtigen, mehr oder weniger spröden Elemente krystallisiren dagegen nicht regulär**, sondern in verschiedenen andern Systemen. Nachgewiesen ist dieses für *P* (roth), *S; Zn***), *As, Se; Cd, In, Sn, Sb, Te, J*. Die Krystallform der auf **fallender Curve** stehenden spröden Elemente ist noch so gut wie ganz unbekannt; sie scheinen aber, wenigstens zum Theile, wie z. B. *Zr*, nicht regulär zu krystallisiren.

§ 70.

Nach den Untersuchungen von Fizeau besitzen die auf steigender Curve stehenden flüchtigen Elemente fast ausnahmslos zwischen 0 und 100° einen grösseren Coëfficienten

---

*) Nach Fizeau's Untersuchungen, Compt. rend, 1869, T. 68, p. 1125; Pogg. Ann. Bd. 138, S. 26; Strecker, Jahr.-Ber. f. 1869, S. 84, krystallisirt das Zink nicht regulär, wie früher angenommen wurde; denn es zeigt eine nach verschiedenen Richtungen verschiedene Ausdehnung durch die Wärme.

der Ausdehnung durch Wärme als die am Minimum stehenden strengflüssigen. Diese schon in den früheren Auflagen dieses Buches erwähnte Thatsache ist neuerdings wiederholt theoretisch wie experimentell näher untersucht worden.

Th. Carnelley[*]) sprach die Vermuthung aus, dass der Ausdehnungscoëfficient eines Elementes um so grösser, je niedriger sein Schmelzpunkt sei.

H. F. Wiebe[**]) stellte eine theoretische Betrachtung an, deren Ergebniss darauf hinauskommt, dass der cubische Ausdehnungscoëfficient α der Wärmemenge, welche zur Erwärmung des Atomgewichtes A vom Schmelzpunkte σ bis zum Siedepunkte s erforderlich ist, also, wenn c die spec. Wärme, dem Producte

$$A\ c\ (s-\sigma)$$

umgekehrt proportional, mithin

$$A\ c\ (s-\sigma)\ \alpha = \text{const.} = C$$

sei. Die Vergleichung mit den Beobachtungen ergab nach Wiebe's Berechnung:

	A	c	s	σ	α	$\dfrac{1}{C}$
$S =$	31,98	0,1710	447	113,6	0,0002670	2,05
$Se =$	78,0	0,0801	700	217	0,0001696	2,02
$P =$	30,96	0,1900	278	44,5	0,0003556	2,04
Hg	199,8	0,0333	356	—40	0,0001882	2,02

Der Autor macht darauf aufmerksam, dass nach obiger Formel oder einer ihr entsprechenden, welche den linearen Ausdehnungscoëfficienten enthält, unbekannte Siedpunkte sich berechnen lassen, und findet so z. B. für

	Schmelzpunkt	Siedpunkt
Ag	$916°$	$1870°$
Au	1037	$2240°$.

---

[*]) Aus der Sitzung der Lond. Chem. Soc. vom 21. Nov. 1878 mitgetheilt: Ber. d. deutsch. chem. Ges. 1878, S. 2289.
[**]) Ber. d. deutsch. chem. Ges. 1879, S. 788.

Indessen hat Carnelley*) die Siedpunkte von Zinn, Blei, Antimon und Wismuth erheblich anders gefunden, als sie sich nach Wiebes' Formel berechnen, so dass es vor der Hand zweifelhaft bleibt, wie weit dieselbe Gültigkeit hat.

Einen anderen Ausdruck hat Raoul Pictet**) den Beziehungen zwischen dem Schmelzpunkte, der Ausdehnung und dem Atomvolumen gegeben. Ausgehend von der Hypothese, dass der Mittelwerth der Amplituden der um ihre Gleichgewichtslage schwingenden Theilchen fester Körper im Augenblicke der Schmelzung für alle Stoffe die gleiche Grösse besitze, kommt er zu der Folgerung, dass das Produkt aus dem mittleren Abstande der Theilchen und dem Coëfficienten der linearen Ausdehnung der absoluten Temperatur des Schmelzpunktes proportional, das Produkt dieser drei Grössen also constant sei. Für den nach absolutem Maasse unbekannten Abstand der Theilchen kann man die ihm proportionale Kubikwurzel aus dem Atomvolumen einsetzen. Man hat dann

$$\alpha \ T \ \sqrt[3]{V} = \text{const.},$$

wo α den linearen Ausdehnungscoëfficienten, T die von -273° C. ab gezählte Schmelztemperatur und V das Atomvolumen oder den Quotienten aus dem Atomgewichte A durch die Dichtigkeit D bezeichnet. Die in Spalte V der nachstehenden Tafel in absoluter Temperatur angegebenen Schmelzpunkte sind meist die in obiger Zusammenstellung Carnelley's enthaltenen. Nur für Cu, Pd, Ag, Ir, Pt, Au habe ich, wie oben (§ 66), die von Violle gefundenen eingesetzt. Wo Pictet andere Zahlen benutzt, sind die verschiedenen Werthe durch die beigesetzten Anfangsbuchstaben der Autorennamen unterschieden. Spalte VI enthält die Werthe der linearen Ausdehnung von 0° bis 100° C. also den hundertfachen Werth des mittleren Ausdehnungscoëfficienten für 1° C.; die Bestimmungen Fizeau's sind durch F, die von Pictet ausser diesen ohne Quellenangabe benutzten durch P bezeichnet.

I.	II. A	III. D	IV. V	V. T	VI. α	VII. $\alpha T V^{\frac{1}{3}}$
Mg[1]	23,94	1,74	13,8	1020 C	0,00269 F	6,6
Al[1]	27,3	2,56	10,7	1120 C	231 F	5,7
				870 P	222 P	4,3

*) Chem. Soc. Journ. 1879 (Trans.) p. 565.
**) Compt. rend. 1879, T. 88, p. 855; Synthèse de la chaleur, Genève, 1879, p. 15 ff.

§ 70. V. Das Wesen der chemischen Atome.

I.	II. A	III. D	IV. V	V. T	VI. α	VII. $\alpha T V^{\frac{1}{3}}$
S	31,98	2,04	15,7	388 C	0,00641[2]) F	(6,2)
Fe[3])	55,9	7,8	7,2	2080 C	119 F	4,8
				1870 P	118 P	4,3
				1770 P	,, P	4,0
Co[3])	58,6	8,5	6,9	2070 C	124 F	4,9
				1770 P	,,	4,2
Ni[3])	58,6	8,8	6,7	1870 C	128 F	4,5
				1720 P	,,	4,1
Cu	63,3	8,8	7,2	1330 C	168 F	4,3
				1320 P	172 P	4,4
Zn[4])	64,9	7,15	9,1	676 C	292 F	4,1
				685 P	297 P	4,3
				723 P	294 P	4,4
Se[1])	78,9	4,6	17,2	490 C	368 F	4,7
Ru[3])	103,5	12,3	8,4	2070	096 F	4,1
Rh[3])	104,1	12,1	8,6	2270	085 F	4,0
Pd[6])	106,2	11,5	8,2	1775	118 F	4,4
					100 P	4,1
Ag[1])	107,66	10,5	10,2	1230 C	192 F	5,5
				,,	191 P	5,5
				,,	162 P	4,6
Cd[4])	111,6	8,65	12,9	593 C	307 F	4,5
					313 P	4,4
In[1])	113,4	7,42	15,3	449	417 F	4,6
Sn[7])	117,8	7,29	16,1	503 C	223 F	2,8
				508 P	293 P	3,8
				,,	306 P	3,9
Sb[8])	122	6,7	18,2	710	169 F	(3,2)
[9])				,,	115 ,,	(2,2)
[10])				,,	088 ,,	(1,6)
				,,	179 P	(3,4)
				,,	330 ,,	(6,2)

[1]) geschmolzen.
[2]) Coëff. der Ausdehnung nach einer gegen alle drei Krystallaxen des zweigliedrigen) Schwefels unter 54° 44' geneigten Richtung.
[3]) durch Wasserstoff reducirt und comprimirt.
[4]) destillirt.
[5]) halbgeschmolzen.
[6]) geschmiedet, angelassen.
[7]) comprimirtes Pulver.
[8]) Coëff. der Ausd. nach der Axe.
[9]) ,, ,, mittl. Ausd.
[10]) ,, ,, Ausd. normal zur Axe.

I.	II. A	III. D	IV. V	V. T	VI. α	VII. $\alpha T V^{\frac{1}{3}}$
$Te^1)$	126	6,25	20,2	773	168 F	3,5
				798	$_{,,}$	3,6
$Os^2)$	198 ?	22,5	8,8	2770	066 F	3,8
$Ir^1)$	192,7	22,4	8,6	2223	070 F	3,6
					068 P	3,9
$Pt^1)$	196 ?	21,5	9,1	2048	090 F	3,9
					088 P	3,8
Au	197	19,3	10,2	1310 C	144 F	4,1
				1370 P	$_{,,}$ P	4,3
					148 P	4,4
				$_{,,}$	151 $_{,,}$	4,5
$Tl^1)$	203,6	11,86	17,1	563	302 F	4,4
				$_{,,}$	314 P	4,5
$Pb^1)$	206,4	11,38	18,1	605 C	292 F	4,6
				608 P	285 P	4,5
				$_{,,}$	287 $_{,,}$	4,6
$Bi^3)$	210	9,82	21,1	538 C	162 F	(2,41)
$^4)$					135	(2,05)
$^5)$					121	(1,84)

Für die meisten Elemente ist, der Hypothese Pictet's entsprechend, das in Spalte VII angegebene Produkt nahezu gleich, nämlich grösser als 4 und kleiner als 5. Ganz übereinstimmen können die Werthe derselben schon darum nicht, weil der Ausdehnungscoëfficient mit der Temperatur veränderlich ist, und für alle Elemente nur die Ausdehnung zwischen 0° und 100° C. der Rechnung zu Grunde gelegt werden konnte, statt der vom absoluten Nullpunkte bis zum Schmelzpunkte wirklich stattfindenden. Leicht erklärliche grosse Abweichungen geben die Elemente, deren Ausdehnung nach verschiedenen Richtungen sehr verschieden ist, wie S, Sb, Bi. Die ihnen zugehörigen Werthe sind eingeklammert. Abgesehen von diesen geben zu kleine Zahlen Sn und Te; ersteres vielleicht nur darum, weil es als zusammengepresstes Pulver von Fizeau untersucht wurde. Zu grosse Zahlen liefern Mg, Al, Ag; letztere beiden indessen nicht, wenn man die von Pictet benutzten Grössen in die Rechnung einführt.

---

[1]) geschmolzen.
[2]) halbgeschmolzen.
[3]) Coëff. der Ausd. nach der Axe.
[4])   mittl. Ausd.
[5])   Ausd. normal zur Axe.

§ 71.

Da für die meisten Elemente die Pictet'sche Regel zutrifft, so könnte man versucht sein, unbekannte Schmelzpunkte mittelst der aus derselben abgeleiteten Formel

$$T = \frac{4,5}{\alpha \sqrt[3]{V}}$$

zu berechnen. So erhält man z. B. für

	A	D	V	α	T
Graphit	11,97	1,88	6,4	0,000786	3200°
Silicium	28	2,49	11,2	763	2660°

welche Zahlen von der Wirklichkeit sich nicht weit entfernen dürften. Dagegen fand Fizeau für sublimirtes, verworren krystallisirtes Arsen die sehr kleine Ausdehnung 0,000559, woraus sich ein sehr hoher Schmelzpunkt ergeben würde, während Landolt[*] nachgewiesen hat, dass Arsen im geschlossenen Raume schon in schwacher Glühhitze geschmolzen werden kann, da aber das Arsen nicht regulär krystallisirt, so kann es nicht auffallen, dass es der Pictet'schen Regel so wenig folgt, wie z. B. das Antimon und Wismuth.

Aber auch regulär krystallisirende Stoffe können Ausnahmen bilden. Der als Diamant regulär krystallisirende Kohlenstoff besitzt unter allen Elementen die kleinste Ausdehnung, die zwischen 0° und 100° C. nur 0,000118 beträgt. Sie ist, wie Fizeau[**] gezeigt hat, mit der Temperatur sehr stark veränderlich. Mit sinkender Temperatur nimmt sie sehr rasch ab, bis sie bei — 42°,3 C. verschwindet, wo die Dichtigkeit des Diamanten ein Maximum erreicht, ähnlich wie das Wasser bei + 4°, Kupferoxydul bei — 4°,3 und Beryll bei — 4°,2. Es versteht sich, dass eine so veränderliche Grösse zur Berechnung des Schmelzpunktes nicht dienen kann. Die geringe, stark veränderliche Ausdehnung des Diamanten steht unzweifelhaft in Zusammenhang mit dessen geringer Wärmecapacität (vgl. § 38 ff.), ist aber schwerlich die einzige Ursache der-

---

[*] Kopp und Will, Jahr.-Ber. d. Chemie für 1859, S. 182.
[**] Compt. rend. 1865, T. 60, p. 1161; 1866, T. 62, p. 1101 und 1133; Ann. chim. phys. [4], T. 8, p. 335; Pogg. Ann. Bd. 126, S. 611; Bd. 128, S. 564.

selben. Es ist nicht gerade wahrscheinlich, dass nur der Kohlenstoff eine solche Eigenthümlichkeit zeige; vielmehr ist es sehr wohl möglich, dass auch andere Elemente sich ähnlich verhalten, nur bei anderen Temperaturen. Die Abhängigkeit der Ausdehnung vom Atomgewichte wird erst dann vollständig erkannt werden, wenn die Ausdehnung der Elemente innerhalb sehr weiter Grenzen der Temperatur gemessen sein wird.

§ 72 (162).

Die Brechung des Lichtes durch die Elemente und ihre Verbindungen, wird ebenfalls von der Grösse des Atomgewichtes sehr wesentlich beeinflusst; doch ist auch hier die Kenntniss des ursächlichen Zusammenhanges kaum erst angebahnt.

Aus den Untersuchungen von Gladstone und Dale[*], Landolt[**] und Wüllner[***] geht hervor, dass die jetzt gewöhnlich als Brechungsvermögen[†] bezeichnete Grösse $n-1$ bei tropfbaren Flüssigkeiten sehr angenähert in derselben Weise mit der Temperatur veränderlich ist wie die Dichtigkeit d, dass also das Verhältniss beider $\frac{n-1}{d}$, welches als specifisches Brechungsvermögen bezeichnet wird, von der Temperatur nahezu unabhängig ist. Diese Beziehung trifft zwar nicht genau, aber in grosser Annäherung zu, mag man nun unter n den Brechungsexponenten für homogenes Licht von einer bestimmten Farbe verstehen oder strenger nur den von der Farbe, also der Wellenlänge λ unabhängigen Theil A desselben, wie er sich aus der Cauchy'schen Formel

$$n = A + \frac{B}{\lambda^2} + \frac{C}{\lambda^4} +$$

oder einer ähnlichen Interpolationsformel ergiebt.

Ferner hat sich aus denselben Untersuchungen von Gladstone und Dale, sowie aus denen von Landolt ergeben, dass das

---

[*] Phil. Trans. f. 1858 und 1863; Phil. Mag. [4], vol. 17, p. 222; vol. 26. p. 484; Chem. Soc. Journ. 1870, vol. 8, p. 101, 147.

[**] Pogg. Ann. 1862, Bd. 117, S. 353; 1864, Bd. 122, S. 545; Bd. 123, S. 595; Ann. Chem. Pharm. 1865, 4. Suppl.-Bd., S. 1.

[***] Pogg. Ann. 1868, Bd. 133, S. 1—53.

[†] Abweichend von der früheren Art der Bezeichnung, nach welcher die Grösse $n^2 - 1$ als brechende Kraft und $\frac{n^2-1}{d}$ als Brechungsvermögen bezeichnet wurde.

specifische Brechungsvermögen einer Flüssigkeit sich aus denen ihrer Bestandtheile nach der Formel

$$\frac{N-1}{D} \cdot P = \frac{n_1-1}{d_1} \cdot p_1 + \frac{n_2-1}{d_2} \cdot p_2 + \frac{n_3-1}{d_3} \cdot p_3 + \ldots$$

zusammensetzt, in welcher N den Brechungsexponenten und D die Dichte der ganzen Flüssigkeit, n_1, n_2, n_3 u. s. w. die Brechungsexponenten und d_1, d_2, d_3 etc. die Dichtigkeiten ihrer einzelnen Bestandtheile, p_1, p_2, p_3 u. s. w. aber die Gewichtsmengen der letzteren bezeichnen, welche in dem Gewichte P der Mischung oder Verbindung enthalten sind; und zwar gilt diese Regel, zwar nicht ganz streng und ausnahmslos, doch in grösserer oder geringerer Annäherung sowohl für homogene chemische Verbindungen, als auch für Gemische aus solchen.

Setzt man P gleich dem Molekulargewichte einer Verbindung, also $\quad P \quad \mathfrak{M} \quad x \cdot A_1 + y \cdot A_2 + z \cdot A_3 + \ldots$
so erhält obige Formel die Gestalt

$$\frac{N-1}{D} \cdot \mathfrak{M} = x \cdot \frac{n_1-1}{d_1} \cdot A_1 + y \cdot \frac{n_2-1}{d_2} \cdot A_2 + z \cdot \frac{n_3-1}{d_3} \cdot A_3 + \ldots$$

wo A_1, A_2, A_3 die Atomgewichte der Bestandtheile und x, y, z die resp. Anzahl der in $\mathfrak{M}$ enthaltenen Atome bezeichnen. Das Produkt aus specifischem Brechungsvermögen und Atomgewicht wird als das Refractionsaequivalent des betreffenden Elementes bezeichnet, das Produkt aus Molekulargewicht und specifischem Brechungsvermögen als das molekulare Brechungsvermögen oder wohl auch als das Refractionsaequivalent der Verbindung*). Man kann demnach den Inhalt der obigen Formel ausdrücken durch den Satz: Das molekulare Brechungsvermögen einer Verbindung ist gleich der Summe der Refractionsaequivalente ihrer Bestandtheile, der indessen keine ganz unbeschränkte Gültigkeit besitzt.

Die Refractionsaequivalente der Elemente sind theils nicht wohl unmittelbar zu bestimmen, theils ist es zweifelhaft, ob die ihnen im starren Zustande zukommenden Werthe beim Uebergange in flüssige Verbindungen ungeändert bleiben. Man hat daher die Refractionsaequivalente der Elemente bisher in der Regel aus dem molekularen Brechungsvermögen einer grösseren Anzahl ihrer Verbindungen berechnet. Bezeichnen wir mit $Rf\alpha(\mathfrak{M})$ das Refractionsaequivalent einer Verbindung vom Molekulargewichte $\mathfrak{M}$ für das rothe Licht der Wasserstofflinie α und die Refractionsaequivalente

---

*) s. Landolt, Pogg. Ann. 1864, Bd. 123, S. 600.

160 V. Das Wesen der chemischen Atome. § 72.

der Elemente durch die entsprechenden Ausdrücke $Rf\alpha(C)$, $Rf\alpha(H)$ u. s. w., so erhalten wir z. B. für eine Verbindung $C_n H_{2m} O_p$ den Ausdruck:

$$Rf\alpha(C_n H_{2m} O_p) = \frac{N-1}{D} \cdot \mathfrak{M} = n \cdot Rf\alpha(C) + 2m \cdot Rf\alpha(H) + p \cdot Rf\alpha(O).$$

Indem Landolt das molekulare Brechungsvermögen einer grossen Anzahl von Verbindungen aus Kohlenstoff, Wasserstoff und Sauerstoff für die drei Wasserstofflinien α (roth), β (grün), γ (blau), Fraunhofer's C, F und nahe G, experimentell bestimmte, gewann er die Möglichkeit, die Refractionsaequivalente der in ihnen enthaltenen Elemente zu berechnen[*]. Auf Landolt's Veranlassung hat ferner A. Haagen[**] in gleicher Weise die Refractionsaequivalente von noch zehn anderen Elementen bestimmt und aus den Beobachtungen auch die Refractionsaequivalente RfA für die Constante A der Cauchy'schen Dispersionsformel berechnet. So wurde gefunden

Element	RfA	$Rf\alpha$	$Rf\beta$	$Rf\gamma$
H	1,29	1,302	1,316	1,319
O	2,90	2,76	2,82	2,83
C	4,86	5,06	5,17	5,25
Cl	9,53	9,80	—	—
Br	14,75	15,34	—	—
J	23,55	24,87	—	—
S	14,74	16,03	—	—
P	14,60	14,93	—	—
As	18,84	20,22	—	—
Sb	—	25,66	—	—
Sn	18,64	19,89	—	—
Si	7,81	7,90	—	—
Na	4,71	4,89	—	—

Wenn diese Werthe für alle Verbindungen streng gültig wären, so würde sich aus der bekannten Zusammensetzung einer beliebigen Verbindung der genannten drei Elemente, deren molekulares Brechungsvermögen oder aus diesem, falls es experimentell für die genannten drei Lichtarten bestimmt wäre, die Zusammensetzung der Verbindung berechnen lassen. Landolt fand aber,

---

[*] Pogg. Ann. 1864, Bd. 123, S. 621 ff. und Ann. Chem. Pharm. 1865, 4. Suppl.-Bd., S. 18 ff.
[**] Pogg. Ann. 1867, Bd. 131, S. 117.

dass die Berechnung nur für einen Theil der bis jetzt untersuchten Verbindungen mit der Beobachtung übereinstimmt, während für andere sich ziemlich grosse Abweichungen ergeben. Es rührt dies daher, dass ausser der Natur der Atome auch die Art ihrer Verkettung auf das molekulare Brechungsvermögen der Verbindungen einen Einfluss übt, der im VII., von der Verkettung der Atome handelnden Abschnitte besprochen werden soll.

Zu demselben Ergebnisse kamen Gladstone und Dale, und besonders ersterer, der die Refractionsaequivalente für die meisten chemischen Elemente bestimmte, z. Th. allerdings mit sehr geringer Sicherheit. Aus seinen Untersuchungen[*] zieht er den Schluss, dass zur Erklärung des optischen Verhaltens der chemischen Verbindungen die Annahme eines einzigen Werthes für das Refractionsaequivalent jedes Elementes nicht genüge, man vielmehr für manche Elemente, je nach der Art der Verbindung, in welcher sie enthalten sind, zwei verschiedene Refractionsaequivalente annehmen müsse.

Die umstehende Tafel, durch deren Horizontalreihen die Elemente wieder nach der Grösse ihres Atomgewichtes fortlaufen, enthält unter den Atomzeichen der Elemente die von Gladstone angenommenen Werthe des Refractionsaequivalentes für die Linie A im Roth des Sonnenspectrums[**]).

Diese Tafel zeigt ähnliche Verhältnisse wie die früheren. Innerhalb jeder Periode, in welcher andere Eigenschaften ein oder zwei Maxima haben, zeigen auch das specifische Brechungsvermögen und das Refractionsaequivalent ein oder zwei Maxima. Die Maxima des letzteren fallen meist, jedoch nicht alle, entweder in die Gruppe (Verticalreihe) des Kohlenstoffes oder des Stickstoffes; in einigen Horizontalreihen der Tafel zeigt sich neben diesen aber noch ein zweites weniger hervortretendes Maximum. Bei der geringen Sicherheit, die wir für jetzt der Bestimmung der meisten dieser Refractionsaequivalente zuschreiben dürfen, verspricht ein näheres Eingehen auf die Zahlenwerthe derselben zunächst keinen weiteren Erfolg. Wir müssen uns daher begnügen, nur die Periodicität des Refractionsaequivalentes als Function des Atomgewichtes dargelegt zu haben.

---

[*] Lond. Roy. Soc. Proc. 1869, XVIII, p. 49; Lond. Phil. Trans. f. 1870, vol. 160, part. I. p. 9.
[**] Chem. Soc. Journ. 1870, vol. 8, p. 109.

				H	Li	Be	B	C
				1,3[1]) 3,5[2])	3,8	5,7	4,0	5,0
N	O	F			Na	Mg	Al	Si
4,1[3]) 5,3[4])	2,9	1,4?			4,8	7,0	8,4	7,5[5])? 6,8[6])
P	S	Cl			K	Ca	—	Ti
18,3	16,0	9,9[7]) 10,7[8])			8,1	10,4		25,5?
V	Cr	Mn	Fe	Co	Ni	Cu	Zn	Ga	—
25,3?	15,9[9]) 23,0[10])?	12,2[11]) 26,2[12])?	12,0[13]) 20,1[14])	10,8	10,4	11,6	10,2		
As	Se	Br			Rb	Sr	Y	Zr
15,4	15,3[15]) 16,9[16])				14,0	13,6		22,3?
Nb	Mo	—	Ru	Rh	Pd	Ag	Cd	In	Sn
				24,2?	22,2	13,5	13,6		27,0 19,2[17])
Sb	Te	J			Cs	Ba	Ce	
24,5		24,5[18]) 27,2[19])			13,7?	15,8	20,4?	
						Ng		
						Yb		
Ta	W	—	Os	Ir	Pt	Au	Hg	Tl	Pb
					26,0	24,0	21,3 29,0[20])	21,6?	24,8
Bi	—	—						Th
39,2								

[1]) in organischen Verbindungen; [2]) in HCl, HBr, HJ; [3]) in NO, N₂O, CN, NH₃ u. a.; [4]) in Nitraten und Nitriten; [5]) im Chloride; [6]) im Oxyd u. a.;

§ 73 (163).

Auch die specifische Wärme stellt sich, wie bereits im III. Abschnitt ausführlich erörtert wurde, als Function des Atomgewichtes dar; aber nicht als eine periodische, da sie nach der Regel von Dulong und Petit dem Atomgewichte umgekehrt proportional ist. Betrachtet man aber die Atomwärme, $A \cdot c$, so zeigt sich auch diese innerhalb gewisser Grenzen abhängig nicht nur vom Atomgewichte, sondern auch vom Atomvolumen. Alle Elemente, welche bei Mitteltemperatur das Gesetz von Dulong und Petit nicht oder nur angenähert erfüllen, haben ausser kleinen Atomgewichten auch kleine Atomvolumina. Auf der Tafel finden sich dieselben alle im I., II. und III. Curvenstücke in der Nähe des Minimums. Ausser ihnen finden sich hier noch Lithium und Natrium, die auch kleine Atomgewichte aber grosse Atomvolumina haben, und ferner Chlor und Kalium, gleichfalls mit grossen Atomvolumen. Alle diese Elemente erfüllen das Gesetz. Eine in die Tafel eingezeichnete, als „Grenze des Gesetzes von Dulong und Petit" bezeichnete Gerade trennt diese Elemente von den übrigen. Die in diesen Curvenabschnitten über derselben stehenden Elemente Lithium, Natrium, Chlor und Kalium folgen dem Gesetze; die unterhalb stehenden haben bei niederer Temperatur eine zu kleine Atomwärme. **Es ist also bei kleinem Atomgewichte eine gewisse Grösse des Atomvolumens erforderlich, damit das Gesetz der specifischen Wärme auch bei Mitteltemperatur Gültigkeit habe.** Dieses thatsächliche Verhältniss findet seinen Ausdruck auch in dem rein empirischen Satze, **dass unter allen Elementen, deren Atomgewicht kleiner ist als etwa das 40fache von dem des Wasserstoffes, nur diejenigen dem Gesetze von Dulong und Petit völlig gehorchen, deren Dichtigkeit, verglichen mit der des Wassers als Einheit, kleiner ist als etwa 1,5.**

Die Atomwärme der Elemente mit grösserem Atomgewichte wird vielleicht ebenfalls von der Grösse des Atomvolumens etwas beeinflusst. Doch besitzen die bisherigen Bestimmungen zum grossen

---

[7]) in organischen Verbindungen; [8]) in gelösten Salzen; [9]) in Oxydsalzen; [10]) in Chromaten; [11]) in Oxydulsalzen; [12]) im Permanganat; [13]) in Oxydulsalzen; [14]) in Oxydsalzen; [15]) in organischen Verbindungen; [16]) in gelösten Salzen; [17]) in $SnCl$; [18]) in organischen Verbindungen; [19]) in gelösten Salzen; [20]) in Doppeljodiden.

Theile nicht die hinreichende Genauigkeit und Zuverlässigkeit, um die Art dieses immerhin ziemlich geringen Einflusses erkennen zu lassen.

§ 74 (164).

Die Leitungsfähigkeit für Wärme und Electricität hängt bekanntlich innig mit der Dehnbarkeit und Geschmeidigkeit der Elemente zusammen und ist daher wie diese eine periodische Function des Atomgewichtes, deren Periodicität mit der der Atomvolumina coincidirt; doch so, dass vom Kalium aufwärts zwei Perioden der Dehnbarkeit und Leitungsfähigkeit auf eine Periode der Atomvolumina fallen.

Die besten Leiter sowohl für Wärme wie für Electricität sind nach allen bisher angestellten Beobachtungen*) die drei Metalle, deren Atomgewichte den Uebergang von den strengflüssigen zu den leichtschmelzbaren und flüchtigen Elementen vermitteln, nämlich Silber, Kupfer und Gold. Für die übrigen Metalle gehen die Beobachtungen z. Th. ziemlich weit aus einander, wohl wegen Unreinheit der Substanz**) und mangelhafter Continuität der benutzten Dräthe. Darin indessen stimmen die meisten Beobachter überein, dass den genannten drei Elementen das Aluminium sich anreiht, das eine ähnliche Uebergangsstellung auf der Curve der Atomvolumina nahe dem Minimum einnimmt. Auf dieses folgen mit nicht sehr grossen Unterschieden in der Leitungsfähigkeit zwei verschiedene Gruppen von Metallen; die erste derselben besteht aus den in der Reihe der Atomgewichte an Kupfer und Silber sich anschliessenden drei leichtflüssigen, flüchtigen Schwermetallen Zink, Kadmium und Zinn, denen sich vielleicht das Indium anreihen wird, die andere aus den die Maxima der Atomvolumina bildenden und den an diese sich anreihenden Leichtmetallen Lithium, Natrium, Magnesium, Kalium, Calcium. An diese beiden einander in der Leitungsfähigkeit ziemlich gleichstehenden Gruppen reihen sich mit etwas grösserem Leitungswiderstande die dehnbaren strengflüssigen Schwermetalle mit minimalem Atomvolumen, Eisen, Nickel, Palladium und Platin, denen wieder die leichtflüssigen weichen Metalle Thallium und Blei nachstehen.

---

*) s. die Zusammenstellung derselben in G. Wiedemann: Die Lehre vom Galvanismus, 1861, I, S. 180 ff.; 2. Aufl. 1872, I, S. 292 ff.
**) Ueber den grossen Einfluss selbst ganz geringer Verunreinigungen Wiedemann's Galvanismus, 1872, I, S. 299 ff.

Dass die spröden, oder nur innerhalb enger Grenzen der Temperatur dehnbaren, krystallinischen Halbmetalle Antimon, Wismuth und Tellur sehr viel schlechter leiten als alle genannten Metalle, kann nicht auffallen; dagegen ist es bemerkenswerth, dass mit diesen in geringer Leitungsfähigkeit das flüssige Quecksilber wetteifert, obschon es der gut leitenden Gruppe Zink, Kadmium in der Reihe der Atomgewichte und Atomvolumina entsprechend gestellt und im starren Zustande dehnbar ist. Dies Verhalten lässt sich, wie es scheint, auf die allgemeine Regel zurückführen, dass die im VII. Abschnitte unserer Curve stehenden Metalle mit hohem Atomgewichte schlechter leiten als die ihnen im IV. und V. Abschnitte entsprechenden mit kleineren Atomgewichten. So leitet nach den meisten Beobachtern

Platin	schlechter als	Palladium, Nickel und Eisen,
Gold		Silber und Kupfer,
Quecksilber		Kadmium und Zink,
Blei		Zinn,
Wismuth		Antimon.

Wahrscheinlich werden Thallium und Indium zu einander in demselben Verhältnisse stehen.

Für das Strontium, das im V. Abschnitte steht, hat Matthiessen eine Leitungsfähigkeit gefunden, die nur ein Drittel von der des Calcium's beträgt und sogar kleiner ist als z. B. die des spröden Antimon's. Es würde aber voreilig sein, wollte man nach dieser einzelnen Beobachtung es als erwiesen ansehen, dass auch bei den leichten Metallen mit hohem Atomgewichte die Leitungsfähigkeit erheblich geringer sei als bei denen mit kleinerem. Unwahrscheinlich ist dieses indessen nicht, da das Kalium etwas schlechter leitet als das Natrium, und das Calcium schlechter als das Magnesium; das Lithium freilich, dem das kleinste Atomgewicht angehört, leitet schlechter als alle vier genannten Metalle.

Die halbmetallischen auf fallender Curve in IV, V und VI stehenden strengflüssigen Elemente sind meist auf ihre elektrische Leitungsfähigkeit nicht untersucht worden, die nicht metallischen auf den steigenden Curvenästen sind durchweg Nichtleiter oder doch ganz ausserordentlich schlechte Leiter der Elektricität.

Die Leitungsfähigkeit der sog. Leiter zweiter Classe, d. i. solcher Verbindungen, welche von der sie durchströmenden Elektricität zerlegt werden, wollen wir im III. Buche besprechen.

§ 75 (167).

Die Stellung der Elemente in der elektrischen Spannungsreihe hängt unzweifehaft mit ihrer Stellung in der Reihe der Atomgewichte zusammen. Man ist bisher bestrebt gewesen, alle Elemente nach ihrem elektrischen Verhalten in eine einzige vom positivsten zum negativsten fortlaufende Reihe einzuordnen, was bis jetzt in unzweifelhafter und endgültiger Weise noch nicht durchführbar war, da die Contactelektricität eine zu schwierig zu beobachtende und zu messende Grösse ist. So wünschenswerth aber auch die Kenntniss einer solchen einfachen Spannungsreihe stets bleiben wird, so tritt augenblicklich ihre Wichtigkeit doch zurück gegen die Frage nach der Abhängigkeit des elektrischen Verhaltens von der Grösse des Atomgewichtes.

Die von Kohlrausch, Gerland und Hankel ausgeführten Messungen der Contactelektricität*) zeigen, trotz ihrer geringen Zahl, dass dieselbe mit dem Atomgewichte in regelmässiger Weise veränderlich ist. Die Differenzen der in nachstehender kleinen Tafel neben den Atomgewichten unter E stehenden Zahlen geben die Spannung an, welche bei Berührung der betreffenden Metalle entsteht, die zwischen Zn und $Cu = 100$ gesetzt. Die einander homologen Elemente stehen in gleicher Horizontale. Ihr elektrisches Verhalten erscheint mit dem Atomgewichte ziemlich regelmässig veränderlich, so dass weitere Bestimmungen sehr wünschenswerth wären.

		E			E			E			E
C	11,97	78									
			Fe	55,9	125	$Pd -$	106,2	85	Pt	195	84
			Cu	63,3	100	Ag	107,66	94	Au	197	90
			Zn	64,9	200	Cd	111,6	175	Hg	199,8	119
$Al -$	27,3	225									
						$Sn -$	117,8	149			
						$Sb -$	122,0	131	$Bi -$	210	130

Für die fehlenden Messungen der reinen Contactelektricität vermögen die elektro-chemischen Spannungsreihen**), welche

---
*) s. Wiedemann, Galvanismus, 2. Aufl. I, S. 21 ff.
**) Eine übersichtliche Zusammenstellung solcher elektro-chemischer Spannungsreihen s. bei Wiedemann, Galvanismus, 1861, I, S. 40, 41; 2. Aufl. 1872, I, S. 58.

§ 75.   V. Das Wesen der chemischen Atome.   167

man durch Vergleichung des elektrischen Verhaltens erhält, das die Elemente zeigen, wenn ihrer je zwei einerseits in unmittelbare Berührung gebracht oder durch einen Leiter erster Klasse verbunden werden, andererseits aber mit einem und demselben Electrolyten oder Leiter zweiter Klasse in Verbindung stehen, keinen genügenden Ersatz zu leisten. Dazu sind sie bis jetzt zu unsicher und zu wenig systematisch festgestellt und geben daher eine sehr verschiedene Reihenfolge der Elemente, ohne dass sich diese Verschiedenheit auf bestimmt anzugebende Ursachen zurückführen liesse.

Wenn man aber von der elektro-chemischen Reihenfolge der Elemente absieht und nur ihr **allgemeines chemisches Verhalten**, das offenbar von jener abhängig ist, in Betracht zieht, so findet man wieder eine Periodicität, welche mit der der verschiedenen physikalischen Eigenschaften zusammenfällt. Dieses Verhältniss ist schon auf der graphischen Darstellung der Atomvolumina durch die beigeschriebenen Worte „elektropositiv" und „elektronegativ" angedeutet. Diese beiden Gegensätze wechseln ziemlich genau in demselben Rhythmus, wie die Dehnbarkeit mit der Sprödigkeit abwechselt.

Im I. Abschnitte der Curve der Atomvolumina, welche mit dem Lithium abschliesst, kennen wir· nur den ziemlich stark elektropositiven **Wasserstoff**. Im II. Abschnitte sind die vom Maximum bis nahe zum Minimum hin die Curve besetzenden Elemente **Lithium** und **Beryllium** stark elektropositiv; ihre Oxydrate*) oder Hydroxylverbindungen sind starke Basen. Die vom Minimum bis gegen das Maximum hin folgenden Elemente **Bor, Kohlenstoff, Stickstoff, Sauerstoff** und **Fluor** sind dagegen elektronegativ; ihre Oxydrate, sowie beim Fluor die Wasserstoffverbindung sind meist **Säuren**.

Ganz dasselbe Verhältniss wiederholt sich im III. Abschnitte. Vom Maximum bis zum Minimum positive Elemente: **Natrium, Magnesium** und **Aluminium**, letzteres schon mit einem Anklange an negative Eigenschaften, da sein Oxydrat sowohl als Basis wie als schwache Säure wirken kann; dann vom Minimum bis gegen das Maximum hin negative, säurebildende Elemente: **Silicium, Phosphor, Schwefel, Chlor.**

Im IV. und V. Abschnitte aber durchläuft das elektrochemische Verhalten zwei Perioden, während das Atomvolumen

---

*) oder „Oxydhydrate".

nur einmal von einem Maximum durch ein Minimum zum folgenden Maximum sich ändert. Wir finden auf dem oberen Theile der vom Maximum niedersteigenden Curve positiv: in IV Kalium, Calcium und Scandium, in V Rubidium, Strontium und Yttrium. An diese reihen sich bis zum Minimum die mehr oder weniger negativen Elemente: in IV Titan Vanadin, Chrom und Mangan; in V Zirconium, Niob, Molybdän und Ruthenium. Je die letzten dieser Elemente, besonders Chrom und Mangan, treten auch positiv auf und vermitteln den Uebergang zu den vom Minimum ab aufwärts das untere Stück der aufsteigenden Curve besetzenden positiven Elementen: in IV Eisen, Kobalt, Nickel, Kupfer, Zink und Gallium, in V Rhodium, Palladium, Silber, Kadmium, Indium. Auf diese folgen bis an oder über die Mitte der aufsteigenden Curve stark negative Elemente: in IV Arsen, Selen, Brom, in V nach dem Zinn, das sowohl positiv als auch negativ auftritt, Antimon, Tellur und Jod, an welche sich wie in II und III ohne Vermittelung des Ueberganges das stark positive Alkalimetall des nächsten Maximums anschliesst.

In VI haben wir wieder, wie in allen vorhergehenden Abschnitten, zuerst die positiven Metalle Caesium, Baryum, Lanthan, Didym und Cer, und wahrscheinlich Norvegium, auf welche in der Reihe der Atomgewichte eine grosse Lücke folgt. Nach dieser Lücke, über deren mögliche Ausfüllung sich zur Zeit nicht entscheiden lässt, folgen in VII zunächst kurz vor einem Minimum die negativen Elemente Tantal und Wolfram, denen sich wahrscheinlich das ebenfalls negative Osmium, dessen unsicher bestimmtes Atomgewicht nicht grösser, sondern kleiner als das des Iridiums sein dürfte, anschliesst; darauf mehr positiv werdend: Iridium, Platin, Gold; stark positiv: Quecksilber, Thallium und Blei, welch letzteres den Uebergang zu dem auf dem oberen Curvenstücke stehenden zum negativen neigenden Wismuth bildet. Es ist also hier die Wandlung der chemischen Natur der Elemente ganz dieselbe wie in IV und V.

§ 76 (168).

Vergleicht man aber die auf verschiedenen einander entsprechenden Curvenstücken stehenden Elemente mit einander, so zeigen sich die positiven und negativen Eigenschaften sehr verschieden stark ausgeprägt. Besonders fällt auf, dass in der Nähe der Minima des Atomvolumens die chemischen Gegensätze sehr gemildert sind, während sie in der Nähe der Maxima schroff hervortreten. So sind die negativen Eigenschaften bei Phosphor, Schwefel und Chlor, bei Arsen, Selen und Brom und ebenso die positiven bei Kalium und Calcium, bei Rubidium und Strontium sehr viel schärfer ausgebildet als die negativen bei Vanadin, Chrom und Mangan, bei Niob, Molybdän und Ruthenium und die positiven bei Kupfer und Zink, bei Silber und Kadmium.

Eine Anhäufung von viel Masse in wenig Raum scheint also der Entwickelung eines sehr stark positiven oder negativen chemischen Charakters nicht förderlich zu sein. Der absolute Werth der Dichte und des Atomvolumens ist aber schwerlich das einzig bestimmende Moment; vielmehr scheint auch die Art und Weise von Einfluss zu sein, in welcher das Atomvolumen von Element zu Element sich ändert. Die Elemente, zwischen denen diese Aenderungen am grössten sind, zeigen die schärfsten Gegensätze des chemischen Charakters.

Auch die Grösse der Atomgewichte übt einen sichtlichen Einfluss auf den chemischen Charakter der Elemente aus. Besonders scheint der negative oder säurebildende Charakter der Elemente in den höheren Gliedern der natürlichen Familien mit wachsemdem Atomgewichte sich abzuschwächen. Derselbe nimmt z. B. ab vom Chlor zum Brom und von diesem zum Jod; vom Schwefel zum Selen und Tellur; vom Phosphor zum Arsen, zum Antimon und endlich von diesem zum Wismuth. Während das Indium, dem Aluminium entsprechend, eine gewisse, das Zinn eine sehr entschieden ausgeprägte Neigung zum negativen Verhalten besitzt, sind die ihnen entsprechend gestellten Elemente mit grösseren Atomgewichten, das Thallium und Blei wesentlich positiver Natur. Da in jeder der so eben angeführten Gruppen das Atomvolumen sich mit wachsendem Atomgewichte wenig ändert, so scheint auch hier sich zu zeigen, dass eine grosse Dichte der Masse der Entwickelung eines ausgeprägten, hier des negativen Charakters nicht förderlich ist. So lange es uns aber an einem einheitlichen, auf Zahlenwerthe zurückzuführenden Maasse für die positiven und negativen Eigenschaften der Elemente gebricht, behalten Bemerkungen, wie die hier gemachten, immer etwas unbestimmtes und schwankendes.

§ 77 (165).

Dass auch die magnetischen und diamagnetischen Eigenschaften der Elemente mit dem Atomgewichte und dem Atomvolumen in näherem Zusammenhange zu stehen scheinen, wurde schon in den früheren Auflagen dieses Buches angedeutet und namentlich hervorgehoben, dass Elemente, deren Atomvolumen dem Minimum nahe kommt, meist magnetisch sind. Kürzlich hat Th. Carnelley*) darauf aufmerksam gemacht, dass nach Faraday's Bestimmungen, die in der Tafel in § 62, S. 141 in einer und derselben Horizontalreihe stehenden Elemente ein gleiches magnetisches Verhalten zeigen, und dass magnetische und diamagnetische Reihen mit einander abwechseln. Die Beobachtungen verschiedener Forscher sind untereinander z. Th. in Widerspruch**), wahrscheinlich in Folge von grösserer oder geringerer Reinheit des zur Untersuchung verwandten Materials, so dass sich zur Zeit nicht mit Sicherheit entscheiden lässt, ob und wie weit die von Carnelley angegebene Beziehung ganz allgemeine Gültigkeit hat. Ist dieses der Fall, so stellt sich das magnetische Verhalten der Elemente ebenfalls als eine periodische Function des Atomgewichtes dar. In nachstehender Tafel sind die magnetischen Elemente durch ein unter ihrem Atomzeichen stehendes $+$, die diamagnetischen durch $-$ und diejenigen, bezüglich deren die Beobachtungen sich widersprechen, mit $\pm$ bezeichnet.

H															
$-$															
Li	Be	B	C	N	O	F			Na	Mg	Al	Si	P	S	Cl
?	$+$	?	$+$	$\pm$	$\pm$	?			$\pm$	?	$-$	$+$	$-$	$-$	$-$
K	Ca	Sc	Ti	V	Cr	Mn	Fe	Co	Ni	Cu	Zn	Ga	As	Se	Br
$+$	?	?	$+$	?	$+$	$+$	$+$	$+$	$+$	$-$	$-$	?	$-$	$-$	$-$
Rb	Sr	Y	Zr	Nb	Mo		Ru	Rh	Pd	Ag	Cd	In	Sn	Sb	Te	J
?	?	?	?	$-$	?		?	$\pm$	$+$	$-$	$-$	?	$-$	$-$	$-$	$-$
Cs	Ba	Ce								Ng					
?	?	$+$								?					
	Yb		Ta	W		Os	Ir	Pt	Au	Hg	Tl	Pb	Bi		
	?		$-$	$-$		$+$	$\pm$	$\pm$	$-$	$-$	$-$	$-$	$-$		
	Th		U												
	?		$\pm$												

---

*) Ber. d. d. chem. Ges. 1879, S. 1958.
**) s. G. Wiedemann, Galvanismus, 2. Aufl., II, 1, S. 641 ff.

Jede der Horizontalreihen umfasst eine Periode des magnetischen Verhaltens, links magnetische, rechts diamagnetische Elemente enthaltend. Diese Perioden fallen mit denen des Atomvolumens zusammen, nur die erste begreift deren zwei in sich. So weit die lückenhaften und z. Th. unsicheren Beobachtungen zu schliessen erlauben, folgen auf das Maximalvolumen lauter magnetische Elemente bis zum Minimum des Volumens, bei welchem der Magnetismus, wenigstens in der Eisengruppe, das Maximum seiner Intensität erreicht, auf welches bis zum nächsten Maximum des Volumens lauter diamagnetische Elemente folgen. Nur die erste Periode umfasst zwei des Atomvolumens, was höchst auffällig ist, weil dadurch die Elemente N, O, F, Na, Mg, Al, Si von den ihnen nächstverwandten P, S, Cl, K etc. getrennt und den ihnen nur entfernt analogen Elementen entsprechend gestellt werden.

Man könnte versucht sein, dieses eigenthümliche Verhältniss auf die Unzuverlässigkeit der einander z. Th. widersprechenden Beobachtungen zurückzuführen, wenn nicht das stark magnetische Verhalten des Sauerstoffes und das diamagnetische seiner Verwandten S, Se und Te durch sichere Beobachtungen festgestellt wäre, so dass wir, wenigstens für diese Gruppe, die magnetischen Eigenschaften zu denen zählen müssen, in welchen die Elemente mit kleinen Atomgewichten von ihren nächsten Verwandten mehr als diese unter sich abweichen und den ihnen sonst weniger ähnlichen Gliedern der Gruppe gleichen. Das magnetische Verhalten der Elemente kann darnach nicht wohl durch ihre Raumerfüllung bedingt sein, scheint dagegen mit dem elektro-chemischen Verhalten in naher Beziehung zu stehen, indem jede magnetische Periode zwei elektro-chemische umfasst, mögen diese nun in einer und derselben Volumperiode gelegen oder auf deren zwei vertheilt sein.

Bei der sehr geringen Intensität der magnetischen Kräfte der grossen Mehrzahl der Elemente und dem sehr störenden Einflusse, den minimale Mengen von Eisen auf dieselben ausüben, entbehren indessen alle diese Betrachtungen noch der genügenden Zuverlässigkeit, machen aber eine erneute einheitliche Untersuchung des Gegenstandes sehr wünschenswerth.

§ 78 (166).

So unvollständig und unsicher unsere Kenntniss der Abhängigkeit der physikalischen Eigenschaften von der Grösse des Atomgewichtes der Elemente auch noch ist, so lässt sie doch bereits die Einführung eines neuen Gesichtspunktes in die physikalische Forschung als nothwendig erscheinen.

Bis jetzt wurden in der Physik als variabele Grössen, von denen die Erscheinungen abhängen, besonders Ort und Zeit, ferner unter Umständen Wärme, Temperatur, Electricität und einige andere Grössen in die Rechnung eingeführt; der **Stoff** erschien in Maass und Zahl ausgedrückt, in den Gleichungen nur als Masse; seine Qualität machte sich nur dadurch geltend, dass die in den Differential- oder den Bedingungsgleichungen auftretenden Constanten für jede Art des Stoffes einen anderen Werth erhielten. **Diese von der stofflichen Natur der Substanzen abhängigen Grössen als Variabele zu behandeln, war bisher nicht üblich geworden; aber dieser Fortschritt ist jetzt gemacht worden.**

Man hat zwar auch bisher schon in den physikalischen Erscheinungen den Einfluss der stofflichen Natur der Materie berücksichtigt, indem man die physikalischen Constanten für die verschiedensten Substanzen bestimmte. Aber diese stoffliche Natur blieb stets etwas qualitatives; es fehlte die Möglichkeit, diese fundamentale Variabele in Zahl und Maass ausgedrückt in die Rechnung einzuführen. Zu dieser Einführung ist jetzt ein, wenn auch noch sehr primitiver Anfang gemacht worden, indem der **Nachweis geführt wurde, dass der Zahlenwerth des Atomgewichtes die Variabele ist, durch welche die substanzielle Natur und die von ihr abhängigen Eigenschaften bestimmt werden.** Das Atomgewicht ist also als neue Variabele in die Rechnung einzuführen, die Eigenschaften der Stoffe, die physikalischen Erscheinungen sind nicht nur als Functionen des Ortes, der Zeit u. s. w., sondern auch als Function des Atomgewichtes zu behandeln. Die mathematische Form dieser Function ist allerdings noch aufzusuchen und wird voraussichtlich eine sehr eigenthümliche sein. Die Function mag discontinuirlich sein in sofern, als nur für gewisse Werthe des Argumentes, nämlich für die Atomgewichte wirklich existirender Elemente, reelle Werthe gegeben sind. Diese Beziehungen in eine strenge Form zu bringen, ist vor der Hand wenig Aussicht, zumal die Atomgewichte sehr vieler Elemente noch so unsicher bestimmt sind, dass sie Fehler von mehren Procenten ihres Werthes enthalten können.

Zunächst wird daher auf diesem Felde die Aufgabe der Forschung die rein empirische Gewinnung von Zahlenwerthen für die von der stofflichen Natur der Elemente und Verbindungen

§§ 78, 79.   V. Das Wesen der chemischen Atome.   173

abhängigen Eigenschaften bleiben. Wir dürfen aber hoffen, dass die bis jetzt gewonnenen Gesichtspunkte den Physikern Veranlassung sein werden, mit möglichster Vollständigkeit und in systematischer Ordnung die physikalischen Eigenschaften für alle Elemente sowohl, als auch für ihre einander entsprechenden Verbindungen neu zu ermitteln oder zu ergänzen und unter einander zu vergleichen. Sobald ein reiches unter sich vergleichbares Beobachtungsmaterial vorliegt, wird es auch gelingen, mittelst geeigneter Hypothesen die für eine theoretische Betrachtung erforderlichen einheitlichen Gesichtspunkte zu gewinnen.

§ 79.

Die Zahlenwerthe der Atomgewichte bilden auch die einzig sichere Grundlage für die systematische Ordnung der Elemente und ihrer Verbindungen, welche sich, auf Grund jener, der der organischen Verbindungen ähnlich gestaltet hat. Die Glieder der Verticalreihen in der Tafel in § 61 bilden eine **natürliche Familie** (von Mendelejeff „Gruppe" genannt), die Horizontalreihen umfassen eine **elektro-chemische Periode** (von Mendelejeff „Reihe" genannt). Die Reihen entsprechen den heterologen, die Familien oder Gruppen den homologen Reihen der organischen Verbindungen. Jede Familie zerfällt wieder in zwei Unterabtheilungen, deren Glieder sich durch ihre verschiedene Stellung auf der Volumcurve am leichtesten von einander unterscheiden lassen. Es scheint mir zweckmässig, Mendelejeff's Bezeichnung „Gruppe" auf diese Unterabtheilungen anzuwenden, wodurch eine Verwechselung oder Verwirrung nicht wohl entstehen kann.

Die beiden Gruppen der ersten Familie

I { A. *Li, Na, K,*   *Rb,*   *Cs,*   —
    B.   *Cu,* *Ag,*   —   *Au,*

sind, ihrer sehr verschiedenen Stellung im Maximum und nahe dem Minimum des Atomvolumens entsprechend, ausserordentlich verschieden und bieten nur in ihren Aequivalenzverhältnissen, der stöchiometrischen Zusammensetzung und dem Isomorphismus ihrer Verbindungen gewisse Analogien.

In der zweiten Familie, deren erste Gruppe auf fallender, die zweite auf steigender Curve steht,

II { A. *Be, Mg, Ca,*   *Sr,*   *Ba,*   —
     B.   *Zn,* *Cd,* *Ng,* *Hg,*

sind die Gegensätze zum Theil schon etwas gemildert; besonders zeigen sich viele Aehnlichkeiten zwischen Mg und Zn*).

Die beiden ersten Glieder der dritten und ebenso der vierten Familie haben ihren Platz nahe dem Minimum des Volumens, während die folgenden Glieder theils auf fallender, theils auf steigender Curve sich finden. Dem entsprechend schliessen sich die Anfangsglieder hier nicht so sehr wie in der ersten Familie nur der einen von beiden Gruppen an. Die Elemente im isolirten Zustande ähneln mehr denen der einen, ihre Verbindungen z. Th. mehr denen der anderen Gruppe. Legt man grösseres Gewicht auf das Verhalten der Elemente und beachtet man besonders die durch ihre Affinität zum Sauerstoff bedingten grossen Verschiedenheiten in der Reducirbarkeit der Oxyde, so wird man die Anfangsglieder der auf fallender Curve stehenden Gruppe zutheilen**). Verwickelt wird in dieser Gruppe der dritten Familie die Sache noch dadurch, dass hier statt eines je drei Elemente mit nahezu gleichem Atomgewichte aufzutreten scheinen. Bestimmt lässt sich dies zwar bei dem jetzigen unsicheren Stande unserer Kenntnisse nicht behaupten; doch ist vor der Hand auch noch nicht abzusehen, ob die grosse Zahl der früher und in neuerer Zeit entdeckten oder signalisirten Erdmetalle Scandium, Lanthan, Didym, Cer, Yttrium, Erbium, Terbium, Ytterbium, Philippium, Decipium, Holmium, Thulium, Samarium u. s. w. sich auf nur fünf mit den Atomgewichten 45, 88, 140, 176 und 230 reduciren werde. Nehmen wir vorläufig die grösseren Zahlen, so haben wir folgende Gruppen:

III $\begin{cases} \text{A.} & B, Al, Sc \quad , \quad Y, X', X'' \quad , \quad La, Di, Ce \quad , \quad Yb, X''', X'''' \quad , \quad — \\ \text{B.} & \qquad\qquad Ga \qquad\qquad Jn \qquad\qquad\qquad — \qquad\qquad\qquad Tl \;\end{cases}$

IV $\begin{cases} \text{A.} & C, Si, Ti \qquad\qquad Zr \qquad , \qquad — \qquad\qquad — \qquad , \quad Th, \\ \text{B.} & \qquad\qquad — \qquad\qquad Sn \qquad\qquad — \qquad\qquad\qquad Pb. \end{cases}$

Man könnte versucht sein, zur Vereinfachung das Cer, welches in seinen Verbindungen manche Aehnlichkeit mit dem Zirconium hat, in IV A zu stellen. Da es aber erheblich leichter schmilzt als alle Elemente dieser Gruppe, so scheint, trotz jener Aehnlichkeiten, die Berechtigung zu einer solchen Stellung doch zweifelhaft.

In der fünften, sechsten und siebenten Familie bilden die auf fallender Curve stehenden streng flüssigen, schwer reducirbaren

---

*) Mendelejeff theilt daher die Familie anders:

II $\begin{cases} \text{A.} & Be \;,\; Ca \;,\; Sr \;,\; Ba \;,\; — \\ \text{B.} & Mg \;,\; Zn \;,\; Cd \;,\; Ng \quad Hg \end{cases}$

**) Mendelejeff zählt Al und Si zur anderen Gruppe,

§§ 79, 80.   V. Das Wesen der chemischen Atome.   175

Elemente die Minderzahl, die Anfangsglieder gehören der anderen Gruppe auf steigender Curve an:

V   { A. V , Nb , — Ta , —
    { B. N P As Sb — Bi

VI { A. Cr , Mo , — W U
    { B. O S Se Te —   —

VII { A. Mn , — , —   —   —
    { B. F Cl Br J —   —

Je schroffer sich mit steigendem Atomvolumen in der zweiten Gruppe der chemische Charakter der Elemente entwickelt, desto unähnlicher werden sich die isolirten Elemente beider Gruppen, am auffallendsten in VII Cl und Mn, während in den Verbindungen die Aehnlichkeiten viel zahlreicher bleiben.

Die achte Familie ist wieder dreifach, oder vielmehr wir haben hier drei an einander gereihte Gruppen, denen aber die andere an VII B. sich anschliessende Familienhälfte fehlt. Ob die Existenz dieser, welche den Uebergang von der negativen Fluor-Chlor- zur positiven Alkalimetall-Gruppe bilden müsste, unmöglich ist, bleibt uns zur Zeit verborgen. Wegen der grossen Aehnlichkeit der Glieder fassen wir die drei bekannten Gruppen zu einer einzigen Familie zusammen:

VIII Fe , Co Ni ; Ru , Rh , Pd ; Os , Jr , Pt.

Ob wir diese mit A oder B bezeichnen wollen, bleibt sich gleich, da sie den Uebergang von VII A zu I B bildet, wie sogleich erhellt, wenn wir uns die Atomgewichtstafel in § 61 auf einen verticalen Cylinder aufgerollt denken.

§ 80 (174).

Unsere Kenntniss der regelmässigen Beziehungen der Atomgewichte zu einander und zu den Eigenschaften der Elemente hat sich schon in manchen Fällen als ein nützliches Hülfsmittel zur Beseitigung von Irrthümern und Erweiterung unserer Kenntnisse erwiesen.

Auf Grund derselben lässt sich der in §§ 2 und 3 erwähnte Coëfficient n mit ziemlicher Sicherheit bestimmen, wo die Regeln von Avogadro und von Dulong und Petit noch nicht anwendbar sind.

Das Indium z. B. nimmt nach Cl. Winkler*) bei der Oxydation auf 4,737 Gewichtstheile einen Theil Sauerstoff auf: also ist:

$$Q \quad Q_1 = 4{,}737 \quad 1 = n \quad In : n_1 \cdot O,$$

$$In = \frac{m}{n} \quad 4{,}737 \quad 15{,}96 = \frac{n_1}{n} \quad 75{,}6$$

Indem man hier früher $n = n_1$ setzte, erhielt man
$In = 75{,}6$ und $In\, O = 75{,}6 + 15{,}96$.

Mit diesem Werthe wurde das Indium von Mendelejeff in seine erste Zusammenstellung der Elemente eingereiht**). Da es aber mit diesem Atomgewichte zwischen Arsen und Selen stehen würde, wohin es weder nach seinem chemischen Verhalten noch mit seinem Atomvolumen gehört, so setzte ich in der oben citirten Abhandlung***) über die Natur der chemischen Elemente als Function ihrer Atomgewichte $n = 2$ und $n_1 = 3$, wodurch $In = 113{,}4$ und das Oxyd $In_2 O_3$ wird, so dass es sich zwischen Kadmium und Zinn passend einreiht, analog dem zwischen Quecksilber und Blei stehenden Thallium. Diese Annahme wurde gleich darauf durch Bunsen's Bestimmung der specifischen Wärme bestätigt†).

Für das Beryllium fand Awdejew††), dass 4,63 Gewichtstheile desselben einem Gewichtstheile Wasserstoff aequivalent sind. Das Atomgewicht ist also $Be = n \cdot 4{,}63$, wo n eine kleine Zahl bedeutet, also $n = 1, 2, 3$ etc. sein kann. Berzelius setzte wegen mancher Aehnlichkeiten des Berylliums mit dem Aluminium $n = 3$, wonach $Be = 13{,}9$ wird, während Awdejew die Annahme $n = 2$, also $Be = 9{,}3$ für richtiger hielt. In das System der Atomgewichte passt nur letzteres, da das Beryllium mit dem Atomgewichte $13{,}9$ zwischen Kohlenstoff und Stickstoff stehen würde, wohin ein elektropositives Metall nicht passt, während dasselbe mit dem Atomgewichte $9{,}3$ seinen Platz gleich nach dem Lithium findet und dadurch in der Reihe der Atomgewichte eine Stellung erhält, welche der des Magnesiums und der übrigen Metalle der alkalischen Erden vollkommen analog ist. Nachdem dem Beryllium diese Stellung angewiesen worden, wurde seine specifische Wärme (s. o. § 39) von Reynolds dem angenommenen

---

*) Journ. f. prakt. Chem. 1867, Bd. 102, S. 273.
**) Zeitschr. f. Chem. 1869, N. F. Bd. 5, S. 405.
***) Ann. Chem. Pharm. 1870, 7. Suppl.-Bd., S. 362.
†) Pogg. Ann. 1870, Bd. 141, S. 1 ff.
††) Pogg. Ann. 1842, Bd. 56, S. 101.

Atomgewichte entsprechend gefunden, von Nilson und Pettersson aber viel kleiner, sogar kleiner, als sie bei Annahme von $Be = 13,9$ sein sollte. Gesetzt auch, dass letztere unter den sich widersprechenden Beobachtungen die richtigere sei, so bliebe doch ein so ausnahmsweises Atomgewicht, wie $Be\ \ \ 13,9$ sein würde, im höchsten Grade zweifelhaft, so dass die schon oben (§ 41) besprochene Vermuthung, die specifische Wärme dieses Elementes möge gleich der seiner Nachbarn Bor und Kohlenstoff mit der Temperatur stark veränderlich sein, eine grosse Wahrscheinlichkeit für sich hat. Für $Be = 9,3$ sprechen auch, wie Carnelley[*]) neuerdings gezeigt hat, die Schmelzpunkte der Halogenverbindungen des Berylliums, die völlig unregelmässig erscheinen würden, wollte man diesen Verbindungen die dem grösseren Atomgewichte $Be\ \ \ 13,9$ entsprechende Zusammensetzung $Be\,Cl_3$, $Be\,Br_3$ etc. zuschreiben; während sie so vollständig für die Verbindungen $Be\,Cl_2$, $Be\,Br_2$ ($Be\ \ \ 9,3$) passen, dass Carnelley sie im voraus richtig berechnen konnte, bevor er sie experimentell bestimmt hatte. Dem entsprechend ist oben (§ 39 ff.) stets $Be\ \ \ 9,3$ gesetzt worden.

In derselben Weise sind auf Grund des atomistischen Systems nach Mendelejeffs[**]) Vorschlag die Atomgewichte der Cerit- und Gadolinitmetalle um die Hälfte vergrössert worden, schon bevor die specifische Wärme von Cer, Lanthan und Didym bekannt war.

Aehnliche Conjecturen sind auch für andere Elemente gemacht, die zwar zu einer sicheren Bestimmung der Atomgewichte nicht geführt, wohl aber einige früher nicht bestrittene Annahmen über dieselben sehr unwahrscheinlich gemacht haben. So habe ich z. B. für das Uran gezeigt, dass keine der beiden frühern Annahmen, weder $U\ \ \ 60$ noch $U\ \ \ 120$, mit der Dichtigkeit 18,4 dieses Metalles vereinbar ist. Die Annahme $U\ \ \ 180$ erschien allenfalls zulässig, ist aber viel unwahrscheinlicher geworden als $U = 240$, nach welcher das von Roscoe[***]) entdeckte Chlorid die Formel UCl_5, analog dem Molybdänchloride $Mo\,Cl_5$, erhält.

Die Beziehungen zwischen den Atomgewichten und den Eigenschaften der Elemente sind ein zwar werthvolles, doch einseitiges Hülfsmittel zur Bestimmung des ersteren. Man kann in den meisten Fällen mit Sicherheit angeben, welche Werthe für das Atomgewicht

---

[*]) Proc. Roy. Soc. 1879, Nr. 197; Phil. Mag. [5] 1879, Vol. 8, p. 371; Chem. Soc. Journ. March. 1880, p. 2.
[**]) Bull. der Petersb. Akad. T. 16, p. 45.
[***]) Ber. d. d. chem. Ges. 1874, S. 1131.

unzulässig sind, jedoch nur vermuthen, welcher ihm wirklich zukommt. Dass diese Beziehungen für sich allein nicht genügen, um das Atomgewicht aus dem Aequivalentgewichte herzuleiten, ergiebt sich schon daraus, dass man nach diesen Regelmässigkeiten verschiedene Werthe für ein und dasselbe Atomgewicht erschlossen hat. So setzte z. B. Mendelejeff vermuthungsweise:

1869		1871	
$Eb =$	56	Eb	178
Y	60	Y -	88
In	$75,6$	$In =$	113
Ce —	92	Ce —	140
La	94	La	180
Di	95	Di	138
Th	118	Th	231
U	116	U —	240

Erstere Annahmen waren alle unrichtig, unter letzteren noch La 180.

§ 81 (173).

Die Regelmässigkeiten in den Zahlenwerthen der Atomgewichte haben ferner zu Berichtigungen der stöchiometrischen Constanten geführt. Das Atomgewicht des Caesium's z. B. war von Bunsen an der sehr geringen zuerst dargestellten Quantität dieses seltenen Elementes vorläufig zu 123,4 bestimmt worden. Diese Zahl störte die Regelmässigkeit der Differenzen zwischen den Atomgewichten der Alkalimetalle:

Li 7,01 , Na - 22,99 , $K = 39,04$, $Rb = 85,2$, $(Cs - 123,4)$.
$Differenz: 15,98$ $16,05$ $46,16$ $38,2$.

Die darauf gegründete Vermuthung, dass das Atomgewicht des Caesiums etwas grösser sein werde, wurde von Johnson und Allen*) geprüft und bestätigt gefunden. Sie fanden $Cs = 132,7$**), welche Zahl gleich darauf auch Bunsen***) bestätigte. Dadurch wurde die Regelmässigkeit der Differenzen der Atomgewichte wieder hergestellt:

Li 7,01 , Na 22,99 , $K = 39,04$, $Rb = 85,2$, $Cs - 132,7$.
$Differenz: 15,98$ $16,05$ $46,16$ $47,5$.

---

*) Sill. Am. Journ. [2] 1863, XXXV, p. 94.
**) für $Ag = 107,66$ und Cl 35,37 berechnet; für die von Johnson und Allen benutzten Zahlen $Ag = 107,94$ und $Cl = 35,46$ ergab sich $Cs = 133,0$.
***) Pogg. Ann. 1863, Bd. 119, S. 1.

§§ 81, 82. V. Das Wesen der chemischen Atome. 179

Nach den oben (§ 61 und 64) angeführten Beziehungen zwischen den Atomgewichten der Elemente ist es sehr wahrscheinlich, dass
$$Os < Ir < Pt < Au$$
sei, während die älteren Bestimmungen umgekehrt
$$Os > Ir = Pt > Au$$
ergeben hatten. Diese Wahrnehmung forderte zu neuen Atomgewichtsbestimmungen auf. In der That fand K. Seubert*), dass $Ir < Pt$ und $Pt < Au$**) sei, und J. Thomsen***) theilte Versuche mit, nach welchen das bisher angenommene Atomgewicht des Goldes ($Au = 196,2$) etwas zu klein zu sein scheint. Für das Osmium steht die Prüfung noch aus. Das gefundene Atomgewicht Os $198,6$ ist jedenfalls um wenigstens 6 Einheiten zu gross; jedoch würde es nicht zulässig sein, ohne eine neue stöchiometrische Bestimmung dasselbe der herzustellenden Regelmässigkeit entsprechend abzuändern.

Nach der Analogie mit seinen Verwandten sollte in der Reihe der Atomgewichte das Tellur dem Jode vorangehen, während sein Atomgewicht grösser als des Jodes gefunden wurde. W. L. Wills†) hat daher jenes neu bestimmt, jedoch in den meisten Analysen wieder Werthe gefunden ($Te = 127,8$ im Mittel), die grösser sind als das von Stas genau festgestellte Atomgewicht des Jodes ($J = 126,53$). Da indessen ein Theil der Analysen, stark abweichend von den andern, unter sich jedoch gut übereinstimmend, $Te = 126,3$ im Mittel ergeben haben, so ist es vor der Hand bis zu weiterer Entscheidung zulässig, diese Zahl zu benutzen.

Das Atomgewicht des Norvegium's ist von Tellef Dahl††) vorläufig zu $Ng = 141$ oder 150 gefunden worden. Nach den Atomgewichtsregeln zu schliessen, ist es wahrscheinlich etwas grösser, etwa 155 bis 156, was spätere Bestimmungen entscheiden müssen.

§ 82 (174).

Wo die von verschiedenen Forschern oder nach verschiedenen Methoden ausgeführten stöchiometrischen Bestimmungen weit von

---

*) Inaug. Diss. Tübingen, 1878; Ber. d. d. chem. Ges. 1878, S. 1767.
**) nach noch nicht veröffentlichten Versuchen, welche $Pt = 195$ etwa ergaben.
***) Journ. f. prakt. Chem. 1876, N. F. Bd. 13, S. 346.
†) Chem. Soc. Journ., Oct. 1879, p. 704.
††) Compt. rend. 1879, T. 89, p. 47.

einander abweichende Zahlenwerthe geliefert haben, lässt sich nicht selten der richtige vom falschen unterscheiden.

Das Atomgewicht des Molybdän's ist von einigen Forschern $Mo = 96$, von anderen $Mo = 92$ (in runden Zahlen) gefunden worden. Letztere Zahl hatte eine sehr geringe Wahrscheinlichkeit, weil ihr zufolge das Molybdän vor das Niob in eine ganz unrichtige Stellung im Systeme kommen würde. Spätere Bestimmungen von Liechti und Kempe*) haben in der That ihre Unrichtigkeit ergeben.

Betrachtet man ferner die folgenden Gruppen

		Diff.				Diff.		
Fe	55,9	47,6	Ru	103,5	95,1		Os	198,6
Co	58,6	45,5	Rh	104,1	88,6		Jr	192,7
Ni	58,6	47,6	Pd	106,2	88,8		Pt	195
Cu	63,3	44,6	Ag	107,7	88,5		Au	196,2
Zn	64,9	46,7	Cd	111,6	88,2		Hg	199,8
Ga	69,9	43,5	In	113,4	90,2		Tl	203,6
—	—	—	Sn	117,8	88,6		Pb	206,4
As	74,9	47,1	Sb	122,0	88,0		Bi	210
oder:		45,1	Sb	120	87,5		Bi	207,5,

so findet man ziemlich gleiche Differenzen zwischen ihren Gliedern. Nur $Os = 198,6$ erscheint auch hier um 6 bis 7 Einheiten zu gross und $In = 113,4$ um etwa 2 zu klein. Es lässt sich aber nicht entscheiden, ob das von Schneider**) gefundene und von Cooke***) bestätigte Atomgewicht $Sb = 120$ oder das von Dexter†) gefundene und von Kessler††) bestätigte $Sb = 122$ richtiger sei; obschon für letzteres die Differenz gegen Arsen von 47 Einheiten zu sprechen scheint, dürfte nach der neuesten Arbeit von Cooke†††) doch ersteres vozuziehen sein. Das aber lässt sich bestimmt sagen, dass, falls Schneider's Zahl die richtigere ist, auch dessen Bestimmung*†) $Bi = 207,5$ an Wahrscheinlichkeit gewinnt, während die Dexter'sche nur zu Dumas'*††) Zahl $Bi = 210$ passt.

---

*) Ann. Chem. Pharm. 1873, Bd. 169, S. 360.
**) Pogg. Ann. Bd. 97, S. 483, Bd. 98, S. 293; Ann. Chem. Pharm. Bd. 100, S. 120.
***) Proc. of the Amer. Acad. of arts and sciences, vol. 12, p. 1; Sill. Journ. [3] vol. 15, p. 41, 107; Ber. d. d. chem. Ges. 1878, S. 255.
†) Pogg. Ann. Bd. 100, S. 570.
††) Pogg. Ann. Bd.113, S. 145; Das Atomgewicht des Antimons, Bochum 1879.
†††) Proc. of the Amer. Acad., March 10, 1880, p. 251.
*†) Pogg. Ann. Bd. 82, S. 303; Ann. Chem. Pharm. Bd. 80, S. 204.
*††) Ann. chim. phys. [3] 1859, T. 55, p. 177.

Die Regelmässigkeiten der Differenzen zwischen den Atomgewichten berechtigen uns wohl zu einer Auswahl aus verschiedenen gefundenen Werthen; doch ist unsere Kenntniss derselben bis jetzt noch zu unsicher, als dass wir wagen dürften, experimentell gefundene Zahlen theoretisch zu berichtigen. Es ist nicht zu bezweifeln, dass in diesen Differenzen eine bestimmte Gesetzmässigkeit waltet. Indessen ist diese nicht so einfach, wie sie erscheint, wenn man von den verhältnissmässig kleinen Abweichungen in den Werthen der auftretenden Differenzen absieht. Nimmt man z. B. für die Elemente mit kleinen Atomgewichten geeignet abgerundete Zahlen an, so hat man:

					Li 7	Be 8	
$Diff.$—					16	16	
	$B-11$	$C-12$	N 14	O 16	$F=19$	Na 23	Mg 24
$Diff.$	16	16	16	16	16	16	16
	$Al-27$	$Si=28$	P 30	S 32	Cl 35	K 39	Ca 40.

Aber die Atomgewichte, welche man annehmen muss, um zu solcher Regelmässigkeit zu gelangen, weichen von den gefundenen mehr oder weniger weit ab. Zum Theil allerdings dürfen diese Abweichungen als Folge unrichtiger Bestimmungen der Atomgewichte angesehen werden. Dass dies aber nicht bei allen zulässig sei, war schon lange wahrscheinlich und ist durch die oben erwähnten Atomgewichtsbestimmungen von Stas ganz ausser Zweifel gestellt worden. Es gilt hier ganz dasselbe, was schon vor vielen Jahren Liebig über die Prout'sche Hypothese urtheilte*). Die Zahlenwerthe und ihre Verhältnisse sind „thatsächlich gegeben. Das Gesetz, welches diesen Zahlen zu Grunde liegt, ist uns unbekannt." Man war daher nie und ist auch heute ganz sicherlich nicht berechtigt, wie das nur zu oft geschehen ist, um einer vermeintlichen Gesetzmässigkeit willen die empirisch gefundenen Atomgewichte willkürlich zu corrigiren und zu verändern, ehe das Experiment genauer bestimmte Werthe an ihre Stelle gesetzt hat.

§ 83 (175).

Ebenfalls unsicher, wenngleich höchst anziehend, sind Spekulationen über Existenz und Eigenschaften von Elementen,

---

*) Ann. Chem. Pharm. 1853, Bd. 85, S. 256.

welche bis jetzt noch nicht entdeckt sind, deren Dasein wir aber vermuthen, weil sie die Lücken ausfüllen würden, welche sich in dem Systeme der nach der Grösse der Atomgewichte geordneten Elemente zeigen. Solche Lücken finden sich in der in § 61 gegebenen systematischen Uebersicht der Elemente in manchen Reihen der Tafel. Ihre Zahl war anfangs noch grösser, bevor sie zum Theil durch die in den vorhergehenden Paragraphen besprochenen Atomgewichtsberichtigungen ausgefüllt wurden.

Mendelejeff*) ist noch einen Schritt weiter gegangen und hat aus der Stellung der Lücken im Systeme glückliche Schlüsse auf die Eigenschaften der noch zu entdeckenden Elemente gezogen, welche diese Lücken ausfüllen würden.

Es ist dies möglich auf Grund der Wahrnehmung, dass die Eigenschaften der Elemente sowohl in den Reihen als auch in den Gruppen in mehr oder weniger continuirlicher Weise veränderlich sind, jedoch in sehr verschiedenem Grade. In manchen Fällen ist die Aehnlichkeit in der Gruppe grösser als in der Reihe, z. B. die zwischen Ca, Sr, Ba grösser als zwischen Rb, Sr, Y; in anderen dagegen wieder die in der Reihe, z. B. Mn, Fe, Co, Ni grösser als die in den Gruppen Fe, Ru, Os oder Co, Rh, Ir u. s. w. Die Eigenschaften eines Elementes liegen aber in der Regel in der Mitte zwischen denen seiner Gruppen- und seiner Reihen-Nachbarn. Diese vier benachbarten Elemente hat Mendelejeff**) seine Atomanalogen genannt. Die des Selen's sind darnach einerseits Schwefel und Tellur, andererseits Arsen und Brom; und wir haben z. B.

Dichte			Atomgewicht			Atomvolumen		
S 2,04			S 31,98			S 15,7		
As 5,67	Se 4,6	Br 2,97	As 74,9	Se 78,9	Br 79,75	As 13,2	Se 17,2	Br 26,9
	Te 6,25			Te 126,3			Te 20,2	

und ähnlich für andere Eigenschaften.

Auf Grund derartiger Betrachtungen hat Mendelejeff die Eigenschaften des zwischen Bor und Yttrium, von ihm als Ekabor,

---
*) Ann. Chem. Pharm. 1871, 8. Suppl.-Bd., S. 196 ff.
**) a. a. O. S. 165.

§ 83. V. Das Wesen der chemischen Atome.

und des zwischen Aluminium und Indium in der Mitte stehenden, als **Ekaaluminium** bezeichneten Elementes im voraus bestimmt. Als dann später einige der Eigenschaften, welche er dem als **Ekaaluminium** bezeichneten Elemente zuschrieb, sich bei dem von Lecoq de Boisbaudran entdeckten Elemente **Gallium** fanden, so sprach Mendelejeff*) die Vermuthung aus, das Gallium werde nicht nur ein Atomgewicht von etwa 68 Einheiten, sondern auch alle dem **Ekaaluminium** zugeschriebenen Eigenschaften besitzen. Diese Voraussagung ist in allen wesentlichen Punkten zugetroffen, selbst da, wo des Entdeckers erste Beobachtungen sie nicht zu bestätigen schienen. Dieser bestimmte z. B. die Dichte anfangs zu 4,7, abweichend von Mendelejeffs Vermuthung (5,9), später an reinerem Material aber dieser entsprechend zu 5,96.

Ebenso zeigte Cleve**), dass das gleichzeitig von Nilson***) und ihm entdeckte **Scandium**, dem jener Forscher irrthümlich das Atomgewicht $Sc = 170$ beigelegt hatte, mit seinem richtigen Atomgewichte $Sc = 45$ und allen seinen Eigenschaften mit dem **Ekabor** identisch sei.

Diese Erfolge sprechen sehr für die reale Bedeutung und Berechtigung der auf die Zahlenwerthe der Atomgewichte gegründeten systematischen Anordnung der Elemente.

Die Vorausbestimmung der Eigenschaften der noch fehlenden Elemente ist jedenfalls eine der reizvollsten, aber auch schwierigsten Aufgaben der chemischen Wissenschaft. Sie entbehrt nicht ganz der Aehnlichkeit mit der das allgemeine Staunen auch der Laienwelt hervorrufenden Vorausberechnung eines noch unentdeckten Planeten. Ist aber auch die Aufgabe der des Astronomen nicht unähnlich, so dürfen wir darum nicht übersehen, dass die Hülfsmittel zu ihrer Lösung, über welche die Chemie gebietet, zur Zeit noch sehr viel schwächer und unzuverlässiger sind, als die von dem einheitlichen Princip des Newton'schen Gravitationsgesetzes ausgehenden, von Maass und Zahl getragenen Theorien der Astronomie. Sind wir uns aber der Schwäche unserer Mittel bewusst, so wird es immerhin erlaubt sein, unsere Kräfte dadurch zu erproben, dass wir die Eigenschaften der noch unentdeckten Elemente nach möglichster Wahrscheinlichkeit vorausbestimmen, um sie später vielleicht mit den wirklich beobachteten vergleichen und darnach

---

*) Compt. rend. 1876, T. 81, p. 869.
**) Daselbst 1879, T. 89, p. 419.
***) Ber. d. d. chem. Ges. 1879, S. 554.

den Werth oder Unwerth unserer theoretischen Spekulationen beurtheilen zu können.

§ 84.

Die Regeln der Atomanalogie gelten indess nicht ganz allgemein, da die ersten Glieder der ganzen Reihe bis zum Silicium einschliesslich eine abweichende Periodicität zeigen. So kann z. B. der Stickstoff kaum als ein Atomanalogon des Vanadins, und der Sauerstoff gewiss nicht als ein solches des Chromes betrachtet werden. Jene Elemente mit kleinen Atomgewichten vom Wasserstoff bis zum Silicium bilden eine Vorreihe und sind dem entsprechend von Mendelejeff als „typische" Elemente*), als Vorbilder der übrigen bezeichnet worden. Mendelejeff rechnet zu diesen das Aluminium und Silicium nicht mehr; doch machen die grossen Verschiedenheiten zwischen ihnen und den leicht flüssigen, leicht reducirbaren Gliedern der entsprechenden Gruppen, Ga, In, Te und —, Sn, Pb, dies erforderlich. Erst mit dem Phosphor beginnen die grossen Perioden, in welchen entsprechend gestellte Elemente vollkommene Analogie zeigen, wie aus nachstehender Uebersicht hervorgeht, in welcher, der Einfachheit wegen, von der noch zweifelhaften Dreitheilung der Erdgruppe abgesehen ist.

Typen:	Li	Be	B	C	N	O	F		Na	Mg	Al	Si
P	S	Cl	K	Ca	Sc	Ti	V	Cr	Mn	Fe	Co	Ni	Cu	Zn	Ga	—
As	Se	Br	Rb	Sr	Y	Zr	Nb	Mo	—	Ru	Rh	Pd	Ag	Cd	In	Sn
Sb	Te	J	Cs	Ba	Ce	—	—	—	—	—	—	—	—	Ng	—	—
—	—	—	—	—	Yb	—	Ta	W	—	Os	Ir	Pt	Au	Hg	Tl	Pb
Bi	—	—	—	—	Th	—	U

Vom Stickstoff ab haben die als typisch vorangestellten Elemente nur geringe Analogie mit den unter ihnen stehenden Gruppen, vom Magnesium ab wieder etwas mehr; so dass nachstehende Anordnung ebenfalls berechtigt erscheint.

		Li	Be	B	C			
N	O	F	Na	Mg	Al	Si		
P	S	Cl	K	Ca	Sc	Ti	V	Cr	Mn	Fe	Co	Ni	Cu	Zn	Ga	—
As	Se	Br	Rb	Sr	Y	Zr	Nb	Mo	—	Ru	Rh	Pd	Ag	Cd	In	Sn
Sb	Te	J	Cs	Ba	Ce	—	—	—	—	—	—	—	—	Ng	—	—
—	—	—	—	—	Yb	—	Ta	W	—	Os	Ir	Pt	Au	Hg	Tl	Pb
Bi	—	—	—	—	Th	—	U

---

*) a. a. O. S. 154; s. a. Zeitschr. f. Chemie 1869, S. 406.

§§ 84, 85.   V. Das Wesen der chemischen Atome.   185

Es ist schon 1869 von Mendelejeff*) hervorgehoben worden, dass, mit wenigen Ausnahmen, die als „typisch" bezeichneten Elemente in der Natur sehr häufig vorkommen, und ebenso die ihnen sich unmittelbar anschliessenden bis zum Calcium. Von allen andern Elementen kommt nur noch das Eisen und allenfalls Mangan und Arsen ihnen an Häufigkeit auf der Erdoberfläche gleich. Es ist wohl unzweifelhaft dieses Vorkommen eine Folge der Kleinheit der Atomgewichte; aber merkwürdig bleibt es, dass die drei nächst dem Wasserstoff kleinsten Atomgewichte, Li, Be, B, seltenen Elementen angehören.

§ 85 (176).

Die in den vorigen Paragraphen besprochenen Beziehungen

	I	II	III	IV	V	VI	VII	VIII
1	H 1							
2	Li 7	Be 9,4	B 11	C 12	N 14	O 16	F 19	
3	Na 23	Mg 24	Al 27,3	Si 28	P 31	S 32	Cl 35,5	
4	K 39	Ca 40	— 44	Ti 48	V 51	Cr 52	Mn 55	Fe 56 Co 59 Ni 59 Cu 63
5	(Cu) 63	Zn 65	— 68	— 72	As 75	Se 78	Br 80	
6	Rb 85	Sr 87	?Y 88	Zr 90	Nb 94	Mo 96	— 100	Ru 104 Rh 104 Pd 106 Ag 108
7	(Ag) 108	Cd 112	In 113	Sn 118	Sb 122	Te 125	J 127	
8	Cs 133	Ba 137	?Di 138	?Ce 140	—	—	—	—
9	(—)		—	—	—	—		
10	—	—	?Er 178	?La**) 180	Ta 182	W 184	—	Os 195 Ir 197 Pt 198 Au 199
11	(Au) 199	Hg 200	Tl 204	Pb 207	Bi 208	—	—	—
12	—	—	—	Th 231	—	U 240	—	—

*) Zeitschrift f. Chemie, N. F. 1869, Bd. 5, S. 405.
**) Nicht bestätigte Vermuthung.

hatte Mendelejeff etwas anders dargestellt*). Indem er, wie vorstehend, die Familien mit römischen, die Reihen mit arabischen Ziffern bezeichnete, sprach er den Satz aus, dass die in Reihen mit gerader Ordnungszahl stehenden Elemente sich durch ihnen gemeinsame Merkmale von den in den ungeraden Reihen stehenden unterscheiden liessen. Die Merkmale aber, welche Mendelejeff anführt, treffen nicht allgemein zu. Er sagt z. B.: „In den Gliedern paarer Reihen tritt mehr der basische Charakter hervor, während die entsprechenden Glieder unpaarer Reihen eher saure Eigenschaften besitzen." Er findet aber sogleich selbst, dass dieses nur bei einigen Elementen zutrifft. Um die Ausnahmen möglichst zu beseitigen, stellt er Cu, Ag, Au in der I. Gruppe in Klammern und reiht sie in der VIII. den geraden Reihen ein. Aber damit sind die elektropositiven Elemente noch nicht beseitigt, denn es bleiben Na, Mg, Zn, Cd, Hg, Al, In, Tl und Pb als positive und z. Th. stark positive Elemente. Betrachtet man die Sache ohne vorgefasste Meinung, so findet man in den geraden Reihen eben so viel vorwiegend positive wie vorwiedend negative Elemente, nämlich von jeder Art etwa zwölf. Es ist überhaupt und allgemein leicht einzusehen, dass die Aufstellung der zwölf Reihen und die Eintheilung der Elemente in dieselben willkürlich ist. Der Vergleich mit der Tafel in § 61 zeigt, dass man vor oder hinter jeder beliebigen Gruppe die Trennungslinie ziehen kann und doch immer einander analog zusammengesetzte Reihen erhält, z. B.:

$Li, Be, B, C, N\ O, F\ |\ Na, Mg, Al, Si, P, S, Cl\ |$ etc.
oder $Be, B, C, N\ O, F, Na|Mg, Al, Si, P, S, Cl, K|$
$B, C, N, O, F, Na, Mg|Al, Si, P, S, Cl, K, Ca|$
$C, N, O, F, Na, Mg, Al|Si\quad P\quad S, Cl, K, Ca, -|$
$N, O, F, Na, Mg, Al, Si|P\quad S, Cl, K, Ca, -, Ti|$

u. s. w.

Jede Reihe enthält immer, wie man auch theilen mag, sowohl positive als negative, sowohl dehnbare als spröde, sowohl streng flüssige als leicht schmelzbare und flüchtige Elemente, wie das nach den früheren Erörterungen nicht anders sein kann.

§ 86 (178).

Wir dürfen bei diesen Betrachtungen nie vergessen, dass uns das allgemeine Gesetz, welches die Abhängigkeit der Eigenschaften

---

*) a. a. O. S. 151.

von der Grösse des Atomgewichtes beherrscht, zur Zeit noch wenig bekannt ist. Manche der Gruppen, welche durch die systematische Zusammenstellung der Atomgewichte aus den Elementen gebildet werden, hätte man schwerlich jemals nach den Eigenschaften derselben als natürliche Familien zusammengestellt, wenn nicht die Regelmässigkeiten in den Zahlenwerthen der Atomgewichte zu dieser Gruppirung geführt hätten. Wem würde es eingefallen sein, Bor und Thallium, Sauerstoff und Chrom, oder Fluor und Mangan zu denselben Familien zu rechnen? Zu den Alkalimetallen hat man zwar manchmal das Silber gestellt; aber Kupfer und Gold wurden nicht dahin gezählt; ja die Zusammengehörigkeit dieser Metalle selbst zum Silber war so zweifelhaft, dass noch in der ersten Ausgabe dieses Buches (S. 138) die Gruppe Cu, Ag, Au nicht in die Reihe der nach der Grösse der Atomgewichte geordneten Gruppen eingereiht, sondern als etwas zweifelhaft an das Ende der Reihe gestellt wurde. Die Unsicherheit unserer Kenntnisse zeigt sich besonders auch darin, dass überall, wo man nach den Eigenschaften der Elemente und nicht nach den fest und sicher bestimmten Zahlenwerthen der Atomgewichte gruppirte, schwankende Ergebnisse erzielt wurden.*)

Es ist wohl heute unzweifelhaft, dass die auf die Atomgewichtszahlen basirte Systematik der Elemente die Grundlage einer künftigen vergleichenden Affinitäts-Lehre sein und bleiben wird; aber wir sind noch nicht so weit, dass wir diese Lehre deductiv aus einem oder wenigen allgemeinen Grundsätzen herleiten könnten. Wir müssen vielmehr inductiv und mit besonderer Vorsicht vorwärts schreiten und stets der Mahnung Baco's eingedenk bleiben: „Gestit enim mens exsilire ad magis generalia, ut acquiescat, et post parvam moram fastidit experientiam".**) Wir haben hier zunächst die natürliche Neigung des Geistes, zu generalisiren, möglichst im Zaume zu halten und dürfen nur an der Hand der experimentellen Erfahrung auf diesem noch vielfach dunkelen Gebiete fortschreiten. Der Hypothesen werden wir dabei freilich sehr bedürfen; aber nur, wenn wir dieselben stets sorgfältig von den durch die Beobachtung gewonnenen Erfahrungen gesondert halten und uns durchaus hüten, Theorie

---

*) Dies zeigen besonders die wiederholten Umstellungen der Elemente in Mendelejeff's verschiedenen, oben citirten Abhandlungen, sowie auch die verschlungenen Linien auf Baumhauer's Spiraltafel.
**) Nov. Org. I. Aphor. XX.

und Beobachtungen zu verwechseln, werden wir die auf diesem reichen Felde zu erwartenden Früchte möglichst rein und unvermischt mit dem Unkraute des Irrthumes und der willkürlichen Deutung zu ernten hoffen dürfen. Es bedarf einer vielfach ganz neuen Forschung; alte Beobachtungen müssen geprüft und, wo nöthig, verbessert, zahlreiche neue angestellt werden. Viel Arbeit der Geister wie der Hände ist erforderlich; aber sie wird reichlich belohnt werden. Ihr Preis wird eine Systematik der anorganischen Chemie sein, welche den Vergleich mit dem schon so vorzüglich durchgearbeiteten Systeme der organischen Chemie nicht mehr wird zu scheuen brauchen.

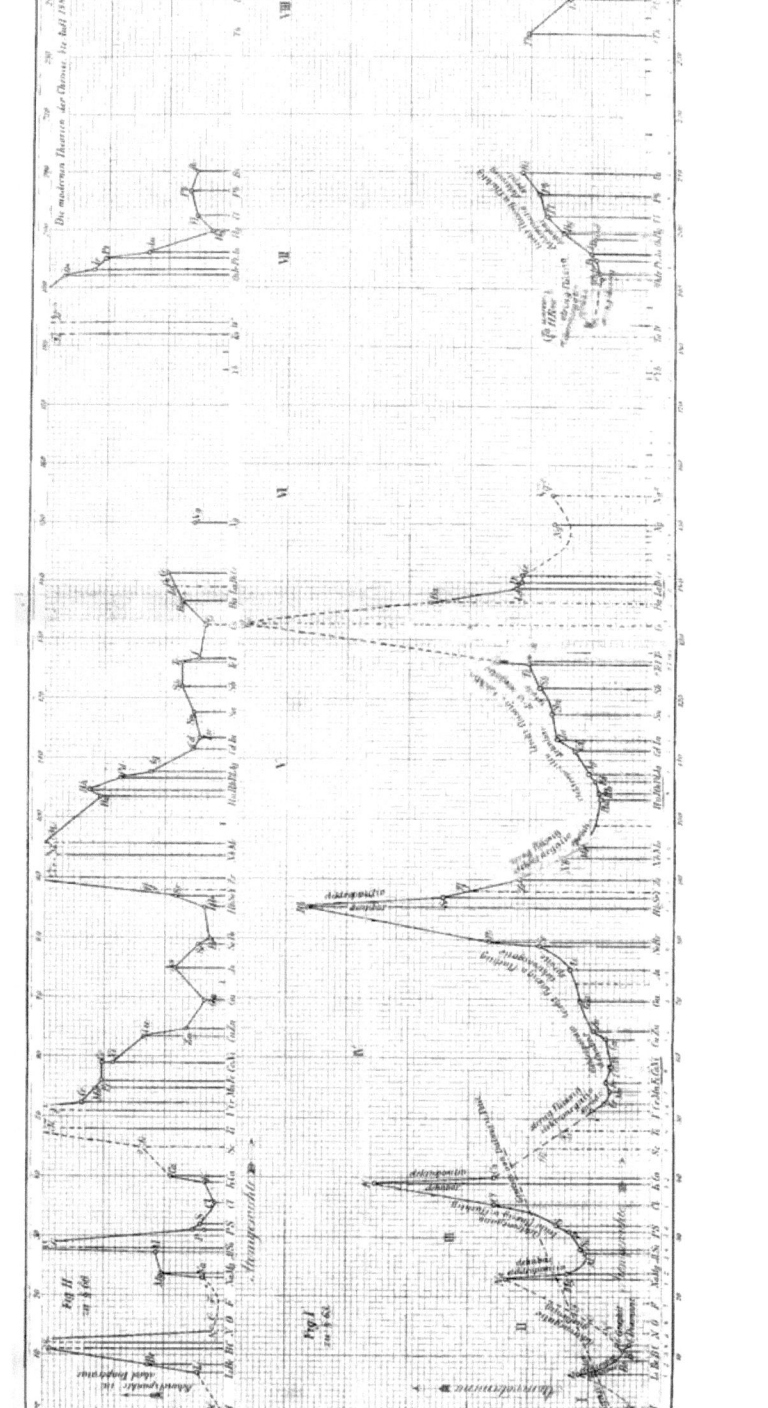

Zweites Buch.

Statik der Atome.

VI. Combinationsformen der Atome; Typen.

§ 87 (58).

Der Werth und die Bedeutung der beiden vorzugsweise zur Ermittelung der Atomgewichte benutzten Hypothesen, der von Avogadro und der von Dulong und Petit aufgestellten, wird erst vollständig ersichtlich, wenn man mit diesen Atomgewichten die Zusammensetzung der chemischen Verbindungen darstellt. Was schon Laurent[*]) von den allein aus Avogadro's Hypothese hergeleiteten Atomgewichten mit Recht behauptete, gilt in höherem Maasse von den mit Hülfe beider Hypothesen ermittelten. Wenn man durch sie die Zusammensetzung der chemischen Verbindungen ausdrückt, „so erhält man diejenigen chemischen Formeln, welche die grösste Einfachheit zeigen, die Analogien der Körper am besten hervortreten lassen, am besten mit den Regelmässigkeiten in den Siedpunkten und mit dem Isomorphismus übereinstimmen, die Metamorphosen der Stoffe am einfachsten erklären lassen, kurz, vollständig allen Anforderungen der Chemiker Genüge leisten".

Besonders hat die Hypothese Avogadro's einen grossen Einfluss auf die Entwickelung der chemischen Theorien geübt. Erst nachdem sie angenommen und consequent durchgeführt worden, sind die wesentlichsten derjenigen Gesetze erkannt worden, nach welchen die Atome zu Verbindungen zusammentreten. Aus der Avogadro'schen Anschauung heraus haben sich die Anfänge einer allgemeinen chemischen Theorie entwickelt, welche die atomistische Constitution der Verbindungen und bereits manche ihrer Eigen-

---

[*]) Laurent, Méthode de chimie, p. 89.

schaften aus den den einzelnen Atomen inwohnenden eigenthümlichen, für die verschiedenen Elemente charakteristischen unveränderlichen Kräften und Eigenschaften zu erklären bestrebt ist. Die beginnende Entwickelung dieser Theorie ist der Anfang zu einer Lehre vom Gleichgewichte der Atome geworden, sie bezeichnet eine neue Epoche in der Geschichte der chemischen Statik.

Zur Darlegung dieser bis jetzt gewonnenen Anfänge einer Statik der Atome wollen wir uns jetzt wenden, nachdem wir im vorigen die Hülfsmittel betrachtet haben, welche zu einer in sich consequenten und den thatsächlichen Verhältnissen entsprechenden Bestimmung der Massen und Eigenschaften der Atome geführt haben. Die relativen Massen der Atome, die Atomgewichte, wie sie auf den angegebenen Wegen bestimmt wurden, bilden die Grundlage der Statik der Atome. Sie sind die unveränderlichen Grössen, die Constanten der Theorie.

§ 88 (59).

Um nun die allgemeinen Gesetze zu erkennen, nach welchen diese Atome zu Verbindungen zusammentreten, ist es zunächst erforderlich, die Zusammensetzung je einer Molekel jeder Verbindung oder, was dasselbe sagt, die Zusammensetzung je eines solchen kleinsten Theilchens jeder Substanz kennen zu lernen, welches nicht weiter getheilt werden kann, ohne dass dadurch die Natur der Substanz eine andere wird. Die Grösse solcher mit dem Namen der Molekeln belegten Gruppen von Atomen mit einer an Sicherheit grenzenden Wahrscheinlichkeit zu bestimmen, gelingt zunächst nur für gasförmige Verbindungen und zwar vermittelst der Hypothese Avogadro's, dass alle Gase in gleichen Räumen bei gleichem Drucke und gleicher Temperatur eine gleiche Anzahl von Molekeln enthalten, dass folglich das Molekulargewicht der Dichte proportional ist ($\mathfrak{M} = 28{,}87 \cdot d$; s. § 16).

Die Aufstellung eines aus Atomzeichen zusammengesetzten Ausdruckes für die Zusammensetzung der Molekel einer chemischen Verbindung ist durchaus nicht neu; sie ist so alt, wie die atomistische Hypothese selbst. Namentlich seit der Einführung der Berzelius'schen Atomzeichen, durch welche die unbequemeren Dalton'schen verdrängt wurden, ist sie ganz allgemein in Gebrauch gekommen. Aber diesen Ausdrücken für die Zusammensetzung, den Formeln der chemischen Verbindungen, ist nicht nur im Laufe der Zeiten, sondern auch oft gleichzeitig von verschiedenen

Chemikern eine sehr verschiedene Bedeutung beigelegt worden. Diese Wandlungen ihrer Definition sind nicht nur für die Geschichte der Chemie, sondern auch für die Geschichte des menschlichen Forschergeistes überhaupt interessant und lehrreich; sie liefern ein ausgezeichnetes Beispiel vom Streben dieses Geistes, der oft sich hohe Aufgaben stellt und eifrig an ihrer Lösung arbeitet, dann wieder an der Aufgabe fast verzweifelt, um zuletzt nach beharrlichen Anstrengungen dem erst so fern geglaubten Ziele sich bedeutend zu nähern.

Zwei grundverschiedene Anschauungen stehen sich seit Dalton's Zeit gegenüber; die eine erklärt nicht nur die Erkenntniss der Zusammensetzung der Molekeln aus Atomen für eine lösbare Aufgabe der Forschung, sondern auch die Ermittelung der Art und Weise, wie diese Atome zu einer Molekel verbunden sind; die andere hält die Forschung nach diesen Dingen für eitel und erfolglos und bedient sich der chemischen Formeln nur zum Ausdrucke der durch die Analyse gefundenen Massenverhältnisse der Bestandtheile der Verbindungen. Die Anhänger der ersten Auffassung beabsichtigen durch die Berzelius'schen Zeichen die wirklich existirenden Atome zu bezeichnen und durch die chemische Formel auszudrücken, wie viele dieser Atome zur Bildung der Molekel einer Verbindung zusammentreten; ihnen ist das Zeichen H der Ausdruck für eine reelle Grösse, für ein Atom Wasserstoff, O der für ein Atom Sauerstoff, und die Formel H_2O soll ausdrücken, dass ein Theilchen, eine Molekel Wasser aus zwei Atomen Wasserstoff und einem Atome Sauerstoff bestehe. Die vorsichtigen Gegner dieser kühneren Forschungsrichtung sind nach den neuesten Ergebnissen derselben fast ganz verstummt oder bekehrt. Sie bezweifelten oder bestritten die Möglichkeit, einen Einblick in die Constitution der Verbindungen zu gewinnen, und sahen in den chemischen Zeichen nicht Ausdrücke für die Atome, sondern nur für die empirischen stöchiometrischen Quantitäten. Es galt ihnen ziemlich gleich, ob man die Zusammensetzung des Wassers durch H_2O oder durch HO ausdrückte. Das empirische Ergebniss der Analyse, nach welcher das Wasser auf einen Gewichtstheil Wasserstoff 7,98 Theile Sauerstoff enthält, lässt sich durch beide Formeln gleich gut ausdrücken; nur muss man, um die erstere anwenden zu können, mit O eine Quantität Sauerstoff bezeichnen, welche *15,96* d. i. *2 × 7,98* mal so gross ist als die durch H bezeichnete Quantität Wasserstoff, während die zweite Formel verlangt, dass man $H:O = 1:7,98$ setze.

Nicht immer standen sich beide Anschauungsweisen schroff gegenüber, auch haben zwischen ihnen stets vermittelnde Auffassungen den Gegensatz bald mehr, bald weniger gemildert. Am schärfsten zeigte sich dieser Gegensatz in dem fast zwei Jahrzehnde hindurch geführten Streite, aus welchem das gegenwärtig angenommene, im wesentlichen Gerhardt'sche System der organischen Chemie siegreich hervorging. Die Vertreter dieses Systemes haben die Avogadro'sche Hypothese zur vollen Geltung gebracht und damit für die neueren Forschungen über die Gesetze, welche die Verbindung der Atome zu Molekeln beherrschen und bestimmen, den Boden bereitet; und doch waren im Anfange gerade sie die erklärten Gegner der Behauptung, dass es uns möglich sei, die gegenseitigen Beziehungen der Atome in der Molekel zu erkennen. Erst nachdem sie durch diese ihre Negation die Autorität der bis dahin herrschenden Ansichten über diese Beziehungen gebrochen, begannen sie den bald rasch und glücklich geförderten Neubau auf den Trümmern des gestürzten Gebäudes. Damit aber vertauschten sie die Rollen; denn jetzt forschten sie nach den Gesetzen der Atomverkettung und veranlassten die Gegner des Gerhardt'schen Systemes und seiner weiteren Entwickelung, die neuen Lehren zu bekämpfen.

§ 89 (60).

Es ist nur natürlich, dass bei einem solchen oft jähen Wechsel zwischen Angriff und Vertheidigung, Behauptung und Verneinung auch manche Unklarheit, mancher Widerspruch mit unterliefen, die zwar den Fortschritt nicht hinderten, jedoch verzögerten. Auch jetzt sind wir noch nicht ganz frei von ihnen, wie jedem leicht ersichtlich, der eine grössere Anzahl der in Lehrbüchern und theoretischen Abhandlungen gegebenen Definitionen mit einander vergleicht.

Nicht selten zeigt sich noch der alte Gegensatz zwischen einer chemischen Formel, die die Zusammensetzung eines wirklich existirenden Massentheilchens ausdrücken soll, und einer solchen, welche nur die relativen Mengenverhältnisse der Bestandtheile einer stöchiometrischen Quantität anzugeben bestimmt ist. Dieser an und für sich unverfängliche Gegensatz findet sich wieder in der hie und da noch gebrauchten, aber nichts weniger als klaren und daher nachtheiligen Unterscheidung der sogenannten „chemischen" von den „physikalischen" Molekeln der Stoffe. In dem Bestreben, die Grösse der Theilchen, das Molekulargewicht, zu ermitteln, ging

§ 89. VI. Combinationsformen der Atome; Typen.

der eine Forscher von der Betrachtung dieser oder jener physikalischen Eigenschaften, der andere von dem chemischen Verhalten der Stoffe aus. Manchmal gelangte man auf beiden Wegen zu demselben Ergebniss, zu derselben Ansicht von der Grösse der Molekeln, manchmal zu sich widersprechenden Annahmen und Schlussfolgerungen über dieselbe. Es ist in manchen Fällen schwierig, mit Bestimmtheit anzugeben, welcher der auf verschiedenen Wegen erschlossenen Werthe des Molekulargewichtes der richtigere sein dürfte; das aber ist klar, dass nur einer von beiden, nicht beide zugleich richtig sein können. Denn nur zwei Dinge sind möglich: entweder besteht der betreffende Körper aus gesonderten Masseneinheiten oder Molekeln, und dann haben diese eine bestimmte Grösse, oder er besteht nicht aus solchen, sondern bildet ein continuirliches System von Atomen ohne von einander abgegrenzte Unterabtheilungen, und dann kann auch von Masse und Gewicht der Molekeln keine Rede sein. Setzt sich der Körper wirklich aus einzelnen, in sich geschlossenen Massentheilchen zusammen, so können diese identisch sein mit der kleinsten stöchiometrischen Quantität, die man durch eine chemische Formel ohne Bruchtheile von Atomen ausdrücken kann, oder sie sind ein rationales Vielfache dieser Quantität. Letztere verdient dann aber nicht den Namen eines Massentheilchens, einer „molecula"; denn sie ist nur ein Bruchtheil einer solchen. Sie in der in § 11, S. 27, besprochenen Art zu definiren als „die kleinste Menge Substanz, welche bei chemischen Metamorphosen in Wirkung tritt," ist durchaus unzulässig; denn weniger als ein ganzes wirkliches Theilchen kann mit anderen nicht in Wechselwirkung treten.

So wird z. B. nach der Avogadro'schen Hypothese das Molekulargewicht des Anhydrides der arsenigen Säure, dessen Dampfdichte Mitscherlich zu 13,85 fand, durch die Formel $As_4O_6 = 395,4$ dargestellt; denn es ist $13,85 \cdot 28,87 = 400$. In den Gleichungen, durch welche man die chemischen Umsetzungen darstellt, pflegt man sich aber sehr gewöhnlich der Hälfte dieses Molekulargewichtes, nämlich der durch die Formel As_2O_3 ausgedrückten Grösse zu bedienen. Es ist das durchaus zulässig, sobald man damit nicht den Anspruch verbindet, dass diese kleinste durch eine Formel auszudrückende stöchiometrische Quantität eine selbstständig existirende Masseneinheit, eine sogenannte „chemische Molekel" sei. Die Molekel kann nicht entweder nur „chemisch" oder nur „physikalisch" sein, sondern sie ist entweder beides zugleich, d. h. wirklich, oder keins von beiden, d. h. sie ist überhaupt nicht vorhanden. Ob unsere Vorstellung von ihr sich mit der Wirklichkeit deckt oder nicht, werden wir nie mit absoluter Sicherheit, sondern nur mit grösserer oder geringerer Wahrscheinlichkeit ergründen; aber **wir können uns nicht zwei sich gegenseitig ausschliessende Vorstellungen von ihr bilden, ohne zuzugestehen, dass mindestens eine von beiden unrichtig sein muss.**

Alle bisherige Erfahrung hat nun aber gelehrt, dass das aus Avogadro's Hypothese gefolgerte Molekulargewicht auch dem chemischen wie dem physikalischen Verhalten der Stoffe vollkommen entspricht, so dass alle chemischen Umwandlungen derselben sich bei Annahme dieses Molekulargewichtes nicht nur gut, sondern meist besser und einfacher als bei jeder anderen Annahme darstellen lassen.

§ 90 (61).

Da Avogadro's Regel nur auf gasförmige Stoffe anwendbar ist, so haben wir bis jetzt auch nur für diese einen festen Anhalt zur Bestimmung des Molekulargewichtes und zur Erforschung der Gesetze, nach welchen die Atome sich zu Molekeln gruppiren. Wir beschränken uns daher zunächst auf die Betrachtung gasförmiger Stoffe.

Wir behalten die oben definirte Einheit bei, **setzen also die Masse einer Molekel des Wasserstoffgases $\mathfrak{H} = 2 = 2\,H^*$), und drücken die Molekulargewichte aller übrigen Stoffe, wie sie sich aus Avogadro's Hypothese ergeben, durch die üblichen Zeichen für die die Molekel zusammensetzenden Atome aus.** Wir schreiben also, um den technischen

---

*) Statt dieser Masseneinheit hat A. W. Hofmann (Introduction to modern chemistry, 1865, p. 131) die Masse von einem Liter Wasserstoffgas, gemessen bei 0^0 C. und $0^m, 76$ Druck, zur Einheit vorgeschlagen, die er mit dem Namen Krith belegt. Die Annahme dieser Einheit ist aber nicht zu empfehlen, weil durch dieselbe der Anschein entsteht, als seien die Werthe der Molekulargewichte von unseren Einheiten für Maass und Gewicht abhängig, von denen sie selbstverständlich durchaus unabhängig sind, so lange wir die Massen der Molekeln nur relativ und nicht nach absolutem Maasse bestimmen können. Sollten wir später einmal wirklich dahin gelangen, ihr absolutes Gewicht zu bestimmen, so würden wir dazu einer ganz ausserordentlich viel kleineren Einheit bedürfen, als das Hofmann'sche Krith ist. Letzteres hat zudem noch den Uebelstand, dass es mit der geographischen Breite variirt; denn der Druck einer Quecksilbersäule von 76 Centimetern ist um so grösser, je grösser die Intensität der Schwere an dem Orte der Beobachtung ist. Unter den Tropen enthält also ein Krith weniger Masse als in nördlichen oder südlichen Breiten.

Ausdruck zu gebrauchen, Molekularformeln, deren jede diejenige Quantität jeder Substanz darstellt, welche im Gaszustande denselben Raum einnimmt, wie zwei Gewichtstheile Wasserstoffgas.

Um die einfachsten Fälle vor uns zu haben, stellen wir zunächst die Molekularformeln für alle diejenigen im Gaszustande bekannten Verbindungen auf, welche nur zwei verschiedene Elemente und von einem derselben in jeder Molekel nur ein einziges Atom enthalten.

Dieser Bedingung genügen die in nachstehender Tafel verzeichneten sechs Gruppen von Verbindungen. Spalte I giebt den Namen an, II die Formel, III das durch diese ausgedrückte Molekulargewicht $\mathfrak{M}$, d. i. die Summe aller in der Formel vorkommenden Atomgewichte; Spalte IV zeigt die aus dem Molekulargewichte nach der Gleichung $28{,}87 \cdot d = \mathfrak{M}$ berechnete, V die beobachtete Dichte, verglichen mit der atmosphärischen Luft als Einheit.

I.	II.	III. $\mathfrak{M}$	IV. d ber.	V. d beob.
I.				
Fluorwasserstoff	H F	20,1	0,696*)	—
Chlorwasserstoff	H Cl	36,37	1,260	1,247
Bromwasserstoff	H Br	80,75	2,798	2,71
Jodwasserstoff	H J	127,53	4,417	4,443
Quecksilberchlorür	Hg Cl	235,2	8,130	8,35
Quecksilberbromür	Hg Br	279,6	9,685	10,14
Thalliumchlorür	Tl Cl	239,0	8,277	8,2
II.				
Wasser	O H$_2$	17,96	0,622	0,623
Unterchlorigsäureanhydrid	O Cl$_2$	86,70	3,003*)	—
Schwefelwasserstoff	S H$_2$	33,98	1,177	1,191
Selenwasserstoff	Se H$_2$	80,9	2,802*)	—
Tellurwasserstoff	Te H	128,3	4,444*)	—
Kadmiumbromid	Cd Br$_2$	271,1	9,393	9,25
Bleichlorid	Pb Cl$_2$	277,1	9,601	9,5
Quecksilberchlorid	Hg Cl$_2$	270,5	9,372	9,8
Quecksilberbromid	Hg Br$_2$	359,3	12,45	12,16
Quecksilberjodid	Hg J$_2$	452,9	15,69	16,2
III.				
Fluorbor	B F$_3$	68,3	2,366	2,31
Chlorbor	B Cl$_3$	117,1	4,057	4,02

*) mittelbar bestimmt; s. § 20 und § 23, Note *).

I.	II.	III. $\mathfrak{m}$	IV. d ber.	V. d beob.
Brombor	B Br$_3$	250,25	8,664	8,78
Ammoniak	N H$_3$	17,01	0,589	0,597
Phosphorwasserstoff	P H$_3$	33,96	1,177	1,18
Chlorphosphor	P Cl$_3$	137,07	4,747	4,88
Arsenwasserstoff	As H$_3$	77,9	2,699	2,695
Chlorarsen	As Cl$_3$	181,0	6,270	6,30
Jodarsen	As J$_3$	454,5	15,75	16,1
Chlorantimon	Sb Cl$_3$	228,1	7,902	7,8
Chlorwismuth	Bi Cl$_3$	313,6	10,86	11,35
IV.				
Grubengas	C H$_4$	15,97	0,579	0,557
Chlorkohlenstoff	C Cl$_4$	153,45	5,315	5,33
Fluorsilicium	Si Fl$_4$	104,4	3,616	3,57
Chlorsilicium	Si Cl$_4$	169,5	5,872	5,94
Jodsilicium	Si J$_4$	534,1	18,50	19,1
Chlortitan	Ti Cl$_4$	189,5	6,566	6,84
Chlorvanadin	V Cl$_4$	192,7	6,676	6,69
Chlorzircon	Zr Cl$_4$	231,5	8,019	8,15
Chlorzinn	Sn Cl$_4$	259,3	8,982	9,20
V.				
Fluorphosphor	P F$_5$	126,5	4,38	—
Chlorniob	Nb Cl$_5$	270,8	9,383	9,4
Chlormolybdän	Mo Cl$_5$	272,4	9,426	9,46
Chlortantal	Ta Cl$_5$	358,8	12,43	12,9
Chlorwolfram	W Cl$_5$	360,9	12,48	12,7
VI.				
Chlorwolfram	W Cl$_6$	396,2	13,73	13,2

Diese sechs Gruppen unterscheiden sich dadurch auf den ersten Blick von einander, dass mit dem einen Atome des einen Bestandtheiles in der ersten wieder ein einziges Atom des anderen, in der zweiten deren zwei, in der dritten deren drei, in der vierten vier, in der fünften fünf und endlich in der sechsten ihrer sechs vereinigt sind. Eine Vereinigung von mehr als sechs Atomen eines Elementes mit einem einzigen eines anderen ist bis jetzt in Verbindungen, welche nur zweierlei Bestandtheile enthalten, im gasförmigen Zustande nicht, oder wenigstens nicht mit Sicherheit beobachtet worden.

Ausser den vorstehend aufgeführten, ist von solchen Verbindungen zweier Elemente, welche von dem einen nur ein einziges Atom enthalten, die Dichte im Gaszustande und folglich die Molekulargrösse nur noch für folgende gemessen worden.

§ 90. VI. Combinationsformen der Atome; Typen.

I.	II.	III. $\mathfrak{M}$	IV. d ber.	V. d beob.
I.				
Kohlenoxyd	C O	27,93	0,968	0,968
Stickoxyd	N O	29,97	1,039	1,039
II.				
Untersalpetersäure	NO_2	45,93	1,591	1,59
Stickoxydul	ON_2	43,98	1,524	1,520
Schwefligsäureanhydrid	SO_2	63,90	2,214	2,247
Selenigsäureanhydrid	SeO_2	109,9	3,807	4,03
Unterchlorsäure	ClO_2	67,29	2,331	
Kohlensäureanhydrid	CO_2	43,89	1,521	1,529
Schwefelkohlenstoff	CS_2	75,93	2,630	2,645
III.				
Schwefelsäureanhydrid	SO_3	79,86	2,766	3,01
IV.				
Osmiumsäureanhydrid	OsO_4	262,4	9,090	8,9

Aus Gründen, die später (§ 96) hervortreten werden, lassen wir diese einstweilen ausser Betracht und beschäftigen uns zunächst mit den in der ersten Tafel aufgeführten sechs Gruppen.

Diese sechs Gruppen umfassen die sechs einfachsten Combinationen von Atomen, von 1 und 1, 1 und 2, 1 und 3, 1 und 4, 1 und 5, 1 und 6. Die drei ersten dieser Combinationen bilden unter dem Namen von Typen die Grundlagen des Gerhardt'schen sogenannten typischen Systemes, wie er es in seinem oben erwähnten Lehrbuche dargestellt hat, des Systemes, dem das Lehrgebäude der Chemie wesentlich seine gegenwärtige Gestaltung verdankt. Gerhardt benennt diese drei Typen nach einzelnen ihrer Repräsentanten, den ersten den **Typus der Salzsäure** oder des **Wasserstoffes** (weil nach der Avogadro'schen Hypothese auch die Wasserstoffmolekel HH eine Combination von 1 1 darstellt), den zweiten den **Typus des Wassers** (auch wohl **des Schwefelwasserstoffes**), den dritten den **des Ammoniaks**. Kekulé hat 1857[*)] gezeigt, dass diesen Typen der vierte, die Combination 1 4 umfassende hinzugefügt werden muss, den man als **Typus des Grubengases** zu bezeichnen pflegt. Der fünfte, bis jetzt unbenannte, ist nothwendig geworden durch die späteren Unter-

---

[*)] S. 133 seiner Abhandlung: „Ueber die sogenannten gepaarten Verbindungen und die Theorie der mehratomigen Radicale." Ann. Chem. Pharm. Bd. 104, S. 129.

suchungen über Niob, Tantal, Molybdän und Wolfram, welche ergeben haben, dass die unzersetzt flüchtigen Chloride dieser Elemente fünf Atome Chlor in der Molekel enthalten, der sechste durch den von Roscoe*) geführten Nachweis, dass das Wolframhexachlorid im Gaszustande bestehen kann.

§ 91 (62).

Die Aufstellung dieser Typen und die Classification aller chemischen Verbindungen nach denselben als Schablonen ist darum von so weitgreifendem Einflusse und so grosser Bedeutung geworden, weil sie der Ausdruck für gewisse reale und fundamentale Eigenschaften der Materie ist, welche mehr als alle anderen die Constitution der chemischen Verbindungen zu beherrschen und zu bestimmen scheinen. Der Versuch Gerhardt's war der Anfang zur Lösung der Aufgabe, von der Laurent sagte**): „établir une théorie des types, c'est établir une classification chimique basée sur le nombre, la nature, les fonctions et l'arrangement tant des atomes simples que des atomes composés". Aus dem Gerhardt'schen Systeme heraus haben sich in der That bereits die ersten Keime einer Statik der Atome entwickelt.

Schon ein flüchtiger Blick auf die sechs Gruppen von Verbindungen lehrt, dass manche Elemente nur in einer einzigen, andere in zweien und wieder andere in fast allen Typen vorkommen. Auffallend aber ist, dass die Elemente, welche in mehrfacher Zahl in diesen Verbindungen auftreten und durch ihre Anzahl den Typus bestimmen, fast überall die gleichen sind, nämlich in der ersten Tafel nur H, F, Cl, Br, J in der zweiten noch O, S und N. Es scheint also nur diesen Elementen die Fähigkeit eigen zu sein, sich in grösserer Zahl mit einem einzigen Atome eines anderen Elementes zu verbinden. Die fünf erstgenannten, Wasserstoff, Fluor, Chlor, Brom und Jod haben ausserdem noch das eigenthümliche, dass sie, wenigstens so viel wir bis jetzt wissen, unter sich nur solche gasförmige Verbindungen eingehen, welche dem ersten Typus angehören. Auch die Elemente selbst, im sogenannten isolirten Zustande, fallen unter diesen Typus; denn ihre Molekeln bestehen, wie wir gesehen haben, aus je zwei Atomen:

HH, $ClCl$, $BrBr$, JJ und wahrscheinlich FF.

---

*) Ann. Chem. Pharm. 1872, Bd. 162, S. 354.
**) Méthode de chimie, p. 358.

Bei chemischen Umsetzungen dieser Stoffe unter einander wird immer jede Molekel halbirt, und es entstehen nur wieder Verbindungen nach dem ersten Typus, z. B.:

$$HH + ClCl = HCl + HCl$$
Wasserstoff   Chlor   Salzsäure
(1 Mol.)   (1 Mol.)   (2 Mol.).

Die aus Chlor und Wasserstoff entstandene Salzsäure vermag kein Chlor oder Wasserstoffgas mehr aufzunehmen, sie übt auf dieselben keinerlei chemische Wirkung mehr aus. Dasselbe gilt von allen übrigen Verbindungen nach dem ersten Typus. In die Molekel derselben wird kein drittes Atom eines der genannten Elemente mehr aufgenommen, es sei denn, dass eines der zwei vorhandenen durch dasselbe ausgeschieden werde. Eine Vereinigung von drei oder mehr Atomen zu einer Molekel findet nie statt[*]).

Wir müssen daraus schliessen, dass, **wenn ein Atom dieser Elemente mit einem anderen sich verbunden hat, es keines weiter mehr zu binden vermag, seine Verwandtschaft also durch diese Verbindung mit einem einzigen anderen Atome vollkommen gesättigt ist. Seine Sättigungscapacität erstreckt sich also nur auf ein einziges anderes Atom.**

§ 92 (63).

Man sieht nun sofort, dass den Atomen derjenigen Elemente, welche Verbindungen nach dem 2ten, 3ten, 4ten, 5ten, 6ten Typus eingehen, die doppelte, resp. eine dreifach, vierfach, fünffach und sechsfach so grosse Sättigungscapacität zugeschrieben werden muss, wie den Atomen der eben besprochenen Art zukommt. In der That, ein Sauerstoffatom vermag doppelt soviel Wasserstoff zu binden, wie ein Chloratom, ein Atom Stickstoff die dreifache und ein Atom Kohlenstoff gar die vierfache Zahl. Ebenso bindet ein Sauerstoff- oder ein Quecksilberatom doppelt soviel Chlor, wie von einem Wasserstoffatome gebunden wird; dieses bindet nur ein, jene binden zwei Atome Chlor. Dagegen bindet ein Atom Bor, Phosphor oder Arsen drei, ein Atom Kohlenstoff oder Silicium u. s. w. vier, ein Atom Niob oder Molybdän fünf, ein Atom Wolfram sechs Chloratome. Mehr aber vermögen auch diese Elemente nicht zu fesseln. Die Verwandtschaftskraft, die Affinität ist erschöpft für Sauerstoff, Schwefel, Selen etc. durch die Vereinigung mit zwei Atomen der

---

[*]) Nicht gasförmige Vereinigungen von mehr als zwei Atomen werden später erwähnt werden.

ersten Art, z. B. mit zwei Atomen Wasserstoff; für Stickstoff, Phosphor und die übrigen Elemente der dritten Gruppe erst durch die Verbindung mit drei, für Kohlenstoff, Kiesel etc. mit vier, für Niob, Tantal, Molybdän erst durch Verbindung mit fünf, und für Wolfram mit sechs Atomen der ersten Art. Es sind demnach für die sechs aufgestellten Typen die sechs Gruppen von Elementen charakteristisch; und umgekehrt unterscheiden sich diese sechs Gruppen von einander durch den Typus ihrer Verbindungen mit Atomen der ersten Art.

Indessen finden sich einige dieser Elemente in mehren Typen; das Quecksilber in I und II, Phosphor in III und V, Wolfram in V und VI. Es ist aber klar, dass das Sättigungsvermögen dieser Elemente nur aus den an dem anderen Bestandtheile reicheren Verbindungen erschlossen werden kann, da es in den übrigen nicht erschöpft ist. Es gehört also z. B. das Quecksilber, obschon es eine Verbindung $HgCl$ bildet, nicht zu den Elementen, welche nur ein Atom Chlor zu binden vermögen, da es ja noch ein zweites Atom zu fesseln im Stande ist. Wir werden später, besonders im IX. Abschnitte, auf diese Verhältnisse zurückkommen.

§ 93 (64).

Man unterschied anfangs die sechs Gruppen von Elementen gewöhnlich nach einer traditionellen, aber nicht sonderlich gut gewählten Bezeichnung, als „ein-, zwei-, drei-, vier-, fünf- und sechsatomige" oder „ein-, zwei-, drei-, vier-, fünf- und sechsbasische".

Erstere Ausdrücke sind ungeeignet, weil man nicht wohl von „einatomigen etc. Atomen" reden kann*). Die Ausdrücke „ein-

---

*) Die Ausdrücke „einatomig" etc. sind schon früh, aber in sehr verschiedener Bedeutung in Gebrauch gekommen. Ganz im Gegensatze zu deren späterem Sinne nannte Berzelius 1827 (Jahr.-Ber. No. 7, S. 89) „mehratomig" diejenigen Elemente, welche, wie Fluor und Chlor, zu mehren Atomen mit einem einzigen Atome eines anderen Elementes in Verbindung treten. Sehr zweckmässig und treffend wurden dagegen die Ausdrücke „einatomig", „zweiatomig" u. s. w. von Gaudin de Saintes gebraucht, um die Anzahl der zu einer Molekel vereinigten Atome anzugeben. Er nannte z. B. das Quecksilber im Dampfzustande ein „monatomes" Gas (gaz monatomique) weil seine Molekel nur ein einziges Atom enthalte. (Note sur quelques propriétés des atomes, Bibl. univ., janv. et févr. 1833; Recherches sur la structure intime des corps inorganiques etc., Ann. chim. phys. 1833, t. 52, p. 113; s. a. Amadeo Avogadro, Fisica dei corpi ponderabili, Torino 1837—41, tom II, p. 869). Auch Leop. Gmelin bezeichnet (Handb., 5. Aufl., I, S. 50) als ein-, zwei- und sechsatomig die Gase, welche in gleichen Räumen ein, zwei oder sechs Atome ent-

§ 93.   VI. Combinationsformen der Atome; Typen.   201

basisch etc." erinnerten daran, dass die Lehre von der mehrfachen Sättigungscapacität aus den classischen Untersuchungen Liebig's über die mehrbasischen organischen Säuren ihren Ursprung herleitet*). Da wir aber gewohnt sind, unter basisch einen Gegensatz zu sauer (im chemischen Sinne) zu verstehen, so liess sich auch dieser Ausdruck nicht wohl auf die Atome anwenden. Das richtigste und strengste ist wohl, die Atome als solche mit 1-, 2-, 3-, 4-, 5- und 6 fachem Sättigungsvermögen zu bezeichnen. Für viele Fälle bequem ist auch die Ausdrucksweise, nach welcher man die sechs Gruppen von Atomen als mit 1, 2, 3, 4, 5 und 6 „Verwandtschaftseinheiten" begabt zu bezeichnen pflegt. Kürzer und sehr zweckmässig sind die von Erlenmeyer**) eingeführten Ausdrücke: „ein-, zwei-, drei-, vierwerthig" u. s. w. Die von demselben Autor vorgeschlagene***) Bezeichnung: „ein-, zwei-, drei-, vier- und fünfaffin" wurde von Wislicenus†) in die etwas weniger harte, wenngleich auch noch hybride, halb griechische, halb lateinische Form: „monaffin, diaffin, triaffin, tetraffin" etc. gebracht, wofür, nach dem Urtheile toleranter Philologen, deren Rath ich erbeten, wohl auch „uni-, bi-, tri-, quadri-, quinquivalent" gebraucht werden kann††). Diese Ausdrücke wurden von A. W. Hofmann in seine Einleitung in die moderne Chemie††) aufgenommen und sind seitdem durch den allgemeinen Gebrauch als zweckmässig anerkannt worden*†). In Anbetracht

---

halten. In ganz demselben Sinne wie Gaudin de Saintes nimmt Clausius dieselben Ausdrücke zur Bezeichnung der Anzahl von Atomen, welche eine Molekel bilden. So ist z. B. der Sauerstoff nach Clausius zweiatomig, weil seine Molekel aus zwei Atomen besteht. (Clausius, Unterschied zwischen activem und gewöhnlichem Sauerstoff. Vierteljahrsschrift der naturf. Ges. in Zürich, Bd. VIII; Pogg. Ann. 1864, Bd. 121, S. 261.) In diesem und keinem anderen Sinne sollten die Ausdrücke „ein-, zwei-, dreiatomig" u. s. w. oder wohlklingender „ein-, zwei-, drei-atom" u. s. w. fortan stets gebraucht werden. Ganz ungeeignet ist besonders ihre noch manchmal vorkommende Verwendung zur Angabe der Anzahl der in einer Verbindung enthaltenen Hydroxylgruppen (s. unten Abschnitt VII).
  *) Ann. Chem. Pharm. 1838, Bd. 26, S. 113 ff.
 **) Zeitschrift f. Chem. u. Pharm., 1860, S. 540.
***) Daselbst 1862, S. 25 u. 26.
  †) Ann. Chem. Pharm. 1863, Bd. 128, S. 2 u.
 ††) Diese Mod. Theor. 1 Aufl. 1864, S. 67.
†††) Introduction to modern chemistry 1865, p. 169.
  *†) Demnach ist die von H. Wichelhaus (Ann. Chem. Pharm. 1868, 6. Suppl.-Bd., S. 257) über den Ursprung dieser Bezeichnung gemachte Angabe nicht ganz richtig.

der Zweckmässigkeit und Kürze erscheint es auch zulässig, aus den Adjectiven „ein-, zweiwerthig" u. s. w. die Substantiva „Einwerthigkeit", „Zweiwerthigkeit" u. s. f. zu bilden; der daraus weiter hergeleitete Ausdruck: „Werthigkeit" der Elemente dürfte aber ziemlich überflüssig sein, da das einfache Wort „Werth" ohne die schleppenden Endsylben dasselbe auszudrücken vermag.

§ 94 (65).

Um diese verschiedene Sättigungscapacität auch in den Formeln ersichtlich zu machen, hat Odling*) vorgeschlagen, eine derselben entsprechende Anzahl von Accenten über die Atomzeichen zu setzen. Mit diesen Accenten werden die für die vier ersten Typen gebräuchlichen Schemata:

$$\overset{\prime}{H}\overset{\prime}{H} \qquad \overset{\prime\prime}{O}\begin{cases}H\\H\end{cases} \qquad \overset{\prime\prime\prime}{N}\begin{cases}H\\H\\H\end{cases} \qquad \overset{\prime\prime\prime\prime}{C}\begin{cases}H\\H\\H\\H\end{cases}$$

Wasserstofftypus, Wassertypus, Ammoniaktypus, Grubengastypus.

Die Benutzung dieser Accente, statt deren man auch wohl römische Ziffern über die Atomzeichen gesetzt hat, ist indessen nicht ganz allgemein geworden; es scheint in der That, dass dieselben entbehrt werden können, nachdem die Ansichten der Chemiker über die verschiedene Sättigungscapacität der Atome zu einer allseitigen Uebereinstimmung, wenigstens in den wesentlichsten Punkten, gelangt sind.

Die Accente können auch durch eine Art der Bezeichnung ersetzt werden, deren sich A. S. Couper**) bedient, indem er das Zeichen für jedes Atom durch eine Linie oder eine Reihe von Punkten mit dem Zeichen desjenigen verbindet, durch dessen Verwandtschaft es in der Verbindung fest gehalten wird; z. B.

$$H\text{---}H \qquad O\!\!<^{\displaystyle H}_{\displaystyle H} \qquad N\!\!<^{\displaystyle H}_{\displaystyle H}\!\!-\!\!H \qquad C\!\!<^{\displaystyle H}_{\displaystyle H}\!\!\overset{H}{\underset{H}{}}$$

$$H\text{---}H \qquad H\text{---}O\text{---}H \qquad \underset{H}{H\text{---}N\text{---}H} \qquad \underset{H}{\overset{H}{H\text{---}C\text{---}H}}$$

Die Anzahl der bei einem Atomzeichen zusammenlaufenden Striche giebt dann unmittelbar die Sättigungscapacität des Atomes an.

---

*) Chem. Soc. Quart. Journ. VII, 1.
**) On a New Chemical Theory. Phil. Mag. [4] 1858, vol. 16, p. 104, auch: Ann. chim. phys. [3] 1858, T. 53, p. 469.

§ 95 (66).

Die Abhängigkeit des Typus der Verbindungen von der Natur der in ihnen enthaltenen Atome tritt noch deutlicher hervor, wenn man die chemischen Umsetzungen derselben betrachtet. Der Typus bleibt erhalten, so lange das denselben bestimmende Atom in der Verbindung bleibt; er geht verloren, sobald dieses austritt.

Aus dem Anhydrid der unterchlorigen Säure (sogenannter wasserfreier unterchloriger Säure) und Wasserstoff entsteht Wasser und Salzsäure:

$$OCl_2 + HH + HH = OH_2 + HCl + HCl.$$

Das Sauerstoffatom erhält, vermöge seiner zweifachen Sättigungscapacität, den Typus der Verbindung 1 2; die mit ihm vereint gewesenen Chloratome aber gehen in Verbindungen des Typus 1:1 über, weil sie nur einfache Sättigungscapacität besitzen.

Phosphorwasserstoff und Chlor geben Chlorphosphor und Salzsäure:

$$PH_3 + ClCl + ClCl + ClCl = PCl_3^*) + HCl + HCl + HCl$$

Grubengas erfährt durch Chlor der Reihe nach die Umsetzungen:

$$CH_4 \quad + ClCl = CH_3Cl + HCl,$$
$$CH_3Cl + ClCl = CH_2Cl_2 + HCl,$$
$$CH_2Cl_2 + ClCl = CHCl_3 + HCl,$$
$$CHCl_3 + ClCl = CCl_4 + HCl.$$

Auch in diesen Beispielen ist das Atom des Phosphors und das des Kohlenstoffs der Träger des Typus, und seine Gegenwart die Bedingung für dessen Erhaltung.

Da überhaupt jede Verbindung zerfällt, ihren Typus verliert, sobald das für diesen characteristische Atom hinweggenommen wird, ohne durch ein solches von gleicher Sättigungscapacität ersetzt zu werden, so müssen wir annehmen, dass dieses Atom es ist, welches die Molekel zusammenhält; dass also z. B. jede Wassermolekel durch ihr Sauerstoffatom, jede Molekel Ammoniak durch ihr Atom Stickstoff, jede Molekel Grubengas durch ihr Kohlenstoffatom und endlich jede Molekel Molybdän- oder Wolframchlorid durch ihr Molybdän- oder Wolframatom zusammengehalten wird. Die Atome, welche unter sich nur Verbindungen nach dem ersten, dem Wasserstofftypus, bilden, die Atome einfacher Sättigungscapacität, tragen also zum Zusammenhalt der Verbindungen

---

*) Bei Ueberschuss von Chlor entsteht aus PCl_3 die feste Verbindung PCl_5, die in §§ 30, 31, 32 besprochen wurde.

anderer Typen direkt nichts bei; ihre einfache Verwandtschaft ist gerade nothwendig und ausreichend, um sie an das dem Typus charakteristische Atom zu ketten. Sie scheinen nur einen indirekten Einfluss insofern manchmal auszuüben, als jedes von ihnen die Kraft, durch welche das mehrwerthige Atom die übrigen einwerthigen an sich kettet, unter Umständen vermehrt oder verringert, die Vereinigung mit den Atomen gewisser Elemente erleichtert, die mit anderen erschwert.

§ 96 (67).

Bisher haben wir von den Verbindungen der Atome mehrfacher Sättigungscapacität nur die mit solchen einfachen Sättigungsvermögens betrachtet. Treten statt dieser mehrwerthige ein, so können die Verhältnisse sehr viel verwickelter werden. Oft aber geschieht auch hier die Umsetzung ausserordentlich einfach.

Durch Verbrennen von Grubengas mit Sauerstoff z. B. erhält man Kohlensäure und Wasser.

$$\overset{''''}{C}\overset{'}{H}\overset{'}{H}\overset{'}{H}\overset{'}{H} + \overset{''}{O}\overset{''}{O} + \overset{''}{O}\overset{''}{O} = \overset{''''}{C}\overset{''}{O}\overset{''}{O} + \overset{.}{H}\overset{'}{H}\overset{''}{O} + \overset{.}{H}\overset{'}{H}\overset{''}{O}.$$

Für die vier Wasserstoffatome treten also zwei Sauerstoffatome ein, deren Sättigungscapacität die gleiche ist. Anderseits wird in dem verbrauchten Sauerstoffe je ein Atom durch zwei Atome Wasserstoff vertreten. Die vier „Verwandtschaftseinheiten" des Kohlenstoffs werden also jetzt durch zwei zweiwerthige Atome gesättigt, die zwei des Sauerstoffes in der entstandenen Kohlensäure durch je zwei von den vieren des Kohlenstoffes, im Wasser durch die zwei einfachen Verwandtschaften zweier Wasserstoffatome.

Durch Verbrennen von Ammoniak entsteht Stickstoff und Wasser,

aus 2 $\overset{'''}{N}H_3$ wird $\overset{'''}{N}\overset{'''}{N}$ und 3 $\overset{''}{O}H_2$.

Die drei Verwandtschaftseinheiten jedes Stickstoffatomes werden also jetzt, statt durch drei Wasserstoffatome, durch ein einziges Stickstoffatom befriedigt.

Wird aus Wasser, z. B. durch Elektrolyse, Sauerstoffgas abgeschieden, so entstehen

aus 2 $H_2\overset{''}{O}$ $\overset{''}{O}\overset{''}{O}$ und 2 $\overset{'}{H}\overset{'}{H}$.

Hier tritt also an die Stelle von zwei einwerthigen H ein zweiwerthiges O.

Man kann demnach solche Verbindungen mehrwerthiger Atome ebenfalls auf die Grundtypen beziehen, indem man sie, was manchmal zweckmässig ist, als entstanden aus den ursprünglichen Formen dieser Typen betrachtet, in welchen die einwerthigen Atome durch mehrwerthige in der Art ersetzt sind, dass die Summe der Verwandtschaftseinheiten unverändert bleibt. In dieser Weise lassen sich einige der in der zweiten Tafel des § 90 aufgeführten Verbindungen betrachten, CO_2 und CS_2 als entstanden aus CH_4 durch Eintritt von je einem O oder S für zwei H.

Es geht hieraus aber auch hervor, dass Verbindungen, welche mehr als ein mehrwerthiges Atom enthalten, nicht nach der Anzahl ihrer Atome in die Typen eingereiht werden dürfen, dass wir also mit Recht die in der zweiten Tafel des § 90 zusammengestellten Verbindungen zunächst ausser Betracht gelassen haben.

Ein mehrwerthiges Atom kann aber auch mehre einwerthige vertreten, die nicht alle derselben, sondern verschiedenen Molekeln angehören. Dadurch werden dann diese Molekeln zu einer einzigen vereinigt.

Bei manchen Zersetzungen entsteht z. B. aus Salzsäure Wasser, indem das Chlor durch Sauerstoff ersetzt wird. Da das Chlor einwerthig, der Sauerstoff aber zweiwerthig ist, so werden dadurch zwei Molekeln zu einer einzigen verschmolzen; aus:

$$\frac{HCl}{HCl} \quad \text{wird} \quad \left.\begin{array}{l}H\\H\end{array}\right\}O$$

2 Molekeln Salzsäure   1 Molekel Wasser.

Ebenso wie das Chlor, kann auch der Wasserstoff durch ein mehrwerthiges Atom ersetzt werden, z. B. aus:

$$\frac{HCl}{HCl} \quad \text{wird so} \quad Hg\left\{\begin{array}{l}Cl\\Cl\end{array}\right.$$

2 Molekeln Salzsäure   1 Molekel Sublimat.

Man hat, von der Betrachtung dieser und ähnlicher Fälle ausgehend, den Wassertypus auch wohl dargestellt als den „verdoppelten" Typus der Salzsäure, in welchem das Chlor durch die entsprechende, „aequivalente" Menge Sauerstoff ersetzt sei u. s. f.

Manche Verbindungen, wie z. B. der Sublimat (Quecksilberchlorid), sind sogar, indem man mehr Rücksicht auf die rein chemischen Eigenschaften, als auf die Zahl und Sättigungscapacität der Atome nahm, wohl öfter auf den verdoppelten ersten, als auf den zweiten Typus bezogen worden.

Es ist ersichtlich, dass in ähnlicher Weise der dritte, vierte, fünfte und sechste Typus aufgefasst werden können als der verdreifachte und vervierfachte erste u. s. w.

206 VI. Combinationsformen der Atome; Typen. §§ 96, 97.

Die Vertretung einwerthiger Atome durch mehrwerthige geschieht manchmal nur theilweise, so dass Verbindungen entstehen wie:

$$\overset{'}{C}\overset{''''}{l}\Big\{\overset{''}{O}\quad\overset{''''}{C}\Big\{\overset{''''}{N}\atop\overset{'}{H}$$
$$\qquad\overset{'}{C}l$$

Davy's Phosgen,   Blausäure.

Die allgemeine Regel dabei ist, dass stets so viel Atome, seien sie welcher Art sie wollen, in die Molekel eintreten, dass alle Verwandtschaften sich gegenseitig sättigen. Es folgt hieraus, da jede Verwandtschaft eine andere voraussetzt, durch welche sie gesättigt wird, dass die Summe aller Verwandtschaftseinheiten in der Molekel stets eine gerade Zahl sein muss.

§ 97 (68).

Es kommen aber auch Fälle vor, und diese sind theoretisch sehr interessant, in denen die Verwandtschaften eines Atomes nicht vollständig gesättigt werden. Solche unvollständig gesättigte Verbindungen sind z. B. einige der in den beiden Tabellen des § 90 aufgeführten Verbindungen:

$$Cl\text{---}Hg\text{---}*\quad Br\text{---}Hg\text{---}*\quad \overset{''''}{N}\!\!\diagdown_{*}^{\overset{''}{O}}\quad \overset{''''}{C}\!\!\diagdown_{*}^{\overset{''}{O}}$$

Quecksilber-Chlorür u. -Bromür,   Stickoxyd und   Kohlenoxyd.

Der irregulären Zusammensetzung dieser Stoffe entspricht die aussergewöhnliche Leichtigkeit, mit welcher sie Verbindungen eingehen. Die freiwillige höhere Oxydation des Stickoxydes ist allgemein bekannt als die wesentliche Bedingung der Schwefelsäurefabrikation; ebenso das Vermögen des Kohlenoxydes sich direkt z. B. mit Chlor unter dem Einflusse des Sonnenlichtes zu verbinden:

$$C\!\!\diagdown_{*}^{O}\text{---}*+Cl\text{---}Cl=C\!\!\diagdown_{Cl}^{O}\text{---}Cl$$

Kohlenoxyd, Chlor,   Phosgen.

Wie das Kohlenoxyd und Stickoxyd verhält sich nun jede Combination von Atomen, deren Verwandtschaftskräfte nicht vollständig gesättigt sind. Eine solche zusammenhängende Atomgruppe wirkt daher häufig wie ein einfaches Atom, und zwar, je nachdem es bis zur vollständigen Sättigung seiner Affinitäten noch 1, 2, 3, 4 oder mehr einwerthige Atome erfordert, wie ein Atom mit ein-, zwei-, drei-, vier- oder mehrfachem Sättigungsvermögen.

Dieses Verhalten von Atomgruppen ward Veranlassung zu der schon von Lavoisier gemachten Annahme der „zusammengesetzten Radicale", welche die weitere Ausbildung des chemischen Lehrgebäudes so ausserordentlich gefördert hat, obwohl oder vielleicht auch weil sie so vielfach angefeindet und bekämpft worden ist. Diese „Radicale" sind später in etwas geändertem Sinne von Gerhardt „Reste" (residus), von Wislicenus „unvollständige Moleküle" genannt worden.

Dass diese unvollständig gesättigten Molekeln in der That isolirten einfachen Atomen ganz analog sich verhalten, ist beim jetzigen Stande unserer Kenntnisse nicht mehr zu bezweifeln. Der Vergleichungspunkt liegt eben darin, dass beider Affinität nicht, oder doch nicht vollständig gesättigt ist, dass in beiden noch eine oder mehre „Verwandtschaftseinheiten" ungesättigt übrig sind. Jedes Atom oder Radical hat so lange die ausserordentlich grosse, den Status nascendi auszeichnende Verwandtschaftskraft, bis es sich mit einem anderen ebenso ungesättigten Atom oder Radical verbindet.

Begegnen sich z. B. zwei Atome Wasserstoff, so geben sie die als sogenannter „freier Wasserstoff" bekannte Verbindung:
$$H + H = \widehat{HH};$$
begegnen sich zwei Radicale „Methyl", so geben sie das „freie Methyl" oder „Dimethyl":

$$H\text{---}\overset{\overset{H}{|}}{\underset{\underset{H}{|}}{C}}\text{---}* \;+\; *\text{---}\overset{\overset{H}{|}}{\underset{\underset{H}{|}}{C}}\text{---}H = H\text{---}\overset{\overset{H}{|}}{\underset{\underset{H}{|}}{C}}\text{---}\overset{\overset{H}{|}}{\underset{\underset{H}{|}}{C}}\text{---}H$$

Gerade in diesem Verhalten ist es begründet, dass man nur so äusserst wenige dieser Radicale hat isolirt darstellen können. Offenbar war es demnach nicht gerechtfertigt, wenn man im Streite so weit gegangen ist, die Existenz dieser Radicale zu leugnen, weil sie nicht isolirt werden konnten. Die Isolirung gelingt nur bei solchen Radicalen, deren Verwandtschaften, unter gewissen Umständen wenigstens, verhältnissmässig schwach sind. Während man früher häufig geneigt war, nur solche Atomgruppen, welche sich isoliren und für sich darstellen liessen, als Radicale gelten zu lassen, könnte man jetzt viel eher die Nichtisolirbarkeit als charakteristisches Merkmal der Radicale aufstellen*).

---

*) Noch heute gilt die classische Definition, welche 1838 Liebig von dem Begriffe eines zusammengesetzten Radicales gab. In seiner Abhandlung

§ 98 (69, 70).

Natürlich ist es nicht nothwendig, dass die sich vereinigenden Radicale gleicher Art seien. Ebenso z. B. wie ein Wasserstoffatom, H, kann sich auch das Radical Methyl, CH_3, mit dem Radicale Hydroxyl, OH vereinigen:

$$H \; + \; \left.\begin{matrix}*\\H\end{matrix}\right\}O \; = \; \left.\begin{matrix}H\\H\end{matrix}\right\}O \; \text{(Wasser)},$$

$$(CH_3) \; + \; \left.\begin{matrix}*\\H\end{matrix}\right\}O \; = \; \left.\begin{matrix}(CH_3)\\H\end{matrix}\right\}O \; \text{(Holzgeist)}.$$

Indem man hier das zusammengesetzte Radical Methyl dem einfachen Atome des Wasserstoffes analog ansieht, kann man sagen, der Holzgeist gehöre dem Wassertypus an, er entstehe aus dem Wasser dadurch, dass in diesem die Hälfte des Wasserstoffes durch Methyl ersetzt werde.

Diese vereinfachende Betrachtungsweise hat sehr häufig Anwendung gefunden. Nur durch sie ist es möglich geworden, eine geordnete Uebersicht der zahlreich bekannten Verbindungen des Kohlenstoffes zu gewinnen.

Man umging sogar durch diese Betrachtungsweise anfangs vollständig, später noch häufig, die Aufstellung des ganzen vierten Typus, indem man dessen Hauptrepräsentanten, das Grubengas, durch die Annahme des Radicales Methyl in demselben, als Methylwasserstoff auf den einfacheren ersten Typus, den des Wasserstoffes bezog:

$$C\left\{\begin{matrix}H\\H\\H\\H\end{matrix}\right. \; = \; (CH_3) \; H$$

„Ueber Laurent's Theorien der organischen Verbindungen" (Ann. Pharm., Bd. 25, S. 1 ff.) sagt er:

S. 3: „Wir nennen also Cyan ein Radical, weil es 1) der nicht wechselnde „Bestandtheil in einer Reihe von Verbindungen ist, weil es 2) sich in diesen „ersetzen lässt durch andere einfache Körper, weil 3) sich in seinen Verbin- „dungen mit einem einfachen Körper dieser letztere ausscheiden und vertreten „lässt durch Aequivalente von anderen einfachen Körpern."

„Von diesen drei Hauptbedingungen zur Charakteristik eines zusammen- „gesetzten Radicales müssen zum wenigsten zwei stets erfüllt werden, wenn wir „es in der That als ein Radical betrachten wollen."

und ibid. S. 5: „Die organischen Radicale existiren für uns demnach in „den meisten Fällen nur in unserer Vorstellung; über ihr wirkliches Bestehen „ist man aber ebenso wenig zweifelhaft, wie über das der Salpetersäure" (d. i. „deren damals noch unbekanntes Anhydrid) „obwohl uns dieser Körper ebenso „unbekannt ist, wie das Aethyl."

§ 98.   VI. Combinationsformen der Atome; Typen.

In diesem Falle ist allerdings diese Art der Vereinfachung des Typus mehr Folge des Herkommens gewesen, als durch Zweckmässigkeit geboten und daher jetzt veraltet; in anderen Fällen leistet sie indess wesentliche Dienste, z. B. für die Betrachtung des Chlormethyles

$$(CH_3)\ Cl,$$

dessen chemisches Verhalten mittelst dieses Ausdrucks in der Regel sehr bequem und anschaulich sich darstellen lässt.

Man sieht aber sogleich, dass hier grosse Willkür möglich wird. So kann man z. B., wenn zwei Radicale Methyl (deren jedes noch eine ungesättigte Affinitätseinheit enthält) durch die Verbindung mit einem Sauerstoffatome zu einer geschlossenen Molekel zusammengezogen werden, die entstehende Verbindung (Methylaether) nach dem vorigen ebensowohl auf den Wassertypus beziehen:

$$(CH_3) + O + (CH_3) = \left.\begin{matrix}(CH_3)\\(CH_3)\end{matrix}\right\}O,$$

Methyl,   Methyl,   Methylaether,

als sie für den verdoppelten Typus des Grubengases (Methylwasserstoff) erklären:

$$\begin{matrix}H\\|\\H\!-\!-\!-\!C\!-\!-\!-\!*\\|\\H\end{matrix} + O + \begin{matrix}H\\|\\*\!-\!-\!-\!C\!-\!-\!-\!H\\|\\H\end{matrix} = \begin{matrix}H\\|\\H\!-\!-\!-\!C\!-\!-\!-\!O\!-\!-\!-\!C\!-\!-\!-\!H\\|\\H\end{matrix}\ \begin{matrix}H\\|\\\\|\\H\end{matrix}$$

Methyl,   Methyl,   Methylaether,

in welchem je ein Wasserstoffatom in jeder Molekel durch die aequivalente Sauerstoffmenge ersetzt, und durch die Untheilbarkeit des bivalenten Sauerstoffatomes die beiden Molekeln zu einer einzigen zusammengezogen seien.

Ganz dasselbe gilt z. B. vom Zinkmethyl, das man sowohl auf den zweiten Typus beziehen

$$\left.\begin{matrix}(CH_3)\\(CH_3)\end{matrix}\right\}Zn,$$

als auch für den verdoppelten Typus des Grubengases

$$\begin{matrix}H & & H\\|& & |\\H\!-\!-\!-\!C\!-\!-\!-\!Zn\!-\!-\!-\!C\!-\!-\!-\!H\\|& & |\\H & & H\end{matrix}$$

erklären oder endlich, indem man es mit dem Wasserstoffgase und dem Methylwasserstoffe (d. i. Grubengas in anderer Auffassung) vergleicht:

$$\frac{H\ H}{H\ H} \qquad \frac{(CH_3)\ H}{(CH_3)\ H} \qquad \left.\begin{matrix}(CH_3)\\(CH_3)\end{matrix}\right\}Zn$$

2 Molekeln   2 Mol. Methyl-   1 Mol. Zink-
Wasserstoff,   wasserstoff,   methyl],

auf den verdoppelten ersten Typus beziehen kann.

Letztere Beziehung ist für das Zinkmethyl sogar von den Chemikern am häufigsten benutzt worden, für den Methylaether· dagegen die Zurückführung auf den zweiten, d. i. den Typus des Wassers.

§ 99.

Die Substitution der Radicale für Atome ermöglichte es Gerhardt*), alle näher bekannten organischen Verbindungen auf die drei ersten Typen zu beziehen und damit eine einheitlich mit grossem Geschick geordnete Eintheilung der organischen Chemie von bis dahin unerreichter Uebersichtlichkeit zu liefern. Indem er in den

Haupt- und Nebentypen:

$$\left.\begin{matrix}H\\H\end{matrix}\right\} \quad \left.\begin{matrix}H\\Cl\end{matrix}\right\} \quad \left.\begin{matrix}H\\Br\end{matrix}\right\} \quad \left.\begin{matrix}H\\J\end{matrix}\right\} \quad \left.\begin{matrix}H\\F\end{matrix}\right\} \quad \left.\begin{matrix}H\\Cy\end{matrix}\right\}$$

$$\left.\begin{matrix}H\\H\end{matrix}\right\}O \quad \left.\begin{matrix}H\\H\end{matrix}\right\}S \quad \left.\begin{matrix}H\\H\end{matrix}\right\}Se \quad \left.\begin{matrix}H\\H\end{matrix}\right\}Te$$

$$\left.\begin{matrix}H\\H\\H\end{matrix}\right\}N \quad \left.\begin{matrix}H\\H\\H\end{matrix}\right\}P \quad \left.\begin{matrix}H\\H\\H\end{matrix}\right\}As \quad \left.\begin{matrix}H\\H\\H\end{matrix}\right\}Sb$$

andere Atome oder organische Radicale für eines oder mehre Wasserstoffatome substituirte, erhielt er für zahlreiche anorganische wie organische Verbindungen Formeln, welche Analogien in Verhalten verschiedener Stoffe sehr deutlich als Folge von Analogien in der Zusammensetzung hervortreten liessen.

Ausser jenen einfachen Typen benutzte aber Gerhardt auch die doppelten, dreifachen etc. gleichen Typen:

$$\left.\begin{matrix}H_2\\H_2\end{matrix}\right\} = \left.\begin{matrix}H\\H\\H\\H\end{matrix}\right\} \quad \left.\begin{matrix}H_2\\H_2\end{matrix}\right\}O_2 = \left.\begin{matrix}H\\H\\H\\H\end{matrix}\right\}\begin{matrix}O\\ \\O\end{matrix} \quad \left.\begin{matrix}H_2\\H_2\\H_2\end{matrix}\right\}N_2 = \left.\begin{matrix}H\\H\\H\\H\\H\\H\end{matrix}\right\}\begin{matrix}N\\ \\ \\N\end{matrix} \quad \text{u. s. w.}$$

---

*) Traité de Chimie organique, Paris 1853—56; besonders im IV. Bande, p. 561—866.

§ 99. VI. Combinationsformen der Atome; Typen. 211

für Verbindungen, welche durch Substitution von mehrwerthigen Atomen oder Radicalen für Wasserstoffatome mehrer Molekeln entstehen oder entstanden gedacht werden können, z. B.:

Typus:
$H_2 Cl_2$ CO , Cl_2 SO_2 , Cl_2
             Phosgen,   Sulfurylchlorid,
$H_3 Cl_3$ B , Cl_3 P , Cl_3 PO , Cl_3
             Borchlorid,   Phosphorchlorür, Phosphoroxychlorid,

$\left.\begin{array}{l}H_2\\H_2\end{array}\right\}O_2$ $\left.\begin{array}{l}SO_2\\H_2\end{array}\right\}O_2$ $\left.\begin{array}{l}C_2O_2\\H_2\end{array}\right\}O_2$ $\left.\begin{array}{l}C_4H_4O_4\\H_2\end{array}\right\}O_2$
                         Schwefelsäure,   Oxalsäure,   Weinsäure,

$\left.\begin{array}{l}H_3\\H_3\end{array}\right\}O_3$ $\left.\begin{array}{l}B\\H_3\end{array}\right\}O_3$ $\left.\begin{array}{l}B\\B\end{array}\right\}O_3$ $\left.\begin{array}{l}C_6H_5O_4\\H_3\end{array}\right\}O_3$
                         Borsäure,   Borsäureanhydrid,   Citronensäure,

$\left.\begin{array}{l}H_2\\H_2\\H_2\end{array}\right\}N_2$ $\left.\begin{array}{l}(CH_3)_2\\C_2O_2\\H_2\end{array}\right\}N_2$ $\left.\begin{array}{l}(C_7H_5)_3\\\\H_3\end{array}\right\}N_2$ $\left.\begin{array}{l}H_2\\CO\\H_2\end{array}\right\}N_2$
                         Dimethyloxamid,   Hydrobenzamid,   Harnstoff,

$\left.\begin{array}{l}H_3\\H_3\\H_3\end{array}\right\}N_3$ $\left.\begin{array}{l}C_6H_5O_4\\H_3\\H_3\end{array}\right\}N_3$ $\left.\begin{array}{l}C_6H_5O_4\\(C_6H_5)_3\\H_3\end{array}\right\}N_3$ $\left.\begin{array}{l}(CO)_3\\\\H_3\end{array}\right\}N_3$
                         Citramid,   Citranilid,   Cyanursäure.

Gerhardt machte keinen bestimmten Unterschied zwischen den als typisch hingestellten und den für diese substituirten Atomen, betrachtete vielmehr, je nach den Zersetzungen, die er darstellen, und den Analogien im Verhalten, die er hervorheben wollte, bald die einen, bald die anderen Atome als typisch. Er schrieb z. B.

Cyansäure: $\left.\begin{array}{l}CN\\H\end{array}\right\}O$ oder $\left.\begin{array}{l}CO\\H\end{array}\right\}N$

Bittermandelöl: H , C_7H_5O oder $\left.\begin{array}{l}C_7H_5\\H\end{array}\right\}O$ u. dgl. m.

Da viele Chemiker eine solche Wandelbarkeit der Formeln bedenklich fanden und daher für jeden Stoff nur bestimmte Atome als typisch gelten liessen, so ist jener Zeit sehr viel Streit, und zwar, nach unserer jetzigen Auffassung, neben nothwendigem auch viel müssiger Streit über den Werth verschiedener Formeln geführt worden. Je mehr Formeln aufgestellt wurden[*], desto fester hielt jeder Autor an der seinen.

---

[*] Ueber die jetzt vergessene Formelfluth vergl. Laurent, Méthode de chimie p. 27—29; Kekulé, Lehrb. I, S. 58.

Da die Radicale, welche zum Zwecke der Zurückführung aller Verbindungen auf wenige Typen angenommen werden mussten, oft sehr gross wurden, so suchte sie Gerhardt zu vereinfachen, indem er diejenigen Atomgruppen innerhalb der Radicale, welche einen verhältnissmässig geringeren Einfluss auf das charakteristische Verhalten der Stoffe zu üben schienen, als „Paarlinge (copules)", die aus solchen Gruppen zusammengesetzten Radicale als „gepaart (conjugé)" bezeichnete, d. h. als einfachere Radicale, in welche hinein andere zusammengesetzte für ein oder mehre Atome substituirt seien. So z. B.

$$\left.\begin{array}{c}C_2H_3O\\H\end{array}\right\}O \qquad \left.\begin{array}{c}C_2(Cl)_2HO\\H\end{array}\right\}O \qquad \left.\begin{array}{c}C_2(Cl_3)O\\H\end{array}\right\}O$$

Essigsäure,   Bichloressigsäure,   Trichloressigsäure,

oder

$$\left.\begin{array}{c}CO(CH_3)\\H\end{array}\right\}O \qquad \left.\begin{array}{c}SO_2(CH_3)\\H\end{array}\right\}O$$

Essigsäure analog der methylschwefligen Säure*),

$$\left.\begin{array}{c}C_7H_5O\\H\end{array}\right\}O \qquad \left.\begin{array}{c}C_7H_4(NO_2)O\\H\end{array}\right\}O \qquad \left.\begin{array}{c}C_7H_3(NO_2)_2O\\H\end{array}\right\}O$$

Benzoësäure,   Nitrobenzoësäure,   Binitrobenzoësäure.

Diese in Gerhardt's je nach dem Zwecke der Darstellung wandelbaren Formeln unschädliche Vorstellung der Paarung erhielt durch Berzelius und andere Forscher, welche sich ihrer bedienten, eine übertrieben grosse Bedeutung und stiftete viel Verwirrung und Streit der Meinungen**). Durch wiederholte Substitutionen wurde die Zusammensetzung der Radicale immer verwickelter und die Vorstellungen besonders dadurch sonderbar, dass man vielfach mehr oder weniger bestimmt anzunehmen pflegte, die substituirten Radicale befänden sich innerhalb desjenigen, dessen Wasserstoffatome sie ersetzten. Wenn man diese Vorstellung auch nicht immer räumlich gedeutet wissen wollte, so machte man doch damit einen wesentlichen Unterschied zwischen dem substituirten und dem die Substitution erleidenden Radicale, während es offenbar willkürlich ist, ob man z. B. das aus Jodmethyl und Ammoniak nach der Gleichung

$$J\,CH_3 + NH_3 = JH + NH_2CH_3$$

entstehende Methylamin

$$\begin{array}{ccc} & H & H \\ & | & | \\ H\text{---}N\text{---}* + *\text{---}C\text{---}H = H\text{---}N\text{---}C\text{---}H \\ & | & | & | \\ & H & H & H\ H \end{array}$$

---

*) Traité de chimie organique, T. IV, p. 672.
**) S. Laurent, a. a. O., p. 249.

betrachten will als

$$N\begin{cases}(CH_3)\\H\\H\end{cases} \text{ oder } C\begin{cases}(NH_2)\\H\\H\\H\end{cases}$$

d. h. als Ammoniak, in dem ein Wasserstoffatom durch Methyl *(CH$_3$)* ersetzt sei, oder als Grubengas, in welchem ein solches durch Amid *(NH$_2$)* vertreten werde. Thatsächlich ersetzt jedes der beiden Radicale ein H in dem andern; beide Formeln sind daher gleichberechtigt. Man pflegt die erste zu bevorzugen, weil das Verhalten des Methylamins dem des Ammoniaks sehr viel ähnlicher ist als dem des Grubengases. Bei complicirter zusammengesetzten, z. B. den s. g. aromatischen Verbindungen wendet man dagegen sehr häufig die der zweiten Schablone analogen Formeln an.

Diese Gleichberechtigung der Radicale fand ihren Ausdruck in einer von Kekulé*) gegebenen wesentlichen Erweiterung der typischen Betrachtungsweise, nach welcher die bis dahin als gepaart betrachteten Verbindungen als Combinationen mehrer Typen, als „gemischte Typen" aufgefasst wurden, welche entstehen, wenn ein mehrwerthiges Atom oder Radical in zwei oder mehr Molekeln verschiedener Typen einen Theil der einwerthigen Atome ersetzt und dadurch eine Vereinigung mehrer Molekeln zu einer einzigen bewirkt. Als solche gemischte Typen lassen sich z. B. betrachten:

Typus

$$\begin{matrix} H\\H\\H\\H \end{matrix}\Big\}O \qquad \begin{matrix}K\\SO_2\\H\end{matrix}\Big\}O \qquad \begin{matrix}CH_3\\CO\\H\end{matrix}\Big\}O \qquad \begin{matrix}Cl\\SO_2\\H\end{matrix}\Big\}O$$

saures Sulfit,   Essigsäure,   s. g. Chlorschwefelsäure;

$$\begin{matrix}H\\H\\H\\H\\H\end{matrix}\Big\}N\Big\}O \qquad \begin{matrix}H\\H\\CO\\H\end{matrix}\Big\}N\Big\}O \qquad \begin{matrix}H\\H\\C_2O_2\\H\end{matrix}\Big\}N\Big\}O \qquad \begin{matrix}H\\H\\C_2H_2O\\H\end{matrix}\Big\}N\Big\}O$$

Carbaminsäure,   Oxaminsäure,   Glycocoll.

Diese Erweiterung der typischen Betrachtungsweise führte bald zu einer Auflösung der zu eng begrenzten Gerhardt'schen

---

*) Ueber die sogenannten gepaarten Verbindungen und die Theorie der mehratomigen Radicale; Ann. Chem. Pharm. 1857, Bd. 104, S. 129—150.

Typen. Dieselben sind der Entwickelung der Wissenschaft ausserordentlich förderlich gewesen. Sie konnten aber nur als Theile eines Gerüstes betrachtet werden, das man abbrach, nachdem der Aufbau des Systemes der organischen Chemie weit genug gediehen war, um seiner entbehren zu können. Die Beziehung der zahlreichen Verbindungen auf wenige Typen bot vielfachen Anlass, die einzelnen Fälle von allen Seiten zu beleuchten und zu betrachten, liess Analogien und Gegensätze hervortreten, und führte schliesslich zu einer allgemeinen Uebersicht über das merkwürdige Verhalten der chemischen Atome in ihren Verbindungen.

VII. Das Gesetz der Atomverkettung.

§ 100 (71).

Die Gesetze, in welchen unsere gegenwärtigen Kenntnisse von den Wirkungen der Affinität Ausdruck finden, sind aus Spekulationen der angegebenen Art hervorgegangen.

Diese Gesetze, welche uns jetzt durch ihre grosse Einfachheit überraschen, sind dadurch aufgefunden worden, dass man von den Radicalen wieder auf die Atome zurückging.

Die Nothwendigkeit, die Betrachtung bis auf diese auszudehnen, machte sich mit der fortschreitenden Entwickelung der Chemie mehr und mehr fühlbar. Sie scheint fast gleichzeitig von verschiedenen Chemikern mehr oder weniger klar empfunden worden zu sein. Der erste, der ihr bestimmten Ausdruck verlieh und in weitem Umfange Folge gab, war Kekulé in seiner oben (S. 213) angeführten, 1857 veröffentlichten Abhandlung: „Ueber die sogenannten gepaarten Verbindungen und die Theorie der mehratomigen Radicale", in der er einen Theil seiner Ansichten über die Constitution chemischer Verbindungen darlegte. Etwas später forderte auch Archibald S. Couper*) noch ausdrücklicher das Zurückgehen auf die Atome, indem er zugleich einige Eigenschaften der letzteren, besonders der Kohlenstoffatome, ausführlicher erörterte, die Kekulé nur angedeutet oder stillschweigend vorausgesetzt hatte.

Kekulé hat seither in verschiedenen Abhandlungen, besonders aber seit 1859 in seinem oben (S. 28) citirten Lehrbuche, seine Ansichten ausführlicher entwickelt.

Durch das Zurückgehen auf die Atome wurde als das wichtige, wesentliche und bleibende Ergebniss aller früheren theoretischen Bestrebungen die Erkenntniss der eigenthümlichen Wirkung gewonnen,

---

*) a. d. § 94 a. O. Vergl. auch: Ann. Chem. Pharm. 1859, Bd. 110, S. 46 u. S. 51.

durch welche die chemische Affinität der Atome den inneren Zusammenhang der Verbindungen erzeugt. Die einzelnen Atome, durch deren Zusammenlagerung eine chemische Verbindung entsteht, werden nicht, wie man früher anzunehmen pflegte, dadurch in dieser Verbindung erhalten, dass jedes von ihnen der Anziehung aller übrigen oder doch einer grösseren Anzahl derselben unterworfen wäre, und durch diese vielen Anziehungen an seiner Stelle gehalten würde; sondern diese Anziehung wirkt nur von Atom zu Atom; jedes haftet nur am nächstvorhergehenden, und an ihm hängt wieder das folgende, wie in der Kette Glied an Glied sich reihet. Kein Glied der Kette kann entfernt werden, ohne dass die ganze Kette zerreisst.

Als Glieder der Kette sind aber nicht alle Atome von gleichem Werthe. Die einwerthigen gleichen solchen Kettengliedern, welche nur mit einem einzigen Ringe oder Haken versehen sind und daher nur mit einem einzigen anderen Gliede verbunden werden können. Ist dieses zweite Atom wieder ein einwerthiges, so fehlt die Möglichkeit, ein drittes Glied hinzuzufügen. Ist aber das zweite Atom mehrwerthig, so wird von seinen Verwandtschaftseinheiten nur eine durch den Zusammenhang mit dem ersten Atome verbraucht; die übrigen können dienen, durch Aufnahme neuer Glieder die Kette weiter zu verlängern. Die Möglichkeit dieser Verlängerung hört auf, sobald als Endglied ein einwerthiges Atom eingefügt wird.

Es ist leicht ersichtlich, dass hierdurch eine ausserordentliche Mannichfaltigkeit der chemischen Verbindungen möglich wird; und in der That beruht die Existenz der unzähligen Verbindungen, insbesondere der des Kohlenstoffes, der sogenannten organischen Verbindungen, auf diesem eigenthümlichen Verhalten der Atome.

Es ergiebt sich aber auch sofort, dass diese Mannichfaltigkeit grösser werden kann für die vierwerthigen als für die dreiwerthigen, und für diese wiederum grösser als für die zweiwerthigen Atome.

§ 101 (72).

Jedes zweiwerthige Atom verbraucht seine beiden Affinitäten zum Zusammenheften seiner beiden Nachbarn. Bildet sich also eine Kette aus lauter zweiwerthigen Atomen, so bleibt im günstigsten Falle nur an jedem Ende der Kette je eine Affinität übrig. Wird jede derselben durch ein einwerthiges Atom gesättigt, so ist die Kette abgeschlossen. Sie bildet eine einfache Reihe, z. B. die

§ 101.   VII. Das Gesetz der Atomverkettung.   217

Chlorschwefelsäure (Sulphurylchlorid) und die entsprechende Bromverbindung*): $Cl\text{----}O\text{----}S\text{----}O\text{----}Cl$ $Br\text{----}O\text{----}S\text{----}O\text{----}Br$.

Jede dieser Verbindungen enthält zwei einwerthige Atome, das Maximum, das eine Verbindung aus zwei- und einwerthigen Atomen zu enthalten vermag.

Es kann aber auch geschehen, dass die Affinitäten der beiden äussersten Glieder, statt durch zwei einwerthige, durch ein einziges zweiwerthiges Atom befriedigt werden. Dadurch wird die Kette der Atome ringförmig geschlossen, z. B.:

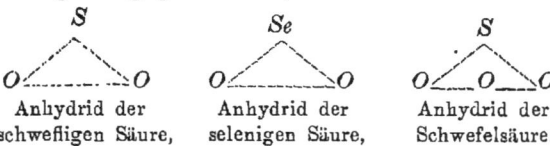

Anhydrid der   Anhydrid der   Anhydrid der
schwefligen Säure, selenigen Säure,   Schwefelsäure.

Wenn die Molekel des Schwefels wenig oberhalb des Siedpunktes wirklich, wie sich aus der Dampfdichte 6,6 folgern lässt, aus sechs einzelnen Atomen besteht, so müssen auch diese ringförmig geordnet**) gedacht werden, damit alle Affinitäten befriedigt erscheinen.

Ebenso würde sich für das Ozon, wenn wir mit Clausius***), Soret†) u. A. in dessen Molekel drei Atome annehmen, das ringförmige Schema:

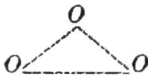

ergeben.

In Verbindungen von nur zweiwerthigen oder von zwei- und einwerthigen Elementen scheint die Anzahl der Atome, welche zu einer Molekel zusammentreten, nie sehr gross zu werden. Die bis

---

*) Wir betrachten hier, der älteren Auffassung gemäss, Schwefel und Selen als zweiwerthige Elemente, werden aber im IX. Abschnitte eine andere, wahrscheinlich richtigere Ansicht kennen lernen, nach welcher sie in den hier zu besprechenden Verbindungen nicht zweiwerthig sind. Obige Formeln sind daher nur als allgemeine Schablonen anzusehen.

**) Es braucht wohl kaum erinnert zu werden, dass der Ausdruck „ringförmig" nicht nothwendig räumlich genommen werden muss; er bezeichnet nur, dass die den Zusammenhang der Molekel bewirkenden, von Atom zu Atom thätigen Anziehungen eine in sich zurücklaufende Reihe bilden.

***) Ueber den Unterschied zwischen activem und gewöhnlichem Sauerstoffe. Vierteljahrsschrift d. naturf. Ges. in Zürich, Bd. VIII, 1863, S. 345; auch Pogg. Ann. 1864, Bd. 121, S. 250.

†) Recherches sur la densité de l'ozone, Compt. rend. 1865, T. 61, p. 941; 1867, T. 64, p. 904.

jetzt beobachtete grösste Zahl zweiwerthiger in einer Molekel einer (gasförmigen) Verbindung enthaltener Atome umfasst sieben solcher Atome, die sich im Chlorid der Pyroschwefelsäure $S_2 O_5 Cl_2$ finden.

§ 102 (73).

Treten dagegen auch drei- und vierwerthige*) Atome in die Verbindung ein, so wird die Anzahl der zu einer Molekel vereinigten Atome oft sehr gross. Mit der Zahl der drei- und vierwerthigen Atome wächst auch die der einwerthigen, welche in die Molekel eingehen können. Jedes neu hinzutretende drei- oder vierwerthige Atom verbraucht eine seiner Verwandtschaftseinheiten zur Vereinigung mit einem der schon vorhandenen Atome und sättigt dadurch eine Affinität des letzteren. Der Zutritt jedes neuen Atomes neutralisirt also stets mindestens zwei Affinitätseinheiten. Da nun aber jedes dreiwerthige drei, und jedes vierwerthige vier neue Verwandtschaftseinheiten hinzubringt, so ist klar, dass die Zahl solcher Affinitäten, welche nicht nothwendig für den Zusammenhang der Molekel verbraucht werden, stetig wächst mit dem Hinzutreten drei- und vierwerthiger Atome. Diese Affinitäten aber können durch einwerthige Atome gesättigt werden, ohne dass dadurch der Zusammenhang der Molekel gefährdet würde.

§ 103 (74).

Zwischen der Anzahl der einwerthigen Atome, welche möglicher Weise in der Molekel irgend einer Verbindung enthalten sein können, und der der in derselben enthaltenen drei- und vierwerthigen Atome findet eine sehr einfache Beziehung statt, für die sich leicht ein allgemeiner Ausdruck angeben lässt.

Es ist ersichtlich, dass, wenn n die Anzahl aller in der Molekel enthaltenen mehrwerthigen Atome bezeichnet, zum Zusammenhalt derselben unter sich $2(n-1)$ Verwandtschaftseinheiten erfordert werden, d. i. zwei weniger als die doppelte Anzahl dieser Atome. Denn mindestens zwei Affinitäten werden durch die Vereinigung der beiden ersten Atome gesättigt, zwei andere beim Zutritt jedes neuen Atomes.

Ist nun n_2 die Anzahl der zwei-, n_3 der drei-, n_4 der vier-, n_5 der fünf- und n_6 der sechswerthigen Atome in einer Molekel der Verbindung, also:

$$n_2 + n_3 + n_4 + n_5 + n_6 = n$$

---

*) Wir lassen die fünf- und sechswerthigen Atome hier meist ausser Betracht, weil wir von ihnen bis jetzt nur einige wenige gasförmige Verbindungen kennen.

§ 104. VII. Das Gesetz der Atomverkettung.

und ferner s die Summe ihrer Verwandtschaftseinheiten oder Sättigungscapacitäten, also:
$$2 n_2 + 3 n_3 + 4 n_4 + 5 n_5 + 6 n_6 = s$$
so ist die Anzahl n_1 der einwerthigen Atome, welche möglicher Weise in der Verbindung enthalten sein können, bestimmt durch die Relation:
$$n_1 \leq s - 2\,(n-1)$$
oder, durch Einsetzen der Werthe für s und n:
$$n_1 \leq n_3 + 2 n_4 + 3 n_5 + 4 n_6 + 2$$
Die Anzahl n_1 der einwerthigen Atome ist also unabhängig von der der zweiwerthigen n_2. In jeder Verbindung, welcher Art sie sei, können immer wenigstens zwei einwerthige Atome enthalten sein; ausser diesen noch eins mehr für jedes eintretende dreiwerthige, und ferner zwei mehr für jedes vierwerthige Atom u. s. f.

§ 104 (75).

Für eine Verbindung z. B. von Kohlenstoff, Stickstoff, Sauerstoff und Wasserstoff von der Zusammensetzung:
$$C_x\,N_y\,O_z\,H_w$$
also für $n_1 = w$, $n_2 = z$, $n_3 = y$, $n_4 = x$, $n_5 = 0 = n_6$ ist die Anzahl der Wasserstoffatome gegeben durch die zu erfüllende Relation:
$$w \leq 2x + y + 2.$$

Die an Wasserstoff reichste unter den möglichen Verbindungen enthält:
$$w = 2x + y + 2$$
Wasserstoffatome. Unter den Tausenden von Verbindungen des Kohlenstoffes kommt keine (im Gaszustande) vor, für welche diese Grenze überschritten würde.

Wohl aber kann die Anzahl der Wasserstoffatome geringer sein, als die obige Relation angiebt. Dieser Fall tritt ein, wenn die mehrwerthigen Atome mehr als $2\,(n-1)$ Affinitäten unter einander ausgleichen.

Ein Kohlenwasserstoff z. B., der drei Atome Kohlenstoff in der Molekel enthält, kann nicht mehr als
$$3 \times 4 - (2 \times 3 - 2) = 2 \times 3 + 2 = 8$$
Atome Wasserstoff enthalten; denn die Atomgruppe

$$\begin{array}{ccccccc} & H & & H & & H & \\ & | & & | & & | & \\ H\!\!-\!\!\!\!&C&\!\!\!\!-\!\!\!\!&C&\!\!\!\!-\!\!\!\!&C&\!\!\!\!-\!\!H \\ & | & & | & & | & \\ & H & & H & & H & \end{array}$$

kann, ohne zu zerfallen, nicht mehr als die in ihr enthaltenen 8 Atome einfacher Sättigungscapacität aufnehmen. Sättigen aber zwei Kohlenstoffatome gegenseitig mehr als je eine ihrer Affinitäten, so muss in Folge dessen die Zahl der Wasserstoffatome um 2 abnehmen:

$$H-C-C-C-H$$ (mit H-Atomen)

Ebenso kann die Vereinigung von einem Atom Kohlenstoff und einem Atom Stickstoff mit Wasserstoff die Combinationen geben:

$$H-C-N \qquad H-C\!\!\equiv\!\! N$$

Methylamin,   Blausäure.

In dem einen Falle sättigt das C-Atom nur eine, im anderen alle drei Affinitäten des Stickstoffes; im ersteren bleiben fünf, im anderen nur eine Affinität für den Wasserstoff übrig.

Möglich wäre auch noch eine bis jetzt unbekannte Zwischenstufe:

$$C\!\!\equiv\!\! N-H$$

in welcher drei Verwandtschaftseinheiten durch Wasserstoff gesättigt wären.

§ 105 (76).

Man sieht, dass durch die gegenseitige Neutralisation der mehrwerthigen Atome die Anzahl der einwerthigen immer um 2, 4, 6 etc., also stets um eine gerade Zahl vermindert wird. Die Anzahl bleibt also immer gerade oder ungerade; je nachdem sie in der an einwerthigen Atomen reichsten Combination gerade oder ungerade ist.

Die für letztere geltende Relation

$$n_1 = n_3 + 2n_4 + 2 = n_3 + 2(n_4 + 1)$$

oder

$$n_1 - n_3 = 2(n_4 + 1)$$

sagt aber aus, dass die Differenz $n_1 - n_3$ und folglich auch die Summe $n_1 + n_3$ stets eine gerade Zahl sei. Es ist also n_1 gerade, wenn n_3 gerade ist, und umgekehrt.

Laurent*) nannte die drei- und einatomigen, damals noch nicht als solche unterschiedenen, Elemente „Dyaden", weil sie, alle zusammengerechnet, immer mit gerader Anzahl von Atomen, folglich paarweise auftreten (d. h. weil $n_1 + n_3$ stets gerade ist), im Gegensatze zu den in beliebiger Zahl auftretenden „Monaden", d. i. den zwei- und vierwerthigen Elementen.

§ 106 (77).

In einer Atomgruppe, die als zusammengesetztes Radical fungiren soll, dürfen, wie sich aus dem vorigen leicht ergiebt, nicht alle Affinitäten der mehrwerthigen Atome gesättigt sein; es muss vielmehr die Relation gelten:
$$n_1 < n_3 + 2n_4 + 3n_5 + 4n_6 + 2$$
Die Differenz
$$(n_3 + 2n_4 + 3n_5 + 4n_6 2) - n_1$$
giebt an, wie viel Atome einfacher Sättigungscapacität das Radical im Maximum vertreten kann. Die Anzahl derselben aber kann sich verkleinern, und zwar stets um eine gerade Zahl, dadurch, dass zwei oder mehr Atome mehrfacher Sättigungscapacität ihre Affinitäten gegenseitig sättigen.

Das Radical $C_3 H_3$ z. B. würde 5werthig sein; denn für $n_4 = 3$, $n_6 = n_5 = n_3 = 0$ und $n_1 = 3$ haben wir:
$$2\ n_4 + 2 - n_1 = 2 \cdot 3 + 2 - 3 = 5.$$

Durch Verbindung der C-Atome unter sich kann aber das Radical 3- und 1werthig werden:

$$\begin{array}{ccc}
\overset{H}{\underset{*}{H\text{---}\overset{*}{\underset{|}{C}}\text{---}\overset{*}{\underset{|}{C}}\text{---}\overset{*}{\underset{|}{C}}\text{---}H}} & \overset{H}{H\text{---}\overset{*}{C}\text{:::}\overset{*}{C}\text{---}\overset{*}{\underset{*}{C}}\text{---}H} & \overset{H}{H\text{---}\overset{*}{\underset{*}{C}}\text{---}\overset{*}{C}\text{:::}\overset{*}{C}\text{---}H} \\
\text{5werthig,} & \text{3werthig,} & \text{1werthig.}
\end{array}$$

Ebenso kann das Radical $C_3 H_4$ 4-, 2-, oder 0-werthig sein, je nachdem die drei Kohlenstoffatome zur Verbindung unter sich 4, 6 oder 8 ihrer 12 Verwandtschaftseinheiten aufwenden.

§ 107 (78).

Durch eine solche vielfache Vereinigung mehrwerthiger Atome unter sich kann der Bau einer Molekel sehr verwickelt werden. Nur im einfachsten Falle ist die Kette der Atome linear; wird aber in ein drei- oder vierfaches Glied derselben ein anderes

---
*) Méth. de chimie p. 58.

mehrfaches Glied gehängt, so vermag sich an dieses eine neue Kette zu reihen. Verbindet sich ein schon mit zwei anderen verbundenes, also innerhalb der Kette liegendes drei- oder vierwerthiges Atom mit noch einem dritten mehrwerthigen Atome, so können sich an dieses wieder andere reihen. So entsteht eine aus mehren linearen zusammengesetzte, verästelte Kette von Atomen. Die Aeste derselben können sich in derselben Weise weiter verzweigen, auch die Zweige sich unter einander durch Zwischenglieder zu ringförmigen oder netzartigen Gebilden vereinigen, so dass äusserst verwickelte Verhältnisse entstehen, die schwierig zu enträthseln sind*).

Wahrscheinlich haben die so sehr beständigen, an Kohlenstoff reichen Radicale der sogenannten aromatischen (Benzoë-, Naphthalin-, Anthracen-) Reihen eine durch ringförmige Verbindungen der Kohlenstoffatome unter sich charakterisirte Constitution. Auch die organischen Verbindungen der höchsten Ordnungen, die Stoffe, welche die wesentlichsten Träger des Lebens der Pflanzen und Thiere sind, haben aller Wahrscheinlichkeit nach einen mit einer vielgliedrigen, vielfach verzweigten Kette vergleichbaren Bau, während bei den einfacheren Verbindungen die Ordnung der Atome meistens in einer linearen oder wenig verästelten Kette ihren bildlichen Ausdruck findet.

Doch auch unter den einfacher constituirten Verbindungen kommen nicht selten verästelte Atomketten vor. So z. B. bilden im Triaethylamin

$$N \begin{cases} C_2H_5 \\ -C_2H_5 \\ C_2H_5 \end{cases} \text{ oder } N \begin{cases} CH_2\text{---}CH_3 \\ \text{---}CH_2\text{---}CH_3 \\ CH_2\text{---}CH_3 \end{cases}$$

die drei Radicale Aethyl eben so viele lineare Ketten, die in dem einen Stickstoffatome als Knotenpunkt zusammenlaufen.

§ 108 (79).

Fragen wir nun nach einer Erklärung des merkwürdigen Verhältnisses, dass gewisse Atome nur ein einziges anderes Atom zu binden vermögen, andre 2, andre 3, und noch andre 4, 5 oder 6, dass aber, wenn sie sich mit diesen vereinigt haben, eine Vereinigung mit neu hinzutretenden nicht mehr möglich ist, so finden wir uns noch ziemlich vor derselben Thür, an welche die Chemie

---

*) Die Möglichkeit dieser Art von Verbindungen ist zuerst von Couper (a. a. O.) dargelegt worden.

§ 108. VII. Das Gesetz der Atomverkettung. 223

seit hundert Jahren pocht. Die Frage ist nur eine andre, schärfer ausgeprägte Form der Frage, warum sättigt ein Molekulargewicht Salpetersäure nur ein und nicht, wie z. B. die Schwefelsäure 2 oder die Phosphorsäure 3 Aequivalente Kali? Der Ausdruck „Sättigung" ist eben nur ein Wort für einen fehlenden Begriff, für eine fehlende klare Vorstellung.

Indessen lässt sich doch soviel sagen, dass diese begrenzte Affinitätswirkung der Atome entweder dadurch bedingt ist, dass das oder die hinzugetretenen Atome den Raum, in welchem die Verwandtschaft thätig ist, also die Wirkungssphäre, derartig erfüllen, dass neue Atome nicht mehr hinzutreten können, oder dadurch, dass die Atome durch die Verbindung die Eigenschaft verlieren, vermöge welcher sie Verbindungen eingehen.

Die erstere Erklärung würde die Annahme erfordern, dass neben jedem Atom einfacher Sättigungscapacität sich nur eine einzige Stelle im Raume befinde, in welcher ein hinzutretendes Atom im stabilen Gleichgewichte festgehalten werde. Bei einem 2 werthigen Atome würde es 2, bei einem 3 werthigen 3, bei einem 4 werthigen 4, bei einem 5 werthigen 5 und bei einem 6 werthigen 6 solcher Orte im Raume geben. Die sechs Arten von Atomen aber müssten so beschaffen sein, dass ein einwerthiges nur einen solchen Ort erfüllen, ein 2 werthiges sich über 2 solcher Orte, ein 3 werthiges über 3 u. s. w. ausdehnen würde*). Es ist klar, dass nach dieser Vorstellung die Kraft, mit welcher sich die zwei Atome gegenseitig anziehen, ihren mathematischen Ausdruck in einer Function fände, welche nicht nur von dem Abstande der beiden Atome, sondern auch von den relativen, auf gewisse innerhalb jedes Atomes festen Richtungen oder Axen der Atome bezüglichen Coordinaten abhängen würde, und für gewisse Werthe dieser Coordinaten ein Maximum erreichte**).

---

*) Es braucht kaum erwähnt zu werden, dass die Atome sich an diesen Orten nicht in Ruhe befinden können, vielmehr lebhafte Bewegungen um dieselben als Gleichgewichtslagen ausführen werden. Diese Bewegungen können schwingend oder rotirend etc. gedacht werden. Wo ein Atom zwei oder mehr solcher Orte einnimmt, kann man sich denken, dass es zwischen denselben oscillire oder dieselben rotirend durchlaufe.

**) Auf eine Function, welche diesen Bedingungen genügt, kommt man z. B. durch die Annahme von innerhalb der Atome in bestimmter Art vertheilten positiven und negativen elektrischen Massen, welche sich nach einem mit der Entfernung rasch abnehmenden Gesetze anziehen, resp. abstossen. Es lässt sich eine solche Vertheilung fingiren, dass die beiden Atome nur in einer

Die zweite Erklärung, nach welcher die Atome durch die Verbindung mit anderen so verändert würden, dass ihre Anziehungskraft sich etwa so wie die Kraft eines belasteten Magneten erschöpfte, würde in ihren Grundlagen der Berzelius'schen elektrochemischen Theorie ähneln. Es scheint vor der Hand schwierig, die unhaltbaren Annahmen der letzteren durch bessere zu ersetzen. Dass hier den elektrischen verwandte Erscheinungen stattfinden, ist nicht unwahrscheinlich; aber wir sind in der Erkenntniss des Zusammenhanges zwischen elektrischen und chemischen Erscheinungen bis jetzt kaum über die schon 1806 von H. Davy[*]) geäusserte Ansicht hinausgekommen, dass beide verschiedene Erscheinungen seien, aber erzeugt durch dieselbe Ursache, welche in dem einen Falle auf endliche Massen, in dem anderen auf deren kleinste Theilchen wirke.

§ 109 (80).

Nachdem, wenn auch nur empirisch, das allgemeine Gesetz für die Vereinigung der Atome zu Verbindungen aufgefunden, das Gesetz der kettenförmigen Aneinanderreihung, ist es die Aufgabe der Wissenschaft, für jede Verbindung die Ordnung und Reihenfolge der Atome anzugeben, oder, wie man sich auszudrücken pflegt, die rationelle Formel für die Verbindung zu suchen.

Die Forschung nach dieser ist älter als die Erkenntniss des Gesetzes der Atomverkettung, das erst eine Frucht jener mühevollen, so oft für eitel und vergeblich erklärten Forschung ist; aber diese hat durch jenes Gesetz ein schärfer bestimmtes, klar vorgezeichnetes Ziel erhalten, dem die rastlose Arbeit zahlreicher Forscher die Wissenschaft mit raschen Schritten entgegenführt.

Die schärfere Fassung der Aufgabe, zu welcher die Erkenntniss der Atomverkettung geführt hat, veranlasste den Vorschlag einer neuen Ausdrucksweise für die neue Form der zu lösenden

---

bestimmten relativen Lage sich in Ruhe befinden würden, bei grösserer Entfernung Anziehung, bei grösserer Annäherung Abstossung, und endlich bei seitlicher Verschiebung ebenfalls ein Zurückführen in die Gleichgewichtslage eintreten würde. Indessen ist mit Hypothesen dieser Art wenig gewonnen, zumal wir über das Wesen der Elektricität selbst noch vollständig im Dunkeln sind.

[*]) In einer den 2. November 1806 vor der Royal Society gelesenen Abhandlung. S. a. Berzelius, Jahresber. Nr. 7 (für 1826), S. 19 ff.; ferner Davy's Elem. of chem. phil., Ausg. von 1812, p. 165; Coll. Works 1840, vol. IV, p. 120: „They are conceived, on the contrary, to be distinct phaenomena, but produced by the same power, acting in one case on masses, in the other on particles."

VII. Das Gesetz der Atomverkettung.

Aufgabe. Für die Art und Weise, wie man sich die Atome zu einer Verbindung vereinigt dachte, sind im Laufe der Zeit verschiedene Ausdrucksweisen in Gebrauch gekommen. Schon Berzelius, der Urheber unserer jetzigen chemischen Zeichensprache, unterschied empirische und rationelle Formeln für die Zusammensetzung der chemischen Verbindungen. Erstere geben die Zusammensetzung nur nach dem stöchiometrischen Verhältnisse der Bestandtheile, letztere dagegen auch die Art und Weise an, in welcher man sich diese Bestandtheile verbunden denkt. Mit einem etwas ungenauen Ausdrucke spricht man auch wohl von einer rationellen Zusammensetzung einer Verbindung, womit eigentlich der rationelle Ausdruck der Zusammensetzung gemeint ist. Je nachdem man mehr oder weniger Gewicht auf räumliche Vorstellungen legte, hat man sich auch der Ausdrücke „Lagerung" oder „Stellung der Atome", „Anordnung der Atome" (arrangement des atomes) oder aber des allgemeiner gefassten Ausdruckes „chemische Constitution" der Verbindungen bedient. Für alle diese Ausdrücke nun hat nach der Erkenntniss der kettenförmigen Bindung der Atome Butlerow*) den neuen Ausdruck „chemische Structur" in Vorschlag gebracht, der neben jenen ebenfalls in Gebrauch gekommen ist. Nothwendig war diese Neuerung indessen nicht, da man auch mit dem Worte „Constitution" denselben Sinn verbinden kann und wirklich verbindet, den Butlerow mit „Structur" bezeichnet. Will man besonderen Nachdruck darauf legen, dass wir heute von der Art des Zusammenhaftens der Atome eine andere Vorstellung als früher haben, so muss in dem zu wählenden Ausdrucke offenbar der wesentlichste Unterschied zwischen der heutigen und der älteren Anschauung angedeutet sein. Dieser wesentlichste Unterschied liegt aber, wie schon 1864 in der ersten Ausgabe dieser Schrift S. 79 betont wurde, in der Annahme der kettenförmigen Aneinanderreihung der Atome; diese Annahme aber findet ihren klarsten und schärfsten Ausdruck, wenn man die Constitution oder Structur als „Atomverkettung" bezeichnet. Eine unbedingte Nöthigung aber zur Annahme oder Bevorzugung des einen oder anderen Ausdruckes ist nicht vorhanden, noch weniger aber Anlass zu so lebhafter Polemik, wie sie mehrfach wirklich über diese Ausdrücke geführt worden ist. Dieselben werden im folgenden als mehr oder weniger synonym gebraucht werden.

---

*) Zeitschr. f. Chem. Pharm. 1861, 553; s. a. A. Butlerow, Lehrb. der org. Chemie, Leipzig 1868, S. 36.

§ 110 (81).

Welcher Ausdrucksweise man sich auch bedienen mag, in der Sache ist ein ausserordentlicher Fortschritt unverkennbar, da heute das allgemeine Streben auf die Erforschung von Verhältnissen gerichtet ist, die früher zwar nicht bei allen, aber doch bei vielen Chemikern für ewig unerforschlich galten oder doch dafür ausgegeben wurden. Heute halten wir ihre Erforschung zwar für schwierig; aber wir haben in den bereits gewonnenen Erfolgen zahlreiche Beweise, dass sie nicht nur möglich ist, sondern auch eine ausserordentlich dankbare Aufgabe für den menschlichen Forschergeist bildet.

In der Lösung dieser Aufgabe sind wir über den Anfang noch nicht hinaus, unsere Hülfsmittel sind noch nicht genügend entwickelt. Es ist sehr wahrscheinlich, dass das Gesetz der Atomverkettung, wie wir es heute kennen, nur ein specieller Fall des allgemeinen Gesetzes ist, das die Vereinigung der Atome bestimmt. Es gilt zunächst nur für gasförmige Verbindungen, aus deren Molekulargewicht und Zusammensetzung es hergeleitet ist, nachweislich indessen auch für viele Verbindungen, welche in den Gaszustand überzugehen nicht fähig sind.

Besonders scheint es ganz allgemein und ohne Rücksicht auf den Aggregatzustand für die mannichfaltigen, unzählbaren Verbindungen des Kohlenstoffes zu gelten, deren Constitution zu erforschen eine Aufgabe von ganz ausserordentlichem Umfange und grosser Schwierigkeit bildet. In dem gegenwärtigen Stadium ihrer Entwickelung richtet daher die traditionell sogenannte organische Chemie, d. i. die Chemie der Kohlenstoffverbindungen, ihre Forschung nicht mehr so sehr auf die Entdeckung neuer als auf die Enträthselung des inneren Gefüges schon bekannter Verbindungen. Diese Wissenschaft, welche im Anfange unseres Jahrhunderts die Zusammensetzung kaum einer einzigen organischen Verbindung mit Sicherheit anzugeben vermochte, hat seitdem sich nicht nur das ungeheuere von der Natur gebotene Material unterworfen, sondern aus demselben stets neues erzeugt, um auch über dieses ihre Herrschaft auszudehnen. Aber neben der Ausdehnung ihres Reiches ging, wenn auch nicht stets im gleichen Schritte, die Durchforschung und Ordnung der eroberten Gebiete rasch vorwärts, die jetzt noch weit mehr, als es seither der Fall war, zur Hauptaufgabe der Wissenschaft geworden ist. Diese Durchforschung

§§ 110, 111. VII. Das Gesetz der Atomverkettung. 227

ist gegenwärtig vorzugsweise auf die Erkenntniss der Ordnung der Atome in den Molekeln gerichtet; sie untersucht nur nebenbei und als Hülfsmittel für jene die Ursachen, welche die Atome zwingen, diese Ordnung einzunehmen, zu verändern oder zu verlassen. Die Chemie arbeitet an einer Lehre vom Gleichgewicht, einer Statik der Atome, an welche sich demnächst die Lehre von den Bewegungen derselben, die Dynamik der Atome, anschliessen wird.

§ 111 (82).

Die Ermittelung der Art und Weise, wie in einer bestimmten Verbindung die Atome mit einander zu einer Molekel verbunden sind, setzt zunächst voraus die Kenntniss

1) des Molekulargewichtes,
2) der Zahl und Art der in die Zusammensetzung der Molekel eingehenden Atome und
3) des chemischen Werthes oder des Sättigungsvermögens dieser Atome.

Von diesen Grössen ist das Molekulargewicht nach der Regel von Avogadro zu bestimmen; die Anzahl und Natur der zu einer Molekel vereinigten Atome ergiebt sich dann aus der chemischen Analyse oder Synthese der Verbindung. Der chemische Werth ist für jedes Element aus der Zusammensetzung seiner möglichst einfachen Verbindungen zu erschliessen. Früher nahm man denselben allgemein so an, wie er sich aus den in § 90 aufgeführten Verbindungen ergiebt. Gegen die allgemeine Anwendbarkeit des so ermittelten Sättigungsvermögens der Atome sind indessen gewichtige Gründe geltend gemacht worden, die im IX. Abschnitte betrachtet werden sollen. Vor der Hand nehmen wir an, dass der chemische Werth sämmtlicher in Betracht kommender Elemente bekannt sei.

Ist nur die Zusammensetzung, nicht das Molekulargewicht bekannt, so wird dieses manchmal hypothetisch nach diesem oder jenem Wahrscheinlichkeitsgrunde angenommen, indem man eine der durch Formeln ausdrückbaren stöchiometrischen Quantitäten als Molekulargewicht ansieht. Natürlich stehen und fallen dann alle weiteren Schlüsse mit der Richtigkeit dieser Annahme, auf welche sie gegründet werden. Wir gehen hier zunächst von der Voraussetzung aus, dass nicht nur die Zusammensetzung, sondern auch das Molekulargewicht bekannt und gegeben sei.

Die Atomverkettung wird in der Regel um so leichter erkannt, je geringer die Anzahl der zu einer Molekel vereinigten Atome ist, und je weniger verschiedenen Elementen dieselben angehören. Die Schwierigkeit wächst im allgemeinen mit der Zunahme der mehrwerthigen Atome, weil diese mehrfache Verkettungen erzeugen können. Eine relative Zunahme einwerthiger Elemente pflegt dagegen die Aufgabe zu erleichtern, weil durch dieselbe die Möglichkeit von mehrfachen, ring- und netzförmigen Verbindungen oder von ungesättigten Verwandtschaften beschränkt oder ganz aufgehoben wird.

Ist für eine Verbindung das Molekulargewicht und die Zahl und Art der die Molekel zusammensetzenden Atome gegeben, so ist die erste zu lösende Aufgabe die Ermittelung aller möglichen Combinationsformen, welche diese Atome, ihrer Natur und Zahl nach, bilden können. Diese erste Aufgabe ist eine rein mathematische, durch die Methoden der Combinations-, Permutations- und Variationsrechnung zu lösende. Führt die Beantwortung dieser Frage auf mehre mögliche Combinationsformen, so erscheint die Existenz von mehren aus denselben Bestandtheilen, aber in verschiedener Ordnung zusammengesetzten Verbindungen möglich. Die Erfahrung hat nun, in Uebereinstimmung mit diesem Ergebniss der Theorie, in der That schon vor geraumer Zeit gelehrt, dass wirklich sehr häufig Verbindungen von ganz gleicher Zusammensetzung, aber von verschiedenen Eigenschaften vorkommen, die wir als einander „isomer" bezeichnen. Haben solche isomere Verbindungen gleiches Molekulargewicht, so schliessen wir, dass die Verschiedenheit ihrer Eigenschaften nur auf einer Verschiedenheit der Atomverkettung beruhen könne, und nennen solche isomere Verbindungen „metamer". Ist dagegen das Molekulargewicht der einen ein Vielfaches von dem der anderen, so nennen wir sie „polymer", welcher Ausdruck vorzugsweise auf solche Verbindungen angewandt wird, in denen wir gleiche oder ähnliche Atomverkettungen voraussetzen.

Wo solche Isomerien theoretisch möglich erscheinen, d. h. wo sich mehre mögliche Combinationsformen ergeben, da ist es nun die zweite Aufgabe zu entscheiden, welche dieser Combinationsformen der Constitution der betreffenden Verbindung entspricht, durch welche der möglichen Formeln also die Zusammensetzungsart derselben auszudrücken ist. Diese zweite Aufgabe ist eine rein experimentelle und nur mit experimentellen, besonders chemischen Hülfsmitteln zu lösen. Die glückliche Lösung dieser Aufgabe ist oft sehr schwierig; sie erfordert in den meisten Fällen grosse Umsicht und setzt meistens ein reiches empirisches, nur durch mühevolle Untersuchungen zu gewinnendes Material voraus. Und bei aller Mühe und Sorgfalt, aller Vorsicht und Ueberlegung haben die Versuche zur Lösung dieser Aufgabe sehr oft zu Irrthum und Täuschung geführt, die erst durch erneute Anstrengungen überwunden wurden oder noch zu überwinden sind. Bei einer sehr grossen Zahl der bis jetzt untersuchten und analysirten Verbindungen ist die Lösung dieser Aufgabe kaum versucht, geschweige denn gelungen. Erwägen wir aber, dass wirklich erfolgreiche Unternehmungen dieser Art erst seit kaum einem halben Jahrhundert begonnen und lange Zeit von vielen Chemikern als zu kühn mit zweifelndem Blicke betrachtet wurden, und dass erst vor wenig mehr als zwei Jahrzehnden das mächtigste Hülfsmittel für diese Forschungen in dem Gesetze der Atomverkettung gefunden wurde, so dürfen wir stolz sein auf die zahlreichen bereits gewonnenen Erfolge und können mit Hoffnung und Zuversicht der Zukunft entgegensehen. Wenn das Wort des Dichters: „Ins Innere der Natur dringt kein erschaffener Geist" überhaupt eine Geltung hat, so gehört wenigstens die Verbindungsweise der Atome nicht zu der „innersten" Natur der Stoffe, so wenig wie die entferntesten Weltkörper, über deren Bestandtheile und Zustände wir uns unterrichten können, obschon sie unseren stärksten Fernröhren nur als schwache Lichtpünktchen oder nebelförmige Fleckchen erscheinen.

§ 112 (83).

Der erste Theil der Lösung, die Ermittelung der für eine bestimmte Zusammensetzung möglichen Combinationsformen ist in vielen Fällen eine sehr einfache und leichte, in anderen dagegen eine recht verwickelte und umfangreiche Aufgabe. Die grössere oder geringere Schwierigkeit ihrer Lösung hängt wesentlich von dem chemischen Werthe und der Anzahl der zu einer Molekel vereinigten Atome ab. Wir wollen daher diese Aufgabe nach diesen beiden Gesichtspunkten betrachten. Es ist aber nicht nöthig, dass wir alle denkbaren Fälle untersuchen, da viele derselben bis jetzt keine Anwendung auf wirklich bekannt gewordene Verbindungen finden. Wir werden also die zu besprechenden Fälle so auswählen, dass möglichst jeder durch concrete Beispiele erläutert werden kann. Es wird sich dabei ergeben, dass die Anzahl der bis jetzt bekannt gewordenen Beispiele einer bestimmten Art oft sehr gering ist, so dass wir in manchen Fällen dieselben leicht vollständig aufzählen können, was bei anderen Gruppen auf dem hier gebotenen Raume nicht möglich ist.

Die Constitution von nur aus einwerthigen Atomen bestehenden Verbindungen ergiebt sich von selbst. Da nur je zwei solcher Atome sich vereinen können, so ist das Schema aller dieser Verbindungen ein und dasselbe:

$$A\text{----}B \text{ oder identisch damit } B\text{----}A;$$

denn die Reihenfolge der Atome kann hier keine Verschiedenheit bedingen. **Einwerthige Elemente können also unter einander keine isomeren Verbindungen bilden.**

Ausser den vier in der ersten Tafel des § 90 unter I aufgeführten Verbindungen HF, HCl, HBr und HJ kennen wir von Verbindungen nur einwerthiger Atome nur noch die Molekeln der Elemente selbst, nämlich HH, $ClCl$, $BrBr$ und JJ und das Einfach Chlorjod JCl. Wahrscheinlich gehört auch noch FF hierher und die Verbindungen JBr und $BrCl$.

Verbindungen nur zweiwerthiger Elemente müssen der Theorie nach entweder ringförmig geschlossen sein, oder sie enthalten zwei freie Verwandtschaftseinheiten:

$$\begin{array}{c} A\text{----}B\text{----}C \\ | \qquad\quad | \\ F\text{----}E\text{----}D \end{array} \text{ oder } *\text{----}A\text{----}B\text{----}C\text{----}D\text{----}E\text{----}F\text{----}*$$

Isomerien erscheinen möglich durch eine verschiedene Reihenfolge der Atome; ebenso auch durch Oeffnung und Schluss der Kette bei gleicher Reihenfolge. Solche Isomerien sind aber unter den überhaupt nicht zahlreichen gasförmig darzustellenden Verbindungen dieser Art bis jetzt nicht aufgefunden worden. Wenn Schwefel und Selen in den schon in der zweiten Tafel des § 90 aufgeführten Verbindungen SO_2, SO_3, SeO_2 wirklich zweiwerthig sind, wie manche Chemiker annehmen, so müssen sie ringförmige oder offene Ketten bilden. Im letzteren Falle würden sie jede zwei ungesättigte Affinitäten enthalten.

Einige zweiwerthige Elemente, wie Hg und Cd treten im isolirten Zustande als einzelne Atome, folglich mit ungesättigten Verwandtschaften auf; andere dagegen, deren Zweiwerthigkeit nicht über allen Zweifel erhaben ist, bilden Molekeln aus zwei oder mehr Atomen; so Sauerstoff: O_2, ozonisirter Sauerstoff wahrscheinlich: O_3, sei es als Ring oder als offene Kette; Schwefel bei 500° C., also nahe über dem Siedpunkte: S_6, bei 800 bis 1000° C.: S_2; Selen erst über 1400° C.: Se_2, bei weniger hohen Temperaturen

§ 112. VII. Das Gesetz der Atomverkettung. 231

ist das Molekulargewicht wenigstens einzelner Theilchen grösser, vielleicht Se_3 oder Se_6.

Verbindungen zweiwerthiger Elemente mit einwerthigen können nur aus einer unverzweigten, nicht geschlossenen Kette bestehen:

$$a\text{----}\overset{''}{A}\text{----}\overset{''}{B}\text{----}\overset{''}{C}\text{----}\overset{''}{D}\text{----}b \; ,$$

die (nach § 101) nie mehr als zwei einwerthige Atome enthalten kann. Dieser Forderung der Theorie entspricht die Thatsache, dass bis jetzt keine solche Verbindung bekannt geworden ist, welche mehr als zwei einwerthige Atome in der Molekel enthielte.

Ohne Isomere sind alle Verbindungen, welche nur eine einzige Art zweiwerthiger Atome enthalten, wie:

Wasser $H\text{----}O\text{----}H$,
Unterchlorigsäureanhydrid $Cl\text{----}O\text{----}Cl$,
Schwefelwasserstoff $H\text{----}S\text{----}H$,
Selenwasserstoff $H\text{----}Se\text{----}H$,
Tellurwasserstoff $H\text{----}Te\text{----}H$,

Isomerien sind der Theorie nach ebenfalls nicht möglich für solche Verbindungen, welche zwei unter sich verschiedenartige zweiwerthige Atome und zwei unter sich gleichartige einwerthige Atome enthalten. Nimmt man S und Se zweiwerthig, so gehören hierher:

Thionylchlorid $Cl\text{----}S\text{----}O\text{----}Cl$,
Selenylchlorid $Cl\text{----}Se\text{----}O\text{----}Cl$

Isomerien werden dagegen möglich, sobald mehr als zwei zweiwerthige Atome von zwei- oder mehrerlei Art in der Molekel enthalten sind. Ob Verbindungen dieser Zusammensetzung sich unter denjenigen finden, deren Molekulargewicht bestimmt wurde, ist indessen zweifelhaft. Sollten die Acichloride des Schwefels, wie Sulfurylchlorid SO_2Cl_2, Sulfurylhydroxylchlorür SO_3HCl, Pyrosulforylchlorid $S_2O_5Cl_2$, hierher gehören, so würden sich Isomerien voraussehen lassen, deren Anzahl nach den Regeln der Permutationsrechnung leicht festzustellen ist. Von der Zusammensetzung des Sulfurylchlorides wären zwei Verbindungen möglich:

$$Cl\text{----}O\text{----}S\text{----}O\text{----}Cl \text{ und } Cl\text{----}S\text{----}O\text{----}O\text{----}Cl$$

Es ist aber nur eine bekannt, der nach ihrem chemischen Verhalten erstere Formel beigelegt zu werden pflegt. Für das Sulfurylhydroxylchlorür würden sich vier verschiedene Atomverkettungen als möglich ergeben:

$$Cl\text{---}O\text{---}O\text{---}O\text{---}S\text{---}H \qquad Cl\text{---}O\text{---}O\text{---}S\text{---}O\text{---}H$$
$$Cl\text{---}O\text{---}S\text{---}O\text{---}O\text{---}H \;, \qquad Cl\text{---}S\text{---}O\text{---}O\text{---}O\text{---}H$$

von welchen die dritte der einzigen bekannten Verbindung dieser Zusammensetzung von den Chemikern, welche hier Schwefel und Sauerstoff als zweiwerthig betrachten, zugeschrieben wird.

Für eine Verbindung, welche sich von dem Pyroschwefelsäurechloride $S_2O_5Cl_2$ dadurch unterschiede, dass sie zwei verschiedene einwerthige Atome, z. B. 1 Brom- und 1 Chloratom, enthielte, würden sogar $6 + 5 + 4 + 3 + 2 + 1 = 21$ verschiedene Combinationsformen möglich sein. Von diesen aber werden 9 Paare identisch, wenn man die beiden einwerthigen Atome einander gleich setzt, so dass für das Pyroschwefelsäurechlorid $21 - 9 = 12$ verschiedene Formeln möglich blieben.

Dass man der einzigen bekannten Verbindung dieser Zusammensetzung die Constitutionsformel:

$$Cl\text{---}O\text{---}S\text{---}O\text{---}O\text{---}O\text{---}S\text{---}O\text{---}Cl$$

zutheilt, beruht lediglich auf Schlüssen aus ihrer Entstehungsart und ihrem chemischen Verhalten. Dass Isomerien aller dieser Verbindungen nie beobachtet wurden, macht die Voraussetzung, dass S und Se hier zweiwerthig seien, etwas verdächtig.

§ 113 (84).

Die Verbindungen dreiwerthiger mit einwerthigen Elementen, deren Molekulargewicht nach Avogadro's Regel bis jetzt bestimmt werden konnte, enthalten auffälliger Weise alle nur je ein Atom des dreiwerthigen Elementes. Es sind die Verbindungen, welche in § 90 unter III aufgeführt wurden. Auch kennen wir bis jetzt im Gaszustande keine Verbindung eines dreiwerthigen mit zwei- oder dreierlei einwerthigen Elementen. Alle bekannten Verbindungen dieser Gruppe sind also gebildet nach der Schablone:

$$\overset{\prime}{a}\text{---}\overset{\prime\prime\prime}{A}\text{---}\overset{\prime}{a}$$
$$|$$
$$a$$

Isomerien sind unter diesen Verbindungen unmöglich.*)

Mit zweiwerthigen bilden die dreiwerthigen Elemente einige Verbindungen von ziemlich verschiedenartiger Zusammen-

---

*) Vergl. übrigens § 168.

setzung ihrer Molekeln, darunter einige mit unzweifelhaft ungesättigten Affinitäten. Die Art der Verkettung der Atome in diesen verschiedenen Verbindungen ist meist noch sehr zweifelhaft, da fast in allen Fällen verschiedene Combinationen möglich erscheinen. Besonders erschwert wird die Untersuchung durch den sehr begründeten Zweifel, ob die in ihren Wasserstoffverbindungen dreiwerthig erscheinenden Elemente Stickstoff, Phosphor u. a. auch in Verbindungen mit Sauerstoff dreiwerthig angenommen werden dürfen.

Stickstoff und Sauerstoff bilden drei Verbindungen, deren Molekulargewicht bestimmt werden konnte, das Stickoxyd NO, das Stickoxydul N_2O und die sogenannte Untersalpetersäure, deren Molekulargewicht, wie später im III. Buche ausgeführt werden soll, bei niederen Temperaturen durch N_2O_4, bei höheren durch NO_2 dargestellt wird. In letzterer Form enthält diese Verbindung, ebenso wie das Stickoxyd, eine oder mehre ungesättigte Verwandtschaftseinheiten, da die Summe aller dieser Einheiten ungerade ist, für Stickoxyd $3 + 2 = 5$, für Untersalpetersäure $3 + 2 \cdot 2 = 7$. Das nicht bestimmte und vielleicht unbestimmbare Molekulargewicht des Salpetrigsäureanhydrides nimmt man hypothetisch zu N_2O_3 an.

Man sieht diese Verbindungen, wenn man N als dreiwerthig betrachtet*), nach folgenden Schablonen constituirt an:

Stickoxydul $\qquad\qquad\qquad\qquad\qquad\qquad$ $N\mathrel{\substack{\cdots\\\cdots}}N$
$\qquad\qquad\qquad\qquad\qquad\qquad\qquad\qquad\qquad$ $\diagdown O \diagup$

Stickoxyd $\qquad\qquad\qquad\qquad\qquad\qquad\qquad$ $O\mathrel{\substack{\cdots\\\cdots}}N\text{---}*$
Untersalpetersäure bei höherer Temperatur $\qquad$ $O\mathrel{\substack{\cdots\\\cdots}}N\text{---}O\text{---}*$
Salpetrigsäureanhydrid . $\qquad\qquad\qquad\qquad$ $O\mathrel{\substack{\cdots\\\cdots}}N\text{---}O\text{---}N\mathrel{\substack{\cdots\\\cdots}}O$
Untersalpetersäure bei niederer Temperatur $\quad$ $O\mathrel{\substack{\cdots\\\cdots}}N\text{---}O\text{---}O\text{---}N\mathrel{\substack{\cdots\\\cdots}}O$

Für Stickoxydul ist keine andere Art der Atomverkettung möglich, wenn man nicht, wozu kein Grund vorhanden ist, freie Affinitäten in dieser Verbindung annehmen will. Im Stickoxyde NO muss mindestens eine solche angenommen werden, ebenso in der Untersalpetersäure NO_2 bei höherer Temperatur. Will man die Zahl dieser ungesättigten Verwandtschaften nicht ohne Noth grösser annehmen, so ist die für NO angegebene Schablone die einzig mögliche; für NO_2 würde dagegen noch eine zweite möglich sein, durch welche die freie Affinität dem Stickstoffe zugetheilt würde. Für die Verbindungen N_2O_3 und N_2O_4 erscheinen mehre

---

*) Im Abschnitt IX, § 178, wird eine andere Auffassung besprochen werden.

Combinationen möglich. Man giebt ihnen die angegebenen, weil diese Stoffe sehr leicht aus dem Stickoxyde entstehen und wieder in dieses übergehen.

Sehr verschiedene Möglichkeiten ergeben sich für die Constitution des Arsenigsäureanhydrides As_4O_6 und des Antimonoxydes Sb_4O_6*), deren Molekulargewichte in den Lehrbüchern ungenau zu As_2O_3 und Sb_2O_3 angegeben zu werden pflegen. Am meisten Wahrscheinlichkeit haben vielleicht die Formeln

$$\begin{array}{cc} As\text{----}O\text{----}As & Sb\text{----}O\text{----}Sb \\ O \quad O \quad O \quad O & O \quad O \quad O \quad O \\ As\text{----}O\text{----}As & Sb\text{----}O\text{----}Sb \end{array}$$

welche eine vollständige Symmetrie in Bezug auf die Metallatome zeigen. Da aber beide Oxyde einander isodimorph sind, und das des Arsenes ausserdem noch in einer dritten, amorphen Modification vorkommt, so werden ihren wechselnden Zuständen vielleicht auch drei verschiedene Constitutionsformeln entsprechen.

Verbindungen von bestimmbarem Molekulargewicht, welche man als aus drei-, zwei- und einwerthigen Elementen bestehend betrachten kann, kennen wir manche. Es sind dies besonders die Acichloride und Acibromide des Stickstoffes und des Phosphors. Wirklich bestimmt ist indessen das Molekulargewicht nur von einigen wenigen. Diese enthalten nur eine geringe Anzahl von Atomen in der Molekel. Wahrscheinlich gilt dasselbe von den anderen analogen Verbindungen, deren Molekulargewicht erst noch zu bestimmen ist.

Experimentell bestimmt ist das Molekulargewicht von Phosphoroxychlorid, $POCl_3$, und Phosphorsulfochlorid, $PSCl_3$, denen die Formeln:

$$Cl\text{----}P\text{----}O\text{----}Cl\ , \qquad Cl\text{----}P\text{----}S\text{----}Cl$$
$$\phantom{Cl\text{----}P}\vert \phantom{\text{----}O\text{----}Cl} \qquad \phantom{Cl\text{----}P}\vert$$
$$\phantom{Cl\text{----}P}Cl \phantom{\text{----}O\text{----}Cl} \qquad \phantom{Cl\text{----}P}Cl$$

beigelegt worden sind.

Analog nimmt man Molekulargewicht und Constitution an für:

Phosphoroxybromid $POBr_3$,
Phosphoroxychlorobromid $POCl_2Br$.

Isomerien erscheinen hier nur bei letzterer Verbindung möglich, je nachdem man Cl oder Br mit O verbunden annimmt, beobachtet aber sind sie nicht.

---

*) V. u. C. Meyer, Ber. d. d. chem. Ges. 1879, S. 1282.

Bei dem Versuche, die Dampfdichte der Salpetersäure zu bestimmen, fanden Wanklyn und Playfair*) etwas grössere Zahlen, als dem Molekulargewichte $HNO_3 = 62,9$ entsprechen. Es kann dies nicht wohl von einer theilweisen Zersetzung der Säure herrühren, da die Zersetzungsprodukte einen grösseren, nicht aber einen kleineren Raum einnehmen würden als der Dampf der unzersetzten Säure. Es bleibt nur die Annahme, ein kleiner Theil der Säure habe ein grösseres Molekulargewicht, etwa $H_2N_2O_6=125,8$. Für das Molekulargewicht HNO_3 würde für dreiwerthigen Stickstoff sich die Constitution

$$O\!=\!\!N\text{---}O\text{---}O\text{---}H \text{ oder } O\text{---}N\text{---}O\text{---}H$$
$$\diagdown\,\diagup$$
$$O$$

annehmen lassen. Von den den Säuren des Stickstoffes angehörigen Acichloriden und Acibromiden sind fünf dargestellt, deren Molekulargewichte zum Theil nur indirekt, zum Theil gar nicht bestimmt werden konnten, aber höchst wahrscheinlich den Formeln

$$NOCl,\ NOCl_2,\ NOBr,\ NOBr_2,\ NOBr_3$$

entsprechen. Die zweite und vierte dieser Formeln würden ungesättigte Affinitäten anzeigen; die fünfte wäre der des Phosphoroxychlorides analog. Die erste und dritte Formel dagegen würden sich an die oben gegebenen Constitutionsformeln des Stickoxydes und seiner Abkömmlinge als

$$O\!=\!\!N\text{---}Cl \text{ und } O\!=\!\!N\text{---}Br$$

anreihen und die von Gay-Lussac**) und von Landolt***) beobachtete Entstehung beider Verbindungen aus dem Stickoxyde sehr einfach erklären.

Die Untersuchung der Constitution dieser Acichloride und -bromide des Stickstoffes, so wie der des Phosphors hat darum gegenwärtig ein besonderes Interesse, weil die meisten Chemiker in diesen Verbindungen dem Stickstoff- und dem Phosphoratome ein fünffaches Sättigungsvermögen zuschreiben, demnach diese Elemente nicht der dritten, sondern der fünften Gruppe zutheilen, der Gruppe

---

*) Proc. Roy. Soc. Edinb. 1861. IV, p. 395 u. a. a. O.; s. Kopp und Will, Jahresber. f. 1861 (Bd. 14), S. 23.
**) Ann. chim. phys. [3] 1848, T. 23; p. 203.
***) Ann. Chem. Pharm. 1860, Bd. 116, S. 177.

der fünfwerthigen Elemente. Nach dieser Ansicht ergeben sich die Constitutionsformeln:

$$\overbrace{O\ Br\ Br\ Br}^{N} \quad \overbrace{O\ Cl\ Cl\ Cl}^{P} \quad \overbrace{O\ Br\ Br\ Br}^{P} \quad \overbrace{O\ Cl\ Cl\ Br}^{P}$$

Wir kommen auf diesen Gegenstand unten im IX. Abschnitte zurück.

§ 114 (85).

Ausserordentlich zahlreich und überraschend mannichfaltig sind die Verbindungen mit bestimmbarem Molekulargewichte, welche die **vierwerthigen Elemente** bilden. Jedoch kommt diese grosse Zahl und Mannichfaltigkeit der Verbindungen wesentlich auf Rechnung des Kohlenstoffes, der vor allen anderen Elementen ausgezeichnet ist durch die grosse Neigung seiner Atome, sich unter einander zu langen und vielfältigen Reihen zu verketten.

Sehen wir von den Kohlenstoffverbindungen zunächst ab, so ist die Zahl der Verbindungen vierwerthiger Elemente, deren Molekulargewicht wir kennen, durchaus nicht gross. Es sind zunächst die unter IV. in § 90 aufgeführten, aus je **einem** vierwerthigen und vier unter sich gleichen einwerthigen Atomen zusammengesetzten Verbindungen. Dazu kommen mit zwei vielleicht vierwerthigen Atomen in der Molekel das Chlorid des Eisens, sowie das Chlorid, Bromid und Jodid des Aluminiums. Die Constitution derselben lässt sich durch die Schemata:

$$\begin{array}{cccc}
Cl\ \ Cl & Cl\ \ Cl & Br\ \ Br & J\ \ J \\
Cl\!-\!Fe\!-\!Fe\!-\!Cl & Cl\!-\!Al\!-\!Al\!-\!Cl & Br\!-\!Al\!-\!Al\!-\!Br & J\!-\!Al\!-\!Al\!-\!J \\
Cl\ \ Cl & Cl\ \ Cl & Br\ \ Br & J\ \ J
\end{array}$$

ausdrücken; eine andere Art der Verbindung zwischen zwei mehrwerthigen und sechs einwerthigen Atomen ist nicht möglich; ob aber Al und Fe wirklich vierwerthig sind, ist vor der Hand mindestens fraglich.

§ 115 (86).

Unsere Kenntnisse der Verkettung der Atome in den Verbindungen und der Constitution der letzteren erstrecken sich, abgesehen von den wenigen in den vorhergehenden Paragraphen angeführten Fällen, gegenwärtig ausschliesslich auf eine grosse täglich wachsende Zahl von **Kohlenstoffverbindungen**, deren überwiegende Mehrzahl freilich noch auf ihre Constitution zu untersuchen ist. Die zur Erforschung der Atomverkettung dienenden

§ 115.   VII. Das Gesetz der Atomverkettung.   237

Methoden sind durchweg aus der Untersuchung der Kohlenstoffverbindungen hervorgegangen; es sind die weiter entwickelten und jetzt auf ein klares vorgezeichnetes Ziel gerichteten Methoden, welche schon seit geraumer Zeit zur Ermittelung der sogenannten „organischen Radicale" dienten, die wir jetzt als aus der Verbindung losgelöste Atomketten ansehen.

Betrachten wir zunächst die Verbindungen des Kohlenstoffes mit einwerthigen anderen Elementen, so haben wir nach § 103 die Beziehung

$$n_1 \leq 2 n_4 + 2.$$

Am einfachsten gestaltet sich die Untersuchung, wenn weder freie Affinitäten noch doppelte Verkettung der C-atome vorkommen; und dies ist der Fall, wenn

$$n_1 = 2n_4 + 2$$

ist, wenn also die Verbindung so viel einwerthige Atome enthält, wie sie nach der Anzahl ihrer C-atome überhaupt enthalten kann, d. h. 2 mehr als die doppelte Zahl der C-atome. Wir untersuchen daher zunächst diesen Fall.

Für $n_4 = 1$, also $n_1 = 4$ sind keine verschiedenen Arten der Zusammensetzung, keine Isomerien möglich, es müssten denn die vier Verwandtschaftseinheiten eines und desselben Kohlenstoffatomes untereinander verschieden sein, was anzunehmen wir bis jetzt keinen zwingenden Grund haben*). In der That sind alle hierher gehörigen Verbindungen

CH_4 CH_3F CH_3Cl CH_3Br CH_3J
Grubengas   Fluormethyl   Chlormethyl   Brommethyl   Jodmethyl
$CHCl_3$ $CHBr_3$ CH_2Cl_2 CCl_4
Chloroform Bromoform   Gechlortes Chlormethyl   Chlorkohlenstoff

ohne bekannte Isomere, gleichgültig, ob sie nur eine oder mehre Arten einwerthiger Atome enthalten.

Treten zwei oder drei C-atome zusammen, so sind Isomerien möglich, sobald die einwerthigen mit ihnen verbundenen Atome verschiedenen Elementen angehören; sie sind nicht möglich, wenn nur

---

*) Zur Zeit der ersten Ausgabe dieser „Theorien" lagen einige Beobachtungen vor, welche ohne die Annahme einer Verschiedenheit der Affinitäten eines Kohlenstoffatomes nicht erklärt werden konnten. (S. Mod. Theor. 1. Ausg., S. 113 ff.) Diese Beobachtungen sind aber seither als irrthümlich erkannt worden. Sollten künftig andere gemacht werden, so wird es an der Zeit sein, auf die gegenwärtig besonders von H. Kolbe angenommene Verschiedenheit der einzelnen Kohlenstoffaffinitäten zurückzukommen.

Atome eines einzigen Elementes, z. B. des Wasserstoffes in die Verbindung eingehen. Für die Verbindungen C_2H_6 und C_3H_8 ist nur eine Art der Verkettung möglich*), nämlich:

$$\begin{array}{cc} H\ H \\ H\text{---}C\text{---}C\text{---}H \\ H\ H \end{array} \quad \text{und} \quad \begin{array}{ccc} H\ H\ H \\ H\text{---}C\text{---}C\text{---}C\text{---}H \\ H\ H\ H \end{array}$$

oder in einfacherer Schreibweise:

$$H_3C\text{---}CH_3 \quad \text{und} \quad H_3C\text{---}CH_2\text{---}CH_3$$

Sobald aber ein einziges Atom eines anderen einwerthigen Elementes, z. B. ein Chloratom, für eines der Wasserstoffatome eintritt, entsteht für die letztere der beiden Verbindungen die Möglichkeit einer Isomerie, für die erstere jedoch noch nicht. In dieser befinden sich offenbar die beiden C-atome in ganz gleicher Lage, und es ist gleichgültig, an welches derselben das Chloratom tritt. In der Verbindung von drei mit einander verketteten C-atomen ist aber die Lage des mittleren von der jedes Endatomes verschieden; folglich können durch „Substitution" eines Chloratomes für ein Atom Wasserstoff zwei verschiedene, nicht identische, sondern nur isomere Verbindungen entstehen:

$$H_3C\text{---}CH_2\text{---}CH_2Cl \quad \text{und} \quad H_3C\text{---}CHCl\text{---}CH_3$$

Für die Verbindung aus 2 C-atomen wird eine Isomerie erst beim Eintritt des zweiten Chloratomes möglich; denn man hat

$$H_3C\text{---}CHCl_2 \quad \text{und} \quad ClH_2C\text{---}CH_2Cl$$

Aus jeder dieser Verbindungen kann ein drittes Chloratom, welches eines der noch übrigen Wasserstoffatome verdrängt und vertritt, zwei verschiedene Substitutionsproducte erzeugen; aber je zwei der so entstehenden gechlorten Kohlenwasserstoffe sind unter sich identisch, so dass ihrer im ganzen nur zwei mit dem Molekulargewichte $C_2H_3Cl_3$ möglich sind:

$$H_3C\text{---}CCl_3 \quad \text{und} \quad H_2ClC\text{---}CHCl_2 \ .$$

Durch weitere Substitution von Cl für H können wieder zwei verschiedene Körper entstehen:

$$H_2ClC\text{---}CCl_3 \quad \text{und} \quad HCl_2C\text{---}CHCl_2 \ .$$

---

*) Früher glaubte man, dass zwei verschiedene Kohlenwasserstoffe C_2H_6 existirten, deren einer entstände aus C_2H_5 und H, der andere aus CH_3 und CH_3. Jenen nannte man Aethylwasserstoff, diesen Dimethyl. Die Identität beider Stoffe wurde von Schorlemmer nachgewiesen (Ann. Chem. Pharm. 1864, Bd. 131, S. 76; Bd. 132, S. 234).

§§ 115, 116.   VII. Das Gesetz der Atomverkettung.   239

Dann aber hört die Möglichkeit der Isomerien wieder auf; denn man hat nur noch:
$$HCl_2C\text{---}CCl_3$$
und als letztes Product den sogenannten Anderthalbchlorkohlenstoff:
$$Cl_3C\text{---}CCl_3.$$
Vergleichen wir dieses Ergebniss der Theorie mit dem der Beobachtung, so finden wir die vollste Uebereinstimmung; denn, wie es die Theorie verlangt, kennen wir nur eine Verbindung C_2H_6, eine C_2H_5Cl, zwei $C_2H_4Cl_2$, zwei $C_2H_3Cl_3$, zwei $C_2H_2Cl_4$, eine C_2HCl_5 und eine C_2Cl_6.

Hat man nicht zwei, sondern drei oder mehr Arten einwerthiger Atome, so ist die Möglichkeit von mehr als je zwei isomeren Verbindungen vorhanden, deren Zahl sich leicht angeben lässt. Setzen wir alle sechs einwerthigen Atome verschieden und bezeichnen wir dieselben mit den Zahlen 1 bis 6, so haben wir folgende Combinationen:

an dem einen C-atome:	am anderen C-atome:
1 , 2 , 3.	*4 , 5 , 6*
1 , 2 , 4.	*3 , 5 , 6*
1 , 2 , 5.	*3 , 4 , 6.*
1 2 , 6.	*3 , 4 , 5.*
1 , 3 4.	*2 , 5 6.*
1 3 , 5.	*2 , 4 , 6.*
1 , 3 , 6.	*2 , 4 , 5.*
1 , 4 , 5.	*2 , 3 , 6.*
1 , 4 , 6	*2 , 3 5.*
1 , 5 , 6	*2 , 3 , 4.*

Die Anzahl dieser möglichen Combinationen ist
$$\frac{6}{1}\cdot\frac{5}{2}\cdot\frac{4}{3} = 10$$

Sind unter den sechs einwerthigen Atomen zwei von einer und derselben Art, so werden unter diesen zehn Combinationen drei mit drei anderen identisch, so dass die Zahl der möglichen isomeren Verbindungen um drei abnimmt. Bei drei gleichen Atomen verringert sich diese Zahl, wie leicht ersichtlich, um sechs; bei vier gleichen Atomen um acht, so dass, wie schon oben besprochen, nur zwei isomere Verbindungen möglich bleiben.

§ 116 (87).

Treten drei Atome Kohlenstoff zu einer Kette zusammen, so sind Isomerien, wie wir oben gesehen haben, nicht möglich, so lange die einwerthigen Atome alle von gleicher Art sind; es ist also nur eine einzige Verbindung von drei unter sich gleichen 4werthigen mit acht unter sich gleichartigen einwerthigen Atomen möglich. Setzt man aber alle 8 einwerthigen unter sich verschieden, so ergeben sich nach den Regeln der Combinationsrechnung nicht weniger als 280 Combinationsformen, nach welchen dieselben mit den drei unter sich gleichen vierwerthigen Atomen verbunden sein können, also die Möglichkeit von nicht weniger als 280 von einander verschiedenen isomeren Verbindungen, die alle nach der Schablone

$$1\text{---}\overset{2}{\underset{3}{C}}\text{---}\overset{4}{\underset{5}{C}}\text{---}\overset{6}{\underset{7}{C}}\text{---}8$$

zusammengesetzt sind. Es ist dieses sofort ersichtlich, wenn man erwägt, dass die Besetzung der beiden von den übrigen verschiedenen Plätze (4 und 5 am mittleren C-atome) durch je zwei aus der Anzahl der vorhandenen 8 einwerthigen genommenen Atome auf

$$7 + 6 + 5 + 4 + 3 + 2 + 1 = 28$$

verschiedene Weisen geschehen kann, und dass in jedem dieser 28 möglichen Fälle die sechs übrigen Atome, wie im vorigen Paragraphen dargelegt, sich auf 10 verschiedene Arten combiniren können.

In der Wirklichkeit scheint aber eine solche wahrhaft erschreckende Mannichfaltigkeit doch nicht möglich zu sein, da wir, bis jetzt wenigstens, nicht acht, sondern nur vier verschiedene Arten sicher einwerthiger Atome kennen, welche den Wasserstoff in Kohlenwasserstoffen zu ersetzen im Stande sind, einschliesslich des Wasserstoffes also 5 verschiedene Arten: Wasserstoff, Fluor, Chlor, Brom, Jod. Die isomeren Verbindungen, welche diese mit drei Kohlenstoffatomen eingehen können, sind immerhin noch zahlreich genug. Doch sind bis jetzt nur sehr wenige Verbindungen des Kohlenstoffes mit mehr als zweierlei einwerthigen Elementen dargestellt, so dass zu einer theoretischen Betrachtung derartiger Verbindungen für jetzt kein Anlass geboten ist. Wir beschränken uns daher auf die Betrachtung von Verbindungen, welche nur zwei einwerthige Elemente, z. B. Wasserstoff und Chlor, enthalten.

Substituirt sich in dem Kohlenwasserstoffe C_3H_8 ein Atom Chlor für ein Atom Wasserstoff, so tritt damit die bis dahin nicht vorhandene Möglichkeit der Isomerie ein. Es sind zwei Fälle möglich: entweder geht das Chlor an das mittlere oder an eines der Endatome:

A) $CH_3\text{---}CHCl\text{---}CH_3$ oder B) $CH_3\text{---}CH_2\text{---}CH_2Cl$

Tritt in eines dieser beiden Produkte der Substitution ein zweites Chloratom, so können aus dem ersten derselben (A) zwei, aus dem anderen (B) drei verschiedene neue, zwei Chloratome enthaltende Substitutionsprodukte erhalten werden, je nach der Stelle, an welche das Chloratom tritt. Aber eines der aus (A) entstehenden Produkte ist identisch mit einem der aus (B) zu erhaltenden. Es sind also im ganzen vier isomere Verbindungen $C_3H_6Cl_2$ möglich:

$CH_3\text{---}CHCl\text{---}CH_2Cl$, $CH_3\text{ ---}CH_2\text{---}CHCl_2$
$CH_3\text{---}CCl_2\text{ ---}CH_3$ $CH_2Cl\text{---}CH_2\text{---}CH_2Cl$

Ebenso ist leicht ersichtlich, dass die Zusammensetzung $C_3H_5Cl_3$ fünf verschiedenen isomeren Verbindungen zukommt, während ihrer sechs möglich sind, deren Zusammensetzung durch $C_3H_4Cl_4$ ausgedrückt wird. Bei mehr Chlor-, also weniger Wasserstoffatomen, nimmt die Zahl der Isomerien wieder in derselben Weise ab, wie sie zugenommen.

Es sind demnach überhaupt folgende Verbindungen von drei Kohlenstoffatomen mit 8 Chlor- oder Wasserstoffatomen möglich:

C_3H_8 .   1 Verbindung,
$C_3H_7Cl_1$ 2 Verbindungen,
$C_3H_6Cl_2$ 4
$C_3H_5Cl_3$ 5
$C_3H_4Cl_4$ 6
$C_3H_3Cl_5$ 5
$C_3H_2Cl_6$ 4
$C_3H_1Cl_7$ 2   „
C_3Cl_8 1 Verbindung,

im ganzen also dreissig Verbindungen. Ob aber diese alle durch die Einwirkung von Chlor auf den Kohlenwasserstoff C_3H_8 hervorgebracht werden können, vermögen wir bei dem gegenwärtigen Stande unserer Kenntnisse nicht anzugeben.

§ 117 (88).

So gross aber auch hier schon diese Mannichfaltigkeit ist, so wird sie doch noch sehr gesteigert, sobald auch für die Kohlenstoffatome verschiedene Combinationsweisen möglich werden. Dies tritt ein, wenn vier oder mehr derselben zu einer Verbindung sich verketten, weil alsdann die Bildung von einer oder mehren Seitenketten möglich wird. Man hat bei vier C-atomen zwei Arten der Verkettung:

$$C\!-\!C\!-\!C\!-\!C \text{ und } C\!-\!C\!-\!C\ ;$$
$$\overset{|}{C}$$

bei fünf Atomen drei Arten:

$$C\!-\!C\!-\!C\!-\!C\!-\!C\ ,\quad C\!-\!C\!-\!C\!-\!C\ ,\quad C\!-\!\overset{|}{C}\!-\!C\ ;$$
$$\overset{|}{C}\overset{|}{C}$$

bei sechs Atomen fünf Arten:

$$C\!-\!C\!-\!C\!-\!C\!-\!C\!-\!C\ ,\quad C\!-\!C\!-\!C\!-\!C\!-\!C\ ,\quad C\!-\!C\!-\!C\!-\!C\!-\!C\ ,$$
$$\overset{|}{C}\overset{|}{C}$$

$$C\!-\!C\!-\!C\!-\!C\ ,\quad C\!-\!C\!-\!\overset{|}{C}\!-\!C\ ;$$
$$\overset{|}{C}\ \overset{|}{C}\overset{|}{C}$$

bei sieben Atomen neun, bei acht Atomen achtzehn Arten u. s. w.

Da in allen diesen Systemen von Atomen stets $2n_4 + 2$ Verwandtschaftseinheiten, als nicht zur Verkettung der C-atome erforderlich, für die Bindung anderer Atome verfügbar bleiben, so ergiebt sich die Möglichkeit einer ganz erstaunlichen Anzahl isomerer Verbindungen, auch wenn die Sättigung jener $2n_4 + 2$ Einheiten nur durch einwerthige Atome geschieht.

Die Existenz derartiger Isomerien wurde von Kolbe*) aus theoretischen Betrachtungen gefolgert, bevor die betreffenden Verbindungen bekannt wurden. Kolbe ging dabei von der Ueberlegung aus, dass aus einer Verbindung der Form:

$$CH_3\!-\!X \text{ z. B. } CH_3\!-\!OH$$

durch Substitution von CH_3 oder eines analogen Radicales für H nur eine einzige Verbindung:

$$CH_3\!-\!CH_2\!-\!X\ ,$$

aus dieser aber zwei verschiedene, nämlich:

$$CH_3\!-\!CH_2\!-\!CH_2\!-\!X \text{ und } CH_3\!-\!CH\!-\!X$$
$$\overset{|}{CH_3}$$

entstanden gedacht werden können, und aus diesen wieder drei:

$$CH_3\!-\!CH_2\!-\!CH_2\!-\!X\ ,\quad CH_3\!-\!CH_2\!-\!CH\!-\!X\ ,\quad CH_3\!-\!\overset{\overset{CH_3}{|}}{\underset{\underset{CH_3}{|}}{C}}\!-\!X$$
$$\overset{|}{CH_3}$$

und so entsprechend weiter.

---

*) Kolbe, Ausf. Lehrb. d. org. Chemie, Bd. 1, S. 567 ff. (1858 geschrieben); Ann. Chem. Pharm. 1860, Bd. 113, S. 305; Zeitschr. f. Chem. u. Pharm. 1862, S. 687.

§ 117.   VII. Das Gesetz der Atomverkettung.   243

Nachdem diese Voraussagungen Kolbe's durch die Erfahrung vollkommen bestätigt worden, ist er zu weiter gehenden geschritten, welche für jetzt noch der Bestätigung harren*).

Während allgemein angenommen wird, die grosse Verschiedenheit im Verhalten der zwei Wasserstoffgruppen in einer Verbindung:
$$CH_3\text{---}CH_2\text{---}X \text{ , z. B. } CH_3\text{---}CH_2\text{---}OH$$
werde durch die Nachbarschaft des X, OH etc. hervorgebracht, sucht Kolbe die Ursache derselben in dem gegenseitigen Verhältnisse der Kohlenstoffatome zu einander. Er stellt die Hypothese auf, dass zwei Methylgruppen (CH_3) sich auf zweierlei Art mit einander vereinigen können, indem sie entweder einander gleichwerthig „coordinirt" oder die eine der anderen „subordinirt" sei, so dass zwei verschiedene Kohlenwasserstoffe C_2H_6 möglich wären, deren Zusammensetzung Kolbe durch die Formeln

$$CH_3\text{---}CH_3 \quad \text{und} \quad \left.\begin{array}{c}CH_3\\H_3\end{array}\right\}C$$

Dimethyl,   methylirtes Methan,

darstellt**). Ersteres wird entstanden gedacht durch die Vereinigung zweier Radicale Methyl (CH_3), letzteres durch die Substitution von Methyl (CH_3) für ein H des Typus Grubengas oder Methan, in welchem die drei übrigen Wasserstoffatome ihren Charakter als „typisch" bewahren, während die drei neu eintretenden diesen nicht besitzen (vergl. § 99). Dies wird in der zweiten Formel dadurch zum Ausdruck gebracht, dass das als substituirt und dem anderen subordinirt gedachte CH_3 mit den drei aus dem ursprünglichen Typus übrigen H vor die Klammer, das Hauptkohlenstoffatom aber hinter dieselbe gestellt wird. Worin der Unterschied dieser beiden Arten von Verbindung beruhen, was der einen Atomgruppe das vermuthete Uebergewicht über die andere, ihr an sich ganz gleiche verleihen möchte, hat Kolbe nur leise hypothetisch angedeutet, indem er vermuthet, dass die vier Wasserstoffatome des Methanes durch ungleich starke Affinität mit dem Kohlenstoffe verbunden seien***). Bei Annahme der Verschiedenheit aller vier Affinitäten des Kohlenstoffes könnten sich aber zwei Atome desselben, wie leicht ersichtlich, auf $4 + 3 + 2 + 1 = 10$ verschiedene

---

*) In verschiedenen neueren Abhandlungen im Journ. f. pr. Chemie, besonders aber in dem seit 1879 erscheinenden kurzen Lehrb. d. org. Chemie.
**) Kurzes Lehrbuch d. org. Chemie, Braunschweig 1879, S. 84.
***) In der zunächst als Manuscript gedruckten, für dasselbe Buch bestimmten Einleitung zu dem Abschnitte „Aromatische Verbindungen", S. 8.

Arten verbinden, bei dreierlei Affinitäten auf $3 + 2 + 1 = 6$, bei zweierlei auf $2 + 1 = 3$ und bei Gleichheit aller Affinitäten nur auf eine Art. Die aufgestellte Hypothese liesse somit mehr als zweierlei Bindungsarten voraussehen.

Nimmt man diese gleichwohl an, so ergiebt sich die Möglichkeit einer viel grösseren Zahl von Isomerien als nach den in §§ 115—117 angestellten Betrachtungen. Es könnte z. B. eine ganze Reihe isomerer Propane, C_3H_8, geben:

$$\left.\begin{matrix}CH_3\\H_2\end{matrix}\right\}\left.\begin{matrix}C\\H_2\end{matrix}\right\}CH \qquad \left.\begin{matrix}CH_3\\H_2\end{matrix}\right\}C\text{---}HC_3 \qquad C\left\{\begin{matrix}CH_2\\H_3\;H_3\end{matrix}\right\}C$$

Propylwasserstoff*),   Methylaethyl*),   Methylendimethan**),

und wohl noch etliche andere. Sollte die Beobachtung auch diese Voraussagungen Kolbe's bestätigen, wie sie die früheren bestätigt hat, so würde sich eine wahrhaft erschreckend grosse Anzahl von Isomerien ergeben. Man könnte deren Zahl sogar noch grösser annehmen, als der Urheber dieser Betrachtungen selbst gethan hat. Dieser hat sich noch nicht darüber geäussert, ob er die als „Coordination" bezeichnete Bindungsart, wie in den Kohlenwasserstoffen, so vielleicht auch in den Radicalen für möglich hält. In diesem Falle wäre u. a. die Existenz von etlichen neuen isomeren Alkoholen und Säuren denkbar, z. B. von verschiedenen primären, normalen Amylalkoholen (Normalbutylcarbinolen), d. i. von Verbindungen $C_5H_{11}OH$ mit gerader, unverzweigter Kette, während ohne die Hypothese der Rangverschiedenheit der Kohlenstoffatome nur eine möglich erscheint:

$$CH_3\text{---}CH_2\text{---}CH_2\text{---}CH_2\text{---}CH_2\text{---}OH\;,$$

und auch von Kolbe***) nur eine, der Formel

$$\left.\begin{matrix}CH_3\\H_2\end{matrix}\right\}\left.\begin{matrix}C\\H_2\end{matrix}\right\}\left.\begin{matrix}C\\H_2\end{matrix}\right\}\left.\begin{matrix}C\\H_2\end{matrix}\right\}COH$$

entsprechend, angenommen wird.

Bei dem gegenwärtigen Stande unserer Kenntnisse ist ohne Zweifel die Frage nach der Gleichheit oder Ungleichheit der ver-

---

*) Kurzes Lehrb., S. 193.
**) Journ. f. pr. Chem. 1880, Bd. 22, S. 157—159.
***) Kurzes Lehrb., S. 242.

§§ 117, 118. VII. Das Gesetz der Atomverkettung. 245

schiedenen Affinitäten eines mehrwerthigen Atomes eine offene und daher die Annahme der Verschiedenheit durchaus nicht unzulässig. Es sind sogar einige im IX. Abschnitte zu besprechende Thatsachen bekannt*), welche sich zwar auch noch auf andere Art, aber am ungezwungensten aus einer solchen Verschiedenheit erklären lassen. So lange indessen die Tausende jetzt bekannter organischer Verbindungen nicht mehr Isomeriefälle zeigen, als die einfachere Vorstellung, welche den gewöhnlichen Kettenformeln zu Grunde liegt, voraussehen lässt, ist es zulässig, wenn nicht gar geboten, bei dieser zu bleiben, um sie erst dann zu der weniger einfachen Annahme verschiedener Verbindungsarten zu erweitern, wenn die Beobachtungen dieses nothwendig machen. Dass diese Erweiterung sich auch äusserlich leicht und ohne Schwierigkeit vollziehen lassen würde, lehrt schon ein Blick auf obige einander so ähnliche Formeln, welche der einen und der anderen Auffassung zum Ausdruck dienen.

§ 118 (89).

Erreicht die Anzahl der einwerthigen Atome in der Verbindung nicht ihren Maximalwerth, ist also

$$n < 2n_4 + 2,$$

so wird die Anzahl der möglichen Isomerien noch grösser, mögen nun ungesättigte Affinitäten oder doppelte Verkettung der Kohlenstoffatome auftreten.

Bei ungesättigten Affinitäten ist die Anzahl der möglichen isomeren Stoffe so gross, wie sie sein würde, wenn dieselbe Anzahl von Verwandtschaftseinheiten durch eine besondere Art von einwerthigen Atomen gesättigt wäre. So ist z. B. die Anzahl der möglichen Verbindungen $C_n H_{2n}$ mit zwei ungesättigten Einheiten so gross, wie die der Verbindungen $C_n H_{2n} Cl_2$, oder es kann, allgemein ausgedrückt, so viele verschiedene Stoffe $C_n H_{2n+2-x}$ geben, wie Verbindungen $C_n H_{2n+2-x} Cl_x$ möglich sind.

Bei doppelter Bindung der C-atome ist die Anzahl etwas geringer, da die sich gegenseitig bindenden Affinitäten nicht einem und demselben Atome angehören können. Nach der Ansicht mancher Chemiker sollen auch in der Regel nicht zwei ungesättigte Affinitäten gleichzeitig an einem und demselben Atome bestehen können. Indessen

---

*) s. § 168 dieser und § 135 S. 262, 263 der dritten Auflage.

bestehen solche nachweislich an dem C-atome im Kohlenoxyd; ebenso an den Atomen des Dampfes von Quecksilber und Kadmium, so dass die Ausnahmen von jener vermutheten Regel jedenfalls sicherer zu erweisen sind als diese zweifelhafte Regel selbst.

Nimmt man ungesättigte Affinitäten an, so sind z. B. zwei Verbindungen C_2H_4 möglich, nämlich:

$* H_2C\text{---}CH_2 *$ und $H_3C\text{---}CH **$;

bei doppelter Bindung dagegen nur eine:

$$H_2C\!=\!CH_2.$$

Dass in Wirklichkeit nur eine Verbindung C_2H_4, das Aethylen, bekannt ist, und alle Versuche fehlschlugen, die isomere, das Aethyliden, darzustellen, spricht sehr für die Ansicht, welche im Aethylen nicht freie Verwandtschaften, sondern doppelte Bindung annimmt.

§ 119 (90).

Die Verbindungen des Kohlenstoffes mit zweiwerthigen Elementen sind nicht entfernt so zahlreich wie die mit einwerthigen. Es gehören hierher die Carbonate und Oxalate der zweiwerthigen Metalle, deren Molekulargewichte aber bis jetzt nicht bestimmbar sind. Bekannt dagegen ist das Molekulargewicht folgender leicht flüchtiger Verbindungen:

CO, Kohlenoxyd, CO_2, Kohlensäureanhydrid,
COS, Kohlenoxysulfid, CS_2, Schwefelkohlenstoff.

Im Kohlenoxyde bleiben zwei Verwandtschaften des vierwerthigen Kohlenstoffes ungesättigt, in den drei anderen reichen die Verwandtschaften der zwei zweiwerthigen Atome gerade aus zur Sättigung des einen vierwerthigen C-atomes.

Es ist zu bemerken, dass der Theorie nach Verbindungen des Kohlenstoffes mit sehr vielen zweiwerthigen Atomen möglich erscheinen, da diese durch Vereinigung unter sich eine beliebig lange Kette bilden könnten, dass aber solche Verbindungen nicht dargestellt sind.

Die Zahl der Kohlenstoffverbindungen, welche gleichzeitig ein- und zweiwerthige Atome enthalten, ist wieder sehr gross und erfordert eingehendere Betrachtung. Die zweiwerthigen Atome können in verschiedener Weise gebunden werden:

1) Das zweiwerthige Atom, z. B. ein Sauerstoffatom, sättigt zwei Verwandtschaften eines und desselben C-atomes:

$$O\!=\!C\!=\!.$$

§§ 119, 120.   VII. Das Gesetz der Atomverkettung.   247

2) Es sättigt je eine Verwandtschaft zweier schon mit einander unmittelbar oder mittelbar verbundener C-atome:

$$---\overset{|}{C}---\overset{|}{C}--- \atop \diagdown\!\!O\!\!\diagup \qquad \text{oder} \qquad ---\overset{|}{C}---\overset{|}{C}--- \atop ---\overset{|}{C}---O$$

In beiden Fällen vermindert sich die Anzahl der möglicherweise in der Verbindung enthaltenen einwerthigen Atome um je 2 für jedes eintretende zweiwerthige Atom. Es ist also in diesen Fällen:

$$n_1 \leq 2n_4 - 2n_2 + 2$$

3) Das zweiwerthige Atom verkettet zwei beliebige andere Atome mit einander, welche sonst weder mittelbar noch unmittelbar zusammenhängen, z. B.:

$$---\overset{|}{C}---O---H \qquad ---\overset{|}{C}---O---O--- \, , \qquad ---\overset{|}{C}---O---\overset{|}{C}---$$

In diesem Falle wird die Anzahl der für die Bindung von einwerthigen Elementen verfügbaren Verwandtschaften durch den Eintritt zweiwerthiger Atome nicht vermindert; es ist also

$$n_1 \leq 2n_4 + 2 \, ,$$

d. h. die Anzahl der einwerthigen ist unabhängig von der der zweiwerthigen Atome.

§ 120 (91).

Treten auch dreiwerthige Atome in die Verbindung, so sind in ganz ähnlicher Weise verschiedene Fälle zu unterscheiden, die nach folgenden Schablonen leicht verständlich sind.

1) $N\!\equiv\!C---$ $\qquad n_1 \quad 2n_4 - 3n_3 + 2$
2) $---N\!\equiv\!C\!\equiv\!$
3) $\equiv\!C---C\!\equiv\! \atop \diagdown\!N\!\diagup$ $\left.\begin{matrix}\\ \\ \\ \end{matrix}\right\} n_1 = 2n_4 - n_3 + 2 \, ,$
4) $\equiv\!N---C\!\equiv\!$ $\qquad n_1 \quad 2n_4 + n_3 + 2$

Ob dabei die frei bleibenden Affinitäten der drei- und der vierwerthigen Atome durch ein- oder zweiwerthige Elemente gesättigt werden, ist im ganzen gleich; für letztere bleiben im wesentlichen die im vorigen Paragraphen erörterten Regeln bestehen.

Für vierwerthige Atome anderer Elemente, welche mit den C-atomen in Verbindung treten, sind natürlich dieselben Combinationsformen wie für diese möglich. In Wirklichkeit scheint aber sowohl bei den drei- wie bei den vierwerthigen der bei dem Kohlenstoffe verhältnissmässig seltene Fall häufiger vorzukommen, dass ein solches Atom durch jede seiner Affinitäten ein Kohlenstoffatom bindet und so zu einem Knotenpunkte wird, in welchem drei oder vier Ketten zusammenlaufen:

$$\begin{array}{c} \vert \\ ---C---N---C--- \\ \vert \\ ---C--- \\ \vert \end{array} \qquad \begin{array}{c} \vert \\ ---C--- \\ \vert \\ ---C---Sn---C--- \\ \vert \\ ---C--- \\ \vert \end{array}$$

Neben diesen Verbindungen finden sich zahlreich auch solche, in denen die Affinitäten der mit dem Kohlenstoff verbundenen Atome zum Theil durch einwerthige, und andere, in welchen sie zum Theil durch zweiwerthige Elemente gesättigt sind. In letzterem Falle fehlt aber oft die Flüchtigkeit und damit die sichere Kenntniss des Moleculargewichtes.

§ 121 (92).

Verbindungen unzweifelhaft fünfwerthiger Elemente mit bekanntem Moleculargewichte kennen wir bis jetzt nur einige wenige, von einem sechswerthigen nur eine einzige; nämlich die in § 90 unter V und VI aufgeführten. Mehrfache Verkettungen dieser Elemente sind nicht bekannt. Die beiden Typen sind ihrer Seltenheit wegen von geringerer Bedeutung als die vier ersten, welche im folgenden vorzugsweise berücksichtigt werden sollen.

§ 122 (93).

Die in den vorhergehenden Paragraphen in ihren wesentlichsten Grundzügen dargelegte theoretische Untersuchung der möglichen Combinationsformen genügt zur Ermittelung der Ordnung der Atome in einer bestimmten Verbindung nur in dem einen, verhältnissmässig nicht häufigen Falle, dass nur eine einzige Combination der durch die Analyse in der Molekel der Verbindung nachgewiesenen Atome möglich ist. So ist z. B. die Anordnung der Atome oder, wie man sich auszudrücken pflegt, die Constitution oder Structur für Verbindungen wie CH_4, CH_3Cl, C_2H_6, C_2H_5Cl, C_3H_3 u. s. w. ohne weiteres gegeben, sobald man die der ganzen Theorie der Atomverkettung zu Grunde gelegte Hypothese anerkennt. Die Formeln dieser Verbindungen sind eindeutig.

§ 122.   VII. Das Gesetz der Atomverkettung.   249

Andererseits zeigt die theoretische Betrachtung der möglichen Combinationen, dass viele der in früheren Zeiten für manche Stoffe aufgestellten und damals allgemein als richtig anerkannten Constitutionsformeln ganz unzulässig sind. Dies gilt z. B. von fast allen Annahmen der von Gay-Lussac zuerst aufgestellten, besonders von Dumas entwickelten und vertheidigten sogenannten „Aetherintheorie"*), nach welchen in einer ganzen Reihe von Verbindungen des Kohlenstoffes die von Berzelius**) mit den Namen „Aetherin" belegte Atomgruppe C_4H_8 in Verbindung mit anderen Atomgruppen enthalten sein sollte. Diese Atomgruppe, die jetzt, halb so gross genommen, gewöhnlich Aethylen genannt wird, hat allerdings auch nach heutigen Ansichten noch zwei verfügbare Affinitäten; denn es ist für sie $n_4 = 4$ und $n_1 = 8$, folglich

$$n_1 < 2n_4 + 2 = 10 \, .$$

Aber die Atomgruppen, mit denen man sie verbunden sein liess, waren zum grossen Theil solche, die aller Affinitäten der in ihnen enthaltenen Atome bedürfen, um den inneren Zusammenhang ihrer Molekeln zu bewerkstelligen, so dass deren keine übrig sind, durch welche die Verkettung mit dem Aethylen geschehen könnte. Folgende Beispiele werden genügen, dieses zu zeigen. Nach der Aetherintheorie war:

Chloraethyl	C_4H_4 , HCl	oder	C_4H_8 , HCl , HCl ,
Aether	C_4H_4 , HO		C_4H_8 , H_2O ,
Alkohol	C_4H_4 , HO , HO		C_4H_8 , H_2O , H_2O ,
Schwefelaethyl	C_4H_4 , HS		C_4H_8 , H_2S ,
Mercaptan	C_4H_4 , HS , HS		C_4H_8 , H_2S , H_2S

Die Gruppen:

$$H\text{----}Cl \, , \; H\text{----}O\text{----}H \, , \; H\text{----}S\text{----}H$$

sind in sich geschlossen und besitzen keine Affinitäten zur Vereinigung unter einander oder mit dem Aetherin.

Näher den gegenwärtigen Ansichten stand schon die besonders von Berzelius und Liebig entwickelte „Aethyltheorie"***), die zwar auch solche Atomgruppen ohne nach aussen verwendbare Affinitäten als Bestandtheile der Verbindungen annahm, indessen doch in etwas geringerer Zahl. Nach dieser Theorie war:

---

*) Ueber die Geschichte dieser Theorie s. Ladenburg, Vorträge über die Entwickelungsgeschichte der Chemie, S. 129.
**) Berzelius, Jahresbericht Nr. 12, S. 303; Nr. 13, S. 192 und 197.
***) s. Ladenburg, a. a. O. S. 138 ff.; Berzelius, Jahr.-Ber. Nr. 13, S. 196.

VII. Das Gesetz der Atomverkettung. §122.

Chloraethyl	C_4H_5, Cl	oder	C_4H_{10}, Cl_2,
Aether	C_4H_5, O		C_4H_{10}, O,
Alkohol	C_4H_5, O, HO		C_4H_{10}, O, H_2O,
Schwefelaethyl	C_4H_5, S		C_4H_{10}, S,
Mercaptan	C_4H_5, S, HS		C_4H_{10}, S, H_2S

Die Formeln für Aether und Schwefelaethyl sind mit den gegenwärtig gebrauchten fast identisch, wenn sie auch nicht ganz denselben Sinn haben wie diese; in den anderen Formeln finden sich die Gruppen ohne äusserlich verwendbare Affinitäten, wie $H\text{---}O\text{---}H$ und $H\text{---}S\text{---}H$, wenigstens nicht doppelt.

Dass aber solche Gruppen überhaupt vorkommen, bildet einen der Hauptgegensätze aller älteren Theorien gegen die gegenwärtige Theorie der Atomverkettung. Früher nahm man an, dass jede beliebige Gruppe von Atomen das Vermögen besitze, sich mit unter geeigneten Umständen neu hinzutretenden Atomen zu verbinden, ohne dabei eines ihrer Atome zu verlieren. Jetzt schreiben wir diese Fähigkeit nur solchen Atomgruppen zu, welche (nach § 106, S. 221) der Bedingung

$$n_1 < n_3 + 2n_4 + 2$$

genügen, während sie allen denen abgeht, für welche die Beziehung

$$n_1 = n_3 + 2n_4 + 2$$

Geltung hat.

Letztere gilt aber für fast alle von der älteren Aethyltheorie angenommenen Atomgruppen; denn es ist für

C_4H_{10} $n_1 = 10 = 2n_4 + 2$, H_2O $n_1 = 2$
$C_4H_{10}O$ H_2S
$C_4H_{10}S$ „   „ Cl_2 „

Diese Atomgruppen haben also nicht die Eigenschaften von „Radicalen", d. h. sie besitzen keine verfügbaren Affinitäten, wenigstens nicht solche, welche den Zusammenhang der Atome auch in den Molekeln gasförmiger Stoffe zu bewirken und zu erhalten im Stande sind. Ob und wie weit solche Atomgruppen in starren oder tropfbaren Substanzen als Bestandtheile angenommen werden können, werden wir weiter unten besprechen. Sie als nähere Bestandtheile von unzersetzt flüchtigen Verbindungen anzusehen, würde nur möglich sein, wenn man die in den letzten Jahren gewonnene Einsicht in die Wirkungsart der chemischen Affinitäten vollständig ignoriren wollte. Es ist daher nicht mehr zulässig, das sogenante Hydrat einer flüchtigen Säure als eine Verbindung von Wasser und wasserfreier Säure, einen Alkohol als Verbindung

§ 122.   VII. Das Gesetz der Atomverkettung.   251

von Wasser und Aether, einen Ester oder Säureäther als eine solche von Säureanhydrid und oxydischem Aether zu betrachten, z. B.:

Essigsäure	$HO, C_4H_3O_3$	oder	$H_2O, C_4H_6O_3$,
Alkohol	HO, C_4H_5O		$H_2O, C_4H_{10}O$,
Essigäther	$C_4H_5O, C_4H_3O_3$	„	$C_4H_{10}O, C_4H_6O_3$.

Diese und ähnliche Constitutionsformeln, welche in den meisten Verbindungen zwei (oder mehre) in sich geschlossene Gruppen von Atomen annahmen und deshalb den Namen der „dualistischen" Formeln erhielten, sind heute unhaltbar und daher durch einheitliche, sogenannte „unitare" Formeln ersetzt worden. Diese Veränderung erscheint auf den ersten Blick sehr durchgreifend, ist aber im Grunde doch nicht gross, da die neuen Formeln aus den älteren alles beibehalten, was geeignet ist, dem Verhalten der Stoffe einen passenden Ausdruck zu geben.

Während man z. B. früher in den Stoffen, welche leicht zur Bildung von Wasser Anlass geben, die Atomgruppe H_2O, d. i. Wasser, fertig gebildet annahm, ist man jetzt der Ansicht, dass in denselben nur die Atomgruppe $H\text{---}O\text{---}*$, „Hydroxyl", vorkommt, welche leicht durch Aufnahme eines Wasserstoffatomes in Wasser übergeht. So ist z. B.:

	dualistisch:	unitar:
Alkohol	C_4H_{10}, O, H_2O	$CH_3\text{---}CH_2\text{---}O\text{---}H$
Aether	C_4H_{10}, O	$CH_3\text{---}CH_2\text{---}O\text{---}CH_2\text{---}CH_3$
Essigsäure	C_4H_6, O_3, H_2O	$CH_3\text{---}CO\text{---}O\text{---}H$
Essigäther	$C_4H_6, O_3, C_4H_{10}, O$	$CH_3\text{---}CO\text{---}O\text{---}CH_2\text{---}CH_3$.

Dass die ältere Ansicht, nach welcher die sogenannten Säurehydrate Verbindungen von wasserfreier Säure und Wasser, die Salze von Säure und Metalloxyd sein sollten, mit den modernen Theorien unvereinbar ist, nähert die letzteren der Davy'schen Theorie der Wasserstoffsäuren. Der Unterschied besteht nur darin, dass Davy dem durch Metalle vertretbaren Wasserstoffe alle übrigen in der Verbindung enthaltenen Atome als ein Ganzes entgegensetzte, während wir jetzt dieselben als eine gegliederte Gruppe betrachten. Die Lehre Davy's ist vollständig in die modernen Anschauungen aufgenommen, aber diese gehen weiter und enthalten mehr als jene.

Auch in dem typischen Systeme Gerhard's, das zunächst an die Stelle des auf die dualistische Hypothese gestützten sogenannten electrochemischen Systemes trat, fanden sich noch einige wenige Radicale ohne zur Anreihung neuer Atome verwendbare Affinitäten, deren Annahme erst später, als das Gesetz der Atomverkettung erkannt worden war, als unzulässig aufgegeben wurde. Es ist daher begreiflich, dass die Typenlehre für sich allein nicht im Stande war, den Dualismus völlig zu besiegen, da sie von seinem wesentlichsten, wenn nicht einzigen Fehler selbst nicht ganz frei war. Erst nachdem sie in der Hypothese der Atomverkettung ihren einheitlichen geistigen Inhalt gewonnen, ist sie in veränderter Gestalt Siegerin geblieben.

§ 123 (94).

Die kritische Negation des Dualismus und anderer der Theorie der Atomverkettung widerstreitender Ansichten folgt unmittelbar aus der theoretischen Betrachtung der möglichen Combinationen der Atome; sie bedarf daher keiner weiteren experimentellen Stütze und hat nur in soweit eine empirische Grundlage, als eine solche der Hypothese der Atomverkettung selbst zukommt, welche allerdings aus tausendfachen Beobachtungen abstrahirt ist.

Die theoretische Entwickelung der Consequenzen dieser Hypothese genügt auch noch zur Ermittelung der Atomverkettung in solchen Verbindungen von bekannter Zusammensetzung und bekanntem Molekulargewichte, für welche theoretisch nur eine einzige Art der Combination der Atome möglich erscheint.

Sobald aber mehre isomere Verbindungen für eine bestimmte Zusammensetzung der Molekel möglich sind, ist die theoretische Betrachtung nur eine Vorarbeit; die Entscheidung ist, wie schon § 111 angegeben wurde, auf experimentellem Wege zu suchen.

Wir wollen jetzt die hauptsächlichsten Methoden darlegen, welche gegenwärtig zur Erkennung der Atomverkettung benutzt werden. Diese Methoden gründen sich wesentlich auf die Kenntniss der Entstehung und des Zerfalles der chemischen Verbindungen, sowie auf die Kenntniss des sonstigen chemischen Verhaltens und der physikalischen Eigenschaften derselben.

Die erste Untersuchungsmethode, welche in Anwendung kommt, um zu ermitteln, welche von mehren möglichen isomeren Verbindungen wir vor uns haben, ist wesentlich darauf gerichtet, die Kette der Atome in einzelne Stücke zu zerlegen und aus diesen Stücken wieder zusammenzusetzen. Man macht dabei die nicht immer gerechtfertigte, aber, so lange keine Gegengründe vorliegen, doch wahrscheinlichste Unterstellung, dass diejenigen Atome, welche als eine zusammenhängende Kette bei der Zersetzung einer Verbindung aus dieser austreten, auch in derselben schon mit einander in unmittelbarem Zusammenhange waren, und dass eine zusammenhängende Kette von Atomen, welche aus einer Verbindung in eine andere übertritt, bei diesem Uebertritte die Reihenfolge ihrer Atome in der Regel nicht ändere. Ferner nimmt man an, dass, wenn aus einer Verbindung ein Atom oder eine Kette von Atomen austritt, während gleichzeitig ein anderes mit derselben Anzahl freier Affinitäten begabtes Atom oder eine andere solche Atomkette eintritt, dann in der Regel der eintretende Theil die Stelle der austretenden einnehme und nicht etwa andere Theile der ursprünglichen Verbindung verdränge oder ersetze.

Diese Voraussetzungen sind nicht immer zutreffend, in manchen Fällen nachweislich unzulässig; aber es giebt Hülfsmittel zur Prüfung ihrer Zulässigkeit. Diese werden durch die Untersuchung der Abhängigkeit gewonnen, in welcher die Eigenschaften der Verbindungen von ihrem inneren Gefüge stehen. Die Erforschung dieser Abhängigkeit liefert daher der theoretischen Chemie die zweite Untersuchungsmethode, welche der ersten an Wichtigkeit nicht nachsteht. Dieser gilt als unbezweifelt richtiger Grundsatz, dass gleiche oder ähnliche Eigenschaften durch gleiches oder ähnliches Gefüge bedingt seien; dass, mit anderen Worten, eine gleiche Wirkung auf eine gleiche Ursache zurückschliessen lasse. Das Bestreben, die Wechselbeziehungen zwischen Zusammensetzung und Eigenschaften der Stoffe zu erforschen, hat im Laufe unseres Jahrhunderts und besonders in den letzten vierzig Jahren der Wissenschaft ganz neue, bis dahin unbekannte Arbeitsfelder erschlossen, die jetzt ein weites Grenzgebiet zwischen den Schwesterwissenschaften der Physik und Chemie bilden. Und doch stehen wir kaum in den allerersten Anfängen dieser so umfangreichen als mühsamen, aber auch belohnenden Forschungen.

Bisher sind die zur Erforschung der Atomverkettung dienenden Untersuchungsmethoden fast einzig auf die Kohlenstoffverbindungen angewandt und für diese ausgebildet worden. Die grosse Zahl dieser Verbindungen, die Häufigkeit der Isomerien unter ihnen, drängten mit Nothwendigkeit auf die Ausbildung dieser Methoden, ohne welche schon eine geordnete Uebersicht der vielen bekannten Kohlenstoffverbindungen gar nicht mehr möglich erschien. Trotz ihrer noch sehr unvollkommenen Entwickelung würde der Versuch einer auch nur annähernd vollständigen Darlegung der jetzigen

Leistungsfähigkeit dieser Methoden die Grenzen dieser Schrift weit überschreiten. Wir müssen uns daher darauf beschränken, das Wesen dieser Methoden an einigen Beispielen zu erläutern.

§ 124 (95).

Das erste Hülfsmittel, die Zerlegung und Wiederzusammensetzung der Atomkette, wird derart angewendet, dass man die Verbindung unbekannter Constitution in solche, deren Atomordnung bekannt ist, zu zerspalten und aus diesen wieder zusammenzufügen sucht. Um aber die ganze Kette der Atome vollständig zu übersehen und demnach die Ordnung derselben vollständig angeben zu können, ist es meistens erforderlich, dass eine grössere Zahl von Zersetzungen und Neubildungen der Substanz bekannt sei. Die Kette muss an verschiedenen Stellen gespalten und aus den einzelnen Gliedern, in die sie zerlegt worden, wieder zusammengesetzt werden. Es ist daher in der Regel eine sehr umfassende experimentelle Forschung nothwendig, ehe die Constitution einer Substanz mit Sicherheit erkannt wird. Ist aber die Forschung hinreichend weit gediehen, so gelingt auch regelmässig die Feststellung der atomistischen Constitution.

Besonders auf die Zusammensetzung der Kette aus den einzelnen Gliedern, die für ein besonders beweisendes Hülfsmittel gilt, wird grosser Werth gelegt. Geschieht die Zusammenfügung zweier Ketten so, dass sich zwei Kohlenstoffatome mit einander vereinen, so wird die Bildung der Verbindung als eine „Synthese im engeren Sinne" bezeichnet.

Um die Anwendung dieser Hülfsmittel zu zeigen, wählen wir als Beispiel zunächst die Stoffe, deren Molekel nach Dampfdichte und Analyse zu C_2H_6O gefunden wurde. Für eine solche Verbindung ergeben sich nur zwei verschiedene Möglichkeiten der Atomcombination:

$$CH_3\text{---}CH_2\text{---}O\text{---}H \quad \text{und} \quad CH_3\text{---}O\text{---}CH_3.$$

In der That kennen wir zwei isomere Verbindungen der angegebenen Zusammensetzung, den Alkohol und den Methyläther. Die Wahl ist in diesem Falle nicht schwer. Nur in der ersten der beiden möglichen Schablonen befindet sich ein H in einer anderen Stellung als die übrigen, und zwar in Verbindung mit Sauerstoff als „Hydroxyl" $H\text{---}O\text{---}$ Wir geben dem Alkohol diese Formel, weil in ihm ein Wasserstoffatom von den übrigen abweichendes Verhalten zeigt, z. B. leicht durch Metalle, welche

§ 124. VII. Das Gesetz der Atomverkettung. 255

wie Natrium grosse Neigung haben, sich mit Sauerstoff zu verbinden, vertreten wird:

$$2\ (C_2H_5\ O\ H) + Na_2 = 2\ (C_2H_5\ O\ Na) + H_2\ ;$$
Alkohol, Natriumalkoholat,

weil dieses Wasserstoffatom in vielen Reactionen zusammen mit dem Sauerstoffatome abgespalten wird, z. B.:

$$C_2H_6O + HCl = C_2H_5Cl + HOH$$
Alkohol Salzsäure Chloraethyl Wasser;

und weil die Formel des bei der letzteren Umsetzung entstehenden Chloraethyles C_2H_5Cl eindeutig ist; denn das Chloraethyl kann der Theorie nach nur zusammengesetzt sein nach der Schablone:

$$H_3C\text{---}H_2C\text{---}Cl\ ,$$

und ist, wie Schorlemmer älteren irrigen Beobachtungen gegenüber gezeigt hat *), nicht isomer, sondern identisch mit dem durch Substitution von Cl für H aus dem Kohlenwasserstoffe C_2H_6 entstehenden Produkte. Da es aus dem Alkohol entsteht, indem OH aus- und Cl eintritt, so nehmen wir an, dass das Hydroxyl sich an der Stelle befunden habe, welche hernach von Cl eingenommen wird, dass folglich die Atomverkettung im Alkohol ausgedrückt werde durch die Formel:

$$H_3C\text{---}H_2C\text{---}O\text{---}H\ ,$$

und die Einwirkung von HCl auf denselben durch das Schema:

$$H_3C\text{---}H_2C\text{---}O\text{---}H + H\text{---}Cl = H_3C\text{---}H_2C\text{---}Cl + H\text{---}O\text{---}H\ .$$

Nehmen wir demnach für den Alkohol diese Atomordnung an, so bleibt für den ihm isomeren Methyläther nur die zweite einzig noch mögliche Anordnung übrig, in welcher die C-atome nicht unmittelbar, sondern nur durch Vermittelung des O-atomes zusammenhängen. Dass diese Art der Atomverkettung ihm wirklich zukomme, lässt sich aus seinem Verhalten leicht ableiten. Zwar ist die Kette seiner Atome schwierig zu spalten, jedoch leicht aus ihren einzelnen Gliedern zusammenzusetzen. Der Methyläther entsteht durch mancherlei Einwirkungen mittelbar oder unmittelbar aus dem Holzgeiste CH_4O, dessen Formel eindeutig ist, für den also Isomerien nicht möglich sind. Durch Einwirkung von Kalium z. B. entsteht aus dem Holzgeist: $CH_3\text{---}O\text{---}H$ das Kaliummethylat: $CH_3\text{---}\text{---}K$; durch Einwirkung von HJ das Jodmethyl:

$$CH_3\text{---}O\text{---}H + HJ = CH_3J + H\text{---}O\text{---}H$$
Holzgeist Jod- Jod- Wasser.
 wasserstoff methyl

---

*) C. Schorlemmer, Ann. Chem. Pharm. 1864, Bd. 131, S. 76 und Bd. 132, S. 234.

18*

Das Jodmethyl wirkt auf das Kaliummethylat nach der Gleichung:

$$CH_3\text{---}O\text{---}K + CH_3J = CH_3\text{---}O\text{---}CH_3 + KJ$$

Kaliummethylat   Jod-   Methyläther   Jod-
                 methyl   kalium.

Der Methyläther entsteht also, wie die ihm beigelegte Schablone es ausdrückt, wirklich aus zweimal der Atomgruppe CH_3, welche „Methyl" genannt wird, und einem aus dem Hydroxyl des Holzgeistes herrührenden, die beiden Methylgruppen verkettenden Sauerstoffatome. Diese und ähnliche Umsetzungen bestätigen also die Richtigkeit der über die Constitution des Methyläthers gemachten Annahme und damit indirect auch die der anderen für den Alkohol gemachten.

§ 125 (96).

Etwas weniger einfach gestaltet sich schon die Aufgabe, die Constitution oder Structur der Essigsäuremolekel anzugeben, deren Zusammensetzung durch $C_2H_4O_2$ ausgedrückt wird. In dieser ist $n_1 = 4$ und $2n_1 + 2 = 6$, folglich sind zwei freie Affinitäten oder doppelte Bindungen der Atome möglich. Dieser Umstand bringt die Anzahl der theoretisch denkbaren Isomerien auf einige dreissig. Da aber die Molekel der Essigsäure kein Atom mehr aufnimmt, ohne dass dafür ein anderes austräte, so darf man die Annahme freier Affinitäten ausschliessen und nur doppelte Bindung der Atome annehmen. Dann bleibt immer noch die Möglichkeit von 10 isomeren Verbindungen der angegebenen Zusammensetzung, während ihrer erst zwei bekannt sind, die Essigsäure und der Ameisensäuremethyläther.

Um nun unter den 10 möglichen Constitutionsformeln diejenige aufzufinden, welche die Structur der Essigsäure darstellt, haben wir die Eigenschaften und das Verhalten dieser Verbindung genau zu studiren und zu ermitteln, wo und wie sich ihre Atomkette zerreissen und wieder zusammensetzen lässt.

Die Essigsäure $C_2H_4O_2$ entsteht aus dem Alkohol $CH_3\text{---}CH_2\text{---}OH$ durch Eintritt von O für H_2. Es fragt sich, welche zwei Wasserstoffatome durch das eintretende Sauerstoffatom ersetzt werden. Das im Hydroxyl enthaltene H kann nicht unter denselben sein; denn auch in der Essigsäure unterscheidet sich eines der Wasserstoffatome in seinem Verhalten sehr wesentlich von den übrigen. Dasselbe wird z. B. sehr leicht durch Metallatome und fast ebenso leicht durch Kohlenwasserstoffradicale ersetzt. Diese und ähnliche Beobachtungen lassen keinen Zweifel darüber, dass das eine Wasserstoffatom der Essigsäure an Sauerstoff, die drei anderen an Kohlenstoff gebunden sind. Daraus folgt, dass das eine Sauerstoffatom wie im Alkohol in der Gruppe Hydroxyl —O—H enthalten ist. In der That lässt sich von der Molekel der Essigsäure, ebenso wie von der des Alkohols, das eine Sauerstoffatom leicht zusammen mit dem eigenthümlich sich verhaltenden Wasserstoffatome abspalten, und zwar oft durch eine und dieselbe Einwirkung, z. B.:

Alkohol: $C_2H_6O + PCl_5 = C_2H_5Cl + POCl_3 + HCl$,
Essigsäure: $C_2H_4O_2 + PCl_5 = C_2H_3OCl + POCl_3 + HCl$

Diese und ähnliche Vergleichungen veranlassten schon Gerhardt, für beide Stoffe analoge Formeln aufzustellen:

$$\left.\begin{array}{c}C_2H_5\\H\end{array}\right\}O \qquad \left.\begin{array}{c}C_2H_3O\\H\end{array}\right\}O$$

Alkohol,   Essigsäure,

in welchen die Radicale „Aethyl" C_2H_5 und „Acetyl" C_2H_3O einander entsprechen. Für ersteres ergiebt sich die Atomverkettung von selbst, da nur eine einzige Combination möglich ist. In der Essigsäure war schon früh „Methyl" als Bestandtheil oder „Paarling" angenommen worden, nach Berzelius[*]) gepaart mit Oxalsäure, nach Kolbe[**]) mit Kohlenstoff, nach Gerhardt[***]) mit Kohlenoxyd. Unter Benutzung dieser Annahme ist die Atomverkettung des Acetyles in der heutigen Anschauungsweise von Kekulé[†]), der sich um diese Art der Forschung grosses Verdienst erworben hat, nach einem Gedankengange aufgestellt worden, mit dem sie in den Grundzügen der folgende sehr nahe übereinkommt.

Durch trockne Destillation eines Acetates mit einem Alkalihydrate wird die Kette der Atome so gespalten, dass die Hälfte des Kohlenstoffes, also ein Atom, in Verbindung mit Wasserstoff als Grubengas, CH_4, abgetrennt wird, während das zweite C-atom mit allem Sauerstoffe und dem Metalle in Verbindung bleibt, und auch noch Metall und Sauerstoff des Hydrates bindet. Es ist darnach wahrscheinlich, dass das eine C-atom näher mit dem Metalle und dem Sauerstoffe, das andere wesentlich mit dem Wasserstoffe

---

[*]) Lehrb., 5. deutsche Aufl. S. 709 (1843); vergl. auch Jahresber. Nr. 25 f. 1844, S. 95 u. 431.
[**]) Handwörterb. der rein. u. angew. Chemie, Bd. 6, S. 807 (1855 geschrieben); vergl. a. Ann. Chem. u. Pharm. 1860, Bd. 113, S. 297.
[***]) Traité de chim. org. T. IV. p. 672.
[†]) Lehrb. der organ. Chemie, I, S. 521.

des Acetates in Verbindung sei. Man kommt dadurch zu folgender Kette für die Essigsäure:
$$H_3C\text{---}CO\text{----}O\text{---}H,$$
welche durch das ganze Verhalten dieses Stoffes bestätigt wird, z. B. durch folgende Zersetzungen:

$$\left.\begin{array}{l}H_3C\text{---}CO\text{----}O\text{----}Na\\H\text{---}O\text{---}Na\end{array}\right\} = H_4C + NaO\text{----}CO\text{---}ONa$$

Acetat u. Hydrat = Grubengas u. Carbonat;

$$\left.\begin{array}{l}H_3C\text{----}CO\text{---}O\text{--}Na\\H\text{---}CO\text{---}O\text{----}Na\end{array}\right\} = H_3C\text{----}CO\text{----}H + NaO\text{----}CO\text{----}ONa$$

Acetat u. Formiat = Aldehyd u. Carbonat;

$$\left.\begin{array}{l}H_3C\text{----}CO\text{---}O\text{----}Na\\H_3C\text{---}CO\text{----}O\text{----}Na\end{array}\right\} = H_3C\text{----}CO\text{----}CH_3 + NaO\text{----}CO\text{----}ONa$$

Acetat u. Acetat = Aceton Carbonat.

Wie die chemischen, so sprechen auch die physikalischen Eigenschaften der Essigsäure und ihrer Salze, wie wir weiter unten sehen werden, so sehr für die Annahme gerade dieser Atomverkettung, dass eine andere Annahme nicht mehr zulässig scheint.

Durch ähnliche Ueberlegungen lässt sich zeigen, dass dem mit der Essigsäure isomeren Ameisensäuremethyläther die durch
$$H_3C\text{---}O\text{----}CO\text{---}H$$
ausgedrückte Constitution zukommt. Ausser diesen beiden Verbindungen ist nur noch eine dritte die Gruppe ---CO---- enthaltende isomere Verbindung möglich, der bis jetzt unbekannte Aldehyd der Glycolsäure:
$$H\text{---}O\text{---}CH_2\text{---}CO\text{----}H,$$
der sich wahrscheinlich wird darstellen lassen.

Denkbar sind ausserdem noch vier ringförmige Anordnungen der Atome und noch drei Combinationen, in denen doppelte Verbindung der zwei C-atome $=C=C=$ vorkommen würde. Ob aber allen diesen denkbaren Combinationen wirklich mögliche Gleichgewichtslagen der Atome entsprechen, ist für jetzt nicht zu entscheiden.

§ 126 (97).

Die schon bei einem verhältnissmässig einfach zusammengesetzten Stoffe, wie es die Essigsäure ist, nicht geringe Schwierigkeit, die Anordnung und Reihenfolge der Atome mit einiger Sicherheit zu ermitteln, wächst sehr bedeutend mit steigender Zahl der Kohlenstoffatome. In manchen Fällen aber vereinfacht sich die Untersuchung ganz ausserordentlich dadurch, dass die Spaltung der Atomkette diese in einzelne grössere Gruppen von Atomen zerlegt, deren Anordnung bekannt oder doch mit grosser Wahrscheinlichkeit zu ermitteln ist, oder dadurch, dass sich die Verbindung aus solchen Gruppen zusammensetzen lässt. Die auffallendsten Beispiele dieser Art liefert die grosse Familie der sogenannten „aromatischen Verbindungen", welche alle mindestens 6, und meist noch erheblich mehr Kohlenstoffatome in der Molekel enthalten, deren Zusammensetzungsart aber trotzdem in den letzten Jahren sehr bis ins einzelne hat erforscht werden können. Die reichen und verhältnissmässig rasch gewonnenen Erfolge dieser Forschung zeugen von der grossen, für die Erweiterung der Wissenschaft förderlichen Fruchtbarkeit der Theorie der Atomverkettung, der es möglich war, die älteren, scheinbar abgeschlossenen classischen Arbeiten von Liebig und Wöhler über die Benzoylverbindungen*) und von Mitscherlich über das Benzin**) zu einer neuen, bis dahin nie geahnten Entwickelung zu führen. Die Theorie, welche von der Atomordnung in diesen sogenannten aromatischen Verbindungen Rechenschaft zu geben bestimmt ist, gründet sich auf die zuerst von Mitscherlich an der Benzoësäure beobachtete Thatsache, dass es gelingt, aus allen diesen Verbindungen eine Gruppe von sechs Kohlenstoffatomen, gewöhnlich in Verbindung mit höchstens sechs Atomen Wasserstoff abzuspalten, welche in sich fester als mit den übrigen etwa noch in den Verbindungen enthaltenen Kohlenstoffatomen zusammenhängt, da jene sechs Atome nicht von einander getrennt werden durch Einflüsse, welche alle anderen C-atome von ihnen abzuspalten vermögen.

So giebt z. B. bei der Destillation mit Kalkhydrat nicht nur die Benzoësäure, deren Zusammensetzung durch $C_7H_6O_2$ ausgedrückt wird, neben Calciumcarbonat Benzol, C_6H_6, sondern dieselben beiden Produkte liefert auch die Honigsteinsäure $C_{12}H_6O_{12}$ nur in anderem Verhältniss:

$C_7H_6O_2$ + CaO_2H_2 = C_6H_6 + $CaCO_3$ + OH_2
Benzoësäure Calciumhydrat Benzol Carbonat Wasser
$C_{12}H_6O_{12}$ + $6CaO_2H_2$ = C_6H_6 + $6CaCO_3$ + $6OH_2$
Honigsteinsäure

---

*) Ann. Pharm. Bd. 3, S. 249, 1832.
**) Pogg. Ann. Bd. 29, S. 231, 1833.

und entsprechend verhalten sich viele Säuren und andere Verbindungen aus der Gruppe der aromatischen Substanzen. Umgekehrt lassen sich sehr viele dieser Substanzen wieder aus dem Benzol künstlich darstellen, indem man die abgespaltenen Atomketten demselben wieder anfügt.

Wegen dieser vielfachen Wechselbeziehungen wurde schon früh das Benzol häufig als ein in den s. g. aromatischen Verbindungen vorkommendes Radical betrachtet.

§ 127 (98).

Der Theorie der Atomverkettung erwuchs die Aufgabe, von dem festen Zusammenhange und dem sonstigen besonderen Verhalten dieser aus 6 Kohlenstoffatomen gebildeten Gruppe eine genügende Rechenschaft zu geben. Zur Lösung dieser Aufgabe hat Kekulé*) eine sehr glücklich gewählte Hypothese aufgestellt, die bis jetzt durch das Verhalten der betreffenden Substanzen bestätigt wurde und darnach sich im wesentlichen mit den Thatsachen im Einklange befindet, selbst wenn sie, wie einige Chemiker wollen, einige geringe Veränderungen erfahren müsste.

Von vornherein scheint für eine Gruppe von 6 Atomen Kohlenstoff und 6 einwerthigen Atomen die Constitution, bei der ganz ausserordentlich grossen Anzahl möglicher Isomerien, kaum zu ermitteln zu sein. Das sorgfältige Studium des Benzoles und seiner Abkömmlinge hat aber die Zahl der wirklich zulässigen unter den überhaupt möglichen Atomgruppirungen so eingeschränkt, dass die Wahl nur noch zwischen einigen wenigen Möglichkeiten übrig ist.

Aus dem Benzol kann durch Substitution von Chlor, Brom, Jod und anderen Atomen oder Atomketten für die Wasserstoffatome eine grosse Zahl von neuen Verbindungen dargestellt werden. **Unter allen den durch Ersatz eines einzigen Wasserstoffatomes entstehenden Substitutionsprodukten sind nun bis jetzt keine Isomerien beobachtet worden**, obgleich solche bei den meisten anderen Kohlenwasserstoffen, selbst bei solchen mit nur 3 C-atomen regelmässig auftreten (vergl. § 116). **Sobald aber ein zweites Wasserstoffatom durch ein Atom anderer**

---

*) Bullet. de la Société chim. 1865, p. 98; Zeitschr. f. Chemie 1865, S. 176; Kekulé, Lehrb. der organ. Chemie, Abschnitt „Aromatische Substanzen", Bd. II, S. 493 ff. Zur Geschichte dieser Hypothese s. Kekulé; Ann. Chem. Pharm. April 1872, Bd. 162, S. 77.

§ 127. VII. Das Gesetz der Atomverkettung.

Art ersetzt wird, treten Isomerien ein; jedoch sind bis jetzt nie mehr als drei verschiedene isomere Substitutionsprodukte dieser Art beobachtet worden, gleichgültig ob die beiden für die zwei Wasserstoffatome substituirten anderen Atome oder Atomketten unter sich gleich- oder ungleichartig sind. Bei Vertretung dagegen von drei Wasserstoffatomen tritt der Unterschied ein, dass die Substitution verschiedenartiger Elemente die Zahl der Isomerien erhöht; doch sind die experimentellen Untersuchungen bis jetzt nicht weit genug geführt, um eine vollkommen sichere Entscheidung über die Maximalzahl dieser Isomerien zu ermöglichen.

Diese Ergebnisse der Beobachtungen führen, ihre völlige Richtigkeit vorausgesetzt, mit Nothwendigkeit zu dem Schlusse, dass

1) alle sechs im Benzol enthaltenen Wasserstoffatome, folglich auch die Kohlenstoffatome, an welchen jene haften, auf vollständig gleiche Weise gebunden sind, so dass es völlig gleichgültig ist, welches der Wasserstoffatome ersetzt wird; und dass

2) in Beziehung auf eines dieser Wasserstoffatome die fünf übrigen in drei verschiedenen Stellungen sich befinden, also einige unter diesen zu jenem ersten relativ gleichgestellt sind.

Diesen Forderungen vermag von allen an und für sich möglichen Hypothesen über die Atomverkettung des Benzoles nur die eine zu genügen, welche annimmt, dass alle 6 Wasserstoffatome gleichmässig auf alle 6 Kohlenstoffatome vertheilt sind, also je eins mit einem verbunden ist, und dass die so entstehenden sechs Atompaare CH eine in sich zurücklaufende, ringförmige Verkettung bilden. Da jedes C-atom drei Affinitäten für die Verbindung mit den anderen zur Verfügung hat, so braucht die Verkettung nicht nothwendig einen einfachen Ring zu bilden, sondern kann eine vielfache, netzförmige sein. Nothwendig ist nur, dass jedes C-atom in ihr genau so gebunden sei wie jedes andere. Nimmt man freie Affinitäten an, so genügt dieser Forderung nur die Annahme eines einfachen Ringes aus sechs Gliedern, nimmt man dagegen doppelte Bindung der C-atome durch die überschüssigen Verwandtschaften an, so genügen ihr nur 2 der überhaupt möglichen fünf ringförmigen Atomanordnungen. Bezeichnen wir mit C^1, C^2, C^3 u. s. f. der Reihe nach die sechs C-atome und geben wir durch die entsprechenden an den Fuss des C gefügten Indices an, mit welchem anderen jedes derselben unmittelbar verbunden ist, so erhalten wir die fünf verschiedenen Combinationen:

I.	II.	III.	IV.	V
C^1_{622} C^2_{131}	C^1_{622} C^2_{131}	C^1_{622} C^2_{131}	C^1_{623} C^2_{135}	C^1_{624} C^2_{135}
C^4_{244} C^4_{353}	C^3_{245} C^4_{356}	C^3_{246} C^4_{355}	C^6_{241} C^4_{356}	C^3_{246} C^4_{351}
C^5_{466} C^6_{515}	C^5_{463} C^6_{514}	C^5_{464} C^6_{513}	C^5_{462} C^6_{514}	C^5_{462} C^6_{513}

oder in graphischer Darstellung:

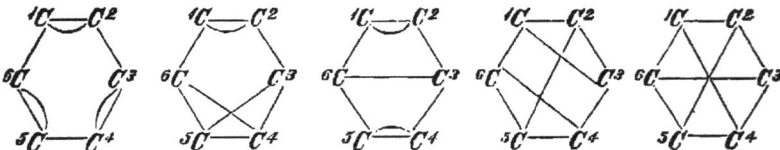

Diese Schemata sollen nicht die Meinung ausdrücken, dass die Atome räumlich im Kreise geordnet seien, sondern nur zeigen, mit welchen anderen Atomen jedes derselben unmittelbar verbunden angenommen wird. Räumlich könnten z. B. die Atome etwa so zu einander gestellt sein, wie die Ecken eines regulären Octaëders, in der Richtung von 9 von dessen 12 Kanten dann die die Atome bindenden Verwandtschaften wirksam sein würden.

Von den vorstehend aufgeführten Combinationen genügt nur die erste und die beiden letzten der, übrigens hin und wieder bestrittenen Forderung, dass alle C-atome vollständig gleichartig gebunden sein sollen. Kekulé hat unter ihnen der ersten den Vorzug gegeben, weil sie, soweit wir bis jetzt zu beurtheilen vermögen, die Isomerien der Substitutionsprodukte besser als die letzte erklärt. Mit der von ihm gewählten Schablone nahezu identisch ist die Annahme ringförmiger Verkettung und je einer freien Affinität an jedem Atome. Nach beiden wird die Constitution des Benzols ausgedrückt durch nachstehende Schemata:

nach Kekulé: mit freien Verwandtschaften:
I.   VI.

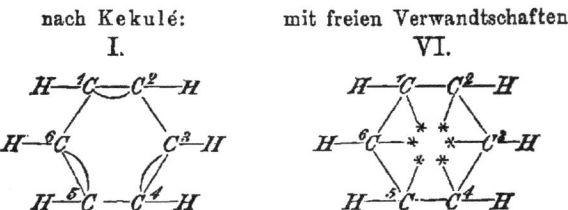

Die Existenz von höchstens je drei isomeren Produkten der Substitution von zwei Atomen anderer Art für zwei Atome Wasserstoff erklärt sich nach beiden Schablonen, jedoch noch etwas einfacher nach der letzten. Gesetzt, es sei das H an C^1 ersetzt, so kann das zweite zu substituirende Atom (oder eine solche Atomgruppe) an fünf verschiedene C treten. Von diesen sind aber zwei,

§ 127.   VII. Das Gesetz der Atomverkettung.   263

nämlich C^2 und C^6 mit C^1 in unmittelbarer Verbindung; ein an sie tretendes Atom befindet sich also zu dem an C^1 gebundenen in derselben relativen Lage, folglich werden beide Substitutionsprodukte identisch sein. Das gleiche gilt von den an C^3 und C^5 gebundenen Atomen, während das an C^4 eine besondere Stellung einnimmt. Wir haben also in Uebereinstimmung mit der Erfahrung drei verschiedene Substitutionsprodukte, in welchen die H ersetzt sind, an:

1) C^1 und entweder an C^2 oder an C^6,
2) C^1 „   „ C^3 „ C^5,
3) C^1 „ an C^4.

Für die Kekulé'sche Schablone in ihrer ersten Gestalt ist dies nicht ganz streng richtig, da in dieser Betrachtung kein Unterschied zwischen einfacher und doppelter Bindung der C-atome gemacht ist. Wird dieser Unterschied beachtet, so ist C^2 zu C^1 in anderer Lage als dieses zu C^6 und entsprechend die zugehörigen Wasserstoffatome. Es müssten dann vier oder gar fünf verschiedene isomere Produkte zweifacher Substitution darstellbar sein, was der bisherigen Erfahrung widerspricht. Um diese Schwierigkeit zu vermeiden, hat Kekulé[*]) eine Hypothese aufgestellt, welche im wesentlichen auf die Annahme hinauskommt, jedes C-atom oscillire so, dass es abwechselnd mit seinen beiden Nachbarn in Verbindung oder Berührung sei.

Die Schablone mit sechs freien Verwandtschaften würde dagegen vollständig genügen und wäre ausserdem geeignet, die Thatsache zu erklären, dass mit dem Benzol sich sehr leicht noch 6 Chlor- oder Bromatome zu Benzolhexachlorid $C_6H_6Cl_6$ oder Benzolhexabromid $C_6H_6Br_6$ verbinden. Doch scheint, so weit wir bis jetzt urtheilen können, die von Kekulé bevorzugte dem weiter unten (§ 142) zu besprechenden optischen, IV und V dagegen dem thermischen (§ 143) Verhalten der aromatischen Verbindungen sich besser anzupassen.

Die oben unter V angegebene Schablone zeigt eine gewisse Analogie mit der von Kolbe[**]) benutzten Benzolformel:

$$\left.\begin{array}{l} CH \\ CH \\ CH \\ H_3 \end{array}\right\} C_3$$

nach welcher das Benzol aus drei Molekeln Grubengas (Methan)

---

[*]) Ann. Chem. Pharm. 1872, Bd. 162, S. 86 ff.
[**]) In der oben (S. 243) citirten Einleitung zu dem Abschnitte „Aromatische Verbindungen".

entstanden gedacht wird, für deren Wasserstoffatome dreimal das dreiwerthige Radical „Methin", CH''', derartig substituirt sei, dass jedes derselben in jedem Methan je ein Wasserstoffatom ersetze und somit jenem subordinirt sei. Aus demselben dreifachen Grubengastypus lässt sich durch Auflösung (s. § 99) auch das Schema V herleiten:

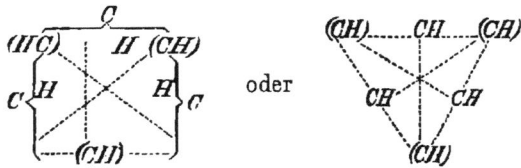

in welches man leicht auch die Vorstellung einführen kann, dass von den sechs CH-Gruppen, aus welchen der Ring besteht, drei (nämlich die durch *(CH)* bezeichneten) als den drei anderen „subordinirt" zu betrachten seien (vergl. § 117). Man kommt auf dieselbe Formel, wenn man in Schema V den mit geraden Zahlen bezeichneten C-atomen eine andere Bedeutung beilegt als den mit ungeraden.

Aus dieser Annahme folgt die Möglichkeit von zwei verschiedenen Monosubstitutionsprodukten, z. B. Hydroxylverbindungen oder Phenolen:

$$\left.\begin{array}{c}(CH)_3\\H_2\\HO\end{array}\right\}C_3 \quad \text{oder} \quad \left.\begin{array}{c}(CH)_2\\HOC\\H_3\end{array}\right\}C_3$$

oder Hydroxylbenzol in Stellung 1 und 2. Ferner sind drei isomere Disubstitutionsproducte möglich, wenn die beiden substituirten Atome einander gleich sind, nämlich:

1) *1 , 3* identisch mit *1 , 5* und *3 , 5* ,
2) *1 , 2*   *1 , 4*   *1 , 6*
3) *2 , 4*   *2 , 6*   *4 , 6*

oder in typischen Formeln:

$$\left.\begin{array}{c}(CH)_3\\H\\Cl_2\end{array}\right\}C_3 \qquad \left.\begin{array}{c}(CH)_2\\(CCl)\\H_2\\Cl\end{array}\right\}C_3 \qquad \left.\begin{array}{c}(CH)\\(CCl)_2\\H_3\end{array}\right\}C_3$$

Dagegen erscheinen vier isomere Verbindungen*) möglich, wenn die substituirten Atome oder Radicale ungleich sind, nämlich:

---

*) Vergl. a. a. O. S. 9.

1) *1 , 3* identisch mit *1 , 5* und *3 , 5*
2) *1 , 2*   *1 , 4*   *1 , 6*
3) *2 , 1*   *4 , 1*   *6 , 1*
4) *2 , 4*   *2 , 6*   *4 , 6*

oder typisch:

$$\left.\begin{array}{l}(CH)_3\\H\\HO\\Cl\end{array}\right\}C_3 \quad \left.\begin{array}{l}(CH)_2\\(CCl)\\H_2\\HO\end{array}\right\}C_3 \quad \left.\begin{array}{l}(CH)_2\\(COH)\\H_2\\Cl\end{array}\right\}C_3 \quad \left.\begin{array}{l}(CH)\\(COH)\\(CCl)\\H_3\end{array}\right\}C_3$$

Der Vergleich dieser Formeln mit den vorigen zeigt, dass aus Kolbe's Hypothese die Möglichkeit von zwei isomeren Monochlorphenolen folgt, welche durch Ersatz des Hydroxyles durch Chlor in ein und dasselbe Dichlorbenzol übergehen würden.

Ohne die von Kolbe vermuthete Ungleichheit der beiden Triaden von nicht unmittelbar, sondern nur mittelbar mit einander verbundenen C-atomen würde Schablone V nur zwei isomere Disubstitutionsprodukte zulassen, da mit C^1 die drei Atome C^2, C^4 und C^6 unmittelbar und nur C^3 und C^5 mittelbar, und zwar in gleicher Weise verbunden erscheinen.

Da bisher kein Fall von vier Isomeren sicher bekannt geworden, vielmehr alle vermeintlichen Beobachtungen solcher sich als irrthümlich herausgestellt haben, so entspricht den jetzt bekannten Thatsachen von allen von vorn herein möglich erschienenen am besten die von Kekulé bevorzugte Schablone I oder eine der ihr nahestehenden IV, V und VI. Damit ist selbstverständlich nicht gesagt, dass die Hypothese, welche drei der Kohlenstoffatome den anderen unterordnet, unrichtig sei. Zu ihrer Anerkennung liegt nur so lange kein Zwang vor, als die einfachere Annahme den Thatsachen völlig gerecht zu werden vermag. Sollten künftige Beobachtungen aus dieser nicht mehr erklärt werden können, so würde sich die Ansicht Kekulé's leicht zu der Kolbe's erweitern lassen. Wenn jene vielleicht noch der Verbesserung bedürftig und jedenfalls, wie ihr Urheber selbst hervorhebt[*]), nichts anderes ist als eine ziemlich wahrscheinliche Hypothese, so hat sie doch schon bisher die Erkenntniss der Atomordnung in den aromatischen Verbindungen sehr erleichtert.

Nachdem die Constitution jener Gruppe von 6 C-atomen im wesentlichen richtig erkannt worden, handelt es sich weiter nur

---

[*]) a. a. O. Lehrb. II., S. 518.

noch um die Ermittelung der Stellen, an welchen für die Wasserstoffatome andere Atome oder Atomketten substituirt werden, und um die Ordnung der Atome in diesen substituirten Ketten.

§ 128 (99).

Die aromatischen Verbindungen erscheinen darnach als Benzol, in welchem die Wasserstoffatome alle oder zum Theil durch andere Atome oder Atomgruppen ersetzt sind, das Phenol z. B. als Hydroxyl-Benzol C_6H_5---OH, die Benzoësäure als Carboxyl-Benzol C_6H_5---CO---OH, das Anilin als Amido-Benzol C_6H_5---NH_2 u. s. w. Die Atomverkettung dieser Verbindungen ist darnach genau ebenso leicht und ganz nach denselben Methoden zu ermitteln, wie die vieler an Kohlenstoff viel ärmerer Verbindungen, z. B. des Holzgeistes CH_3---OH, der Essigsäure CH_3---CO---OH und des Methylamines CH_3---NH_2. Die Structur der Gruppe Phenyl C_6H_5 ist jetzt ziemlich ebenso eindeutig bestimmt, wie die der unbedingt eindeutigen Gruppe Methyl CH_3. Ein sehr wesentlicher Unterschied zwischen beiden Atomgruppen tritt aber sogleich hervor, sobald man die Produkte weiterer Substitutionen in Betracht zieht. Tritt z. B. in die Essigsäure ein Cl für ein H des Methyles ein, so entsteht nur eine Monochloressigsäure, welche (abgesehen von dem s. g. essigsauren Chlor) keine Isomere hat, während durch Substitution von einem Cl für ein H des Phenyles aus der Benzoësäure drei durchaus verschiedene isomere Monochlorbenzoësäuren entstehen. Die Theorie lässt die Möglichkeit folgender Verbindungen voraussehen:

aus Essigsäure: entsteht Monochloressigsäure:
HO---CO---CH_3 HO---CO---CH_2Cl ;

aus Benzoësäure: entstehen drei Monochlorbenzoësäuren:
HO---CO---C_6H_5 HO---CO---C_6H_4Cl ,

welche sich dadurch von einander unterscheiden, dass die Chloratome sich in den drei verschiedenen in § 127 besprochenen Stellungen befinden.

In der That kennen wir drei in ihren Eigenschaften verschiedene isomere Monochlorbenzoësäuren, welche als Ortho-, Meta- und Para-Chlorbenzoësäure bezeichnet werden, aus denen durch Substitution anderer Atome oder Atomgruppen für das Chlor oder die Carboxylgruppe wieder je drei isomere Verbindungen sich darstellen lassen. Ganz ebenso verhält es sich mit anderen s. g. aromatischen Verbindungen, welche als Produkte zweifacher Substitution aus dem Benzol entstehen oder als so entstanden angesehen werden können, welche also nach dem Schema C_6H_4XY zusammengesetzt sind, wenn X und Y einwerthige Atome oder Radicale bedeuten. Für jede solche Verbindung sind drei isomere Modificationen möglich und meistens auch bekannt.

Die Bestimmung der relativen Stellung oder des Ortes, welchen die verschiedenen Atome und Radicale in den Molekeln dieser Verbindungen einnehmen, ist gegenwärtig eine der wichtigeren, von vielen Kräften bearbeiteten Aufgaben der organischen Chemie. Die zur Lösung dieser Aufgabe dienenden Methoden sind aber zur Zeit noch so unsicher und unzuverlässig, dass gar nicht selten fast allgemein als richtig anerkannte Ansichten umgestossen und in ihr Gegentheil umgewandelt wurden.

Um nur ein Beispiel statt vieler anzuführen, so wurde dem Hydrochinon, einem der drei isomeren Dihydroxylbenzole $C_6H_4(OH)_2$, innerhalb eines Zeitraumes von kaum zwei Jahren nach einander jede der drei möglichen Atomlagerungen (1 2, 1 3 und 1 4, § 127) zugeschrieben*).

§ 129 (100).

In der Ueberzeugung, dass die absolute Ortsbestimmung ihre sehr grossen Schwierigkeiten hat, begnügt man sich vor der Hand oft mit einer relativen Bestimmung der Atomlagerung, indem man zu erforschen sucht, in welchen Verbindungen die für Wasserstoffatome substituirten Atome oder Radicale eine und dieselbe relative Stellung einnehmen. Man geht dabei in der Regel von der Annahme aus, dass dies in denjenigen Verbindungen der Fall sei, welche durch Substitution aus einander entstehen. Diese Annahme ist indessen in vielen Fällen nachweislich trügerisch. Nicht immer nimmt das neu eintretende Atom oder Radical den Ort des austretenden ein. Es kommt vielmehr gar nicht selten vor, dass während der Umsetzung auch andere Atome oder Atomgruppen ihre Plätze tauschen oder sonst verändern.

Eine Atomgruppe kann sich in eine Molekel einschieben und so den ursprünglichen Zusammenhang der Atome verändern. So z. B. bildet Kohlenoxyd mit Kalihydrat, wie Berthelot entdeckte, ameisensaures Salz. Man kann aber nicht annehmen, dass das Kalihydrat als zusammenhängende Atomgruppe im entstandenen Salze noch enthalten sei, schon weil eine solche Gruppirung nicht

---

*) S. z. B. Fittig, Grundriss der organ. Chemie, Ausg. von 1872, S. 278 und Ausg. von 1874, S. 338 und S. 627.

die für den Zusammenhang der Molekel erforderlichen Bedingungen*) erfüllen würde. Man muss vielmehr annehmen, das Kohlenoxyd schiebe sich ein zwischen den Wasserstoff und die Gruppe KO:

$$*\text{---}CO\text{---}* + K\text{---}O\text{---}H = K\text{---}O\text{---}CO\text{---}H.$$

Ganz ähnlich verhält es sich mit der von Wanklyn entdeckten Bildung von Natriumpropionat, $NaO\text{---}CO\text{---}C_2H_5$, aus Kohlensäureanhydrid, CO_2, und Natriumaethyl, NaC_2H_5**).

Viel häufiger noch als Fälle dieser Art scheint der Fall vorzukommen, dass die durch den Austausch eines oder mehrer Atome oder Radicale veränderte Atomverkettung der Molekel keinen stabilen, sondern einen mehr oder weniger labilen Gleichgewichtszustand darstellt und daher während des Austausches oder nach demselben sich in einen Zustand stabilen Gleichgewichtes umsetzt, so dass die zuerst entstandene Verbindung sich in eine ihr metamere umwandelt.

Ein classisches Beispiel dieser Art ist die von Wöhler 1828 entdeckte künstliche Bildung des Harnstoffes. Cyansäure, $N\!\equiv\!C\text{---}O\text{---}H$, oder Isocyansäure, wahrscheinlich $O\!\equiv\!C\!\equiv\!N\text{---}H$, und Ammoniak, NH_3, vereinigen sich zu Ammoniumcyanat, das sich nach einiger Zeit unter Aenderung seiner Eigenschaften in Harnstoff verwandelt, dem wir, nach seiner Bildung aus $Cl\text{---}CO\text{---}Cl$ durch Substitution von NH_2 für Cl die Atomverkettung $H_2\!\equiv\!N\text{---}CO\text{---}N\!\equiv\!H_2$ zuschreiben müssen.

Andere Beispiele liefern die beiden isomeren Chlorkohlenwasserstoffe $C_2H_4Cl_2$, das Aethylenchlorid und das Aethylidenchlorid oder gechlorte Chloraethyl, für welche nur die Atomverkettungen $ClH_2C\text{---}CH_2Cl$ und $H_3C\text{---}CHCl_2$ möglich sind. Werden in diesen Verbindungen für die beiden Chloratome andere Atome oder Radicale substituirt, so entstehen in der Regel Produkte, welche nicht identisch, sondern nur isomer sind, weil die neu eintretenden Atome oder Atomgruppen die Stelle der Chloratome einnehmen. Unter Umständen aber, besonders wenn die Umsetzung bei höheren Temperaturen stattfindet, sind die Produkte aus beiden Körpern identisch, offenbar weil in einem von beiden eine Umlagerung der Atome stattgefunden hat.

Auch die s. g. aromatischen Verbindungen liefern Beispiele dieser Art in nicht geringer Zahl. Besonders bemerkenswerth ist

---

*) s. § 106.
**) Es thut dieser Betrachtung keinen Eintrag, dass für einige dieser Substanzen das Molekulargewicht nicht direkt bestimmt ist.

VII. Das Gesetz der Atomverkettung.

die von A. W. Hofmann*) beobachtete Wanderung des Methyles vom Stickstoffe des Anilines in dessen Benzolkern:

$$C_6H_5\text{---}N(CH_3)_3J = CH_3\text{---}C_6H_4\text{---}N(CH_3)_2HJ$$
$$= (CH_3)_2\text{---}C_6H_3\text{---}N(CH_3)H_2J = (CH_3)_3\text{---}C_6H_4\text{---}NH_3J\,,$$

und die von Kolbe und seinen Schülern**) bewirkte Umwandlung der isomeren Oxybenzoësäuren in einander. Da derartige Umlagerungen besonders häufig bei hohen Wärmegraden stattfinden, so gelten mit Recht die aus dem Austausche bestimmter Atome oder Radicale auf die Art der Atomverkettung gezogenen Schlüsse für besonders unsicher, wenn sich jener Austausch erst in der Hitze vollziehen lässt.

§ 130 (101).

Die Betrachtung der wenigen in den vorhergehenden Paragraphen besprochenen, noch verhältnissmässig einfachen und leicht zu erforschenden Fälle wird genügen, um zu zeigen, wie schwierig, aber auch wie belohnend die Erforschung der Atomverkettung in den verschiedenen Verbindungen ist. Es kann uns nicht befremden, dass die dieser Erforschung entgegenstehenden Schwierigkeiten bei einer grossen Zahl organischer Verbindungen bis jetzt nicht oder nur zum Theil haben überwunden werden können.

Bei zusammengesetzteren oder nicht hinreichend untersuchten Verbindungen sind häufig nicht so viele Zersetzungen bekannt, dass man von jedem Atome angeben könnte, mit welchem der übrigen es zunächst in Verbindung steht. Man ist alsdann genöthigt, gewisse Atomgruppen unaufgelöst als zusammengesetzte Radicale in den schematischen Darstellungen stehen zu lassen. Das gleiche thut man oft, aus Gründen der Bequemlichkeit, auch in den Formeln derjenigen Verbindungen, deren Gliederung vollständig angegeben werden kann.

So wusste man z. B. lange Zeit die Formel der Benzoësäure nicht weiter aufzulösen als in die Gruppen:

$$(C_6H_5)\text{---}CO\text{---}OH$$

musste also das Radical „Phenyl" C_6H_5 unaufgelöst stehen lassen. Auch jetzt thut man häufig das gleiche, weil in vielen Zersetzungen der Benzoësäure dieses Radical unangegriffen bleibt. Da aber bei vielen wichtigen Umsetzungen auch die Gruppe C_7H_5O oder

---

*) Ber. d. d. chem. Ges. 1872, S. 704 u. 720.
**) Journ. f. pr. Chem. N. F. 1874, Bd. 10, S. 451; 1875, Bd. 11, S. 24 und 385; 1876, Bd. 13, S. 103.

C_6H_5---CO, das Radical „Benzoyl" beisammen bleibt, so lässt man in den Formeln auch dieses häufig unaufgelöst und bedient sich der Gerhardt'schen Formel

$$\left.\begin{array}{r}C_7H_5O\\H\end{array}\right\}O \text{ oder } C_7H_5O\text{---}OH.$$

Ebenso benutzt man für die Essigsäure statt ihrer oben angegebenen Structurformel manchmal noch die ebenfalls von Gerhardt gegebene

$$\left.\begin{array}{r}C_2H_3O\\H\end{array}\right\}O \text{ oder } C_2H_3O\text{---}OH,$$

weil das Radical „Acetyl", C_2H_3O oder CH_3---CO---, in sehr vielen Zersetzungen ganz unverändert bleibt.

Wie weit man eine solche Formel auflösen oder zusammenziehen will, ist beim jetzigen Stande der Dinge eine reine Zweckmässigkeitsfrage und kann nicht mehr, wie früher, Gegenstand wissenschaftlicher Discussion sein. Nothwendig ist nur, dass die als Radicale stehen bleibenden Gruppen die aus den vorigen Betrachtungen sich ergebenden Bedingungen des inneren Zusammenhanges enthalten (§ 106), und dass sie bei stattfindenden Zersetzungen wirklich zusammenbleiben.

Atomgruppen aber, welche diesen Bedingungen nicht genügen, als nähere Bestandtheile unzersetzt flüchtiger Verbindungen anzunehmen, ist gegenwärtig nicht mehr zulässig.

§ 131 (102).

Unsere Kenntniss der Atomverkettung würde ohne Zweifel höchst unsicher bleiben, wenn sie einzig und allein auf die Erforschung der Zerlegung und Wiederverknüpfung der Atomketten gegründet wäre. Glücklicherweise haben aber schon die ersten Anfänge dieser Forschung neue Hülfsmittel kennen gelehrt, durch welche unsere Erkenntniss sehr bedeutend an Sicherheit wie an Umfang gewonnen hat.

Schon lange vor Entwickelung der Atomverkettungstheorie ist die Ansicht zur Geltung gekommen, dass in der Regel Gleichheit oder Aehnlichkeit des chemischen Verhaltens und der physikalischen Eigenschaften der Stoffe auf eine gleiche oder ähnliche Constitution schliessen lasse. Diese Auffassung ist durch die Forschung nach der Atomverkettung theils lediglich bestätigt, theils näher bestimmt worden.

Nachdem die Constitution einer grösseren Anzahl von Verbindungen mit einiger Sicherheit erforscht worden war, liess sich alsbald erkennen, dass in den Stoffen mit analogem Verhalten in der Regel eine analoge Atomgruppirung angenommen werden musste. Indessen ergab sich dabei zugleich, dass gewisse Atomgruppen einen sehr viel stärkeren Einfluss auf die Natur der Verbindungen ausüben als andere, so dass der Charakter einer Verbindung oft ganz vorwiegend durch einen kleinen Theil der in ihr enthaltenen Atome bestimmt wird, wenn diese in einer besonderen Weise mit einander combinirt sind.

Wie schon seit langer Zeit die analytische Chemie das Verhalten der Stoffe in einer Abhängigkeit von ihren Bestandtheilen erforscht, so hat mehr und mehr die systematische, besonders aber die organische Chemie den Einfluss untersucht, den gewisse Atomgruppen auf die chemischen und physikalischen Eigenschaften der Stoffe ausüben. Die wichtigsten Ergebnisse dieser Forschungen werden gegenwärtig in vielen Lehrbüchern besprochen. Eine erschöpfende systematische Darstellung derselben würde ein umfangreiches Werk ausmachen, dessen Erscheinen im höchsten Grade wünschenswerth und zeitgemäss wäre. Hier gestattet der Raum nur die Anführung einiger Beispiele.

§ 132 (103).

Das chemische Verhalten der Elemente, die grössere oder geringere Neigung mit anderen Verbindungen einzugehen, hängt nicht nur von ihrer eigenen, sondern sehr wesentlich von der Natur der Verbindungen ab, in denen sie enthalten sind. Es ist längst bekannt, dass ein und dasselbe Element mit verschiedenen anderen Elementen Verbindungen von sehr verschiedener Natur zu bilden vermag und in diesen Verbindungen mit sehr ungleicher Kraft festgehalten wird. So weichen z. B. die Verbindungen, die der Wasserstoff mit Kohlenstoff, Stickstoff, Sauerstoff und Chlor bildet, in ihren Eigenschaften sehr von einander ab, und der Wasserstoff wird aus diesen Verbindungen mit sehr ungleicher Leichtigkeit durch andere Elemente verdrängt und ersetzt. Ganz ähnliche Unterschiede können nun auch die in einer und derselben Molekel enthaltenen Wasserstoffatome zeigen, je nachdem sie in derselben zunächst und unmittelbar mit Kohlenstoff, Stickstoff, Sauerstoff oder Schwefel u. s. w. verbunden sind. Ein unmittelbar an Kohlenstoff gebundenes Wasserstoffatom z. B. lässt sich leichter durch negative Elemente, wie Chlor oder Brom, ein mit Sauerstoff vereinigtes leichter durch positive, insbesondere Metalle, verdrängen und ersetzen.

Aber auch die entfernter stehenden Atome üben noch einen oft sehr weitgehenden Einfluss. Das Wasserstoffatom der „Hydroxyl" genannten Gruppe $—OH$ z. B. zeigt andere Eigenschaften je nach der Natur des Atomes, welches die zweite Affinität des Sauerstoffatomes sättigt. So giebt Kalium mit Hydroxyl das stark basische Kali KOH, Wasserstoff das indifferente Wasser HOH, Chlor die saure unterchlorige Säure $HOCl$ u. s. f. Aber der Einfluss der Nachbarn geht weiter. Eine mit Kohlenstoff verbundene Hydroxylgruppe verhält sich verschieden, je nachdem der Kohlenstoff ausserdem mit negativen oder positiven Elementen verbunden ist. Die Atomgruppen

$$*—CH_2—OH \quad \text{und} \quad *—CO—OH$$

sind charakteristisch für grosse Gruppen organischer Verbindungen, die erste für die sogenannten primären Alkohole, die zweite, die den Namen „Carboxyl" erhalten, für die organischen Säuren. Man hat aber noch feinere Unterschiede zu ermitteln gelernt, indem man z. B. die Gruppen

$$*—CH_2—\underset{OH}{\overset{H}{C}}—CH_2—* \quad \text{und} \quad *—CH_2—\underset{OH}{\overset{CH_2}{C}}—CH_2—*$$

als typisch für die sogenannten secundären und tertiären Alkohole zu erkennen vermag, und ferner die mit dem in §§ 127 und 128 besprochenen Benzolringe verbundene Hydroxylgruppe von allen übrigen nach ihrem Verhalten unterscheidet. Letztere hält etwa die Mitte zwischen dem Hydroxyl der Alkohole und dem der Säuren. Wird aber in dem Benzolringe ein Theil des Wasserstoffes durch negative Atome oder Radicale ersetzt, so nähert sich ihr Verhalten mehr und mehr dem der Säuren.

Das Phenol $C_6H_5—OH$ z. B. ist eine sehr schwache, das dreifach gechlorte und nitrirte Phenol

$$C_6H_2Cl_3—OH \quad \text{und} \quad C_6H_2(NO_2)_3—OH$$

sind starke Säuren, die sich ganz ähnlich denen verhalten, in welchen $—OH$ an $—CO—$ gebunden ist.

Aehnliche Unterschiede, wie sie hier von dem Hydroxyl angegeben wurden, zeigen andere Atomgruppen, so wie einzelne Atome je nach der Natur und Anordnung derjenigen Elemente, mit welchen sie in den Verbindungen unmittelbar oder mittelbar vereinigt sind.

Da aber dieser Gegenstand gegenwärtig in den Lehrbüchern der organischen Chemie ausführlich behandelt zu werden pflegt, so können wir hier von einer eingehenderen Besprechung absehen.

§ 133 (104).

Auf die **physikalischen Eigenschaften** übt ebenfalls nicht nur die Natur der zu einer Verbindung vereinigten Atome, sondern auch die Art und Weise ihrer Verkettung einen bestimmt nachweisbaren Einfluss, dessen Erkenntniss werthvolle Hülfsmittel zur Erforschung der Atomverkettung liefert. Ist an einer Reihe von Verbindungen bekannter Atomverkettung die Art der Abhängigkeit der physikalischen Eigenschaften von der chemischen Constitution ermittelt, so kann man umgekehrt das Gesetz dieser Abhängigkeit benutzen, um aus den physikalischen Eigenschaften einer Verbindung deren noch unbekannte Atomverkettung zu erschliessen.

Die Eigenschaften, für welche diese Abhängigkeit von der Atomverkettung mit hinreichender Genauigkeit für eine genügend grosse Zahl von Verbindungen ermittelt ist, sind bis jetzt noch nicht besonders zahlreich. Eine derselben ist die **Flüchtigkeit**, deren Abhängigkeit von der Art der Atomverkettung wenigstens für viele Verbindungen des Kohlenstoffes auf einfache Regeln*) zurückgeführt werden konnte, die allerdings weder allgemein noch ganz genau, aber innerhalb gewisser Grenzen wenigstens angenähert das Gesetz jener Abhängigkeit darstellen. Dass wir, trotz der grossen Zahl der untersuchten Verbindungen, das Gesetz der Abhängigkeit der Flüchtigkeit von der Atomverkettung nicht in seiner strengen Form kennen, rührt besonders von zwei Ursachen her, erstens von der Schwierigkeit, die zu untersuchenden Verbindungen in genügender Reinheit darzustellen, und zweitens von der hergebrachten praktisch bequemen, aber theoretisch ungeeigneten Methode, die Beziehung zwischen Atomverkettung und Flüchtigkeit darzustellen.

Das Maass der Flüchtigkeit einer Substanz ist die Spannung oder Tension ihres Dampfes, d. h. der Maximaldruck, welchen dieser Dampf auszuhalten vermag, ohne zu einer Flüssigkeit ver-

---

*) Zusammenstellungen dieser Regelmässigkeiten s. besonders bei H. Kopp, Ann. Chem. Pharm. 1855, Bd. 96, S. 2; Desselb. Lehrb. d. phys. u. theor. Chemie 2. Aufl., 1863, S. 202 ff.; Kekulé, Lehrb. d. org. Chemie, Bd. 1, S. 281 ff.; Gmelin-Kraut, Handb. Bd. I, 1 von Alex. Naumann, S. 552.

dichtet zu werden. Dieser Maximaldruck ist abhängig von der Temperatur, und zwar ist er um so grösser, je höher die Temperatur ist, ohne aber derselben proportional zu sein. Für eine gegebene Substanz entspricht jeder Temperatur eine gewisse Dampfspannung, so dass jede dieser beiden veränderlichen Grössen durch die andere bestimmt erscheint. Es ist aber leicht ersichtlich, dass wir die Temperatur als die unabhängige, die Tension als die abhängige Variabele betrachten müssen; denn der Druck eines Gases oder Dampfes wird hervorgebracht durch die Bewegung seiner Theilchen, die ihm als Wärme mitgetheilt wurde und durch die Temperatur, den Wärmegrad, gemessen wird. In der Erforschung der Abhängigkeit der Flüchtigkeit von der chemischen Constitution hat man gleichwohl dieses Verhältniss umgekehrt. Statt zu untersuchen, wie die Dampfspannung verschiedener Verbindungen mit der Temperatur sich ändert, hat man in der Regel die Dampfspannung als die unabhängige Variabele behandelt und untersucht, welche Temperatur man den verschiedenen Substanzen geben muss, damit alle eine und dieselbe Dampfspannung besitzen, nämlich die, welche dem Drucke einer Atmosphäre das Gleichgewicht hält. Man hat, mit anderen Worten, meist nur die Siedpunkte beim Drucke einer Atmosphäre bestimmt. Nur für einige wenige Gruppen von Verbindungen ist das Problem in seiner Allgemeinheit gelöst worden[*]).

Obschon somit die bisherigen Beobachtungen für die meisten untersuchten Stoffe unvollständig und lückenhaft sind, können sie dennoch in manchen Fällen, besonders für die Kohlenstoffverbindungen, als werthvolles Hülfsmittel zur Erforschung der Atomverkettung verwandt werden. Diese Anwendung ist möglich geworden durch die Erkenntniss, dass der Siedpunkt in bestimmt anzugebender Art von dem Moleculargewichte und der Atomverkettung abhängt. Besonders sind folgende durch die Beobachtung gefundene Regeln verwendbar.

§ 134 (105).

Bei analoger Atomverkettung besitzen isomere Substanzen gleichen Moleculargewichtes auch nahezu

---

[*]) So für die Gruppe der sogenannten Fettsäuren von H. Landolt, Untersuchungen über die Dampftensionen homologer Verbindungen, Bonn, 1868; auch Ann. Chem. Pharm. 1868, 6. Suppl.-Bd., S. 129. Vergl. dazu die Bemerkungen von Winkelmann, Ann. Chem. Pharm. 1880, Bd. 204, S. 251.

§ 134. VII. Das Gesetz der Atomverkettung. 275

gleiche Siedpunkte. Dass dieselben nicht ganz genau gleich sind, wurde schon von H. Schroeder*), allerdings auf Grund eines ungenügenden Beobachtungsmateriales, ausgesprochen und ist nach einem verbesserten Verfahren der Destillation von Linnemann an einer grösseren Anzahl von Gruppen bestimmt gezeigt worden**). So haben u. a. die einander isomeren neutralen Aether oder Ester analog zusammengesetzter Säuren nahezu dieselben Siedpunkte, z. B.:

Essigsäure-Butylester: Siedpunkt***)
CH_3---CH_2---CH_2---CH_2---O---CO---CH_3 124°,3 C.

Propionsäure-Propylester:
CH_3---CH_2---CH_2---O---CO---CH_2---CH_3.   122°,4 C.

Buttersäure-Aethylester:
CH_3---CH_2---O---CO---CH_2---CH_2---CH_3.   121°,0 C.

Der Siedpunkt liegt hier also um so höher, je kürzer das an CO und je länger das an O sich anreihende Stück der Kette ist.

Bei nicht analoger Atomverkettung besitzen isomere Substanzen gleichen Molekulargewichtes im allgemeinen verschiedene Siedpunkte; und zwar entspricht einem bestimmten Unterschiede in der Atomverkettung in der Regel nahezu dieselbe bestimmte Differenz der Siedpunkte. Die neutralen Aether der Zusammensetzung $C_nH_{2n}O_2$ z. B. unterscheiden sich von den ihnen isomeren Säuren dadurch, dass sie an Stelle von Hydroxyl, $-OH$, die Gruppe $-OC_mC_{2m+1}$ enthalten. Dieser Unterschied bewirkt eine Differenz der Siedpunkte von ungefähr 85° C., z. B.:

		Siedpunkt:
Propionsäure:	HO---CO---CH_2---CH_3	140°C.
Essigsäure-Methylester:	CH_3---O---CO---CH_3	56°C.
		Diff. 84°C.
Ameisensäure-Aethylester:	CH_3---CH_2---O---CO---H	55°C.
		Diff. 85°C.
Buttersäure:	HO---CO---CH_2---CH_2---CH_3	162°C.
Essigsäure-Aethylester:	CH_3---CH_2---O---CO---CH_3	77°C.
		Diff. 85°C.

---

*) Die Siedhitze der chem. Verbindungen, Mannheim 1844, § 57 ff.
**) Ed. Linnemann, Ueb. Siedpunktsdifferenzen, Ann. Chem. Pharm. 1872. Bd. 162, S. 39.
***) Nach Linnemann, a. a. O. S. 42.

VII. Das Gesetz der Atomverkettung. § 134.

Bei analoger Atomverkettung, aber verschiedenem Molekulargewichte, sind im allgemeinen auch die Siedpunkte verschieden; und zwar entspricht einem bestimmten Unterschiede in der Zusammensetzung in der Regel eine bestimmte Differenz der Siedpunkte.

So erhöht sich z. B. in vielen Reihen analog zusammengesetzter, aber um $n(CH_2)$ verschiedenen Substanzen der Siedpunkt für jedes hinzutretende Carbyl, CH_2, um etwa 19 bis 20°C.; z. B. haben wir für die sogenannten flüchtigen Fettsäuren*):

		Siedp.:	Diff.:
Ameisensäure:	HO----CO----H	100°C.	19°C.
Essigsäure:	HO----CO----CH_3	119°C.	21°C.
Propionsäure:	HO----CO----CH_2----CH_3	140°C.	22°C.
Buttersäure:	HO----CO----CH_2----CH_2----CH_3	162°C.	

Für diese und einige andere Stoffe hat Landolt die Tension als Function der Temperatur bestimmt und dadurch nachgewiesen, dass nahezu dieselben Siedpunktsdifferenzen auch bei grösserem sowohl wie bei geringerem Drucke, nämlich zwischen einer halben und anderthalb Atmosphären auftreten, während die Differenzen der Siedetemperaturen ungleich werden, sobald der Druck noch unter einen halben Atmosphärendruck sinkt.

In anderen Reihen organischer Verbindungen analoger Atomverkettung bewirkt die Zusammensetzungsdifferenz CH_2 ebenfalls eine nahezu constante Siedpunktserhöhung, die aber in manchen solchen Reihen grösser, in andern kleiner ist als 19 bis 20°C., und zwar oft sehr erheblich.

Sehr bemerkenswerth sind die von L. Schreiner**) untersuchten Siedpunkte der Aether-Ester der Oxysäuren, z. B. der Glycolsäure:

$$C_m H_{2m+1}\text{----}O\text{----}CH_2\text{----}CO\text{----}O\text{----}C_n H_{2n+1},$$

bei welchen, wie aus nachstehender Tafel ersichtlich, die Zunahme von m um eine Einheit eine Siedpunktserhöhung von zwanzig und mehr Graden, eine gleiche Aenderung von n jedoch nur eine von 6 bis 8° erzeugt:

---

*) Landolt, a. a. O. S. 40.
**) Inaug.-Diss. Tübingen, 1878; Ann. Chem. Pharm. 1879, Bd. 197, S. 1. Daselbst S. 20 resp. S. 8 ist für den Siedpunkt des Aethyloglycolsäuremethylesters unrichtig 142° statt 152° gedruckt.

	$m=0$	Diff.	$=1$	Diff.	$=2$	Diff.	$=3$
$n=0$	—		178°	21°	199°		?
Diff.			—45		—47		
$n=1$	151	—18°	133	19	152	26	178
Diff.	9		6		6		6
$n=2$	160	—21	139	19	158	26	184
Diff.	10		8		8		8
$n=3$	170	—23	147	19	166	26	192

Auch bei nicht analoger Atomverkettung und ungleicher Zusammensetzung erzeugt ein bestimmter Unterschied der Zusammensetzung und der Atomverkettung in der Regel nahezu eine und dieselbe Differenz der Siedpunkte. Die soeben besprochene Zusammensetzungsdifferenz CH_2 z. B. bewirkt nicht eine Erhöhung, sondern eine Erniedrigung des Siedpunktes von meistens ungefähr 63°C., wenn sie dadurch entsteht, dass das H einer Hydroxylgruppe durch CH_3, Methyl, ersetzt wird; so dass das O-atom nicht mehr H mit C, sondern C mit C verkettet, z. B.:

		Siedpunkt:
Essigsäure:	H----O----CO----CH_3	119°C.
Essigsäuremethylester:	CH_3----O----CO----CH_3	56°C.
	Diff.	63°C.
Alkohol:	H----O----CH_2----CH_3	78°C.
Aethylmethyläther:	CH_3----O----CH_2----CH_3	11°C.
	Diff.	67°C.

Bei den oben erwähnten, von Schreiner untersuchten Verbindungen bewirkt dieselbe Aenderung der Zusammensetzung aber nur eine Siedpunktserniedrigung von 45 bis 47° oder gar nur von 18 bis 23°, je nachdem das eine oder das andere OH in O----CH_3 verwandelt wird.

Wird eine Alkoholgruppe, CH_2----OH*), durch Oxydation in Carboxyl, CO----OH, verwandelt, so erhöht sich dadurch der Siedpunkt in der Regel um etwa 40°C., z. B.:

		Siedpunkt:
Holzgeist	HO----CH_3	60°C.
Ameisensäure:	HO----CO----H	100°C.
	Diff.	40°C.

---

*) s. oben § 132.

Siedpunkt:
Weingeist: $HO-CH_2-CH_3$ 78°C.
Essigsäure: $HO-CO-CH_3$ 119°C.
Diff. 41°C.
Benzylalkohol: $HO-CH_2-C_6H_5$ 207°C.
Benzoësäure: $HO-CO-C_6H_5$ 250°C.
Diff. 43°C.

Aehnliche Regelmässigkeiten sind zahlreich aufgefunden, in vielen Fällen aber noch nicht mit hinreichender Sicherheit festgestellt worden, besonders da nicht, wo mehr als ein Unterschied in der Zusammensetzung und Atomverkettung auftritt.

§ 135 (106).

Wäre das Gesetz der Abhängigkeit der Flüchtigkeit von der Atomverkettung vollständig bekannt, so würde höchst wahrscheinlich die Kenntniss der stöchiometrischen Zusammensetzung und der Dampfspannung als Function der Temperatur in jedem Falle genügen, um die Atomverkettung eindeutig zu bestimmen, also aus den theoretisch möglichen Combinationsformen diejenige auszuwählen, welche der betreffenden Verbindung zukommt. Bei dem jetzigen Stande unserer Kenntnisse ist das noch durchaus nicht allgemein, sondern nur in bestimmten, aber schon ziemlich zahlreichen Fällen möglich, und zwar durch Anwendung der im vorigen Paragraphen aufgestellten, empirisch gewonnenen Sätze über die Abhängigkeit der Flüchtigkeit von der Atomverkettung.

Damit diese Anwendung möglich sei, ist in der Regel erforderlich, dass die Atomverkettung und Flüchtigkeit für eine gewisse grössere oder geringere Anzahl von Verbindungen bekannt seien, welche derjenigen Verbindung, deren Atomverkettung bestimmt werden soll, in Zusammensetzung oder Eigenschaften nahe stehen. Die Vergleichung mit jenen erlaubt dann, die gesuchte Atomverkettung zu ermitteln.

So würde man z. B. mittelst der Flüchtigkeit leicht die in § 124 besprochene Frage entscheiden können, welche der beiden für eine Verbindung C_2H_6O möglichen Atomcombination im Alkohol, welche im Methyläther anzunehmen ist. Da die Erfahrung lehrt, dass stets eine Hydroxylverbindung schwieriger flüchtig ist, also höher siedet, als eine ihr isomere keine Hydroxylgruppe enthaltende Verbindung, so ergiebt sich, dass von den beiden theoretisch möglichen Combinationen die eine, CH_3-CH_2-OH, dem bei 78° C.

siedenden Alkohol, die andere CH_3—O—CH_3, dem bei -21^0 C. siedenden Methyläther zuzuschreiben ist. In diesem und ebenso in sehr vielen anderen Fällen erscheint aber diese Entscheidung nur als eine fast überflüssige Bestätigung der schon durch die Zerreissung und Zusammenfügung der Atomketten gewonnenen Einsicht. Ebenso wird man bei der Frage, ob eine Verbindung mit dem Molekulargewichte $C_n H_{2n} O_2$ eine Carboxylgruppe enthalte, also eine Säure sei, oder ob ihr die Atomverkettung eines neutralen Esters oder Aethers beizulegen sei, schwerlich in erster Linie den Satz benutzen, dass eine solche Säure um etwa 85^0 C. höher siede als ein ihr isomerer Ester: man wird vielmehr zunächst untersuchen, ob ihr die charakteristischen chemischen Eigenschaften einer Säure oder eines Esters zukommen. Nur wo diese Eigenschaften in Zweifel lassen, und auch die Zerreissung und Verknüpfung der Kette keine über allen Zweifel erhabene Entscheidung liefert, pflegt man die Flüchtigkeit zu Rathe zu ziehen. Es ist aber nicht zu verkennen, dass damit manchmal diesem Hülfsmittel eine geringere Bedeutung beigelegt wird, als ihm zukommen sollte; denn dasselbe ist frei von der in § 129 besprochenen Quelle des Irrthumes, welche die Schlüsse aus den chemischen Umsetzungen oft sehr unsicher macht. Wie dort ausgeführt wurde, gestattet die Beobachtung der chemischen Umsetzungen keinen ganz sicheren Schluss auf die Atomverkettung, welche vor der Umsetzung vorhanden war, da dieselbe sich während derselben etwas ändern muss und mehr, als die Umsetzung unbedingt verlangt, verändern kann. Bei der Untersuchung des chemischen Verhaltens wird die Atomlagerung im Augenblicke der Störung des Gleichgewichtes erforscht, bei der Ermittelung der physikalischen Eigenschaften dagegen während der Dauer des Gleichgewichtszustandes. Andererseits ist nicht zu verkennen, dass der Schluss aus der chemischen Umsetzung auf die Atomverkettung diese unmittelbar trifft, der aus den physikalischen Eigenschaften dagegen nur mittelbar und erst, nachdem für eine grössere Anzahl von Verbindungen durch Lösung und Schliessung der Kette die Atomverkettung ermittelt und die Abhängigkeit der physikalischen Eigenschaften von derselben festgestellt wurde. Es wird daher voraussichtlich die Kenntniss dieser Abhängigkeit noch für lange Zeit in zweiter Linie stehen, jedoch dabei fort und fort an Bedeutung gewinnen.

Gegenwärtig dient die Bestimmung der Flüchtigkeit oder des Siedpunktes besonders zur Ermittelung der Atomverkettung solcher einander isomerer Stoffe, welche sich in ihrem chemischen Verhalten so sehr nahe stehen, dass sie nach demselben nur schwierig unterschieden werden können, oder deren Unterscheidung nach diesem Verhalten noch der Prüfung und Bestätigung bedarf.

Solche feine Unterschiede zeigen z. B. isomere Verbindungen, welche sich lediglich durch die in § 117 besprochene verschiedene Verkettungsart der C-atome unterscheiden oder durch die verschiedene Stellung anderer Atome zu diesen. Die Analysen und Synthesen dieser Verbindungen und die Vergleichung ihrer physikalischen Eigenschaften haben ergeben, dass die geringste Flüchtigkeit, also der höchste Siedpunkt in der Regel derjenigen unter den isomeren Verbindungen zukommt, in welcher die Atome eine einzige unverzweigte Kette bilden, und dass die Flüchtigkeit um so mehr zunimmt, je zahlreicher die Verzweigungen, je kürzer also die Hauptkette wird.

So kennen wir vier verschiedene Butylalkohole, $C_4H_{10}O$, denen wir nach ihren Entstehungs- und Zersetzungsarten die durch folgende vier Schablonen ausgedrückten Atomverkettungen zuschreiben, denen die beigesetzten, z. Th. nicht ganz genau bestimmten Siedpunkte entsprechen:

$$\text{Siedpunkt}$$

Normaler Butylalkohol: $CH_3\text{---}CH_2\text{---}CH_2\text{---}CH_2\text{---}OH$ 117° C.

Isobutylalkohol: $CH_3\text{---}CH\text{---}CH_2\text{---}OH$ 109° C.
$\qquad\qquad\qquad\quad\ \ |$
$\qquad\qquad\qquad\ \ CH_3$

Secundärer Butylalkohol: $CH_3\text{---}CH_2\text{---}CH\text{---}CH_3$.   97° C.
$\qquad\qquad\qquad\qquad\qquad\qquad\qquad\ \ |$
$\qquad\qquad\qquad\qquad\qquad\qquad\quad\ OH$

$\qquad\qquad\qquad\qquad\quad\ CH_3$
$\qquad\qquad\qquad\qquad\quad\ \ |$
Tertiärer Butylalkohol: $CH_3\text{---}C\text{---}CH_3$ 84° C.
$\qquad\qquad\qquad\qquad\quad\ \ |$
$\qquad\qquad\qquad\qquad\ \ OH$

Durch Oxydation der beiden ersten dieser Alkohole entstehen zwei verschiedene Buttersäuren $C_4H_8O_2$, für welche die Verkettungen

$$CH_3\text{---}CH_2\text{---}CH_2\text{---}CO\text{---}OH \quad \text{und} \quad CH_3\text{---}CH\text{---}CO\text{---}OH$$
$$\qquad\qquad\qquad\qquad\qquad\qquad\qquad\qquad\qquad\quad |$$
$$\qquad\qquad\qquad\qquad\qquad\qquad\qquad\qquad\ \ CH_3$$

sich theoretisch als möglich ergeben. Eine dieser beiden Säuren, der nach ihrer Entstehung aus dem zweiten Alkohol die zweite obiger Formeln zukommt, die sogenannte „Isobuttersäure", siedet bei 154° C., die andere, die aus dem ersten Alkohol entsteht, und die daher als „normale Buttersäure" bezeichnet wird, siedet bei 162° C.

Ebenso kennen wir vier verschiedene Valeriansäuren $C_5H_{10}O_2$, welche bei 162, 173, 175 und 184° sieden. Für ihre Atomverkettung ergeben sich die vier Schablonen:

$$CH_3\text{---}CH_2\text{---}CH_2\text{---}CH_2\text{---}CO\text{---}OH \quad 184°,$$

$$CH_3\text{---}CH\text{---}CH_2\text{---}CO\text{---}OH\ ,\ CH_3\text{---}CH_2\text{---}CH\text{---}CO\text{---}OH\ ,$$
$$\quad\ \ |\qquad\qquad\qquad\qquad\qquad\qquad\qquad\ \ |$$
$$CH_3\quad 175°,\qquad CH_3\qquad\qquad\qquad CH_3\quad 173°,$$

$$CH_3\text{---}C\text{---}CO\text{---}OH \quad 164°.$$
$$\quad\ \ |$$
$$\quad CH_3$$

Da der Siedpunkt der einen bekannten Säure, 184° C., von dem der normalen Buttersäure, 162° C., um dieselbe Differenz von 22° abweicht, welche diese von der bei 140° siedenden Propionsäure unterscheidet, so würden wir berechtigt sein, die bei 184° siedende Säure als die normale Valeriansäure zu betrachten, auch wenn die Entstehungsweise derselben nicht unzweifelhaft zu dieser Ansicht leitete. Der Siedpunkt 175° der zweiten Valeriansäure weicht von dem der Isobuttersäure, 154°, wiederum um nahezu dieselbe Grösse, nämlich 21°, ab, wesshalb ihr die jener analoge zweite Form der Atomverkettung zugeschrieben wird. Der bei 173° siedenden Säure[*] wird die dritte Formel beigelegt, weil sie aus der Essigsäure dadurch entsteht, dass ein H durch C_2H_5 und eines durch CH_3 ersetzt wird; der bei 162° siedenden endlich die letzte der vier einzig möglichen Formeln, weil sie aus einem Alkohol entsteht, dem die jener entsprechende Atomverkettung zukommt.

Ganz ähnliche Verhältnisse, wie sie hier für Hydroxyl- und Carboxylverbindungen angeführt werden, gelten auch für andere Verbindungen, z. B. für die jenen entsprechenden Chloride, Bromide, Jodide. Die Formulirung ganz allgemeiner Regeln für die aus der Beobachtung des Siedpunktes auf die Atomverkettung zu ziehenden Schlüsse ist zur Zeit noch nicht durchführbar. Die angeführten Beispiele werden genügen zu zeigen, in welcher Weise man gegenwärtig die Kenntniss der Flüchtigkeit, wenn auch zunächst nur innerhalb ziemlich eng begrenzter Gruppen von Verbindungen, mit Erfolg für die Erkenntniss der Atomverkettung verwendet.

---

[*] R. Sauer, Ber. d. d. chem. Ges. 1875, Bd. 8, S. 1037.

§ 136 (107).

Theoretische Betrachtungen über den Einfluss der Atomverkettung auf die Flüchtigkeit möchten verfrüht erscheinen. Wir beschränken uns daher hier auf die Bemerkung, dass auf die **Flüchtigkeit die Lage des Schwerpunktes und das Trägheitsmoment der rotirenden Molekel von sehr wesentlichem Einflusse zu sein scheint.** Bestimmungen der latenten Dampfwärme werden vielleicht einst nähere Anhaltspunkte liefern.

Die leichtere Verdichtung der aus langen Atomketten bestehenden Verbindungen wird vielleicht zum Theil auch dadurch bedingt, dass die langgestreckten Molekeln unter sonst gleichen Umständen in den Bewegungen des Gaszustandes sich gegenseitig die Flugbahn mehr versperren, darum häufiger zusammentreffen und sich leichter zu grösseren Aggregaten verdichten als die mehr zusammengeballten Molekeln mit verästelter Kette. Diese Frage wird sich vielleicht durch Beobachtung der Transpirationsgeschwindigkeiten der Dämpfe entscheiden lassen*).

§ 137.

Ohne Zweifel hängt auch die Schmelzbarkeit der Verbindungen wesentlich von ihrer Atomverkettung ab, so dass sich die Möglichkeit gewinnen lässt, den Schmelzpunkt zur Feststellung derselben zu benutzen, was bei dem jetzigen Stande unserer Kenntnisse nur in sehr beschränktem Grade möglich ist.

Eine nicht selten anwendbare Regel ist die, dass von den isomeren Substitutionsprodukten des Benzoles (Vergl. § 127) die **Paraverbindungen schwieriger schmelzen, als die Ortho- und Metaverbindungen.**

Sehr merkwürdig ist das Steigen und Fallen des Schmelzpunktes durch wiederholte unmittelbare Substitution eines und desselben Elementes im Benzol. Durch die Einwirkung von Chlor und von Brom erhält man (neben geringen Mengen von isomeren) nach einander folgende Substitutionsprodukte:

---

*) s. Ann. Chem. Pharm. 1863, Suppl., S. 129; Ann. Phys. Chem. N. F. 1879, Bd. 7, S. 497.

VII. Das Gesetz der Atomverkettung.

	Schmelzpunkt*):		Schmelzpunkt:
C_6H_6	$+ 3°$	C_6H_6	$+ 3°$
$C_6H_5Cl_1$	$- 40°$	$C_6H_5Br_1$	unter $- 20°$
$C_6H_4Cl_2$	$+ 53$	$C_6H_4Br_2$	$+ 89$
$C_6H_3Cl_3$	$+ 17$	$C_6H_3Br_3$	$+ 44$
$C_6H_2Cl_4$	$+ 139$	$C_6H_2Br_4$	$+ 140$
$C_6H_1Cl_5$	$+ 86$	$C_6H_1Br_5$	über 240
C_6Cl_6	$+ 228$.	C_6Br_6	über $310°$.

Die Substitution des ersten, dritten und fünften Chlor- und des ersten und dritten Bromatomes erniedrigt den Schmelzpunkt um etwa 40°C., während die des zweiten, vierten und sechsten ihn wieder um mehr als 100°C. erhöht. Nur das fünfte Bromatom bewirkt ausnahmsweise auch eine Erhöhung.

Aus ähnlichem Gesichtspunkte lassen sich die von A. Baeyer**) hervorgehobenen Beziehungen zwischen den Schmelzpunkten der „normalen" Säuren $C_nH_{2n}O_2$ und $C_nH_{2n-2}O_4$ betrachten, welche man nach ihrer Zusammensetzung

$$H\text{---}(CH_2)_m\text{---}CO\text{---}OH \quad \text{und} \quad HO\text{---}CO\text{---}(CH_2)_m\text{---}CO\text{---}OH,$$

auffassen kann, als entstanden aus der

$$H\text{---}CO\text{---}OH \qquad HO\text{---}CO\text{---}CO\text{---}H$$
Ameisensäure und Oxalsäure

durch Einfügung von m (CH_2). Auch bei ihnen zeigt sich ein Steigen und Fallen des Schmelzpunktes mit der wachsenden Anzahl der Kohlenstoffatome.

	Schmelzpunkt:		Schmelzpunkt:
$C_1H_2O_2$	$+ 8,6°$		
$C_2H_4O_2$	$+ 17°$	$C_2H_2O_4$	schmilzt nicht
$C_3H_6O_2$	unter $- 21$	$C_3H_4O_4$	$+ 132°$
$C_4H_8O_2$	$+ 1$	$C_4H_6O_4$	$+ 180°$
$C_5H_{10}O_2$	unter $- 16$	$C_5H_8O_4$	$+ 97$
$C_6H_{12}O_2$	$- 2$	$C_6H_{10}O_4$	$+ 148$
$C_7H_{14}O_2$	$- 10,5$	$C_7H_{12}O_4$	$+ 103$
$C_8H_{16}O_2$	$+ 16$	$C_8H_{14}O_4$	$+ 140$
$C_9H_{18}O_2$	$+ 12$	$C_9H_{16}O_4$	$+ 106$
$C_{10}H_{20}O_2$	$+ 30$	$C_{10}H_{18}O_4$	$+ 127$
—	—	$C_{11}H_{20}O_4$	$+ 108$
$C_{16}H_{32}O_2$	$+ 62$	—	—
$C_{17}H_{34}O_2$	$+ 60$	$C_{17}H_{32}O_4$	$+ 132$
$C_{18}H_{36}O_2$	$+ 69$		

---

*) Jungfleisch, Compt. rend. 1867, T. 66, p. 911. Einige der Schmelzpunkte sind später etwas berichtigt worden.
**) Ber. d. d. chem. Ges. 1877, S. 1286.

Beim Uebergange von einer ungeraden zur folgenden geraden Zahl der C-atome steigt, bei dem von gerader zur ungeraden fällt der Schmelzpunkt. Betrachtet man die Reihen der geraden und ungeraden Glieder für sich, so sinkt in allen anfangs der Schmelzpunkt mit wachsendem C-gehalt, um vom fünften, resp. sechsten Gliede an wieder zu steigen; nur in der geraden zweibasischen Reihe sinkt er bis zum zehnten und vielleicht weiter.

Aehnliche Regelmässigkeiten werden sich noch in vielen Gruppen organischer Verbindungen nachweisen lassen. Aber es fehlt bis jetzt an einem allgemeinen Einblick in die ihnen zu Grunde liegenden Gesetze.

§ 138 (108).

Eine andere der durch die Art der Atomverkettung in gesetzmässiger Weise beeinflussten Eigenschaften ist die Dichte oder die Raumerfüllung der Verbindungen. Nach den Untersuchungen von H. Kopp[*] stehen die von den Molekulargewichten der organischen Verbindungen im flüssigen Zustande erfüllten Räume, die specifischen oder Molekularvolumina, dann in einfacher gesetzmässiger Beziehung zu einander, wenn diese Räume bei den Temperaturen gemessen werden, bei welchen die Dämpfe aller der zu vergleichenden Flüssigkeiten gleiche Spannung haben. Bis jetzt ist die Vergleichung nur für solche Temperaturen durchgeführt, bei welchen diese Spannung eine Atmosphäre beträgt, also bei den bei mittlerem Luftdruck bestimmten Siedpunkten. Nimmt man zur Gewichtseinheit das Gewicht von einem Atome Wasserstoff und zur Raumeinheit den Raum, welchen ein diesem gleiches Gewicht flüssigen Wassers im Maximum seiner Dichte (bei 4^0 C.) erfüllt, so wird nach Kopp's Untersuchungen[**] der von dem Molekulargewichte einer organischen Verbindung von der Zusammensetzung $C_x H_y O_z$ erfüllte Raum, das Molekularvolumen, oder, was dasselbe sagt, der Quotient aus dem Molekulargewichte $\mathfrak{M} = x \cdot 12 + y + z \cdot 16$[***] und der auf flüssiges Wasser bezogenen Dichte dargestellt durch den empirisch gefundenen Ausdruck:

$$\frac{\mathfrak{M}}{d} = V = x \cdot 11 + y \cdot 5{,}5 + z \cdot 7{,}8$$

---

[*] Ann. Chem. Pharm. Bd. 96, S. 153, 303, Bd. 100, S. 19 u. a. a. O.
[**] s. besonders Bd. 96, S. 173—185.
[***] in runder Zahl $C = 12$ und $O = 16$ gesetzt.

oder durch
$$\frac{\mathfrak{M}}{d} = V = x \cdot 11 + y \cdot 5{,}5 + z \cdot 12{,}2$$
oder endlich durch
$$\frac{\mathfrak{M}}{d} = V = x \cdot 11 + y \cdot 5{,}5 + (z-u) \cdot 7{,}8 + u \cdot 12{,}2$$

Mit anderen Worten, man erhält das Molekularvolumen der Verbindung, wenn man für jedes in der Molekel enthaltene Kohlenstoffatom 11 Raumeinheiten, für jedes Wasserstoffatom 5,5 und für jedes Sauerstoffatom entweder 7,8 oder 12,2 Raumtheile in Rechnung bringt. Welcher von beiden letzteren Werthen zu nehmen ist, hängt von der Art und Weise ab, in welcher das betreffende Sauerstoffatom gebunden ist. Zahlreiche Vergleichungen haben ergeben, dass für jedes Sauerstoffatom, welches entweder zwei Kohlenstoffatome mit einander oder ein solches mit einem Wasserstoffatome verbindet, das Volumen 7,8, für jedes aber, das mit seinen beiden Affinitäten an ein und dasselbe Kohlenstoffatom gebunden ist, das Volumen 12,2*) zu setzen ist. Z. B. hat man für

Alkohol: $V(C_2H_6O) \ = 2 \cdot 11 + 6 \cdot 5{,}5 + 7{,}8 \qquad\quad = 62{,}8$
Aldehyd: $V(C_2H_4O) \ = 2 \cdot 11 + 4 \cdot 5{,}5 + 12{,}2 \qquad\ = 56{,}2$
Essigsäure: $V(C_2H_4O_2) = 2 \cdot 11 + 4 \cdot 5{,}5 + 12{,}2 + 7{,}8 = 64{,}0$
Essigäther: $V(C_4H_8O_2) = 4 \cdot 11 + 8 \cdot 5{,}5 + 12{,}2 + 7{,}8 = 108{,}0$

entsprechend den durch die Formeln

$CH_3\text{---}CH\text{---}O\text{---}H$, $CH_3\text{---}CO\text{---}H$,
Alkohol,   Aldehyd,

$CH_3\text{---}CO\text{---}O\text{---}H$ $CH_3\text{---}CO\text{ --}O\text{--- }CH_2\text{---}CH_3$
Essigsäure,   Essigäther,

ausgedrückten Atomverkettungen.

Die so berechneten Zahlen sind mit den empirisch ermittelten Molekularvolumen dieser Verbindungen in naher Uebereinstimmung; denn die Beobachtungen haben ergeben**):

---

*) Streng genommen wäre die Regel so auszudrücken, dass für die Gruppe —CO— der Werth $23{,}2 = 11 + 12{,}2$ in Rechnung zu setzen sei, wobei dann unentschieden bliebe, welches von beiden Elementen die grössere Raumerfüllung hervorbringe.

**) H. Kopp, Ann. Chem. Pharm. 1855, Bd. 96, S. 180, 181.

	Molek.-Gewicht $\mathfrak{M}$	Siedpunkt	Dichte beim Siedp. d		Molek.-Vol. $V = \dfrac{\mathfrak{M}}{d}$	
Alkohol	$C_2H_6O = 46$	78° C.	0,736	bis 0,744	61,8	bis 62,5
Aldehyd	$C_2H_4O = 44$	21° C.	0,773	0,786	56,0	» 56,9
Essigsäure .	$C_2H_4O_2 = 60$	118° C.	0,941	0,945	63,5	63,8
Essigäther	$C_4H_8O_2 = 88$	74° C.	0,816	0,819	107,4	107,8

Diese Beziehung des Molekularvolumens zu der Atomverkettung erlaubt also eine Schlussfolgerung auf die Art und Weise, in welcher der Sauerstoff mit dem Kohlenstoffe verbunden ist.

Für das Aceton z. B. , C_3H_6O , wurde bei seinem Siedpunkte, 56° C., die Dichte $d = 0{,}954$ bis $0{,}957$ gefunden, woraus sich das Molekularvolumen zu 77,3 bis 77,6 berechnet. Es ist aber:

$$3 \quad 11 + 6 \quad 5{,}5 + 12{,}2 = 78{,}2 \; ; \; 3 \quad 11 + 6 \quad 5{,}5 + 7{,}8 = 73{,}8;$$

folglich ist, um nahezu das gefundene Molekularvolumen zu erhalten, für O das Volumen 12,2 anzunehmen, welches einem mit seinen beiden Affinitäten an ein und dasselbe C gebundenen Atome Sauerstoff entspricht. In der That führt auch die Entstehung und das ganze Verhalten des Acetons zu der Formel $CH_3—CO—CH_3$, in welcher wirklich die Gruppe —CO— vorkommt.

Ganz ähnlich dem Sauerstoffe verhält sich der Schwefel[*].

Nach H. L. Buff's[**] Untersuchungen nehmen auch zwei Kohlenstoffatome, wenn sie durch zwei Affinitäten mit einander verbunden sind, einen grösseren Raum ein, als ihnen die Kopp'sche Regel zuschreibt. Es sind die theils von Kopp, theils von Buff beobachteten und die nach der Regel berechneten Werthe des Molekularvolumens für:

---

[*] H. Kopp, Ann. Chem. Pharm. 1855, Bd. 96, S. 305—310.

[**] Ann. Chem. Pharm. 1866, 4. Suppl.-Bd., S. 143 ff.; Ber. d. d. chem. Ges. 1871, S. 647.

		beob.	ber.	Diff.
Dichloraethylen	$C_2H_2Cl_2$	79,9	K. 78,6	1,3
Perchloraethylen	C_2Cl_4	115,4	K. 113,2	2,2
Amylen	C_5H_{10}	111,2—112,5	B. 110	1,2—2,5
Allylalkohol	C_3H_6O	74,6*)	B. 73,8	0,8
Zimmtsäureaethylester	$C_{11}H_{12}O_2$	211,3	K. 207	4,3
			Mittel:	2,1
Valerylen	C_5H_8	103,3—104,9	B. 99	4,3—5,9
Diallyl	C_6H_{10}	126,7—127,0	B. 121	5,7—6,0
			Mittel:	

Alle diese Stoffe zeigen also ein etwas grösseres Volumen, als sich aus der Regel ergiebt, und zwar die fünf ersten, in denen nur einmalige Doppelbindung vorkommen kann, eine durchschnittlich etwa halb so grosse wie die beiden letzten, in welchen zweimalige Doppelbindung anzunehmen ist. In Anbetracht der Schwierigkeit, diese Stoffe in vollkommener Reinheit herzustellen, kann eine vollkommenere Uebereinstimmung kaum erwartet werden. Es scheint demnach das grössere Molekularvolumen auch ein Charakteristicum für doppelte Kohlenstoffbindung (⋯C⋯C⋯) zu sein. Diese Frage verdient nähere Untersuchung.

Auch andere mehrwerthige Elemente, z. B. der Stickstoff**), zeigen ähnliche Unterschiede der Raumerfüllung, und zwar beanspruchen auch sie jedesmal einen grösseren Raum, wenn sie durch mehre ihre Verwandtschaftseinheiten an ein und dasselbe andere Atom, als wenn sie an lauter verschiedene Atome gebunden sind. Dass ein und dasselbe Atom in verschiedenen Verbindungen verschiedener Räume bedarf, scheint sehr leicht erklärlich, wenn man erwägt, dass die die Molekel bildenden Atome das Molekularvolumen nicht wohl vollständig mit ihrer Masse erfüllen können, vielmehr, da sie jedenfalls in lebhafter Bewegung zu denken sind, mehr Raum für diese beanspruchen müssen, als sie im Zustande der Ruhe mit ihrer Masse wirklich erfüllen würden. Jedes Atom wird demnach in seiner Gleichgewichtslage sich nicht in Ruhe befinden, sondern um dieselbe Bewegungen ausführen, die um so ausgedehnter

---

*) Tollens (Ann. Chem. Pharm. 1871, Bd. 158, S. 104) fand: 73,9; Thorpe (Chem. Soc. Journ. 1880, April, p. 208) 74,2, Buff (Ber. d. d. chem. Ges. 1871, S. 648) für wasserhaltigen Allylalkohol: 72,3.
**) Ann. Chem. Pharm. 1856, Bd. 100, S. 19—38.

sein werden, je höher die Temperatur ist. Wird es aber von zwei oder mehr verschiedenen Verwandtschafteinheiten eines und desselben mehrwerthigen Atomes gebunden, so oscillirt es vielleicht zwischen den zwei oder mehr verschiedenen Gleichgewichtslagen, in welche jede dieser Verwandtschaften es zu bringen sucht, und braucht daher für seine Bewegungen einen grösseren Raum, als wenn es um eine einzige Gleichgewichtslage oscillirt, in welche sämmtliche Kräfte, deren Wirkung es ausgesetzt ist, es zu bringen suchen*).

§ 139.

Auch die verschiedene Stellung eines einwerthigen Atomes scheint einen nicht unerheblichen Einfluss auf das Molekularvolumen ausüben zu können. F. D. Brown**) hat das primäre Propyljodid und das secundäre s. g. Isopropyljodid:

$$CH_3\text{---}CH_2\text{---}CH_2\text{---}J \quad \text{und} \quad CH_3\text{---}CHJ\text{---}CH_3$$

mit einander bei Temperaturen, bei welchen sie gleiche Dampfspannung besitzen, verglichen und gefunden, dass das secundäre Jodid stets einen um etwa 1,3 bis 1,4% grösseren Raum einnimmt als das primäre. Für die Siedpunkte bei $0^m,76$ ergab sich z. B.:

	Dichte	Siedp.	Vol.
für das prim.	1,5867	102,6	107,1
sec.	1,5650	89,9	108,6

während sich das Molekularvolumen nach Kopp's Regel zu

$$V = 3 \cdot 11 + 7 \quad 5,5 + 1 \quad 37,5 = 109,0$$

berechnen würde. Analoge Beobachtungen sind von Thorpe***) und H. Schröder†) kürzlich gemacht worden.

Schon vor längerer Zeit beobachtete Jungfleisch††), dass bei der unmittelbaren Substitution von Chlor für Wasserstoff im Benzol das erste, dritte und fünfte eintretende Chloratom eine erheblich grössere Zunahme des beim Siedpunkte gemessenen Molekularvolumens bewirkt als das zweite, vierte und sechste,

---

*) Vergl. auch meine Abhandlung „über die Molekularvolumina chemischer Verbindungen"; Ann. Chem. Pharm. 1867, 5. Suppl., S. 143 ff.
**) Lond. Roy. Soc. Proc. 1877, vol. 26, p. 238—247.
***) Chem. Soc. Journ. 1880, April, May, June.
†) Ber. d. d. chem. Ges. 1880, S. 1560.
††) Compt. rend. 1867, T. 66, p. 911.

welcher Unterschied noch viel schärfer hervortritt, wenn man die Molekularvolume beim Schmelzpunkte statt beim Siedpunkte vergleicht.

Aehnlich verhalten sich nach G. Vollmar*) die Substitutionsprodukte des Aethanes. Die Aenderung, welche durch Ersatz von H durch Cl in dem bei Temperaturen gleicher Dampfspannung gemessenen Molekularvolumen hervorgebracht wird, ist verschieden, je nachdem die Substitution in der Gruppe --- CH_3, ---CH_2Cl oder ----$CHCl_2$ stattfindet, so dass die isomeren zwei-, drei- und vierfach gechlorten Aethane verschiedene Molekularvolumina besitzen.

Derartige Beobachtungen zeigen, dass trotz des grossen, besonders durch die umfangreichen Arbeiten von H. Kopp angesammelten Materiales, unsere Kenntniss der Beziehungen zwischen Molekularvolumen und Atomverkettung noch lange nicht als abgeschlossen betrachtet werden darf. Zur Zeit der Kopp'schen Arbeiten waren von den jetzt so zahlreichen Fällen feinerer Isomerie bei sehr ähnlichen Eigenschaften kaum einige wenige bekannt und beachtet. Dass trotzdem das Molekularvolumen schon jetzt ein sehr werthvolles Hülfsmittel zur Feststellung der Atomverkettung bildet, berechtigt uns zu der Hoffnung, dass neue Untersuchungen den Werth dieses Mittels noch sehr bedeutend erhöhen werden.

§ 140.

Indirect lässt sich aus der Raumerfüllung oder Dichtigkeit auch ein Schluss auf die Atomverkettung solcher isomerer Stoffe ziehen, welche der Kopp'schen Regel folgen, also bei ihren Siedpunkten gleiches Molekularvolumen besitzen. Da in der Regel die Dichte solcher Stoffe mit der Temperatur sich in nahezu gleicher Art ändert**), so folgt, dass bei einer Vergleichung bei **einer und derselben unterhalb beider Siedpunkte gelegenen Temperatur in der Regel die höher siedende die grössere Dichte und das kleinere Molekularvolumen zeigen wird.**

---

*) Nach noch nicht veröffentlichten Messungen, welche Herr stud. G. Vollmar im hiesigen Laboratorium ausgeführt hat.

) Stellt man die Ausdehnungscoefficienten in gewöhnlicher Art dar, indem man das Volumen bei 0^0 zur Einheit nimmt, so erscheinen auch bei isomeren Stoffen dieselben meist erheblich verschieden. Vergleicht man aber die Volumverminderungen, welche isomere Stoffe durch **gleich grosse Abkühlung unter den Siedpunkt erfahren, so findet man viel kleinere Unterschiede.

Man kann daher, worauf kürzlich Brühl*) noch besonders aufmerksam gemacht hat, statt der (in § 134 u. 135 besprochenen) Siedpunkte, zur Unterscheidung der Isomeren auch die bei gleicher Temperatur gemessenen Dichtigkeiten benutzen. Doch hat Brühl eine Ausnahme von dieser Regel gefunden: der bei 48°C. siedende Propylaldehyd hat bei 20°C. eine grössere Dichte, als das bei 56,5°C. siedende Aceton**).

§ 141 (109).

Auch bei anderen als den Kohlenstoffverbindungen scheint die Raumerfüllung Schlüsse auf die Art und Weise der Atomverkettung zu erlauben, die indessen noch kaum gezogen worden sind. Die meisten schweren Metalle und Halbmetalle z. B. vergrössern ihr Volumen, wie H. Schröder schon vor längerer Zeit gezeigt hat***), bei der Oxydation um eine der aufgenommenen Sauerstoffmenge proportionale Grösse, so dass also die Differenz des vom Oxyde und des vor der Oxydation vom Metalle eingenommenen Raumes der Quantität des hinzugetretenen Sauerstoffes proportional ist.

Wir bezeichnen mit $V(Pb)$, $V(Hg)$, $V(Cu)$ u. s. w. die „specifischen" oder „Atomvolumina" der Metalle, d. i. die von den Atomgewichten Pb, Hg, Cu u. s. w. erfüllten Räume, und mit $V(PbO)$, $V(HgO)$ u. s. w. die Volumina, welche durch die stöchiometrischen Quantitäten der Oxyde PbO, HgO u. s. w. eingenommen werden. Nehmen wir für die Messung auch dieser Grössen die gebräuchlichen Einheiten an, so erhalten wir ihre Zahlenwerthe durch Division der auf Wasser bezogenen Dichtigkeiten in die Atomgewichte der Metalle, resp. die stöchiometrischen Quantitäten ihrer Oxyde. Es ist darnach z. B. das specifische Volumen des Bleies und seines Oxydes im starren Zustande

$$V(Pb) = \frac{Pb}{d} = \frac{206,4}{11,38} = 18,1,$$

$$V(PbO) = \frac{PbO}{d} = \frac{222,4}{9,4} = 23,7.$$

Machen wir die zunächst hypothetisch bleibende Annahme, dass das Volumen des Metalles sich bei der Oxydation nicht ändere, so

---

*) Ann. Chem. Pharm. 1880, Bd. 203, S. 269 ff.
**) Daselbst, S. 275.
***) Pogg. Ann. 1840, Bd. 50, S. 553 ff.

§ 141.   VII. Das Gesetz der Atomverkettung.   291

stellt die Differenz beider Volumina das Atomvolumen des hinzugetretenen Sauerstoffes dar; es ist dann:
$$V(PbO) - V(Pb) = V(O) = 5,6$$
Die aufgestellte Hypothese erhält dadurch eine grosse Wahrscheinlichkeit, dass wir durch Ausführung derselben Rechnung*) für den Sauerstoff in anderen entsprechend zusammengesetzten Oxyden, wie CuO, CdO, ZnO NiO, HgO u. a. nahezu denselben Werth für $V(O)$ erhalten, und ebenso auch für manche Oxyde, die mehr als ein Sauerstoffatom auf je ein Metallatom enthalten. So ist z. B.

$$V(Fe) = \frac{Fe}{d} = \frac{55,9}{7,8} = 7,2$$
$$V(Fe_2O_3) = \frac{Fe_2O_3}{d} = \frac{159,7}{5,26} = 30,4$$
$$V(Fe_2O_3) - 2V(Fe) = 3V(O) = 30,4 - 14,4 = 16,0,$$
mithin $\quad V(O) = \frac{16,0}{3} = 5,3$;

und ähnlich für Co_2O_3, Cr_2O_3, Sb_2O_3 u. a. Sesquioxyde. Diese Regelmässigkeit lässt darauf schliessen, dass in allen diesen Oxyden der Sauerstoff in gleicher oder ähnlicher Art gebunden sei.

Für die specifischen Volumina anderer Oxyde gilt nicht dieselbe Regel, in manchen Gruppen aber statt ihrer eine andere. So ändern manche Metalle ihr Volumen bei der Oxydation um ungefähr dieselbe Grösse, gleichgültig wie viel Sauerstoffatome hinzutreten. Für das Kupfer z. B. ist

$$V(Cu) = \frac{Cu}{d} = \frac{63,3}{8,8} = 7,2,$$
$$V(CuO) = \frac{CuO}{d} = \frac{79,3}{6,43} = 12,3$$
$$V(Cu_2O) = \frac{Cu_2O}{d} = \frac{142,6}{5,75} = 24,8$$

Berechnen wir diese Zahlen alle auf die gleiche Menge Metall, so erhalten wir:
$$V(Cu_2O) - V(Cu_2) = 24,8 - 14,4 = V(O) \quad 10,4$$
$$V(Cu_2O_2) - V(Cu_2) = 24,6 - 14,4 = V(O_2) \quad 10,2 - 2 \cdot 5,1$$

―――――

*) Die zu dieser Rechnung erforderlichen Zahlenwerthe der Dichten sind von Kopp, „Ueber das spec. Gewicht der chem. Verbindungen, Frankfurt a. M. 1841", ferner von Boedeker, „Die Beziehungen zwischen Dichte und Zusammensetzung bei festen und liquiden Stoffen, Leipzig 1860", zusammengestellt worden.

Im Oxydul kommt also auf ein Sauerstoffatom derselbe Raum wie im Oxyde auf zwei. Aehnlich ist es bei Quecksilber und Silber.

In manchen an Sauerstoff reichen Oxyden kommt die in den angeführten Beispielen auftretende Differenz von etwa 5 Raumeinheiten nicht auf ein, sondern auf zwei Atome; z. B.

$$V(SnO_2) - V(Sn) = \frac{149{,}7}{6{,}96} - \frac{117{,}8}{7{,}29} = 21{,}5 - 16{,}1 = V(O_2) = 5{,}4$$

Die Verbindungen der leichten Metalle und der nicht metallischen Elemente zeigen wieder ganz abweichende Verhältnisse.

Alle die hier beobachteten, sowie die noch zu erforschenden Regelmässigkeiten der Raumerfüllung werden bei neuer Bearbeitung voraussichtlich zahlreiche Schlüsse auf die Art der Atomverkettung erlauben.

§ 142.

Von dieser hängen ausser den besprochenen noch manche andere physikalische Eigenschaften der chemischen Verbindungen ab, aus denen also rückwärts wieder auf jene geschlossen werden kann. Indessen gilt dieses durchaus nicht von allen physikalischen Eigenschaften; vielmehr zerfallen diese in **zwei mehr oder weniger scharf zu trennende Gruppen, deren eine vorzugsweise oder einzig von der Natur der Atome, aus welchen die Verbindungen zusammengesetzt sind, die anderen ausserdem auch wesentlich von der Art der Verkettung oder Lagerung dieser Atome abhängen.** Es ist aber zur Zeit noch nicht möglich, alle Eigenschaften in diese zwei Gruppen einzureihen.

Zu der Gruppe der hauptsächlich von der Natur der Atome abhängenden gehört, wie schon aus § 72 hervorgeht, das **Lichtberechnungsvermögen** der chemischen Verbindungen, auf welches jedoch auch die Atomverkettung einen gewissen Einfluss ausübt.

Nachdem schon Landolt und Gladstone[*], wie oben (§ 72, S. 160—161) erwähnt wurde, gefunden hatten, dass das molekulare Berechnungsvermögen eines Theiles der organischen Verbindungen sich nicht als Summe der S. 160 angegebenen Refractionsaequivalente darstellen lasse, untersuchte auf Landolt's Veranlassung

---

[*] s. besonders H. Landolt, Pogg. Ann. 1864, Bd. 123, S. 603; Gladstone, Ber. d. deutsch. chem. Ges. 1870, S. 247, 369.

Brühl*) eine grosse Zahl solcher Verbindungen genauer und fand, dass die **Refractionsaequivalente der mehrwerthigen Atome von der Art ihrer Bindung abhängig, die der einwerthigen dagegen von dieser unabhängig sind.**

Liesse sich das molekulare Brechungsvermögen aller organischen Verbindungen nach der auf Seite 160 angegebenen Formel als die Summe der dort ebenfalls angeführten Refractionsaequivalente der Atome darstellen, so müsste ein Unterschied von *2H* in der Zusammensetzung eine Differenz von

$$2 \; Rf \; (H) = 2 \cdot 1{,}29 = 2{,}58$$

Einheiten im molekularen Brechungsvermögen bewirken. Dies trifft für gewisse Kategorien von Stoffen, besonders für den Vergleich der Alkohole mit den Aldehyden und Ketonen gleichen Kohlenstoffgehaltes, angenähert zu; z. B. ist, wenn A die Cauchy'sche von der Wellenlänge unabhängige Constante und D die Dichte bei 20^0 C., bezogen auf Wasser von 4^0 C., bezeichnet, für

	𝔐	$\frac{A-1}{D} \cdot 𝔐$	Diff.
Aethylalkohol	$C_2H_6 \, O$	20,31	2,14
Aldehyd	$C_2H_4 \, O$	18,17	
Propylalkohol	$C_3H_8 \, O$	28,00	2,45
Aceton	$C_3H_6 \, O$	25,55	
Norm. Butylalkohol	$C_4H_{10}O$	35,45	2,52
Norm. Butylaldehyd	$C_4H_8 \, O$	32,93	
Methylhexylcarbinol	$C_8H_{18}O$	65,57	2,28
Methylhexylketon	$C_8H_{16}O$	63,29	

und ähnlich für andere analoge Verbindungen.

Viel kleinere Unterschiede ergeben aber folgende Stoffe:

---

*) Ann. Chem. Pharm. 1880, Bd. 200, S. 139, Bd. 203, S. 1 u. S. 255.

I.	II. $\mathfrak{M}$	III. $\frac{A-1}{D}\cdot\mathfrak{M}$	IV. Diff.	V. $\Sigma Rf A$	VI. Diff.
Propylakohol	C_3H_8O	28,00	0,91		
Allylalkohol	C_3H_6O	27,09	0,90	25,22	1,87
Isopropylalkohol	C_3H_8O	27,99			
Propylaldehyd	C_3H_6O	25,42	0,11		
Acroleïn	C_3H_4O	25,31	0,24	22,64	2,67
Aceton	C_3H_6O	25,55			
Propylchlorid	C_3H_7Cl	33,36	0,73		
Allylchlorid	C_3H_5Cl	32,63		30,56	2,07
Propylaethylaether	$C_5H_{12}O$	42,86	0,66		
Allylaethylaether	$C_5H_{10}O$	42,20		40,10	2,10
Propylacetat	$C_5H_{10}O_2$	43,11	0,90		
Allylacetat	$C_5H_8O_2$	42,21		40,42	1,79
Amylen	C_5H_{10}	39,29	0,64	37,40	2,09
Valerylen	C_5H_8	38,65		34,62	4,03

Die hier aufgeführten wasserstoffärmeren Verbindungen sind sämmtlich solche, in welchen wir doppelte Bindung der Kohlenstoffatome annehmen. Sie alle besitzen ein molekulares Brechungsvermögen, das erheblich grösser ist, als die in Spalte V angegebene Summe der Seite 160 verzeichneten Werthe der Refractionsaequivalente. Auf Grund dieser und anderer Beobachtungen gleicher Art kam Brühl zu der Annahme, dass **doppelte Bindung der Kohlenstoffatome das molekulare Brechungsvermögen erhöhe**. Aus einer grossen Zahl von Beobachtungen fand er diese Erhöhung für jedes Paar doppelt gebundener C-atome im Mittel = 2,00 Einheiten, so dass durch dieselbe, wie obige Tafel zeigt, die durch den Verlust von zwei Wasserstoffatomen bewirkte Erniedrigung von 2,58 Einheiten zu fast vier Fünfteln aufgehoben wird.

Würde dieses Verhalten nur an Allylverbindungen beobachtet, so könnte man vielleicht zweifeln, ob gerade die Doppelbindung die Ursache desselben sei. Aber auch das nach der Schablone

§ 142.   VII. Das Gesetz der Atomverkettung.   295

C_nH_{2n} zusammengesetzte Amylen, C_5H_{10}, dem zwei Wasserstoffatome zur Sättigung fehlen, zeigt die gleiche Erhöhung, und, was besonders überzeugend wirkt, das dem Typus C_nH_{2n-2} angehörige Valerylen, C_5H_8, dem 4 H zur Sättigung fehlen, in dem wir also zweimal doppelte Bindung annehmen, giebt demgemäss eine doppelt so grosse Erhöhung von 4 Einheiten, und ebenso das Diallyl C_6H_{10}

Eine oberflächliche Betrachtung könnte nun vermuthen, dass das gegen das Diallyl um 4 H ärmere Benzol und seine zum Typus C_nH_{2n-6} gehörigen Homologen, denen zur völligen Sättigung 8 H fehlen (vergl. § 103) ein gegen die Rechnung um 8 Einheiten zu grosses Drehungsvermögen besitzen würden. Es ist aber für:

I.	II.	III.	IV.	V.
	$\mathfrak{M}$	$\frac{A-1}{D}\mathfrak{M}$	ΣRfA	Diff.
Diallyl	C_6H_{10}	45,99	42,06	3,93
Benzol	C_6H_6	42,16	36,90	5,26
Toluol	C_7H_8	50,06	44,34	5,72
Mesitylen	C_9H_{12}	65,22	59,22	6,00

Das optische Verhalten der Kohlenwasserstoffe C_nH_{2n-6} weiset also nicht auf vierfache, sondern nur auf dreifache Doppelbindung hin und erscheint damit als eine ausgezeichnete Bestätigung der oben (§ 127) besprochenen Hypothese Kekulé's über die Atomverkettung des Benzoles und seiner Abkömmlinge. Die siebente und achte zum Zusammenhang der Kette nicht unbedingt nothwendige Affinität dienen zum Schlusse des Ringes, so dass nur drei Doppelbindungen entstehen können.*)

Nachdem das gleiche Verhalten an zahlreichen Beispielen der sogenannten aromatischen Verbindungen nachgewiesen worden, untersuchte Brühl die Frage, ob nicht vielleicht auch die einfache oder doppelte Bindung des Sauerstoffes an Kohlenstoff einen Unterschied im molekularen Brechungsvermögen zu bewirken im Stande sei, und kam nach Vergleichung grösserer Reihen von Verbindungen, in welchen die Gruppen

$$=C=O \quad \text{und} \quad -C-O-$$

angenommen werden, zu dem Schlusse, dass auch die doppelte

---
*) Vergl. übrigens § 143, S. 298.

Bindung des Sauerstoffes eine geringe Vergrösserung des molekularen Brechungsvermögens bewirke, während der Einfluss einwerthiger Elemente unter allen Umständen sich gleich bleibe. Bezeichnen wir mit Brühl die einfach gebundenen Atome durch O' und C', die doppelt an Kohlenstoff gebundenen durch O'' und C'', so ergeben sich jetzt, statt der S. 160 angegebenen, nachstehende Werthe der Atom-Refractionsaequivalente:

Elemente	RfA	$Rf\alpha$
O'	2,71	2,8
O''	3,29	3,4
C'	4,86	5,06
C''	5,86	6,075
$(C\!=\!C)$	11,72	12,15
$(C\!=\!O)$	8,15	8,46
(CH_2)	7,44	7,60.

Da der Werth des Refractionsaequivalentes sich für jedes Paar von doppelt vereinigten C-atomen um gerade *2,00* Einheiten erhöht und durch die Doppelbindung eines O an C um 0,58, so kann man auch das molekulare Brechungsvermögen in bisheriger Weise berechnen und nachträglich die den Doppelbindungen entsprechenden Beträge hinzufügen. So erhält man z. B. für den Aethylester der Hydrozimmtsäure:

$$C_6H_5\text{---}CH_2\text{---}CH_2\text{---}CO\text{---}O\text{---}CH_2\text{---}CH_3 = C_{11}H_{14}O_2$$

$$\frac{A-1}{D}\mathfrak{M} = 11\cdot 4{,}86 + 14\cdot 1{,}29 + 2\cdot 2{,}71 + 3\cdot 2{,}00 + 0{,}58 = 83{,}52$$

oder $= 3\cdot 11{,}72 + 8{,}15 + 4\cdot 7{,}44 + 2{,}71 + 6\cdot 1{,}29 = 83{,}52$,

beobachtet wurde $= 83{,}32$.

Wie die beiden verschiedenen Refractionsaequivalente des Sauerstoffes zur Bestimmung der Atomverkettung dienen können, zeigt das von Brühl angeführte Beispiel des Paraldehyd's. Lagerten sich bei der Polymerisirung des Aldehydes einfach drei Molekeln C_2H_4O desselben zu $C_6H_{12}O_3$ zusammen, so würde das molekulare Brechungsvermögen des Paraldehydes gleich dem dreifachen des Aldehydes:

beob.: $3\cdot 18{,}18 = 54{,}54$, ber.: $3\cdot 18{,}17 = 54{,}51$

sein, während für Paraldehyd der viel kleinere Werth

$$\frac{A-1}{D}\cdot \mathfrak{M} = 52{,}48$$

§ 142.   VII. Das Gesetz der Atomverkettung.   297

beobachtet wurde. Fast genau dieselbe Zahl erhält man aber durch Rechnung, wenn man, statt des für Aldehyd geltenden $Rf(O'') = 3{,}29$, $Rf(O') = 2{,}71$ einsetzt:

$$\frac{A-1}{D}\mathfrak{M} = 6 \cdot 4{,}86 + 12 \cdot 1{,}29 + 3 \cdot 2{,}71 = 52{,}77$$

und dadurch wird die von Erlenmeyer*) und von Kekulé und Zincke**) ausgesprochene Ansicht bestätigt, dass im Paraldehyd „drei Aldehydmolekeln durch Sauerstoffbindung ringförmig verkettet":

$$CH_3\text{---}CH\text{---}O\text{---}CH\text{---}CH_3$$
$$\phantom{CH_3\text{---}}O \quad\quad O$$
$$\phantom{CH_3\text{---}CH\text{---}}HC\text{---}CH_3$$

anzunehmen seien.

Ein sehr eigenthümliches Verhalten zeigen die sogenannten Propargylverbindungen, in welchen das Radical Propargyl mit **dreifacher** Kohlenstoffbindung:

$$C_3H_3 = H\text{---}C\!\equiv\!CH\text{---}CH_2\text{---}*$$

angenommen zu werden pflegt. Da aber für deren Brechungsvermögen, wie nachstehende Tafel zeigt, Werthe gefunden wurden, welche nicht mehr als die der Allylverbindungen von den ohne Annahme doppelter Bindung berechneten (Spalte V) abweichen,

I.	II. $\mathfrak{M}$.	III. $\frac{A-1}{D}\mathfrak{M}$	IV. Diff.	V. $\Sigma Rf A$	VI. Diff.
Propylalkohol	$C_3H_8\,O$	28,00	0,91	27,61	0,39
Allylalkohol	$C_3H_6\,O$	27,09	3,08	25,03	2,06
Propargylalkohol	$C_3H_4\,O$	24,01		22,45	1,56
Propylaethylaether	$C_5H_{12}O$	42,86	0,66	42,49	0,40
Allylaethylaether	$C_5H_{10}O$	42,20	2,70	39,91	2,29
Propargylaethylaether	$C_5H_8\,O$	39,50		37,33	2,23
Propylacetat	$C_5H_{10}O_2$	43,11	0,90	43,20	−0,09
Allylacetat	$C_5H_8\,O_2$	42,21	2,50	40,62	1,59
Propargylacetat	$C_5H_6\,O_2$	39,71		38,04	1,67

---

*) S. 307 seines leider unvollendeten Lehrbuches der org. Chemie, 1868.
**) Ber. d. d. chem. Ges. 1870, S. 471.

so vermuthet Brühl, dass auch in den Propargylverbindungen nur eine Doppelbindung vorkomme, etwa:

$$\begin{array}{c}HC\\||\\HC\end{array}\!\!>\!CH\text{---}OH \qquad \begin{array}{c}HC\\||\\HC\end{array}\!\!>\!HC\text{---}O\text{---}CH_2\text{---}CH_3$$

Alkohol,   Aether,

$$\begin{array}{c}HC\\||\\HC\end{array}\!\!>\!CH\text{---}O\text{---}CO\text{---}CH_3$$

Ester.

Dieser sehr einleuchtenden Vorstellung steht nur die eine Schwierigkeit entgegen, dass die grosse Aehnlichkeit, welche die Propargylverbindungen in ihrem Verhalten mit dem Acetylen zeigen, nicht mehr durch analoge Formeln ausgedrückt werden könnte; es sei denn, man nähme im Acetylen

$$H\text{---}\overset{*}{C}\text{---}\overset{*}{C}\text{---}H \quad \text{statt} \quad H\text{---}C\!\!\equiv\!\!C\text{---}H,$$

zwei freie Affinitäten statt dreifacher C-bindung an.

§ 143.

Schlüsse auf die Atomverkettung erlauben in vielen Fällen auch die im III. Buche zu besprechenden Wärmewirkungen, welche die Entstehung und den Zerfall der Verbindungen begleiten. Als besonders wichtig sei hier nur der kürzlich von Julius Thomsen[*]) geführte Nachweis hervorgehoben, dass sich einfache und mehrfache Kohlenstoffbindung mit Hülfe der Verbrennungswärme der Kohlenwasserstoffe unterscheiden lassen. Thomsen's Untersuchungen bestätigen die bisher angenommenen Formeln für

CH_4 $H_3C\text{---}CH_3$ $H_3C\text{---}CH_2\text{---}CH_3$

Methan,   Aethan,   Propan,

$HC\!\!\equiv\!\!CH$ $H_2C\!\!=\!\!CH_2$ $H_2C\!\!=\!\!CH\text{---}CH_3$

Acetylen,   Aethylen,   Propylen.

Dagegen führen dieselben zu dem Schlusse, dass das Benzol, C_6H_6, nicht, wie die Hypothese Kekulé's annimmt, durch drei doppelte und drei einfache, sondern vielmehr durch neue einfache Bindungen zusammengehalten werde. Während Brühl's optische Untersuchung Kekulé's Formel, Schema I. (S. 262) bestätigt[**]), spricht also die Arbeit Thomsen's für Schema IV oder V. Die Lösung dieses Widerspruches ist nur durch fortgesetzte Untersuchungen in beiden Richtungen zu gewinnen.

---

[*]) Ber. d. d. chem. Ges. 1880, S. 1321, 1388, 1806 und 1810; Liebig's Ann. d. Chem. 1880, Bd. 205, S. 133.

[**]) s. o. § 142, S. 295.

VII. Das Gesetz der Atomverkettung.

Zu der Gruppe der wesentlich von der Natur der Atome abhängenden Eigenschaften gehört, wie schon aus den Betrachtungen im III. Abschnitt hervorgeht, ferner die Wärmecapacität, die indessen, wenigstens in der Form, in welcher sie unserer Beobachtung zugänglich ist, auch nicht unerheblich von der Art der Atomverkettung beeinflusst wird, in sofern diese den Aggregatzustand und andere Verhältnisse der Materie bedingt und bestimmt.

Auch die zu der specifischen Wärme in naher Beziehung stehende*) latente Schmelzwärme und wohl ebenso die latente Dampfwärme, sowie überhaupt die meisten physikalischen Eigenschaften der Stoffe dürften wesentlich sowohl von der Natur der Atome wie von der Art ihrer Vereinigung abhängen. Unsere Kenntniss dieser beiderseitigen Abhängigkeit befindet sich aber noch in der ersten Entwickelung. Voraussichtlich aber wird unsere bis jetzt sehr lückenhafte Kenntniss von dem ursächlichen Zusammenhange zwischen der Zusammensetzung der Verbindungen und ihren physikalischen wie chemischen Eigenschaften rasch wachsen und sich zu einer besonderen Disciplin entwickeln, deren Aufgabe es sein wird, die Eigenschaften der chemischen Verbindungen als Function der Natur und Verkettungsart der in ihnen enthaltenen Atome darzustellen. Durch eine allseitige Erforschung der wechselseitigen Beziehungen zwischen Zusammensetzung und Eigenschaften wird unsere bis jetzt noch vielfach sehr unsichere Einsicht in die Gesetze der Atomverkettung berichtigt und befestigt werden und sicher und rasch dem Ziele sich nähern, das noch vor wenigen Jahren von manchen Chemikern für unerreichbar erklärt wurde.

Es ist eine schwierige und grosser Vorsicht bedürftige Aufgabe, die Beziehungen der Atome zu einander zu erforschen; wir werden in der Lösung derselben noch viele Irrthümer begehen und berichtigen; aber das lässt sich, obwohl wir erst im Anfange des Anfanges stehen, schon jetzt übersehen, dass die Aufgabe nicht Menschenkräfte übersteigt.

---

*) Vergl. z. B. Person, Ann. chim. phys. [3] T. 21, 24 u. 27.

VIII. Molekulargewicht und Atomverkettung von Stoffen, auf welche Avogadro's Hypothese nicht anwendbar ist.

§ 144 (111).

Unsere bisherigen Betrachtungen über die Atomverkettung ruhen auf der Voraussetzung, dass ausser den Atomgewichten sämmtlicher Bestandtheile auch das Molekulargewicht der betrachteten Stoffe bekannt sei. Diese Voraussetzung aber ist nur für eine kleine Minderzahl der bis jetzt dargestellten und untersuchten chemischen Verbindungen erfüllt; auf die grosse Mehrheit derselben ist Avogadro's Regel zur Bestimmung des Molekulargewichtes nicht anwendbar, da sie entweder nicht ohne Zersetzung oder erst bei so hohen Temperaturen flüchtig sind, dass ihre Dichte im Gas oder Dampfzustande nicht bestimmt werden konnte. Durch diesen Mangel wird die Lösung der Aufgabe, auch die Constitution dieser Verbindungen zu bestimmen, ausserordentlich erschwert, und in Folge dessen leidet unsere Kenntniss derselben noch an einer sehr fühlbaren Unsicherheit. Zwar liegt es nahe, die durch die Untersuchung gasförmiger Stoffe gefundenen Gesetze auch auf die nicht gasförmigen zu übertragen, und es ist dazu eine gewisse Berechtigung unverkennbar vorhanden; aber die Uebertragung der zunächst für die Gase und Dämpfe geltenden Gesetzmässigkeiten auf starre und tropfbare Körper hat schon mehr als einmal zu Irrthümern geführt und erfordert daher, wenn diese möglichst vermieden werden sollen, grosse Vorsicht. Schon Avogadro versuchte sie, indem er die Molekulargewichte auch nicht vergasbarer Stoffe nach Gutdünken annahm und aus denselben auch die Atomgewichte nicht flüchtiger Elemente herzuleiten versuchte. Seine Annahmen und die aus denselben gezogenen Folgerungen waren nicht glücklich und haben, als sie später als unrichtig erkannt wurden, nur dazu gedient, auch seine richtigen Lehren in Misscredit zu bringen. Kaum besser erging es Gerhardt, der Avogadro's Hypothese in seinem Systeme zu neuer Geltung brachte. Auch er schloss von den Molekulargewichten der Gase und Dämpfe auf die der nicht gasförmig bekannten Verbindungen, aus denen er dann wieder die Atomgewichte, besonders die der Metalle, unrichtig herleitete. Auch gegenwärtig wird wiederum durch vorschnelle Uebertragung der für Gase geltenden Gesetze auf andere Stoffe nicht selten gesündigt; nur sind es jetzt nicht sowohl die Atomgewichte der Elemente, welche dadurch unrichtig bestimmt werden, sondern das Sättigungsvermögen der Atome, das häufig aus willkürlich angenommenen Molekulargewichten nach denselben Grundsätzen abgeleitet wurde, welche nur für wirklich ermittelte Molekulargewichte Geltung haben.

Seit der Streit um die Molekulargewichte aufgehört hat, beginnt auch die Unsitte einzureissen, die Angabe der Dampfdichte aus den Lehrbüchern wegzulassen, so dass der Leser nicht mehr weiss, ob das vom Verfasser angenommene Molekulargewicht hypothetisch oder experimentell bestimmt ist, und Hypothesen den Anschein von Thatsachen gewinnen.

§ 145 (112).

Die Verschiedenheit des gasförmigen von den beiden anderen Aggregatzuständen ist zu gross, als dass eine unmittelbare Uebertragung der für jenen geltenden Regeln ohne weiteres gerechtfertigt erscheinen könnte.

In den physikalischen Eigenschaften der Gase macht sich, ausser der Gesammtmasse der Molekel, dem Molekulargewichte, in der Regel kaum eine andere, von der Natur der Molekeln abhängende Grösse geltend. Die physikalischen Erscheinungen, welche gasförmige Substanzen zeigen, scheinen wesentlich und in erster Linie von der geradlinig fortschreitenden Bewegung der Molekeln abzuhängen, auf welcher das eigenthümliche des gasförmigen Aggregatzustandes beruhet, und diese geradlinig fortschreitende Bewegung wird, ausser durch die Temperatur, durch die Masse der Molekeln bestimmt.

Das Quadrat der Geschwindigkeit dieser Bewegung ist, wie schon oben §§ 13, 14 und 15 besprochen wurde, proportional der absoluten Temperatur und dem Molekulargewichte umgekehrt proportional; für gleiche Temperatur verhalten sich also die Geschwindigkeiten der Molekeln zweier Gase umgekehrt wie die Quadratwurzeln aus den Dichtigkeiten. Die Constitution und stoffliche Natur der Molekeln zeigt nur einen untergeordneten Einfluss auf die Bewegung der Molekeln und somit auf die äussern Eigenschaften der Gase.

Nur die grössere oder geringere Leichtigkeit der Verdichtung, die Tension der Dämpfe, ist ohne Zweifel abhängig von den wechselseitigen Anziehungen der Molekeln, von deren Natur und den ihnen innewohnenden Kräften und damit auch von der Atomlagerung in denselben. Vorzugsweise aber werden durch letztere die chemischen Umwandlungen, die Verbindungen und Zersetzungen der Molekeln bedingt. Diese sind es daher fast allein, welche uns über die Art der Atomverkettung in den Molekeln der Gase Auskunft zu geben vermögen.

Anders bei den flüssigen und festen Stoffen, bei denen auch die äusserlich hervortretenden physikalischen Eigenschaften wesentlich gerade durch die Art der Atomgruppirung in den Molekeln bedingt werden. Obschon wir in der Erkenntniss dieser Abhängigkeit über einen vielversprechenden Anfang bisher kaum hinausgekommen, so kennen wir doch schon eine ganze Reihe von Eigenschaften, welche uns einen Schluss auf die Atomverkettung zu ziehen erlauben; ja, die heute geltenden Ansichten von der Constitution mancher Stoffe sind sogar zum grossen Theile aus deren Eigenschaften im flüssigen oder festen Zustande erschlossen worden.

Dieser tiefgreifende Unterschied zwischen den verschiedenen Aggregatzuständen scheint besonders darin begründet zu sein, dass in der über einen verhältnissmässig sehr grossen Raum verbreiteten Masse eines Gases oder Dampfes die Theilchen durchschnittlich so weit von einander entfernt sind, dass sie auf einander keine Wirkung mehr ausüben, während in den beiden anderen Aggregatzuständen jedes Theilchen den ihm benachbarten so nahe kommt, dass zwischen ihnen lebhafte Wechselwirkungen stattfinden, die sich in der Cohaesion, Adhaesion, Krystallisation und anderen unserer Beobachtung zugänglichen Erscheinungen äussern. Da offenbar solche über die Grenze der Molekel hinausgehende Wirkungen stattfinden, so ist ersichtlich, dass wir nicht ohne weiteres berechtigt sind, jede zur Beobachtung kommende Wirkung einzig und allein auf dieselben Ursachen zurückzuführen, durch welche im gasförmigen Zustande der Zusammenhang der Molekel hervorgebracht wird. Andrerseits aber ist kein Grund zu der Annahme vorhanden, dass die Kräfte, welche den inneren Zusammenhang der Molekeln im Gaszustande bedingen, in den anderen Aggregatzuständen aufhören sollten, thätig zu sein. Es ist nur wahrscheinlich, dass hier neben ihnen noch andere Molekularwirkungen vorhanden sein werden. In wie weit deren Annahme nothwendig ist, kann nur eine an der Hand der Beobachtung vorschreitende Theorie entscheiden.

§ 146 (113).

Bei der Ermittelung der Constitution gas- und dampfförmiger Stoffe gingen wir von der kleinen Masseneinheit aus, welche wir als Molekel bezeichneten. Es fragt sich zunächst, ob die Annahme solcher discreter, aus einer bestimmten Anzahl von Atomen bestehender Massentheilchen auch für den tropfbaren und den starren Zustand nothwendig, ja nur zulässig ist.

Die aus physikalischen wie chemischen Beobachtungen hergenommenen Gründe, welche die Discontinuität der Materie fordern, gelten für alle drei Aggregatzustände. Wir müssen also die Masse der chemischen Elemente und Verbindungen in jedem ihrer Zustände als aus von einander räumlich getrennten Massentheilchen bestehend ansehen. Diese Massentheile können nicht, oder doch nicht in allen Fällen, die Atome sein; denn ausser der Art und Zahl der in die Zusammensetzung einer Substanz eingehenden Atome, ist auch die Art und Weise, wie die Atome mit einander verbunden sind, charakteristisch für die verschiedenen Stoffe. Wäre das nicht der Fall, so könnten nicht isomere, d. h. aus den gleichen Bestandtheilen in ungleicher Art zusammengesetzte Verbindungen existiren und ihre besondere Natur durch alle Wandelungen der Aggregatzustände bewahren. Dass sie dieses thuen, zwingt uns zu der Annahme, dass gewisse für die Natur der Substanz charakteristische Gruppen von Atomen, d. i. gewisse Molekeln auch im tropfbaren und starren Zustande wirklich vorhanden sind. Diese müssen in den Flüssigkeiten gegen einander mehr oder weniger frei beweglich sein, während sie in festen Körpern gewisse Gleichgewichtslagen gegen einander einnehmen, um welche ihnen nur eine beschränkte Beweglichkeit verstattet ist. Für den tropfbaren Zustand lässt sich darnach die Molekel bestimmt definiren als dasjenige Massensystem, dessen Theile bei den inneren Bewegungen der Flüssigkeit, wie Strömung, Diffusion u. s. w. zusammenhängend bleiben. Für den starren Zustand fällt dieses scharfe Charakteristikum weg, und die Annahme bestimmter, in sich begrenzter Massentheilchen erscheint nur dann gerechtfertigt, wenn gewisse Gruppen von Atomen sich räumlich von den übrigen absondern, sei es durch grössere Abstände oder durch gemeinsam ausgeführte Bewegungen. Es ist leicht ersichtlich, dass bei einer Anordnung von Atomen der vier Elemente A, B, C, D, wie die folgende, ohne Willkür von Molekeln nicht wohl die Rede sein könnte:

$$A\ B\ C\ D\ A\ B\ C\ D\ A\ B\ C\ D$$
$$C\ D\ A\ B\ C\ D\ A\ B\ C\ D\ A\ B$$
$$A\ B\ C\ D\ A\ B\ C\ D\ A\ B\ C\ D$$
$$C\ D\ A\ B\ C\ D\ A\ B\ C\ D\ A\ B$$

während eine Anordnung nach folgendem Schema:

$$\begin{array}{cccc} AB & AB & AB & AB \\ CD & CD & CD & CD \end{array}$$

$$\begin{array}{cccc} AB & AB & AB & AB \\ CD & CD & CD & CD \end{array}$$

die Behauptung, die Masse bestehe aus Molekeln von der Zusammensetzung $\frac{AB}{CD}$, vollkommen gerechtfertigt erscheinen lässt. Welche von beiden Voraussetzungen bei den meisten existirenden starren Körpern in Wirklichkeit zutrifft, lässt sich von vorn herein nicht entscheiden; doch hat wohl letztere darum die grössere Wahrscheinlichkeit für sich, weil aus vielen physikalischen Erscheinungen zu folgen scheint, dass die meisten festen Körper zwischen ihren Massentheilchen leere Räume enthalten, welche sehr gross sind im Verhältniss zu dem Raume, welchen die materiellen Theile wirklich erfüllen, und weil zweitens es nicht eben wahrscheinlich ist, dass die Zwischenräume zwischen den durch chemische Verwandtschaft vereinigten Atomen besonders gross seien. Darnach ist zu vermuthen, dass die Atome nicht gleichförmig durch den ganzen Raum vertheilt, sondern zu Molekeln vereinigt, und diese durch grössere Zwischenräume von einander getrennt seien. Wenn wir nun, durch Betrachtungen dieser Art bewogen, die chemischen Substanzen in allen drei Aggregatzuständen aus Molekeln zusammengesetzt ansehen, so dürfen wir dabei nicht vergessen, dass diese Annahme für den tropfbaren kaum und für den starren Zustand sicher nicht so gut und fest begründet ist, wie für den gasförmigen, auch der Begriff der Molekel sich, für jetzt wenigstens, nicht ganz so scharf definiren lässt, wie es mittelst der Hypothese Avogadro's für den Gaszustand möglich ist.

§ 147 (114).

Die Grösse der Molekeln einer bestimmten Substanz braucht nicht in allen Aggregatzuständen eine und dieselbe zu sein. Es ist das sogar nicht einmal wahrscheinlich; vielmehr deutet eine grosse Zahl von Beobachtungen darauf hin, dass sehr häufig die Stoffe im Gaszustande anders zusammengesetzte Molekeln besitzen als im tropfbaren und noch andere im starren Zustande.

Wie § 18, § 25, § 33 u. a. a. O. besprochen wurde und im III. Buche noch näher erörtert werden soll, zeigen sogar innerhalb des Gas- oder Dampfzustandes manche Stoffe je nach der Temperatur zwei verschiedene Molekulargewichte, so z. B. der Schwefel S_6 und S_2, die sogenannte Untersalpetersäure N_2O_4 und NO_2 und wahrscheinlich das Ozon O_3 und der gewöhnliche Sauerstoff O_2 u. a. m., und zwar entspricht das grössere Molekulargewicht immer der niedrigeren Temperatur und lässt sich durch Erhöhung der Temperatur in das kleinere verwandeln. Diese Umwandlung ist auch in den äusseren Eigenschaften bemerklich, bei der Untersalpetersäure z. B. durch die dunkelrothe Farbe, die der Dampf annimmt, wenn die Molekeln N_2O_4 sich in zwei neue Molekeln NO_2 spalten. Diese Spaltung ist, da mit ihr die Eigenschaften wechseln, als die Verwandlung des Stoffes in eine allotrope Modification mit kleinerem Molekulargewichte anzusehen; oder mit anderen Worten, die Verbindung, deren Molekeln durch N_2O_4 dargestellt werden, ist nicht identisch, sondern polymer mit der Verbindung, deren Molekeln NO_2 sind.

Auch unter festen und flüssigen Stoffen kommen solche Fälle vor, in welchen durch Temperaturerhöhung eine Modification der Substanz ohne Aenderung der Zusammensetzung in die andere verwandelt werden kann, so z. B. rother Phosphor in farblosen, Metaldehyd und (bei Gegenwart von wenig Schwefelsäure) auch Paraldehyd in gewöhnlichen Aldehyd, festes Chloral in flüssiges, Cyanursäure in Cyansäure und viele andere Stoffe. In manchen Fällen lässt sich durch Messung der Dampfdichte der Nachweis führen, dass auch hier das Molekulargewicht geändert wird. So ist z. B. das Molekulargewicht des Paraldehydes $C_6H_{12}O_3$ dreimal so gross als das des Aldehydes C_2H_4O In anderen Fällen ist eine solche Aenderung ebenfalls wahrscheinlich, wenn sie sich auch nicht nach Avogadro's Regel nachweisen lässt.

Es folgt hieraus, dass wir nicht berechtigt sind, das für eine gasförmige Substanz gefundene Molekulargewicht ohne weiteres auch für dieselbe Substanz im tropfbaren oder starren Zustande gelten zu lassen. So weit aber die bisherige Erfahrung reicht, ist das Molekulargewicht in letzteren beiden Zuständen niemals kleiner, wohl aber manchmal grösser als das im Gaszustande. Bei der Condensation eines Gases oder Dampfes kommt also wohl der Fall vor, dass mehre Molekeln sich zu einer einzigen vereinigen; es ist aber niemals beobachtet worden, dass dabei eine Molekel in zwei oder mehre zerfiele. Ein solcher Zerfall findet dagegen manchmal statt, wenn umgekehrt ein Körper durch Steigerung der Temperatur aus dem starren oder tropfbaren in den gasförmigen Zustand übergeht.

§ 148 (115).

Die Mittel zur Bestimmung des Molekulargewichtes im flüssigen oder festen Zustande sind bis jetzt noch ganz unentwickelt. Dass die Bestimmung möglich ist, erscheint unzweifelhaft, doch ist bis jetzt kaum ein ernstlicher Versuch zu ihrer Ausführung gemacht worden.

Gewöhnlich pflegt man jetzt für diejenigen Stoffe, deren Molekulargewicht im Gaszustande gemessen wurde, den für diesen gefundenen Werth desselben auch für die anderen beiden Zustände gelten zu lassen. Man schützt sich dadurch wenigstens vor der Annahme eines zu grossen Werthes; in sehr vielen Fällen aber wird der angenommene Werth zu klein sein, also nur einen Bruchtheil des wirklichen Molekulargewichtes darstellen.

Noch gewagter und unzuverlässiger, aber sehr gebräuchlich ist der Schluss aus dem im Gaszustande bestimmten Molekulargewichte einer Verbindung auf das nicht gemessene einer anderen, die sich dadurch aus jener darstellen oder in sie verwandeln lässt, dass ein oder einige wenige Atome oder Radicale durch andere ersetzt werden. Man setzt bei diesem Schlusse das gesuchte Molekulargewicht dem bekannten möglichst entsprechend, lässt die vom Austausch nicht betroffenen Theile ungeändert und fügt die neu eintretenden an Stelle der ausgeschiedenen hinzu.

In dieser Weise pflegt man z. B. aus dem bekannten Molekulargewichte der Säuren das ihrer Salze und das der nicht flüchtigen Säuren aus dem ihrer flüchtigen Ester herzuleiten. Es geschieht dies auf Grund der jetzt allgemein anerkannten, von der

§ 148.   auf welche Avogadro's Hypothese nicht anwendbar ist.   307

früheren, dualistischen, etwas abweichenden Auffassung, dass Salze und Aether oder Ester aus den Säuren entstehen durch Ersetzung des in diesen enthaltenen sogenannten „basischen" oder „typischen"[*]) Wasserstoffes durch Metallatome oder zusammengesetzte Radicale.

Aus dem bekannten durch HCl dargestellten Molekulargewichte der Salzsäure erhält man darnach als Molekulargewichte ihrer Salze z. B.:

$$NaCl\,, \qquad KCl\,, \qquad AgCl \text{ u. a.}$$

Aus dem Molekulargewichte $C_2H_4O_2$ der Essigsäure ergeben sich die der entsprechenden Acetate:

$$NaC_2H_3O_2\,, \qquad KC_2H_3O_2\,, \qquad AgC_2H_3O_2 \text{ u. a.}$$

Die Molekulargewichte der Oxalsäure, Borsäure und Kieselsäure sind nach Avogadro's Regel nicht bestimmbar, wohl aber die der zugehörigen Aethyläther, deren Dampfdichten zu *5,1*, *5,14* und *7,32* gefunden wurden, entsprechend den Molekulargewichten:

$$C_2O_4(C_2H_5)_2 = 145{,}7\,, \quad BO_3(C_2H_5)_3 = 145{,}7 \quad SiO_4(C_2H_5)_4 = 207{,}6$$

Durch Substitution von je einem Atome Wasserstoff für Aethyl (C_2H_5) erhält man daraus die für die Säuren allgemein angenommenen Molekulargewichte:

$$C_2O_4H_2 = 89{,}8 \qquad BO_3H_3 = 61{,}9\,, \qquad SiO_4H_4 = 95{,}8$$

Wird der Wasserstoff einer Säure nicht, wie in diesen Fällen, durch **einwerthige** Atome oder Radicale, sondern durch **mehrwerthige** vertreten, so muss oft die auch bei gasförmigen Stoffen nicht selten vorkommende Verkettung mehrer Molekeln zu einer einzigen angenommen werden; z. B.:

aus $2HCl$ wird $CaCl_2$, $ZnCl_2$,
aus $2C_2H_4O_2$ wird $Ca(C_2H_3O_2)_2$, $Zn(C_2H_3O_2)_2$ u. s. w.

Enthält die Säuremolekel mehr als ein vertretbares Wasserstoffatom, so können bei ihrer Sättigung durch mehrwerthige Metalle Zweifel entstehen. Dem wasserfreien Oxalate des Calciums z. B. kann ebenso gut das Molekulargewicht

---

[*]) „Typisch" nennt man manchmal noch den durch Metalle ersetzbaren Wasserstoff, indem man mit Gerhardt die Säure aus dem Wasser (oder Wasserstoff) als Typus entstanden denkt. Es ist derjenige Wasserstoff, welcher dann von dem ursprünglichen Typus noch übrig ist: z. B.:

$$\left.\begin{array}{c}H\\H\end{array}\right\}O \qquad \left.\begin{array}{c}NO_2\\H\end{array}\right\}O \qquad \left.\begin{array}{c}CHO\\H\end{array}\right\}O \qquad \left.\begin{array}{c}H\\H\end{array}\right\} \qquad \left.\begin{array}{c}Cl\\H\end{array}\right\} \qquad \left.\begin{array}{c}CN\\H\end{array}\right\}$$

Wasser,   Salpetersäure,   Ameisensäure,   Wasserstoff,   Salzsäure,   Blausäure.

Beim Wassertypus ist der s. g. typische Wasserstoff identisch mit dem jetzt s. g. Hydroxylwasserstoff.

C_2O_4Ca wie $C_2O_4\begin{Bmatrix} Ca \\ Ca \end{Bmatrix} C_2O_4 = (C_2O_4)_2Ca_2$ oder gar

$\begin{bmatrix} C_2O_4\text{---}Ca\text{---}C_2O_4 \\ Ca\text{---}C_2O_4\text{---}Ca \end{bmatrix} = (C_2O_4)_3Ca_3$ u. s. f. zugeschrieben werden, je nachdem man die durch das zweiwerthige Calciumatom ersetzten Wasserstoffatome einer und derselben oder zwei verschiedenen Molekeln angehörig denkt.

§ 149 (116).

Zu Betrachtungen dieser Art ist die Kenntniss der Atomgewichte der Elemente und ihres Sättigungsvermögens erforderlich. Die ausserdem im vorigen Paragraphen vorausgesetzte Kenntniss des Molekulargewichtes einer der in Rede stehenden verwandten Verbindung erscheint in manchen Fällen entbehrlich, wenn man, wie im vorigen geschehen, die für die Molekeln gasförmiger Stoffe geltenden Gesetze der Atomverkettung auf die der tropfbaren und starren Körper ohne weiteres überträgt.

Die Geltung derselben für alle Aggregatzustände vorausgesetzt, lässt sich das Molekulargewicht vieler Verbindungen bestimmen durch Anwendung der in den §§ 100 bis 103 erörterten Gesetzmässigkeiten, besonders durch den Satz, dass die Anzahl der einwerthigen in einer Molekel enthaltenen Atome nicht grösser sein kann als

$$n_1 = n_3 + 2n_4 + 3n_5 + 4n_6 + 2,$$

wo n_1; n_3 u. s. w. die in § 103 angegebene Bedeutung haben. Ob die für die Anwendung dieses Satzes unerlässliche Vorbedingung, dass ausser der stöchiometrischen Zusammensetzung der betreffenden Verbindung auch das Sättigungsvermögen aller in ihr enthaltenen Atome bekannt sei, in einem bestimmten Falle erfüllt sei oder nicht, ist meist sehr schwierig zu entscheiden, zumal wir zunächst nicht wissen, ob das für den Gaszustand geltende und bei der Kenntniss einer grösseren Anzahl gasförmiger Verbindungen des betreffenden Elementes meist ohne besondere Schwierigkeit zu ermittelnde Sättigungsvermögen auch in den anderen Aggregatzuständen ungeändert dasselbe bleibt. Wir werden unten sehen, dass für manche Elemente diese Frage als eine offene zu behandeln ist, während für andere das Sättigungsvermögen in allen Aggregatzuständen durchaus dasselbe zu sein scheint.

§ 150 (117).

Nimmt man aber die Sättigungscapacität als gegeben an, so hat man zunächst für Verbindungen nur einwerthiger Elemente:
$$n_3 = 0,\ n_4 = 0,\ n_5 = 0,\ n_6 = 0,\ \text{folglich}\ n_1 = 2,$$
d. h. die Molekel der Verbindung kann nur zwei Atome enthalten. Nach dieser Regel sind z. B. die Molekularformeln gebildet

KCl, $NaCl$, $LiCl$, $AgCl$, $AgAg$ $NaNa$
(Chlorkalium) (Chlornatrium) (Chlorlithium) (Chlorsilber) (Silber) (Natrium)

u. a., gegen welche nur das eine im folgenden Abschnitte zu erörternde Bedenken obwaltet, dass möglicher Weise die in diesen Verbindungen enthaltenen Elemente nur scheinbar und nicht wirklich einwerthig seien. Für die Metalle wäre ausserdem noch die Einrede möglich, dass ihre Molekeln wie die des Quecksilberdampfes aus einem einzigen Atome bestehen könnten.

Für Verbindungen zwei- und einwerthiger Elemente ist ebenfalls
$$n_3 = 0,\ n_4 = 0,\ n_5 = 0,\ n_6 = 0,\ \text{folglich}\ n_1 = 2;$$
mithin wird der Maximalwerth des Molekulargewichtes durch diejenige stöchiometrische Quantität dargestellt, welche nur zwei einwerthige Atome enthält. Hiernach nimmt man z. B., unter der Voraussetzung, dass Cl und J einwerthig, S und Se zweiwerthig seien, folgende Molekulargewichte an:

Chlorsäure	$HClO_3$	Jodsäure-Anhydrid	J_2O_5
Schwefelsäure	H_2SO_4	Selenige Säure	H_2SeO_3
Saures Kaliumsulfat	$HKSO_4$	Saures Kaliumsulfit	$HKSO_3$
Neutrales	K_2SO_4	Natriumselenit	Na_2SeO_3
Pyroschwefelsäure	$H_2S_2O_7$	Kaliumchlorosulfat	KSO_3Cl

und viele andere.

Für Verbindungen aus 1-, 2- und 3-werthigen Elementen hat man für den Maximalwerth die Bedingung
$$n_1 = n_3 + 2$$
und darnach z. B. folgende Molekulargewichte:

Borsäure	H_3BO_3	Hxdroxylamin	H_3NO
Phosphorsäure	H_3PO_4	Saures Kaliumphosphat	H_2KPO_4
Pyrophosphorsäure	$H_4P_2O_7$	Silberarseniat	Ag_3AsO_4

Für Verbindungen, die auch vierwerthige Atome enthalten, ist der Maximalwerth bestimmt durch die Bedingung
$$n_1 = n_3 + 2n_4 + 2,$$

welche z. B. durch nachstehende Molekulargewichte erfüllt wird:

Kaliumwasserglas K_4SiO_4
Natriumwasserglas Na_4SiO_4
Vierbasische Kieselsäure H_4SiO_4
Sechsbasische Kieselsäure $H_6Si_2O_7$
u. a. m.

Wollte man irgend eine der angegebenen Formeln verdoppeln oder noch weiter vervielfachen, so würde

$$n_1 > n_3 + 2n_4 + 2,$$

werden, folglich die für den Zusammenhang der Molekel geforderte Bedingung nicht erfüllt sein. Z. B. wäre für

Na_2Cl_2 $n_1 = 4$ also $n_1 > 2$
$H_4S_2O_8$ $n_1 = 4$ $n_1 > 2$
$H_6B_2O_6$ $n_1 = 6$ $n_1 > n_3 + 2 = 4$,
$H_8Si_2O_8$ $n_1 = 8$ $n_1 > 2n_4 + 2 = 6$

Diese und analoge Annahmen für die Molekulargewichte sind daher unzulässig unter der gemachten, aber nicht bewiesenen Voraussetzung, dass die Bedingungen für den Zusammenhang der Molekel im starren und tropfbaren Zustande dieselben seien, welche für den Gaszustand Geltung haben, und dass den Atomen der Elemente wirklich der ihnen hier beigelegte chemische Werth zukomme.

In gewissen Fällen kann man aber auch unter dieser Voraussetzung **keinen Schluss auf das Molekulargewicht aus dem Sättigungsvermögen der Atome ziehen**, nämlich überall da nicht, wo

$$n_1 \leqq n_3 + 2n_4 + 3n_5 + 4n_6$$

ist. So z. B. genügt für die Metaphosphorsäure und für die zweibasische Kieselsäure jede der nachstehenden Formeln den für das Molekulargewicht aufgestellten Bedingungen:

HPO_3, $H_2P_2O_6$, $H_3P_3O_9$, $H_4P_4O_{12}$ u. s. f.;
H_2SiO_3, $H_4Si_2O_6$, $H_6Si_3O_9$, $H_8Si_4O_{12}$ u. s. f;

denn für jede dieser Formeln ist $n_1 = n_3$, resp. $n_1 = 2n_4$. In der That kennt man auch verschiedene Modificationen der Metaphosphorsäure, denen vielleicht vorstehende Formeln zukommen.

Enthält die Verbindung gar keine einwerthigen, sondern nur mehrwerthige Atome, so lässt sich ebenfalls kein Schluss auf das Molekulargewicht ziehen. So kann z. B. das Molekulargewicht der Oxyde zweiwerthiger Metalle, für das man gewöhnlich die möglichst kleinste stöchiometrische Quantität gelten lässt, z. B. ZnO, HgO

§§ 150, 151. auf welche Avogadro's Hypothese nicht anwendbar ist. 311

u. a., ebenso gut einem Vielfachen dieser Quantitäten, also Zn_2O_2, Zn_3O_3, Hg_2O_2, Hg_3O_3. u. s. w. gleich sein.

§ 151 (118).

Andererseits können wir mit Hülfe des **Sättigungsvermögens** der Atome für manche Verbindungen auch den **Minimalwerth ihres Molekulargewichtes** bestimmen, wenn wir nur noch die wohl in den meisten Fällen gerechtfertigte **Annahme machen, dass in der Verbindung keine ungesättigte Verwandtschaft bestehe.**

So kann z. B. für das Eisenchlorür der herkömmliche stöchiometrische Ausdruck $FeCl_2$ nicht das Molekulargewicht darstellen, weil, wie die Existenz des Eisenchlorides mit dem Molekulargewichte Fe_2Cl_6 lehrt, das **Eisenatom mindestens vier Verwandtschaftseinheiten** besitzt. Soll von diesen keine ungesättigt sein, so muss das Molekulargewicht des Chlorüres mindestens Fe_2Cl_4 sein, es muss **mindestens zwei** Eisenatome enthalten, die ihre Affinitäten z. Th. gegenseitig sättigen. Man hätte dann

$$Cl\text{---}Fe\text{====}Fe\text{---}Cl \qquad Cl\text{---}\overset{Cl}{\underset{Cl}{Fe}}\text{----}\overset{Cl}{\underset{Cl}{Fe}}\text{---}Cl$$
$$\underset{Cl\ \ Cl}{}$$

Chlorür, Chlorid.

Das Molekulargewicht des Chlorür's kann aber ebenso gut Fe_3Cl_6, Fe_4Cl_8 oder ein beliebiges anderes Vielfaches von $FeCl_2$ sein, z. B.:

$$Cl\text{---}\overset{Cl}{Fe}\text{----}\overset{Cl}{Fe}\text{---}Cl$$
$$Cl\text{---}\underset{Cl}{Fe}\text{----}\underset{Cl}{Fe}\text{---}Cl$$

Welcher unter den möglichen Werthen der richtige ist, lässt sich aus der Sättigungscapacität nicht weiter erschliessen (vergl. S. 313).

Es bedarf kaum der Erwähnung, dass bei dieser Lage der Sache es nicht nur zulässig, sondern auch sehr zweckmässig ist, statt der unbekannten Molekulargewichte beliebige möglichst einfache stöchiometrische Ausdrücke zur Darstellung der chemischen Umsetzungen anzuwenden.

Man kann z. B. ganz unbedenklich die Auflösung von Eisen in Salzsäure darstellen durch die Gleichung:

$$Fe + 2HCl = FeCl_2 + HH$$

und die Verwandlung des entstandenen Chlorüres in Chlorid durch
$$FeCl_2 + Cl = FeCl_3 \; ;$$
nur sollte man nie vergessen, dass diese **Formeln keine Molekulargewichte** darstellen. Verwerflich aber ist die sehr gebräuchliche Inconsequenz, für das Chlorid das Molekulargewicht im Gaszustande Fe_2Cl_6 und gleichzeitig für das Chlorür den Ausdruck $FeCl_2$ zu gebrauchen, welcher nachweislich eine viel kleinere Grösse als das Molekulargewicht ausdrückt. Neben Fe_2Cl_6 sollte man wenigstens Fe_2Cl_4 anwenden, neben $FeCl_2$ aber nur $FeCl_3$, weil sonst der Anschein entsteht, als fände beim Uebergange aus dem Chloride in das Chlorür eine Spaltung der Molekel statt, während doch höchstens das Umgekehrte in Wirklichkeit geschieht. So lange man sich der Berzelius'schen Doppelatome, $Cl = Cl_2$, bediente, waren $FeCl = FeCl_2$ und $FeCl_3 = Fe_2Cl_6$ die möglichst einfachen Formeln; seit man aber die Doppelatome aufgelöst hat, sind die einfachsten Formeln $FeCl_2$ und $FeCl_3$ und ähnlich in anderen Fällen.

§ 152 (119).

Der Schluss aus dem Sättigungsvermögen der Atome auf das Molekulargewicht bleibt immer sehr unsicher und der Bestätigung bedürftig.

Hülfsmittel zu einer zuverlässigen Bestimmung des Molekulargewichtes wird immer nur die Untersuchung der physikalischen Eigenschaften der Stoffe liefern.

Für Stoffe, welche zwar flüchtig sind, aber erst bei hohen Temperaturen, bei welchen unsere Methoden zur Bestimmung der Dichtigkeit den Dienst versagen, scheint der grössere oder geringere Grad der Flüchtigkeit ein solches Hülfsmittel zu bieten. Derselbe hängt nämlich, wie zahlreiche Beobachtungen unzweifelhaft machen, ausser von der Natur der Substanz, auch von der Grösse des Molekulargewichtes ab. **Die Flüchtigkeit scheint, so weit bis jetzt zu übersehen, unter sonst gleichen Umständen um so grösser zu sein, je kleiner das Molekulargewicht ist.** Sie hängt aber ausserdem nicht nur von der Art und Zahl der in der Verbindung enthaltenen Atome, sondern auch von der Art und Weise ihrer Verkettung ab. Dass letztere von Einfluss ist, zeigt sich bei denjenigen isomeren Stoffen, welche man als **metamer** bezeichnet, d. h. solchen, welche bei gleichem Molekulargewichte und gleichen Bestandtheilen eine verschiedene Verkettung besitzen. So ist z. B. das Aethylenchlorid $ClH_2C{-}{-}{-}CH_2Cl$ schwerer flüchtig, als das Aethylidenchlorid oder gechlorte Chloraethyl H_3C---$CHCl_2$, ersteres siedet unter dem Drucke einer Atmosphäre bei 84° C., letzteres bei 58° C.; die Essigsäure und jede der ihr homologen nach der Formel $C_nH_{2n}O_2$ zusammengesetzten Säuren siedet durchschnittlich um 82° C. höher als der ihr metamere Ester, dessen dem ihrigen gleiches Molekulargewicht auch durch die gleiche Formel dargestellt wird*).

Dieser Einfluss der Atomverkettung auf die Flüchtigkeit der Verbindungen bewirkt, dass für die Erkenntniss der Abhängigkeit derselben von der Grösse des Molekulargewichtes nur die Vergleichung von Verbindungen gleicher oder analoger Constitution dienen kann. Diese Vergleichung aber lässt sich an zahlreichen Reihen von Verbindungen durchführen und ergiebt regelmässig, dass von zwei analog constituirten Verbindungen die mit kleinerem Molekulargewichte die flüchtigere ist. Von dieser Bemerkung wird manchmal besonders in der organischen Chemie Gebrauch gemacht, um das Molekulargewicht wenigstens mit einiger Wahrscheinlichkeit zu bestimmen.

Doch auch bei der Qualität oder Quantität nach etwas verschiedenen Bestandtheilen und nicht ganz gleicher Verkettung macht sich der Einfluss der Grösse des Molekulargewichtes geltend. In manchen Fällen wird durch Vermehrung des flüchtigeren Bestandtheiles einer Verbindung, trotz der dadurch erzeugten Vergrösserung des Molekulargewichtes, der Siedpunkt erniedrigt. So wird z. B. die Flüchtigkeit der Kohlenwasserstoffe C_nH_{2n} erhöht, wenn sie durch Aufnahme von $2H$ in C_nH_{2n+2} übergehen. In anderen Fällen überwiegt die Vergrösserung des Molekulargewichtes. So siedet das Perchloraethylen, C_2Cl_4, bei 122° C., während seine Verbindung mit Chlor, das Perchloraethylenchlorid, C_2Cl_6, obwohl es an dem flüchtigeren Bestandtheile reicher ist, doch erst bei 184° C., also 62° C. höher, siedet. Dieses Beispiel erlaubt einen Schluss durch Analogie auf die Molekulargewichte der Chloride des Eisens. Da C_2Cl_4 flüchtiger ist als C_2Cl_6, so darf man es für wahrscheinlich halten, dass Fe_2Cl_4 auch flüchtiger sein würde als Fe_2Cl_6. Da nun aber in Wirklichkeit das Chlorür, das stöchiometrisch durch $FeCl_2$ oder Fe_2Cl_4 dargestellt wird, ganz ausserordentlich viel schwerer flüchtig ist als das Chlorid, dessen Molekel nach Avogadro's Regel zu Fe_2Cl_6 gefunden wurde, so ist das Molekulargewicht des Chlorüres wohl unzweifelhaft grösser als Fe_2Cl_4, vielleicht Fe_4Cl_8,

---

*) H. Kopp, Ann. Chem. Pharm. Bd. 50, S. 128 ff.; Bd. 96, S. 6 u. a. a. O.

wenn nicht noch grösser. Wie gross es aber sei, ist bis jetzt nicht zu ermitteln. Solcher Fälle, in denen ein Schluss aus der Flüchtigkeit auf die Grösse des Molekulargewichtes möglich erscheint, giebt es manche; doch ist der Werth dieses Hülfsmittels bis jetzt nicht bedeutend, weil es keine genaue, sondern nur eine ungefähre Bestimmung des Molekulargewichtes ermöglicht und nur auf eine verhältnissmässig nicht grosse Zahl von Stoffen anwendbar ist.

§ 153 (120).

Den sichersten Anhalt für die Bestimmung der Molekulargewichte, welche im tropfbaren Zustande wirklich existiren, wird voraussichtlich die nähere Untersuchung der inneren Bewegungen der Flüssigkeiten, insbesondere der Reibung, der Wärmeleitung und der Diffusion liefern. Es bedarf aber die Theorie dieser Erscheinungen noch einer specielleren Bearbeitung auf Grund ganz bestimmter Vorstellungen von der Beschaffenheit der Molekeln, bevor es möglich sein wird, aus den schon angestellten und noch anzustellenden Beobachtungen Schlüsse auf die Grösse der Molekeln zu ziehen.

Versucht man sich eine Vorstellung zu bilden, in welcher Weise die inneren Bewegungen der Flüssigkeiten von dem Gewichte und dem aus diesem und der Dichte zu berechnenden Volumen der Molekeln abhängen können, so liegt es nahe anzunehmen, dass bei den im Innern der Flüssigkeiten fortwährend stattfindenden Bewegungen ein Theilchen um so schneller seinen Ort wechseln, zwischen den andern sich hindurchdrängen wird, je grösser die ihm eigene Geschwindigkeit und je kleiner sein Volumen ist. Das Molekularvolumen ist aber proportional dem Quotienten aus dem Molekulargewichte durch die Dichte. Die Geschwindigkeit wird im allgemeinen mit wachsendem Molekulargewichte abnehmen, ähnlich wie es bei den Gasen der Fall ist; doch wahrscheinlich nach einem weniger einfachen, uns zur Zeit unbekannten Gesetze. Nach diesen Annahmen ist eine um so raschere Diffusion zu erwarten, je kleiner das Gewicht und Volumen der Molekeln des diffundirenden Stoffes ist. Vergleichen wir aber mit dieser Folgerung die Beobachtungen, so finden wir gar nicht selten gerade das umgekehrte Verhalten, dass die Stoffe, deren chemische Formel ein grösseres Gewicht und Volumen darstellt, rascher diffundiren als die, deren Formel einem kleineren Gewichte und Volumen entspricht. So diffundirte z. B. nach Versuchen von J. H. Long*) in gleichen Zeiten und unter ganz gleichen äusseren Umständen aus Lösungen, welche in gleichen Raumtheilen die durch die Formeln ausgedrückten Mengen der Salze enthielten, in reines Wasser die in Spalte IV. unter n angegebene Anzahl von Formelgewichten (F., Spalte II.):

I.	II. F	III. V	IV. n	V. L
Jodkalium	KJ = 165,6	55,5	823	— 5110
Bromkalium	KBr = 118,8	45,9	811	— 5080
Chlorkalium	KCl = 74,4	38,4	803	— 4440
Chlorammonium	NH_4Cl = 53,4	35,2	689	— 3880
Jodnatrium	NaJ = 149,5	43,4	672	+ 1220
Bromammonium	NH_4Br = 97,8	42,4	629	— 4380
Chlornatrium	NaCl = 58,4	26,2	600	— 1180
Chlorlithium	LiCl = 42,4	20,9	541	—
Bromnatrium	NaBr = 102,8	34,2	509	— 150
Ammoniumnitrat	NH_4NO_3 = 80,0	47,2	680	— 6320
Kaliumnitrat	KNO_3 = 101,0	48,6	607	— 8520
Natriumnitrat	$NaNO_3$ = 84,9	38,4	524	— 5060
Lithiumnitrat	$LiNO_3$ = 68,9	28,9	512	—

Eine Vergleichung der Spalten III. und IV. zeigt, dass bei analog zusammengesetzten Stoffen in der Regel die grössere Diffusionsgeschwindigkeit dem grösseren Werthe des Volumens V entspricht. In gleicher Zeit diffundiren über achthundert Theilchen Jodkalium und nur sechshundert Theilchen Kochsalz, obschon das Volumen eines Theilchens bei diesen kaum halb so gross ist wie bei jenem. Entweder ist also die ausgesprochene theoretische Ansicht nicht richtig oder die angegebenen Formeln stellen nicht die wirklichen Molekulargewichte dar, oder weder jene noch diese sind zulässig. Soviel aber ist ersichtlich, dass bestimmte, ziemlich einfache Beziehungen zwischen der Diffusionsgeschwindigkeit und der Zusammensetzung der Stoffe obwalten. Die Kalium- und Ammoniumverbindungen diffundiren schneller als die entsprechenden Natrium-, und diese schneller als die Lithiumverbindungen. Bei gleichem Metalle übertrifft das Jodid das Bromid, dieses das Chlorid und

---

*) On the diffusion of liquids, Inaug.-Diss. Tübingen, 1879; Wied. Ann. 1880, Bd. 9, S. 619.

dieses endlich das Nitrat an Geschwindigkeit der Diffusion; nur das Bromid des Natriums macht hiervon eine Ausnahme*). Die schneller diffundirenden Stoffe verbrauchen fast ausnahmslos bei der Auflösung eine grössere Wärmemenge als die langsamer diffundirenden, wie schon Long a. a. O. hervorgehoben hat. Dass diese (in Spalte V unter L aufgeführte) Lösungswärme als Wärme verschwindet, kann nur daher rühren, dass sie entweder zu Ueberwindung der Cohäsionskräfte des aufgelösten Körpers, also von Molekularanziehungen, oder zur Erzeugung von gewissen Molekularbewegungen verbraucht wird, welche nicht Wärme sind und welche den Theilchen im tropfbaren, aber nicht im starren Zustande eigenthümlich zukommen, oder endlich, dass die Wärme z. Th. zu der einen, z. Th. zur anderen Wirkung verbraucht wird. Jedenfalls wird sie wesentlich dadurch latent, dass der Zusammenhang des festen Körpers gelöst, die starre Masse in eine flüssige verwandelt wird. Die Zertheilung braucht aber nicht bis auf die in Spalte II unter F durch Formeln dargestellten Massentheilchen zu gehen; sie kann bei dem einen Stoffe diesen näher kommen als beim anderen; und zwar deutet die grössere Lösungswärme auf weiter gehende Zertheilung, so dass, wenn sie z. B. beim Chlorkalium bis auf Theilchen von der Zusammensetzung $n(KCl)$, beim Chlornatrium bis auf $m(NaCl)$ geht, m vielleicht erheblich grösser als n ist. Dass aber keines dieser Salze wirklich bis auf die durch die Formeln dargestellten Molekeln getheilt werde, ist schon darum wahrscheinlich, weil fast ausnahmslos die Salze unvergleichlich viel langsamer diffundiren als die Säuren, durch deren Neutralisation sie entstehen, was sich am einfachsten durch die Annahme einer Zusammenlagerung mehrer Molekeln zu einer einzigen erklären lässt.

§ 154 (121).

In vielen Fällen liegt der Grund der langsameren Diffusion der Salze in einer anderen Art der Vergrösserung ihres Molekulargewichtes und Molekularvolumens, nämlich in der Verbindung mit einer gewissen Quantität Wasser, die in der Regel, aber nicht immer, identisch ist mit dem „Krystallwasser", d. h. derjenigen Wassermenge, mit welcher sie unter geeigneten Umständen zusammen krystallisiren können.

---

*) Diese Ausnahme scheint nicht etwa auf einem Beobachtungsfehler zu beruhen; denn auch Graham beobachtete, dass $NaBr$ langsamer diffundire als $NaCl$. Nach ihm diffundirten 590 $NaBr$ und 696 NaJ in gleicher Zeit mit 600 $NaCl$.

Es ist nämlich schon durch mannichfache Beobachtungen über Lösung, Löslichkeit, übersättigte Lösungen, Farbe der Lösungen, Dampfspannung derselben[*]), besonders aber durch die schönen Untersuchungen von Rüdorff[**]) über das Gefrieren der Salzlösungen, erwiesen oder doch höchst wahrscheinlich gemacht, dass die Verbindung mit Krystallwasser in der Regel den festen Aggregatzustand überdauert und auch noch in der Lösung innerhalb gewisser Grenzen fortbesteht. Rüdorff fand nämlich, dass der Gefrierpunkt der Lösungen, d. h. die Temperatur, bei welcher sich aus denselben Eis abzuscheiden beginnt, sinkt proportional der Concentration der Lösung, d. h. ihrem Gehalte an fester Substanz. Als letztere muss man aber in vielen Fällen, damit diese Gesetzmässigkeit hervortrete, das betreffende Salz sammt einer gewissen Menge Wasser in Rechnung ziehen, die in der Regel, doch nicht immer, dieselbe ist, mit welcher das Salz bei der stattfindenden Temperatur krystallisirt.

Diese Ergebnisse der Rüdorff'schen Arbeit sind von de Coppet[***]), der die Versuche theils wiederholte, theils erweiterte, in der Hauptsache bestätigt worden. Doch führen die Beobachtungen beider Forscher für eine Reihe von Salzen zu etwas verschiedenen Annahmen über den Gehalt an Krystallwasser, ein Widerspruch, der nur durch noch genauere Temperaturmessungen gelöst werden kann. Auch Guthrie[†]) hat Versuche dieser Art angestellt.

In nachstehenden einige Beispiele enthaltenden Tafeln zeigt die erste Spalte den Namen des gelösten Stoffes, die zweite unter Q diejenige stöchiometrische Quantität, den Gehalt, an welcher proportional sich der Gefrierpunkt der Lösung erniedrigt, die dritte in Celsius'schen Graden unter t die Erniedrigung des Gefrierpunktes für je einen Gewichtstheil der gelösten Verbindung in 1000 Gewichtstheilen Wasser, die vierte unter $t\,Q$ die Erniedrigung, welche der Gefrierpunkt erfährt, wenn die durch die Formeln unter Q ausgedrückte Quantität in 1000 Theilen Wasser gelöst wird. Diese Zahlen der vierten Spalte geben also unmittelbar an, um

---

[*]) Wüllner, Pogg. Ann. 1858, Bd. 103, S. 529; Bd. 105, S. 85; 1860, Bd. 110, S. 387.

[**]) Pogg. Ann. 1861, Bd. 114, S. 63; 1862, Bd. 116, S. 55; 1872, Bd. 145, S. 599.

[***]) Ann. chim. phys. [4] 1871, T. 23, p. 366; 1872, T. 25, p. 502; T. 26, p. 98 [5] 1875, T. 6, p. 275. In der ersten Abhandlung findet sich ein geschichtlicher Ueberblick älterer Beobachtungen desselben Gegenstandes.

[†]) Phil. Mag. [4], 1876, Vol. 1, p. 354, Vol. 2, p. 211.

wie viel Grade Celsius der Gefrierpunkt einer Lösung der Quantität Q in 1000 Theilen Wasser unter dem Gefrierpunkte des reinen Wassers liegt. Rd bedeutet Rüdorff, Cp de Coppet.

	Q	t		$t \cdot Q$	
		Rd.	Cp.	Rd.	Cp.
Chlorkalium	$KCl = 74,4$	0,0446	0,0451	3,32	3,36
Bromkalium	$KBr = 118,8$	0,0292	—	3,47	—
Jodkalium	$KJ = 165,6$	0,0212	—	3,51	—
Chlorammonium	$NH_4Cl = 53,4$	0,0653	0,0660	3,48	3,51
Kaliumsulfat	$K_2SO_4 = 173,9$	0,0201	0,0224	3,50	3,90
Kaliumchromat	$K_2CrO_4 = 194,3$	0,0194	0,0196	3,77	3,81

Bei anderen Stoffen sinkt der Gefrierpunkt der Lösung rascher, als der Gehalt derselben an wasserfreier Substanz zunimmt, weil ein Theil des Wassers mit der letzteren als Krystallwasser verbunden bleibt und nur der Rest als Lösungsmittel wirkt. Der Gefrierpunkt sinkt hier proportional dem Gehalte an gewässertem Salze; z. B.:

	Q	t		$t \cdot Q$	
		Rd.	Cp.	Rd.	Cp.
Bittersalz	$MgSO_4, 7H_2O = 245,5$	0,0072	0,0073	1,77	1,79
Zinkvitriol	$ZnSO_4, 7H_2O = 286,4$	0,0058	0,0055	1,66	1,58
Nickelvitriol	$NiSO_4, 7H_2O = 280,1$	0,0055	—	1,54	—
Eisenvitriol[*)]	$FeSO_4, 7H_2O = 277,4$	—	0,0055	—	1,53
Kupfervitriol	$CuSO_4, 5H_2O = 248,9$	0,0065	0,0070	1,62	1,74

Bei etlichen anderen Salzen, Säuren und Alkalien haben die Beobachtungen beider Forscher zu etwas verschiedenen Ergebnissen geführt. So folgert z. B. Rüdorff aus den seinen, dass das Kochsalz oberhalb $-9°$ C. wasserfrei, unterhalb dieser Temperatur aber als $NaCl, 2H_2O$ in der Lösung enthalten sei, während de Coppet annimmt, dass diese auch bei höherer Temperatur ein oder mehrere Hydrate enthalte. Brom- und Jodnatrium sind nach Rüdorff mit 4, nach de Coppet mit $3H_2O$ verbunden u. dgl. m.

Aber auch abgesehen von dieser Unsicherheit der Beobachtungen ist gegenwärtig nicht zu entscheiden, ob die unter Q aufgeführten Quantitäten mit den Molekulargewichten identisch sind. Die von Rüdorff nachgewiesene Gesetzmässigkeit lässt

---

*) Beobachtung von Blagden.

§§ 154, 155.   auf welche Avogadro's Hypothese nicht anwendbar ist.   319

aber kaum bezweifeln, dass das Molekulargewicht $\mathfrak{M}$, wenn nicht der Quantität Q gleich, so doch jedenfalls ein rationales Vielfache derselben ist, dass also die Relation besteht:
$$\mathfrak{M} = n \cdot Q,$$
wo $n = 1, 2, 3, 4 \ldots$ gleich irgend einer ganzen Zahl ist. Da ferner aequivalente Mengen analoger Verbindungen, wie obige Beispiele zeigen, den Gefrierpunkt um ungefähr gleich viel erniedrigen, so darf man annehmen, dass innerhalb einer solchen Gruppe analoger Substanzen n einen und denselben Werth habe.

Es ist zu beachten, dass alle diese Zahlen nur für Temperaturen Geltung haben, welche unterhalb des Gefrierpunktes des Wassers liegen. Mit wechselnder Temperatur verändert sich häufig die mit den verschiedenen Stoffen verbundene Wassermenge, was schon, so weit es auf die Krystallisation Einfluss übt, seit langer Zeit bekannt war und durch Rüdorff's Untersuchungen in weiterem Umfange bestätigt wird.

Auch die Concentration der Lösung übt Einfluss auf die gebundene Wassermenge, die z. B. beim Kupferchloride in der verdünnten, blauen Lösung dreimal so gross ist, als in der concentrirten, grünen. Erstere enthält $CuCl, 12\,H_2O$, letztere $CuCl_2$, $4\,H_2O$. Dieser Wechsel des Wassergehaltes der Verbindung findet unterhalb des Gefrierpunktes nach Rüdorff's Beobachtung statt bei einem Gehalte der Lösung von 16 bis 20 Theilen wasserfreien Chlorides $CuCl_2$ auf 100 Theile Wasser. Wie die Farbenänderung der Lösung beim Erwärmen zeigt, enthalten bei höheren Temperaturen auch verdünntere Lösungen das grüne, wasserärmere Salz.

§ 155 (122).

Dass die unter Q in der Tafel des vorigen Paragraphen aufgeführten Werthe nicht unter allen Umständen mit den für den flüssigen Zustand geltenden Molekulargewichten identisch, letztere vielmehr grösser seien, lässt sich aus der eigenthümlichen Erscheinung schliessen, dass die Wärme, welche beim Auflösen eines festen Körpers verschwindet, in der Regel nicht sofort vollständig beim Uebergange in den flüssigen Zustand verschluckt, sondern ein nicht unbeträchtlicher Theil derselben erst nachträglich absorbirt wird, wenn man die zuerst entstandene concentrirte Lösung durch weiteren Zustand des Lösungsmittels verdünnt. Dieses nachträgliche Verschwinden von Wärme kann wohl kaum anders gedeutet werden als durch die Annahme, dass beim Auflösen zuerst noch grössere Gruppen von Molekeln ihren Zusammenhang bewahren, bei grösserer Verdünnung der Lösung aber auch dieser durch die Wirkung des Lösungsmittels aufgehoben und dabei Wärme verbraucht werde.

Der Kalisalpeter z. B. ist einer derjenigen Stoffe, deren concentrirte Lösung durch Verdünnung eine bedeutende Temperaturerniedrigung erleidet. Es ist darnach höchst unwahrscheinlich, dass derselbe beim Auflösen sofort in einzelne Molekeln von der Zusammensetzung KNO_3 zerfalle, was höchstens in ganz verdünnten und vielleicht nur in warmen Lösungen, vielleicht gar nicht geschehen wird. Wir dürfen daher für diesen Stoff mit ziemlicher Sicherheit annehmen, dass die Quantität $Q = KNO_3 = 100{,}9$ nur einen Bruchtheil des Molekulargewichtes, nicht dieses selbst darstellt.

Diese Auffassung macht auch die von Rüdorff und de Coppet beobachtete, aber nicht erklärte Thatsache verständlich, dass bei manchen Stoffen, z. B. den Nitraten von K, Na, NH_4, Ag, Pb u. a., der Gefrierpunkt langsamer sinkt, als die Concentration der Lösung zunimmt. Wenn sich mit steigender Concentration und fallender Temperatur grössere Aggregate von Molekeln bilden, so wird der Gefrierpunkt durch eine gleiche Quantität Salz weniger erniedrigt werden als in der verdünnteren bei höherer Temperatur gefrierenden Lösung, weil er, wie obige u. a. Beispiele zeigen, proportional der Anzahl der hinzutretenden Molekeln sinkt. Z. B. erniedrigen 4 Gew.-Th. Silbernitrat, $AgNO_3$, in 100 Th. Wasser gelöst, den Gefrierpunkt von 0 auf $-0{,}7°$; sind aber in derselben Wassermenge schon 40 Th. des Salzes gelöst, so bewirken weitere 4 Th. nur eine Erniedrigung von $-4{,}85$ auf $-5{,}10°$ C., also von nur $0{,}25°$. Darnach scheint die 40 % Lösung fast 3 mal so grosse Molekularaggregate als die verdünnte zu enthalten.

Die Annahme grösserer, noch zusammenhängender Gruppen von Molekeln scheint für viele Fälle nothwendig zu sein, namentlich zur Erklärung des Erweichens mancher Stoffe vor dem Schmelzen. Auch der eigenthümliche zwischen Fest und Flüssig in der Mitte stehende Zustand der quellungsfähigen organischen Gewebe und ähnlicher Substanzen scheint sich aus ähnlichen Annahmen erklären zu lassen. Vielleicht auch beruht die Schwierigkeit, mit der gewisse Substanzen, die Graham*) als Colloide bezeichnet hat, durch poröse Membranen diffundiren, darauf, dass sie aus grösseren zusammenhängenden Aggregaten von Molekeln bestehen.

---

*) Phil. Trans. f. 1861, p. 183; Ann. Chem. Pharm. 1862, Bd. 121, S. 1 ff.

So unvollständig und unsicher alle diese verschiedenen Anhaltspunkte für die Ermittelung der Molekulargewichte im tropfbaren Zustande auch jetzt noch sind, so lassen sie uns doch hoffen, dass es künftig möglich sein werde, die Grösse der Molekeln, wenn nicht nach absolutem, so doch wenigstens nach einem einheitlichen relativen Maasse zu ermitteln. Es sind dazu allerdings noch viele eigens zu diesem Zwecke angestellte Beobachtungen erforderlich.

§ 156 (123).

Die Ermittelung des Molekulargewichtes starrer Körper scheint noch schwieriger zu sein als die der tropfbaren. Bis jetzt kennen wir besonders ein Hülfsmittel, das auf einigen Erfolg Aussicht gewährt; es ist dies der Isomorphismus.

Die Möglichkeit, aus diesem auf die Grösse des Molekulargewichtes zu schliessen, beruht auf der Voraussetzung, dass die isomorphe Vertretung durch eine gleiche Anzahl von Molekeln erfolge, also die einander isomorph vertretenden Quantitäten sich zu einander wie die Molekulargewichte verhalten. Erweislich ist die Richtigkeit dieser Voraussetzung bis jetzt nicht, doch hat sie grosse Wahrscheinlichkeit für sich. Die Schlussfolgerungen aus derselben sind aber darum von geringer Tragweite, weil die Zahl der einander isomorphen Körper meist nicht gross, und weil ausserdem von keiner einzigen Verbindung das Molekulargewicht so weit sicher bekannt ist, dass es als Maassstab für die übrigen dienen könnte.

Nur soviel lässt sich bis jetzt aus dem Isomorphismus mit Bestimmtheit folgern, dass für manche und vielleicht sehr viele Stoffe das Molekulargewicht grösser angenommen werden muss, als die kleinste durch eine Formel ohne Bruchtheile von Atomgewichten auszudrückende stöchiometrische Quantität.

Für Titansäure z. B. würde diese dargestellt werden durch die Formel TiO_2. Da aber die eine Form dieser trimorphen Substanz, der Anatas, isomorph ist mit Tungstein, $CaWO_4$, Scheelbleierz, $PbWO_4$, und Gelbbleierz, $PbMoO_4$, so werden wir auch im Anatas vier Sauerstoffatome anzunehmen und ihm die Formel Ti_2O_4 zu geben haben, da die durch diese ausgedrückte Quantität die durch vorstehende Formeln dargestellten isomorph vertritt. Mit den vier genannten Stoffen ist auch der Fergusonit isomorph, der im wesentlichen aus dem Yttriumsalze der Niobsäure besteht, und daher wahrscheinlich $YNbO_4$ ist.

Obschon solcher Fälle noch viele bekannt sind, bleiben doch alle aus dem Isomorphismus auf die Grösse des Molekulargewichtes gezogenen Schlüsse aus den angegebenen Gründen bis jetzt sehr vereinzelt. Nur eine viele Verbindungen umfassende eingehende Vergleichung der Krystallgestalt und der Zusammensetzung der Stoffe wird unsere Einsicht in dieses Gebiet wesentlich fördern: doch wird auch sie die wirklichen Molekulargewichte zu ermitteln kaum vermögen, sondern sie wird nur zeigen, dass gewisse Werthe, welche heute noch häufig als die Molekulargewichte angesehen und behandelt werden, nur Bruchtheile der wirklichen Molekeln sein können. Sie wird also gewisse Werthe als zu klein ausschliessen; aber sie wird nicht die Gewähr bieten, dass diejenigen stöchiometrischen Quantitäten, welche gross genug sind, um allen Anforderungen des Isomorphismus gerecht zu werden, doch nicht auch noch kleiner sind als die wirklichen Molekulargewichte.

Aus diesen und ähnlichen Betrachtungen ist ersichtlich, wie schwierig es ist, für flüssige und feste Stoffe die Masse ihrer Molekeln zu bestimmen. Es ist möglich, dass die fortschreitende Erkenntniss uns mehr und mehr die Mittel liefern wird, auch hier das Problem zu lösen; vielleicht werden uns dazu die einen oder anderen physikalischen Eigenschaften der Stoffe einst die Hülfsmittel bieten; möglich aber auch, dass, wenigstens in vielen Fällen, der Begriff der Molekeln streng genommen hier nicht mehr dem thatsächlichen Verhältnisse entspricht, eine bestimmte räumliche Abgrenzung solcher kleinen Massensysteme von einander vielmehr häufig gar nicht stattfindet. Jedenfalls ist grosse Vorsicht nöthig, wenn man den von den gasförmigen Stoffen abstrahirten Begriff auf feste Körper und Flüssigkeiten übertragen will.

§ 157 (124).

Durch die Unkenntniss der Molekulargewichte der tropfbaren und starren Körper wird die Bestimmung der Atomverkettung in denselben nicht unbeträchtlich erschwert, jedoch nicht verhindert. Wir dürfen nach allen bisherigen Beobachtungen mit ziemlicher Sicherheit annehmen, dass beim Uebergange aus dem gasigen in die anderen Aggregatzustände die Reihe der Atome in der Kette nur in seltenen Fällen eine Aenderung erleidet, die dann in der Regel durch die veränderten Eigenschaften der betreffenden Substanz erkennbar wird. Es scheint darnach gerechtfertigt, dass wir in den tropfbaren und starren Körpern dieselbe

Atomverkettung annehmen, welche ihnen im Gaszustande zukommt. Wir sind dazu um so mehr befugt, als unsere Ansichten über diese Verkettung zum grossen Theile aus den Eigenschaften und dem Verhalten fester und besonders tropfbar flüssiger Verbindungen theils hergeleitet, theils durch dieselben bestätigt worden sind.

Etwas weiter geht schon die Annahme, dass auch bei der Substitution neuer Elemente oder Radicale für ihnen gleichwerthige in der Verbindung enthaltene in der Regel die Ordnung der übrigen Atome nicht gestört werde. Auf dieser Voraussetzung beruhen u. a. die Ansichten über die Atomverkettung der Salze von Säuren, deren Molekulargewicht und Constitution bekannt ist, während die ihrer Salze nicht unmittelbar bestimmt werden können. Umgekehrt wird unter derselben Voraussetzung die Atomverkettung mancher Säuren, die nicht ohne Zersetzung flüchtig sind, aus der ihrer Aether oder Ester abgeleitet. Diese Herleitung entspricht ganz der in § 148 besprochenen Art, wie man vom Molekulargewichte einer dieser Verbindungen auf das der anderen schliesst. Man lässt die Atome oder Radicale, welche den Wasserstoff der Säuren ersetzen, auch an dessen Stelle treten.

Sind diese für denselben eintretenden Atome oder Radicale ebenfalls, wie der Wasserstoff, einwerthig, so gestaltet sich die Sache äusserst einfach; der Wasserstoff wird durch dieselben Atom für Atom vertreten; z. B.:

aus Salzsäure   wird   Chlorkalium:
HCl KCl,

aus Ameisensäure   wird   Kaliumformiat:
$H{-}{-}{-}CO{-}{-}{-}O{-}\!\!\div\!\!{-}H$ $H{-}{-}{-}CO{-}{-}{-}O{-}{-}{-}K$,

aus Essigsäure   wird   Methylacetat:
$H_3C{-}{-}CO{-}{-}{-}O{-}\!\!\div\!\!{-}H$ $H_3C{-}{-}{-}CO{-}{-}O{-}{-}{-}CH_3$.

Beim Eintritte mehrwerthiger Atome oder Radicale für den einwerthigen Wasserstoff lässt man ebenfalls durch jene dieselben Affinitäten gesättigt werden, die vorher den Wasserstoff gebunden erhielten. Die Sache bleibt auch hier sehr einfach, so lange in jeder Molekel nur ein Wasserstoffatom vertreten wird, z. B.:
aus 2 Mol. Ameisensäure wird 1 Mol. Calciumformiat:

$$\frac{H{-}{-}{-}CO{-}{-}{-}O{-}\!\!\div\!\!{-}H}{H{-}{-}{-}CO{-}{-}{-}O{-}\!\!\div\!\!{-}H} \qquad H{-}{-}{-}CO{-}{-}{-}O{-}{-}{-}Ca{-}{-}{-}O{-}{-}{-}CO{-}{-}{-}H,$$

aus 2 Mol. Silberacetat wird 1 Mol. Aethylenacetat:

$$H_3C\text{---}CO\text{---}O\text{-}\!\!\mid\!\!\text{-}Ag \qquad H_3C\text{---}CO\text{---}O\text{---}CH_2$$
$$H_3C\text{---}CO\text{---}O\text{-}\!\!\mid\!\!\text{-}Ag \qquad H_3C\text{---}CO\text{---}O\text{---}CH_2$$

ganz analog der nach Avogadro's Regel nachweisbaren Umsetzung, durch welche aus 2 Mol. Jodaethyl 1 Mol. Aethyloxyd oder 1 Mol. Zinkaethyl wird:

$$H_3C\text{---}H_2C\text{-}\!\!\mid\!\!\text{-}J \qquad H_3C\text{---}H_2C{\searrow}_O \qquad H_3C\text{---}H_2C{\searrow}_{Zn}$$
$$H_3C\text{---}H_2C\text{-}\!\!\mid\!\!\text{-}J \qquad H_3C\text{---}H_2C{\nearrow} \qquad H_3C\text{---}H_2C{\nearrow}$$

Sind aber mehre Wasserstoffatome innerhalb derselben Molekel vertretbar, so macht sich die schon in § 148 besprochene Unsicherheit geltend. Es bleibt zweifelhaft, ob z. B. die Constitution des Baryumsulfates dargestellt wird durch

$$SO_2{\!<}^{O}_{O}{\!>}Ba \qquad \text{oder durch} \qquad SO_2{\!<}^{O\text{---}Ba\text{---}O}_{O\text{---}Ba\text{---}O}{\!>}SO_2$$

oder durch eine noch längere geschlossene Kette.

Derselbe Zweifel tritt ein für die Oxyde mit unbekanntem Molekulargewichte, die ebenfalls schon § 150 erwähnt wurden. Die ihrer Einfachheit wegen bequemen, aber durchaus willkürlich für den Ausdruck der Molekulargewichte gewählten Formeln, z. B. des Zinkoxydes und des Quecksilberoxydes ZnO und HgO stellen schwerlich die Constitution dieser Oxyde richtig dar. So kleine Molekeln würden gewiss sehr leicht flüchtig sein, da dies beide Bestandtheile sind. Viel mehr Wahrscheinlichkeit hat die Annahme für sich, dass die Molekeln dieser Oxyde längere in sich zurücklaufende Ketten bilden, etwa:

$$\begin{array}{l} Hg\text{---}O\text{---}Hg\text{---}O \\ \phantom{Hg\text{---}O\text{---}}\!\!| \\ O\text{---}Hg\text{---}O\text{---}Hg \end{array} \quad \text{oder dgl. m.}$$

In der Hauptsache beruht diese und zahlreiche ähnliche Unsicherheiten unserer Kenntniss der Atomverkettung in starren und tropfbaren Körpern auf der Unkenntniss der Molekulargewichte, welche den Stoffen in Wirklichkeit zukommen. Der Fortschritt der Wissenschaft auf diesem Gebiete ist daher ganz wesentlich abhängig von der Auffindung einer guten Methode, welche in ähnlich einheitlicher und consequenter Weise, wie Avogadro's Hypothese für den Gaszustand, die Ermittelung der Molekulargewichte auch für den tropfbaren und starren Zustand ermöglichen wird.

IX. Der chemische Werth, die Valenz oder das Sättigungsvermögen der Atome.

§ 158 (127).

Eine der wesentlichsten Voraussetzungen, auf welchen die gegenwärtige Erforschung der Atomverkettung und der durch diese erzeugten Constitution oder Structur der chemischen Verbindungen beruht, ist die Kenntniss des chemischen Werthes der Atome, den man auch als Valenz, Sättigungsvermögen, Sättigungscapacität oder auch als die Anzahl der dem Atome zukommenden Verwandtschaftseinheiten zu bezeichnen pflegt. Der erst in neuerer Zeit entwickelte Begriff des chemischen Werthes ist, wie in § 90—93 angegeben, aus den zunächst empirisch aufgestellten chemischen Typen hervorgegangen. Die Nothwendigkeit, diesen Begriff einzuführen, ergab sich aus der Beobachtung, dass das Vermögen der verschiedenen Elemente, andere zu binden, verschieden ist nicht nur in der Intensität, mit welcher diese Bindung geschieht, sondern auch in der Anzahl von Atomen, welche ein Atom des betreffenden Elementes zu binden vermag (vgl. § 92 ff.). Durch den Begriff des chemischen Werthes ist der seit lange benutzte, aber nie streng durchgeführte Begriff des chemischen Aequivalentes erst zur vollen Klarheit entwickelt und in das richtige Verhältniss zu dem Begriffe des Atomgewichtes gesetzt worden, mit dem er bis dahin nur zu oft verwechselt und zusammengeworfen wurde. Als chemischen Werth bezeichnen wir das Verhältniss des Atomgewichtes zum Aequivalentgewichte; der chemische Werth ist also eine reine Zahl, und zwar, wie die Erfahrung gelehrt hat, stets eine rationale Zahl. Dieselbe giebt an, wie vielmal das Aequivalentgewicht des betreffenden Elementes in seinem Atomgewichte enthalten ist.

Nach welchen Regeln das Atomgewicht der Elemente ermittelt wird, ist bereits ausführlich besprochen worden. Es bleibt hier noch anzugeben, in welcher Weise wir gegenwärtig den Begriff des Aequivalentgewichtes bestimmen, der im Laufe der Entwickelung der chemischen Atomtheorie sehr bedeutende Schwankungen und Wandlungen durchgemacht hat. Eingeführt wurde der Ausdruck „Aequivalent" bekanntlich von Wollaston in der Absicht, eine empirisch bestimmbare Grösse an die Stelle des durchaus hypothetischen Dalton'schen Atomgewichtes zu setzen. Aber schon Wollaston war nicht consequent in der Durchführung des Begriffes der „Gleichwerthigkeit", welcher durch das Wort „Aequivalent" ausgedrückt werden sollte. Seine sogenannten Aequivalentgewichte*) waren zum grossen Theile in Wirklichkeit hypothetische Atom- und Molekulargewichte, wie die Dalton's, nur z. Th. nach etwas anderen Gesichtspunkten bestimmt**). Dasselbe gilt von den Aequivalentgewichten Gmelin's und anderer späterer Autoritäten.

Es ist das in der Natur der Sache begründet, da von zwei verschiedenen Elementarstoffen niemals irgend welche Gewichte vollkommen gleichwerthig sein, sondern höchstens in irgend einem oder einigen Punkten nahe mit einander übereinkommen können. Je nachdem man nun von verschiedenen Gesichtspunkten aus die mehr oder minder nahe Gleichwerthigkeit betrachtete, ist man zu sehr verschiedenen Aequivalentgewichten gekommen. Der consequentesten Durchführung wäre von allen noch die elektrolytische Gleichwerthigkeit fähig gewesen, welche als aequivalent diejenigen Quantitäten hinstellt, welche in gleichen Zeiten durch einen und denselben galvanischen Strom elektrolytisch abgeschieden werden; aber wirklich durchgeführt ist dieser Gesichtspunkt nicht, vielmehr hat man für eine grosse Anzahl von Elementen stets ein Vielfaches des elektrolytischen Aequivalentes, z. B. für Stickstoff, Phosphor, Arsen, Antimon und andere das Dreifache desselben, als sogenanntes Aequivalent aufgestellt. Auch die elektrolytischen Aequivalente wurden im wesentlichen wie Atomgewichte angesehen

---

*) S. Kopp, Gesch. d. Chem., Bd. 2, S. 375.
**) Für den Stickstoff z. B. war Dalton's Atomgewicht identisch mit dem heute angenommenen Aequivalentgewichte, während Wollaston's sogenanntes Aequivalentgewicht mit dem jetzigen Atomgewichte übereinkommt. Nach Dalton war die Formel des Ammoniaks NH, nach Wollaston NH_3.

und behandelt; sie unterschieden sich von den Berzelius'schen „einfachen Atomen" und den jetzt angenommenen Atomgewichten nur dadurch, dass sie nicht nach den von Avogadro und von Dulong und Petit ersonnenen Hypothesen, sondern nach dem Faraday'schen Gesetze der Elektrolyse bestimmt wurden.

Dass eine strenge Unterscheidung zwischen Aequivalent- und Atomgewicht zu machen, beide Begriffe neben einander und nicht der eine statt des anderen zu benutzen sei, wurde erst in dem Kampfe zwischen dem dualistischen und dem unitaren oder typischen Systeme der Chemie erkannt. Durch diese Erkenntniss hat der Begriff des chemischen Aequivalentes eine viel bestimmtere und einfachere Bedeutung gewonnen: er ist eingeschränkt worden auf die Gleichheit in einer einzigen Hinsicht. Wir nennen gleichwerthig oder aequivalent jetzt die Quantitäten verschiedener Elemente, welche dieselbe Anzahl unter sich nicht verbundener Atome eines oder mehrer anderer Elemente zu binden vermögen, und sehen dabei gänzlich ab von der Intensität der Kraft, mit welcher diese Atome festgehalten werden, so wie von den Eigenschaften der durch die Vereinigung entstehenden Verbindung.

Da die Erfahrung ergiebt, dass dem Wasserstoffe von allen Elementen, wie das kleinste Atomgewicht, so auch das kleinste Aequivalentgewicht zukommt, und dass das Atomgewicht jedes anderen Elementes mindestens einem ganzen Atomgewichte Wasserstoff, oft einem Vielfachen, niemals aber einem Bruchtheile desselben aequivalent ist, so hat man das Atomgewicht des Wasserstoffes auch zur Einheit für die Aequivalentgewichte gewählt und bezeichnet als Aequivalentgewicht eines Elementes diejenige Quantität desselben, welche einem Atome Wasserstoff gleichwerthig ist.*)

Durch die Wahl dieser Einheit werden die Zahlenausdrücke für den chemischen Werth möglichst einfach. So weit bis jetzt die Erfahrung reicht, wird der Werth aller bekannten Elemente ausgedrückt durch eine der ganzen Zahlen 1 bis 6 oder wahrscheinlich 1 bis 8; das Atomgewicht eines beliebigen Elementes ist aequivalent entweder einem, oder zweien, oder dreien u. s. w. Atomen Wasserstoff; das Element ist entweder

---

*) Diese Annahme ist nicht unbestritten. Geuther (Jen. Zeitsch. [2] 6, 1 Suppl., S. 119 ff.) glaubt, dass der Wasserstoff unter Umständen sein Aequivalent verdrei- oder verfünffache.

1werthig oder 2-, 3-, 4-, 5-, 6-, 7-, 8werthig, d. h. sein Atom hat die Fähigkeit, eben so viele andere Atome zu binden, wie von 1, 2, 3, 4, 5, 6, 7, 8 Atomen Wasserstoff gebunden werden.

§ 159 (126).

Die Bestimmung des Aequivalentgewichtes oder, was auf dasselbe hinauskommt, des chemischen Werthes ist eine der wichtigsten, aber auch schwierigsten Aufgaben, welche die theoretische Chemie gegenwärtig zu lösen hat. Ehe wir die zur Lösung derselben dienenden Hülfsmittel betrachten, haben wir zunächst die in neuerer Zeit mehrfach aufgeworfene Vorfrage zu besprechen, ob der chemische Werth eine constante Grösse, eine unveränderliche Eigenschaft der Atome sei, oder ob derselbe nur ein wesentlich durch die äusseren Umstände bedingtes und mit diesen veränderliches Verhalten der Atome darstelle. Diese Frage ist nicht immer mit der wünschenswerthen Klarheit erörtert worden, noch hat die Tragweite ihrer Beantwortung, die verschieden ist, je nachdem diese bejahend oder verneinend ausfällt, stets die richtige Beurtheilung erfahren.

Da es das Ziel aller Naturforschung ist, die wechselvollen Erscheinungen auf die in ihnen wirksamen unveränderlichen Grössen so zurückzuführen, das jede Erscheinung sich als nothwendige Folge der Beschaffenheit dieser unveränderlichen Grössen und ihrer wechselseitigen Beziehungen darstellt, so ist klar, dass die chemische Forschung sehr wesentlich gefördert würde, wenn es gelänge zu beweisen, dass die Zusammensetzung der chemischen Verbindungen sich mit Nothwendigkeit ergäbe aus einem unveränderlichen Sättigungsvermögen der Atome und den äusseren Umständen, unter welchen dieselben mit einander in Wechselwirkung treten. Der Versuch, aus der hypothetischen Annahme einer constanten Sättigungscapacität, eines unveränderlichen chemischen Werthes der Atome, die erfahrungsgemäss in der Zusammensetzung der Verbindungen vorkommenden Regelmässigkeiten zu erklären, ist der erste nothwendige Schritt auf diesem Wege. Die entgegengesetzte, ebenfalls zunächst hypothetische Annahme, das Sättigungsvermögen sei veränderlich, ist dagegen zunächst kein Versuch zu einem Fortschritte; denn ein solcher würde erst vorliegen, wenn man über die Ursache dieser Veränderlichkeit eine Hypothese zu bilden suchte. Dieser Unterschied ist oft nicht gehörig beobachtet worden. Während einige Forscher bemüht waren, aus der Annahme eines unveränderlich den Atomen zukommenden Sättigungsvermögens die wechselnden Atomverkettungen nach einem einheitlichen Gesichtspunkte herzuleiten, glaubten andere genug gethan zu haben, wenn sie den Atomen eines bestimmten Elementes in der einen Verbindung diesen, in der anderen jenen beliebigen chemischen Werth beilegten, je nachdem ihnen dieser oder jener Werth am besten geeignet erschien, für die Zusammensetzung der betreffenden Verbindungen eine sogenannte „Erklärung" zu geben. Es wurde dabei übersehen, dass eine vermittelst beliebiger Annahmen durchgeführte willkürliche Deutung nicht für einen wissenschaftlichen Erklärungsversuch gelten kann, vielmehr nichts weiter ist als ein „Ausdruck unserer Unkenntniss des ursächlichen Zusammenhanges der Erscheinungen"*). Ein Erklärungsversuch würde voraussetzen, dass die Verschiedenheit der einem und demselben Elemente in verschiedenen Verbindungen beigelegten chemischen Werthe auf eine bestimmte Ursache zurückgeführt würde.

Wenn man z. B. die beobachtete Thatsache, dass ein Atom Kohlenstoff in der Kohlensäure doppelt so viel Sauerstoff bindet als im Kohlenoxyde, durch den Ausdruck wiedergiebt, der Kohlenstoff habe in der Kohlensäure einen doppelt so grossen chemischen Werth als im Kohlenoxyde, so ist das keine Erklärung, sondern nur eine Umschreibung, welche sich unbefugt in die Form einer Erklärung hüllt. Obschon das ohne weiteres klar sein sollte, sind doch Umschreibungen der gleichen Art im Laufe des letzten Jahrzehndes sehr häufig für wirkliche Erklärungen nicht nur ausgegeben, sondern auch angenommen worden. Wie man früher glaubte, von der näheren Untersuchung der wechselvollen Erscheinungen des organischen Lebens sich durch die Annahme einer alles besorgenden Lebenskraft dispensiren zu dürfen, so haben neuerdings manche Chemiker gemeint, in der „wechselnden Valenz" einen allen Anforderungen genügenden Erklärungsgrund für die wechselnden stöchiometrischen Verhältnisse zu besitzen. Solche Täuschungen können aber dem Fortschritte der Wissenschaft nur hinderlich sein, da sie von einer ernsthaften und gründlichen Prüfung der Frage abhalten, ob jedem Atome eine bestimmte nur von seiner stofflichen Natur abhängige

---

*) „l'expression de l'ignorance où nout sommes des véritables causes." Laplace, Essai philosophique sur les probabilités. 3mé édit. Paris, 1816, p. 3.

und daher wie diese unveränderliche Beschaffenheit zukommt, durch welche die Anzahl anderer Atome bestimmt und begrenzt wird, welche es an sich zu ketten vermag; oder ob diese Fähigkeit, und somit auch die Natur des Atomes selbst, veränderlich ist.

Es ist durchaus nicht unmöglich, dass die Grössen, welche wir jetzt als Atome bezeichnen, in ihrem inneren Wesen veränderlich sein könnten. Besonders seit die grosse Veränderlichkeit der specifischen Wärme, einer der Fundamentaleigenschaften der Atome, bekannt wurde, ist die Veränderlichkeit der Atome selbst nicht mehr unwahrscheinlich. Da indessen die Abhängigkeit der specifischen Wärme von der Temperatur sich wohl auch auf eine Veränderung des Bewegungszustandes unveränderlicher Atome zurückführen lässt, und die Atome sich, so weit unsere Forschung reicht, bisher in vielen wesentlichen Dingen als durchaus constant und unveränderlich gezeigt haben, so ist es zweckmässig, die Atome zunächst und bis zum Beweise des Gegentheiles als unveränderliche Grössen zu betrachten und den Versuch zu machen, die wechselnde Zusammensetzung der chemischen Verbindungen aus einem unveränderlichen chemischen Werthe der Atome und den veränderlichen äusseren Umständen herzuleiten, unter welchen dieser zur Geltung kommt oder mehr oder weniger in seiner Wirkung beeinträchtigt wird. Gelingt dieser Versuch nicht, so sind diejenigen Veränderungen zu ermitteln und in ihren Ursachen zu erforschen, welche nothwendig als innerhalb der Atome vorgehend angenommen werden müssen, um eine mit den Thatsachen übereinstimmende Theorie zu ermöglichen.

§ 160 (127).

Die Bestimmung des Aequivalentgewichtes und des chemischen Werthes eines Elementes erfordert gegenwärtig die Erfüllung einiger Voraussetzungen, die nach der früheren, weniger strengen Auffassung unwesentlich und überflüssig erschienen. Da man früher als aequivalent alle diejenigen Quantitäten der Elemente bezeichnete, welche sich mit der gleichen Menge eines anderen Stoffes verbinden, ganz ohne Rücksicht darauf, ob sie in dieser Verbindung auch eine gleiche Anzahl von Affinitäten äussern, dann aber in Folge der Entwickelung der Theorie der Atomverkettung den Begriff der Aequivalenz näher dahin bestimmte, dass nur solche Quantitäten verschiedener Elemente als

§ 160.   oder das Sättigungsvermögen der Atome.

wirklich gleichwerthig oder aequivalent gelten, welche eine gleiche Anzahl von Verwandtschaftseinheiten äussern, d. h. **gleiche Mengen anderer Stoffe unmittelbar und ohne Vermittelung dritter zu binden vermögen,** so ist zunächst die Art der Atomverkettung in den Verbindungen zu ermitteln, aus deren Zusammensetzung auf den chemischen Werth der Elemente geschlossen werden soll.

Die erst in neuerer Zeit diesen Definitionen eingefügte nähere Bestimmung, dass die Verbindung eine **unmittelbare,** nicht durch andere Elemente vermittelte sein soll, bildet den wesentlichsten Unterschied gegen die früher gebräuchlichen Annahmen. Durch sie wird die Ermittelung des Aequivalentgewichtes eines Elementes sehr bedeutend erschwert; aber diese Erschwerung war nothwendig, um die Aufgabe scharf zu bestimmen und eine eindeutige Lösung derselben zu ermöglichen. Es wurde durch die Einführung dieser schärferen Bestimmung eine verderbliche Willkür beseitigt, welche lange Zeit hindurch dem Begriffe der chemischen Aequivalenz eine nur sehr zweifelhafte Bedeutung gewährte, das Aequivalentgewicht zu einer vieldeutigen Grösse machte und sein Verhältniss zum Atomgewichte völlig verdunkelte und verwirrte.

Während früher zur Ermittelung des Aequivalentgewichtes eines Elementes die **Kenntniss der Zusammensetzung einer oder einiger seiner Verbindungen** für genügend erachtet wurde, ist jetzt ausserdem noch die **Kenntniss der Atomverkettung in diesen Verbindungen** erforderlich, welche ihrerseits die **Kenntniss des Molekulargewichtes der Verbindung und des Atomgewichtes des betreffenden Elementes** voraussetzt. Es ist hiernach sogleich ersichtlich, dass nicht die Kenntniss der stöchiometrischen Zusammensetzung jeder beliebigen Verbindung die Ermittelung des Aequivalentgewichtes, wie man früher meinte, ermöglicht. Es sind vielmehr alle diejenigen Verbindungen zu dieser Ermittelung ungeeignet, deren Atomverkettung wir nicht sicher und genau genug kennen, um angeben zu können, mit wie vielen und welchen anderen Atomen jedes Atom des Elementes, dessen Aequivalent bestimmt werden soll, unmittelbar verbunden ist. Die grösste Sicherheit der Bestimmung gewähren diejenigen Verbindungen, deren Molekel neben einem einzigen Atome des zu untersuchenden Elementes nur einwerthige Atome oder Radicale enthält, da bei diesen die Möglichkeit einer Verkettung unter sich ausgeschlossen ist, folglich alle mit jenem einzigen Atome unmittelbar verbunden angenommen werden müssen.

Es sind das namentlich die in § 90 unter I. bis VI. als typisch aufgeführten, sowie die ihnen entsprechenden Verbindungen mit einwerthigen, d. h. bis auf eine einzige Verwandtschaftseinheit des Kohlenstoffes völlig gesättigten Kohlenwasserstoffradicalen, wie Jodmethyl: $J(CH_3)_1$, Jodaethyl: $J(C_2H_5)_1$, Fluormethyl: $F(CH_3)_1$, Quecksilberaethyl: $Hg(C_2H_5)_2$, Boraethyl: $B(C_2H_5)_3$, Siliciumaethyl: $Si(C_2H_5)_4$ u. a. m. Ausser den dort aufgeführten Verbindungen sind für die Werthbestimmung noch besonders wichtig das Fluormethyl: $F(CH_3)$, Zinkmethyl: $Zn(CH_3)_2$ und das Bleimethyl: $Pb(CH_3)_4$, aus deren Molekulargewicht und Zusammensetzung hervorgeht, dass das Fluor ein, das Zink zwei und das Blei vier einwerthige Radicale zu binden vermag.

§ 161 (128.)

Versucht man aber aus der Zusammensetzung der in § 90 und 160 aufgeführten Verbindungen den chemischen Werth der Elemente abzuleiten, so muss es sofort auffallen, dass etliche Elemente Verbindungen mit bald mehr bald weniger einwerthigen Elementen bilden, z. B. $HgCl$ und $HgCl_2$, PCl_3 und PF_5, WCl_5 und WCl_6. Es fragt sich, ist hier das Quecksilber im Chlorüre ein-, im Chloride zweiwerthig? der Phosphor drei- und fünf-, das Molybdän fünf- und sechswerthig? Ueber diese Frage würde nicht so viel gestritten sein, wenn man sich vorerst über den Sinn derselben verständigt hätte. Soll mit den Ausdrücken „ein-, zwei-, dreiwerthig" u. s. w. nur gesagt sein, mit wie viel einwerthigen Atomen oder deren Aequivalent ein Atom in einer bestimmten Verbindung vereinigt sei, so ist selbstverständlich z. B. das Quecksilber im Kalomel, $HgCl$, einwerthig, im Sublimate, $HgCl_2$, aber zweiwerthig. Dann sind aber diese Bezeichnungen weiter nichts als ein Ausdruck für die stöchiometrische Zusammensetzung der Verbindungen, und werden so nicht selten gebraucht, weil es an einem anderen bequemen Ausdrucke fehlt.

Definirt man dagegen den chemischen Werth als eine Eigenschaft der Atome, als die Fähigkeit, sich mit einer gewissen Anzahl anderer zu verbinden, so kann man darüber streiten, ob diese Fähigkeit veränderlich sei oder nicht. Nach der einen Ansicht ändert das Atom seine eigene Natur, je nach der Anzahl anderer, die es bindet; einwerthiges Quecksilber ist etwas anderes als zweiwerthiges, es besitzt eine Affinität weniger als dieses; ebenso sind drei- und fünfwerthiger Phosphor an sich verschiedene Stoffe. Nach der anderen bleibt das Atom selbst ungeändert, mag es mit mehr oder weniger anderen verbunden sein. Wie die Tragkraft eines Magneten nicht durch ein beliebiges Gewicht, das ihm zufällig anhängt, gemessen wird, sondern nur durch das Maximum, das er zu tragen vermag, so **wird das Sättigungsvermögen eines Atomes nicht bestimmt durch die Anzahl von anderen Atomen, die es in irgend einer beliebigen Verbindung fesselt, sondern nur durch die grösste Anzahl, die es überhaupt zu binden vermag.** Nach dieser Auffassung bindet das Quecksilber im Kalomel nur ein Atom Chlor nicht, weil es seine Natur geändert hätte, sondern weil es nicht mehr binden kann, als ihm geboten wird. Diese Anschauung ist ohne Zweifel die einfachere. Die Annahme, dass mit der veränderten Sättigung auch das Sättigungsvermögen, der chemische Werth variire, ist mindestens überflüssig*). Aus der Darstellbarkeit der höheren Verbindungen aus den niederen geht ohne Frage hervor, dass der chemische Werth, das Sättigungsvermögen in den niederen nicht erschöpft ist, diese also **kein Maass für den chemischen Werth** darstellen.

§ 162 (129).

Man hat die Möglichkeit, dass die Affinitäten der Atome in manchen Verbindungen ungesättigt seien, ganz leugnen, die Annahme ungesättigter Verwandtschaften ganz vermeiden wollen, jedoch mit Unrecht.

Wenn auch in manchen organischen Verbindungen, in denen man früher ungesättigte Affinitäten annahm, wahrscheinlich nicht diese, sondern doppelte Bindung der C-atome (z. B. in den Kohlenwasserstoffen C_nH_{2n} u. s. w.) bestehen mag, so bleiben doch noch manche Verbindungen übrig, welche eine solche oder ähnliche Annahme nicht zulassen.

Im Kohlenoxyde, CO, ist das Kohlenstoffatom offenbar nur zur Hälfte durch das Sauerstoffatom gesättigt. Dass seine zwei übrigen Affinitäten sich wechselseitig sättigen sollten, wofür einige Autoren sich ausgesprochen, ist doch, für jetzt wenigstens, nur eine leere Redensart. Der Existenz jener zwei ungesättigten Affinitäten

---

*) Aus der Vermischung und Verwechselung der Begriffe „Sättigung" und „Sättigungsvermögen", die oft beide durch Werth oder Valenz wiedergegeben wurden, sind sehr viele Missverständnisse hervorgegangen; s. z. B. Geo. A. Smyth, Entwickelung der theoretischen Ansichten über die gepaarten Schwefelverbindungen, Berlin, 1876, S. 94.

entspricht die Leichtigkeit, mit welcher das Kohlenoxyd sich mit Chlor zu Phosgen vereinigt:

$$O\!::\!C\!::\!{}^*_* + Cl\text{—}Cl = O\!::\!C\!::\!Cl_2$$

Dass diese Bildung des Phosgenes nicht unter allen Umständen, sondern nur unter der Einwirkung des Lichtes vor sich geht, könnte scheinbar für die Ansicht geltend gemacht werden, dass die Affinitäten nicht frei seien, sondern erst durch die Wirkung des Lichtes frei gemacht würden. Dieses Argument ist indessen hinfällig, da die Nothwendigkeit der Wirkung des Lichtes sich vollkommen dadurch erklärt, dass durch dieselbe erst die Verbindung der beiden zu einer Molekel vereinigten Chloratome gelockert oder gelöst werden muss. Ebenso ist es vollkommen begreiflich, dass das Kohlenoxyd seine beiden ungesättigten Affinitäten nicht schon bei gewöhnlicher, sondern erst bei hoher Temperatur durch freien Sauerstoff sättigt; denn damit diese Sättigung möglich sei, ist zuvor die Zerlegung einer Sauerstoffmolekel erforderlich:

$$2CO + OO = 2CO_2,$$

die in höherer Temperatur leichter geschieht als bei niederer. Durch den lose gebundenen Sauerstoff der Chromsäure findet, wie E. Ludwig*) gezeigt hat, die Oxydation zu CO_2 schon bei niederer Temperatur statt.

Wie mit Chlor und mit Sauerstoff geht das Kohlenoxyd bekanntlich auch mit vielen anderen Stoffen Verbindungen ein. Das Kupferchlorür z. B. verbindet sich, wie mit Chlor oder Sauerstoff, so auch mit Kohlenoxyd. Höchst charakteristisch ist, dass das Kohlenoxyd sogar manche Metalle aus ihren Verbindungen abzuscheiden vermag, z. B. das Zink und Natrium aus ihrer Verbindung mit dem Aethyl, C_2H_5, mit dem sich statt ihrer das Kohlenoxyd zu Propion, $C_2H_5\text{—}CO\text{—}C_2H_5$, vereinigt**).

Eine andere unzweifelhaft ungesättigte Verbindung ist das Stickoxyd, NO, und ebenso bei Temperaturen über 150° C. das Stickstoffbioxyd (Untersalpetersäure), NO_2. Diese Verbindungen erscheinen ungesättigt, mag man nun den Stickstoff für drei- oder für fünfwerthig halten, und zwar ist die Anzahl der nicht gesättigten Verwandtschaften in jedem Falle, wie man auch die Sache ansehen mag, ungerade. Es fällt also hier unbedingt auch jene beim Kohlenoxyde erwähnte sonderbare Ausrede weg, dass die

---

*) Ann. Chem. Pharm. 1872, Bd. 162, S. 47.
**) J. A. Wanklyn, Phil. Mag. [4], 1866, vol. 31, p. 505.

Affinitäten eines und desselben Atomes sich gegenseitig zu sättigen vermöchten.

Die leichte, schon bei gewöhnlicher Temperatur erfolgende Oxydation des Stickoxydes durch Sauerstoff ist allgemein bekannt als die wesentliche Bedingung der Schwefelsäurefabrikation. Ebenso wie mit Sauerstoff vermag sich das Stickoxyd auch mit Chlor, Brom u. a. Stoffen zu verbinden.

§ 163 (130).

Ungesättigte Verbindungen bilden nachweislich auch einige Metalle. So fand z. B. Mitscherlich für das Chlorür und das Bromür des Quecksilbers die Dampfdichten 8,35 und 10,14, aus denen sich die Molekulargewichte berechnen zu:

$$235{,}3 = HgCl \text{ und } 279{,}7 = HgBr.$$

In den Molekeln dieser Verbindungen erscheint also nur eine der zwei Affinitäten des bivalenten Quecksilberatomes gesättigt. Um diese Unregelmässigkeit zu beseitigen, machte Kekulé*) die Annahme, die genannten Verbindungen hätten im festen Zustande die durch Hg_2Cl_2 und Hg_2Br_2 auszudrückenden Molekulargewichte; bei der Vergasung aber zerfielen sie in Metall und die höhere Chlor-, resp. Bromstufe:

$$Hg_2Cl_2 = HgCl_2 + Hg,$$
$$Hg_2Br_2 = HgBr_2 + Hg$$

Den nach dieser Ansicht entstehenden Gemengen würden allerdings im Gaszustande dieselben mittleren Dichtigkeiten zukommen, wie den Verbindungen, deren Molekulargewichte ausgedrückt werden durch die Formeln $HgCl$ und $HgBr$. Die Ansicht ist also mit der Beobachtung nicht im Widerspruch. Man kann für dieselbe ausserdem anführen, dass bei der Sublimation von Kalomel (Chlorür) jedesmal die Bildung einer gewissen, wenn auch kleinen Menge von Sublimat (Chlorid) beobachtet wird**). Indessen ist nicht zu übersehen, dass durch jene Annahme Kekulé's die Schwierigkeit keineswegs gehoben wird; denn statt zweier Molekeln $HgCl$, in deren jeder eine Affinität ungesättigt ist, erhalten wir nach jener Annahme eine vollständig geschlossene Molekel, $HgCl_2$, und eine andere, Hg, mit zwei unbefriedigten Affinitäten. Zudem leuchtet nicht ein, warum das eine Atom Hg

---
*) Lehrbuch I, S. 498.
**) Gmelin, Handb. 5. Aufl., Bd. 3, S. 511; später bestätigt von Erlenmeyer und von Odling; s. Will, Jahresber. f. 1864, S. 280.

dem anderen, ihm völlig gleichen, beide Chloratome entziehen soll, statt dass dieselben sich gleichförmig auf beide vertheilten. Bekennt man sich dagegen zu der Ansicht, die Molekel des gasförmigen Chlorürs sei $HgCl$, so kann man immer noch annehmen, dass bei der Rückkehr in den festen Zustand je zwei Molekeln ihre noch übrige Affinität gegenseitig sättigen und so zu der geschlossenen Verbindung Hg_2Cl_2 zusammentreten.

Wollte man auch andere Verbindungen mit theilweise ungesättigten Verwandtschaften der besprochenen Ansicht analog betrachten, so müsste man consequenter Weise annehmen, das Kohlenoxyd sei ein Gemenge aus Kohlensäure und isolirten Kohlenstoffatomen, das Stickoxyd aus Sauerstoff und Stickstoff:

$$2\,\overset{''''\,''}{CO} = \overset{''''\,''}{CO_2} + \overset{''''}{C}\,,$$

$$2\,\overset{'''\,''}{NO} = \overset{'''\,'''}{NN} + \overset{''\,''}{OO}\,,$$

Annahmen, deren vollständige Unhaltbarkeit zu Tage liegt.

Müssen wir aber annehmen, dass im Kohlenoxyde zwei der Affinitäten des quadrivalenten Kohlenstoffes, im Stickoxyde eine des tri- oder quinquivalenten Stickstoffes ungesättigt vorhanden sind, so hat es keine Schwierigkeit, für die Molekel des metallischen Quecksilbers (und ebenso des Kadmiums) beide vorhandenen, für die des Quecksilberchlorür's und Bromür's eine von zweien als ungesättigt anzusehen; um so mehr da die Affinitäten des Quecksilbers fast überall schwächer erscheinen als die des Kohlenstoffes und des Stickstoffes.

Die Atome der genannten beiden Metalle sind aber schwerlich die einzigen, welche im ungesättigten oder nur theilweise gesättigten Zustande existiren können. Nach den Beobachtungen über die Dissociation*) chemischer Verbindungen ist es sehr wahrscheinlich, dass durch hinreichend hohe Temperaturen alle Verbindungen in Atome aufgelöst werden. Ist dies der Fall, so existiren bei diesen hohen Temperaturen die Atome aller Elemente im ungesättigten Zustande. Es ist also nicht befremdend, wenn für einige Elemente dieser Zustand schon bei verhältnissmässig nicht sehr hohen Temperaturen eintritt.

Ist demnach die Existenz von ungesättigten oder theilweise gesättigten Atomen und Molekeln nicht wegzuleugnen, so haben wir uns zu hüten, dass wir nicht etwa aus ungesättigten Verbin-

---

*) Vergl. § 33, S. 78.

dungen den chemischen Werth der Elemente zu bestimmen versuchen. Wir würden denselben sonst zu klein finden.

Die Gefahr eines solchen Irrthumes erscheint zwar auf den ersten Blick nicht sonderlich gross, da ja ungesättigte Verbindungen sich durch die Fähigkeit charakterisiren, durch Aufnahme neuer Atome in gesättigte überzugehen, und es demnach nicht schwierig sein sollte, ihre ungesättigten Affinitäten zu entdecken.

§ 164 (131).

Indessen ist hier nicht zu übersehen, dass die Sättigung ungesättigter Verwandtschaften von mancherlei Bedingungen abhängig ist, die nicht immer klar zu Tage liegen. Das blosse Dasein ungesättigter Affinitäten an zweien sich begegnenden Atomen oder Molekeln genügt noch nicht zur Sättigung derselben. Ob diese eintritt oder nicht, hängt vielmehr noch von der Intensität der Anziehung ab, welche die ungesättigten Atome auf einander ausüben, und diese wiederum ist von der chemischen Natur beider Atome abhängig*) und ausserdem noch von den äusseren Umständen, unter denen sie sich begegnen, insbesondere von der Temperatur. Ist die Anziehung, welche die beiden ungesättigten Atome A und B auf einander ausüben, schwächer als die zwischen A und C wirksame, so kann es geschehen, dass die gesättigte Verbindung AC unter äusseren Bedingungen der Temperatur u. s. w. entsteht, welche die Entstehung der Verbindung AB nicht zulassen. Man würde daher einen Irrthum begehen, wollte man aus dem Umstande, dass A sich nicht mit dem ungesättigten B vereint, den Schluss ziehen, A besitze keine ungesättigte Affinität. Sind nun die Verwandtschaftskräfte, mit denen A ausgestattet ist, überhaupt schwach, so ist es sehr wohl möglich, dass es sich unter gewöhnlichen Umständen nur mit wenigen oder gar nur mit einem einzigen anderen Elemente zu verbinden im Stande ist. Ob wir nun in unseren Untersuchungen die richtigen Elemente finden und die erforderlichen äusseren Bedingungen einhalten, können wir mit Sicherheit nicht entscheiden. Ja, es erscheint, theoretisch betrachtet, durchaus nicht unmöglich, dass ein Atom oder Radical zwar Verwandtschaften besitzt, also Anziehungen auf andere ausübt, dass aber diese so schwach sind, dass unter den

---

*) Dies ist sehr bestimmt schon 1864 von E. Erlenmeyer hervorgehoben worden (Zeitschr. f. Chem. u. Pharm., Jahrg. 7, S. 629 ff.).

Umständen, unter denen wir unsere Versuche anstellen können, eine Sättigung überhaupt nicht zu erreichen ist. Wenn ein solcher extremer Fall wirklich vorkommt, so wird er sich voraussichtlich unserer Erkenntniss stets entziehen und daher vielleicht ein sonderliches Interesse überhaupt nicht beanspruchen dürfen. Seine Denkbarkeit aber lehrt uns das sehr ungleiche Gewicht erkennen, das für die Ermittelung des chemischen Werthes der Elemente positive und negative Ergebnisse unserer Versuche haben. Während die Darstellung einer einzigen Verbindung den Nachweis vorhandener Affinitäten erbringt, können auch Hunderte vergeblicher Versuche zur Darstellung einer Verbindung niemals mit Sicherheit die Abwesenheit der Verwandtschaften erweisen.

§ 165 (132).

Da von der Mehrzahl der Elemente keine Verbindungen bekannt sind, deren Molekulargewicht hätte bestimmt werden können, so ist man in vielen Fällen genöthigt, den chemischen Werth der Elemente lediglich aus der stöchiometrischen Zusammensetzung ihrer Verbindungen mit nur einwerthigen Atomen zu erschliessen, indem man ihn der grössten Zahl einwerthiger Atome gleichsetzt, welche in einer solchen Verbindung auf ein Atom des betreffenden Elementes enthalten sind.

Hiebei ist man ebenfalls der Gefahr ausgesetzt, den chemischen Werth zu klein zu finden, sobald in der untersuchten Verbindung mehre unter sich verbundene Atome des fraglichen Elementes enthalten sind.

Das Blei z. B. erscheint nach der Zusammensetzung seines höchsten Chlorides $PbCl_2$ als zweiwerthig, während aus dem Molekulargewichte seiner Methylverbindung $Pb(CH_3)_4$ hervorgeht, dass es in Wirklichkeit vierwerthig ist. Dieser scheinbare Widerspruch löset sich sehr einfach durch die Annahme, im Chloride seien je zwei Affinitäten der Bleiatome durch Verkettung der Metallatome unter sich gesättigt, etwa:

$$\begin{matrix} Cl \\ Cl \end{matrix} Pb\!-\!Pb \begin{matrix} Cl \\ Cl \end{matrix} \quad \text{oder} \quad \begin{matrix} Cl_2 \\ Cl_2 \end{matrix} Pb\!-\!Pb \begin{matrix} Cl_2 \\ Cl_2 \end{matrix} \quad \text{u. d. gl.,}$$

wodurch ersichtlich wird, wie der chemische Werth bei Unkenntniss des Molekulargewichtes sehr leicht zu klein gefunden werden kann.

oder das Sättigungsvermögen der Atome.

Man kann dieses sehr häufig vorkommende Verhältniss der Atome passend als **Selbstsättigung** oder **Selbstbindung des Elementes** bezeichnen.

Ein anderes Beispiel solcher Selbstsättigung liefert das Eisen, dessen höchstes Chlorid nur drei Atome Chlor auf ein Atom Eisen enthält. Da jedoch das Molekulargewicht dieser Verbindung durch Fe_2Cl_6 dargestellt wird (s. § 23), so muss in derselben das Eisen mehr als dreiwerthig sein; denn wenn jedes Atom desselben durch drei Affinitätseinheiten drei Atome Chlor bindet, so ist mindestens noch eine Einheit zum Zusammenhange mit dem zweiten Eisenatome erforderlich. Ob aber dieser Zusammenhang nur durch eine oder durch mehre Verwandtschaftseinheiten bewerkstelligt wird, ob also das Eisen vier- oder mehrwerthig ist, lässt sich zunächst nicht entscheiden. Das gleiche gilt vom Aluminium*), für dessen Chlorid das Molekulargewicht Al_2Cl_6 gefunden wurde.

Aus diesen Beispielen geht hervor, dass, **wo uns die Kenntniss des Molekulargewichtes geeigneter Verbindungen fehlt, wir den chemischen Werth eines Elementes von bekanntem Atomgewichte aus der stöchiometrischen Zusammensetzung seiner Verbindungen leicht zu klein, in der Regel aber nicht zu gross berechnen werden.**

Um den durch Unkenntniss des Molekulargewichtes entstehenden Irrthümern auszuweichen, hat man möglichst solche Verbindungen zur Bestimmung des Werthes der Elemente benutzt, deren Dichtigkeit im Gaszustande bestimmt werden konnte. Diese Vorsicht ist jedenfalls gerechtfertigt in allen Fällen, in welchen, wie z. B. beim Bleie, die Verbindung von bekanntem Molekulargewichte den Werth des Elementes grösser oder doch nicht kleiner ergiebt, als er sich aus anderen Verbindungen berechnen würde.

§ 166 (133).

Es sind aber vielfach die unzersetzt flüchtigen Verbindungen auch in solchen Fällen den nicht ohne Zerfall flüchtigen vorgezogen worden, in welchen sie den Werth der Elemente kleiner als diese ergeben. Besonders hat Kekulé alle diejenigen Verbindungen des Stickstoffes, Phosphors, Arsens und Antimones ver-

---

*) Weiter unten zu besprechende Beziehungen dieses Elementes machen andererseits wahrscheinlich, dass sein Atom nur dreiwerthig sei.

worfen, welche zwar im starren oder tropfbaren Zustande fünf einwerthige Atome auf ein Atom eines jener Elemente enthalten, beim Uebergange in den Gaszustand aber unter Abgabe von zwei Atomen in Verbindungen übergehen, die nur noch drei einwerthige auf ein Atom Stickstoff etc. enthalten. Aus dem gleichen Grunde hat er für den Schwefel und seine Verwandten alle Verbindungen mit mehr als zwei einwerthigen Atomen bei der Ermittelung des chemischen Werthes ausgeschlossen.

Es hatte zwar diese von Kekulé eingeführte Betrachtungsweise die zwei grossen Vorzüge, erstens, dass sie den chemischen Werth der Elemente nur aus Verbindungen von bekanntem Molekulargewichte ableitete, mithin das Gesetz der Atomverkettung nicht auf Stoffe anwandte, aus deren Zusammensetzung es nicht hätte hergeleitet werden können, und zweitens, dass sie die Verbindungen, in welchen die Elemente einen grösseren Werth zu haben scheinen, als sie in irgend einer ihrer gasförmigen Verbindungen zeigen, alle unter einen gemeinsamen umfassenden Gesichtspunkt brachte, dessen Berechtigung, wenigstens in vielen Fällen, keinem Zweifel unterliegt. Indessen haben spätere Beobachtungen gezeigt, dass Kekulé seiner Auffassung eine zu weite Ausdehnung gegeben und sie auf Verbindungen angewandt hatte, welche jetzt als unzweifelhafte Atomverkettungen erscheinen.

Während z. B. die Existenz von wohl charakterisirten Verbindungen, welche wie Salmiak, NH_4Cl, Hydrobromphosphorwasserstoff, PH_4Br, Hydrojodphosphorwasserstoff, PH_4J, Fünffachchlorphosphor, PCl_5, Fünffachbromphosphor, PBr_5, Fünffachchlorantimon, $SbCl_5$, u. a. m. auf je ein Atom des betreffenden Elementes fünf einwerthige Atome enthalten, Gerhardt*) und Couper**) veranlasste, dem Stickstoffe und analogen Elementen für eine Reihe von Verbindungen eine fünffache Sättigungscapacität zuzuschreiben, sprach andererseits Kekulé die Ansicht aus***), der Zusammenhang dieser nicht ohne Zersetzung flüchtigen Verbindungen werde nicht durch dieselbe Art von Kräften bewirkt, welche in den Molekeln gasförmiger Verbindungen die Atome mit einander verketten, sondern durch die Resultate aller Anziehungs-

---

*) Traité de chimie organique, T. IV, p. 608, Note.
**) Ann. chim. phys. [3], 1858, T. 53, p. 488.
***) an verschiedenen Stellen seines Lehrb. der organ. Chemie, z. B. S. 142, 145, 443; übersichtlich zusammengefasst in einer Polemik gegen Naquet, Compt. rend. 1864, T. 58, p. 510.

§ 166. oder das Sättigungsvermögen der Atome. 341

kräfte, welche die Atome der geschlossenen Molekel NH_3 auf die der Molekel HCl oder die Atome der Molekel PCl_3 auf die in Cl_2 u. s. w. ausübten. Mit anderen Worten, Kekulé betrachtete diese Verbindungen mit fünf einwerthigen Atomen nicht als Atomverkettungen nach den Schablonen:

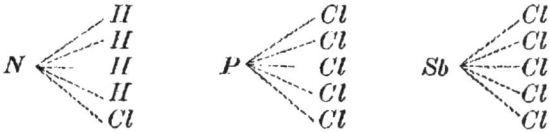

sondern als Aneinanderlagerungen von je 2 Molekeln:

$$N \Bigg\langle \begin{matrix} H & H \\ H & | \\ H & Cl \end{matrix} \qquad P \Bigg\langle \begin{matrix} Cl & Cl \\ Cl & | \\ Cl & Cl \end{matrix} \qquad Sb \begin{matrix} Cl & Cl \\ Cl & | \\ Cl & Cl \end{matrix}$$

Er stellte somit diese Verbindungen in Analogie mit den Doppelsalzen, den Verbindungen der Salze und anderer Stoffe mit Krystallwasser, kurz mit den vielen Verbindungen, welche man schon seit alter Zeit als Aneinanderlagerungen mehrer in sich geschlossener Molekeln ansieht.

Er bezeichnete demgemäss Verbindungen dieser Art als „molekulare" im Gegensatze zu den „atomistischen" Verbindungen. Auch diese Ansicht hat zahlreiche Anhänger gefunden.

Der Kampf der beiden einander widerstreitenden Auffassungen war anfangs dadurch noch besonders verwickelt, dass von manchen der Anhänger Couper's der Zerfall der in Rede stehenden Verbindungen bei ihrem Uebergange in den Gaszustand bestritten wurde. Nachdem ganz unzweifelhaft nachgewiesen worden, dass dieser Zerfall in der Regel stattfindet, sind andererseits auch einige Beobachtungen bekannt geworden[*], welche zeigen, dass unter gewissen Umständen einige der Verbindungen mit fünf einwerthigen Atomen, besonders PF_5 und PCl_5, auch im Gaszustande bestehen können, also kein Grund mehr vorliegt, dem in ihnen enthaltenen Phosphoratome die Fünfwerthigkeit abzusprechen.

Wenn demnach die bei der Verflüchtigung z. Th. zerfallenden Verbindungen des Phosphors mit fünf einwerthigen Atomen gleichwohl den Werth des Phosphoratomes richtig angeben, so wird das gleiche für die ihm so nahe verwandten Elemente, wie Stickstoff, Arsen u. s. w. wahrscheinlich, obschon ihre Verbindungen

---

[*] S. § 31 und 90.

nach dem fünften Typus bei der Verflüchtigung ebenfalls in solche nach dem dritten Typus übergehen.

Diese und ähnliche Beispiele zeigen, dass wir nicht mehr berechtigt sind, bei der Bestimmung des chemischen Werthes alle nicht flüchtigen Verbindungen unberücksichtigt zu lassen, dass wir vielmehr dadurch den Werth der Elemente sehr oft zu klein bestimmen würden.

Da indessen für eine grosse Zahl von Verbindungen die Kekulé'sche Auffassung, zur Zeit wenigstens, nicht wohl entbehrlich erscheint, so laufen wir andererseits Gefahr, aus solchen nicht gasförmigen Molekularadditionen den chemischen Werth der Elemente irrthümlich zu gross abzuleiten.

§ 167 (135).

Dass ein Atom einige der mit ihm verbundenen Atome fester bindet als andere der gleichen Art, lässt sich verschieden erklären. Es ist möglich, dass die Atome dieser Elemente stärkere und schwächere Affinitäten besitzen, von denen nur jene im Stande sind, auch in der im Gaszustande lebhaft bewegten isolirten Molekel andere Atome zu fesseln; möglich aber auch, dass die Affinitäten alle gleich stark sind, dass aber durch Sättigung einiger derselben die Intensität der übrigen so abgeschwächt wird, dass sie keine weitere Verbindung mehr zu bewirken vermögen; möglich endlich auch, dass die Affinitäten alle gleich stark sind, dass aber die Orte oder Richtungen, in denen sie die fremden Atome festzuhalten streben, bei den Bewegungen der Molekel in sehr verschiedenem Grade dem Einflusse der Centrifugalkraft und anderer dem Zusammenhange der Atome entgegen wirkender Kräfte und Bewegungen ausgesetzt sind, so dass von einigen dieser Orte oder nach einigen dieser Richtungen die Atome fortgeschleudert, in anderen dagegen festgehalten werden.

Jede dieser drei verschiedenen Erklärungsarten erscheint zulässig.

Die Frage, ob die verschiedenen Affinitäten eines und desselben Atomes, also die Anziehungen, durch welche es andere Atome zu binden strebt, einander völlig gleich seien oder der Intensität und vielleicht auch der Qualität nach von einander verschieden, ist durchaus nicht so leicht zu beantworten, wie man auf den ersten Blick vermuthen könnte.

§ 167. oder das Sättigungsvermögen der Atome. 343

Zunächst ist es, wie bereits in § 108 besprochen wurde, gar nicht ausgemacht, ob das, was wir die Affinitäten oder Affinitätseinheiten eines Atomes nennen, wirklich einzelne, von einander gesonderte Kräfte sind, welche die fremden Atome, auf welche sie wirken, in bestimmte räumliche Beziehungen zu dem sie anziehenden Atome zu bringen streben. Wenn ein Hufeisen-Magnet einen Anker von vier Pfund Eisen trägt, so sind wir darum noch nicht berechtigt, ihm vier Einzelkräfte im Betrage von je einem Pfunde beizulegen. Wir können uns aber eine Combination von zwei gekreuzten Magneten denken; deren vier Pole jeder ein Pfund aber nicht mehr zu tragen im Stande ist. Ob nun die Anziehungskräfte eines vierwerthigen Atomes mehr jener oder dieser magnetischen Wirkung gleichen, ist uns noch ganz unbekannt. Nehmen wir aber auch soviel Einzelkräfte an, wie das Atom, nach der § 93 gegebenen Definition, Affinitätseinheiten zeigt, so können wir aus der Wahrnehmung, dass ein mehrwerthiges Atom, z. B. P, von den unter sich gleichen Atomen, die es zu binden vermag, einige leichter verliert als den Rest, z. B. Cl_2 von PCl_5, nicht ohne weiteres auf eine Ungleichheit der einzelnen Affinitäten schliessen. Denn die Sättigung einiger der an sich gleichen Anziehungen kann die übrigen verändern; die gebundenen Atome können sich einander im Wege sein; die durch die Aufnahme neuer Atome erzeugte Vergrösserung des Molekulargewichtes wird die Bewegung der Molekel und damit vielleicht auch die Festigkeit ihres Zusammenhaltes verändern; auch können die einzelnen Atome durch die jedenfalls lebhaften Bewegungen der Molekel, besonders die Centrifugalkraft, verschieden betroffen und damit ihre Abtrennung mehr oder weniger erleichtert werden.

Dagegen hat man stets, und wohl nicht mit Unrecht, angenommen, dass die Verschiedenheit der Affinitäten eines Atomes bewiesen oder doch sehr wahrscheinlich gemacht sein würde, wenn es gelänge, zwei isomere, nicht identische Verbindungen darzustellen, in welchen das betreffende Atom nachweislich mit denselben anderen Atomen verbunden wäre, so dass die Verschiedenheit der Eigenschaften nur eine Folge der ungleichen Art der Bindung an sich gleicher Atome sein könnte. Da man früher etliche Isomerien dieser Art zu kennen glaubte[*]), z. B. zwei Verbindungen CH_3Cl, so hielt man eine Zeit lang die Verschie-

---

[*]) Dieselben wurden in der ersten Auflage dieses Buches, § 75, S. 113, besprochen.

denheit der Affinitäten eines und desselben C-atomes für erwiesen. Als sich indessen später herausstellte, dass die Beobachtungen, aus welchen auf das Vorhandensein dieser Isomerien geschlossen worden, auf Irrthum beruhten, die für isomer gehaltenen Stoffe vielmehr identisch seien, so erschien die Annahme solcher Verschiedenheiten der Affinitäten überflüssig und wurde ziemlich allgemein aufgegeben. Die Möglichkeit derselben wurde jedoch wiederholt betont, obschon viele auf ihren experimentellen Nachweis gerichtete Versuche nur negative Ergebnisse lieferten*). Auch heute noch sucht man vergeblich nach solchen Iomerien unter den zahlreichen Verbindungen, in welchen ein einziges mehrwerthiges Atom alle anderen Atome unmittelbar an sich gebunden hält. Wir kennen nur je eine Verbindnng der Zusammensetzung CH_3Cl, CH_2Cl_2, $CHCl_3$, CH_3Br u. s. w. Auch bei anderen Elementen sind derartige Isomerien bis jetzt nicht aufgefunden worden. Besässe z. B. das Phosphoratom 3 starke und 2 schwächere Affinitäten, so wäre die Existenz von je drei isomeren Verbindungen $POCl_3$, $POBr_3$, $PSCl_3$, $PSBr_3$ u. s. w. zu erwarten, je nachdem das Sauerstoff- und Schwefelatom durch 2 starke, 2 schwache oder 1 starke und 1 schwache Affinität gebunden wären. Nichts derartiges ist bis jetzt beobachtet worden.

In den letzten Jahren sind aber, neben etlichen lebhaft bestrittenen, auch Beobachtungen von unbezweifelter Richtigkeit gemacht worden, aus welchen hervorgeht, dass unter Umständen ein mehrwerthiges Atom einwerthige Radicale (d. i. Atomgruppen) in verschiedener Weise zu binden vermag, so dass mehre nicht identische, sondern nur isomere Verbindungen ganz gleicher Zusammensetzung entstehen. Dieses ist am Schwefel, Stickstoff und Kohlenstoff beobachtet worden.

§ 168.

In Verfolgung eines von Kolbe vertretenen Gedankenganges fand F. Krüger**), dass die Verbindung von Schwefelaethyl, C_2H_5---S---C_2H_5, mit Jodmethyl, CH_3---J, verschieden ist von der aus Schwefelaethylmethyl, C_2H_5---S---CH_3, und Jodaethyl, C_2H_5---J, entstehenden; dass es mithin zwei isomere Verbindungen giebt, deren Zusammensetzung sich durch die Formel

---

*) Eine eingehende geschichtliche Darstellung der theoretischen und experimentellen Bearbeitung dieser Frage hat W. Lossen, Ann. Chem. Pharm. 1877, Bd. 186, S. 55—74, gegeben.

**) Journ. f. pr. Chemie, 1876, Bd. 14, S. 193.

$$\begin{array}{c} CH_3 \\ | \\ C_2H_5\text{----}S\text{----}C_2H_5 \\ | \\ J \end{array}$$

darstellen lässt. Aus dieser Verschiedenheit, die allerdings nicht an den beiden so entstehenden, schwer zu reinigenden Verbindungen selbst, sondern nur an Doppelsalzen, welche sie mit verschiedenen Metallen bilden, besonders an deren physikalischen Eigenschaften, nachgewiesen werden konnte, hat Krüger geschlossen, dass die zum Zusammenhalt jener Verbindungen erforderlichen **vier Affinitäten des Schwefelatomes einander nicht gleich sein** können.

Nachdem schon vor 30 Jahren A. W. Hofmann[*]) die Frage experimentell geprüft hatte, ob es gleichgültig sei, welches der Wasserstoffatome des Ammoniaks eliminirt und durch ein Radical vertreten werde, fand W. Lossen[**]) die merkwürdige Thatsache, dass aus dem von ihm entdeckten Hydroxylamin, NOH_3, durch Substitution von nur zweierlei Säureradicalen R' und R'' für die drei Wasserstoffatome eine grosse Zahl isomerer Verbindungen entsteht, wo unsere bis jetzt gewonnene Kenntniss von der Verbindungsart der Atome nur eine einzige voraussehen liess. Indem er das eine Radical zweimal, das andere einmal einführte, erhielt Lossen sechs bis neun isomere Verbindungen, die sich besonders durch Krystallform, Schmelzpunkt, Löslichkeit und andere Eigenschaften unterscheiden. Dieselben zerfallen aber in drei verschiedene Gruppen, deren Entstehung durch die Reihenfolge bedingt wird, in welcher man die Radicale einführt. Dies wird durch nachstehendes Schema veranschaulicht, in welchem die Zeichen R stets in der Reihenfolge geschrieben sind, in welcher die durch sie bezeichneten Radicale eingeführt wurden.

I.
$$NH\,H\,H\,O + R'Cl = NR'H\,H\,O + HCl$$
$$NR'H\,H\,O + R'Cl = NR'R'H\,O + HCl$$
$$NR'R'AgO + R''Cl = NR'R'R''O + AgCl$$

II.
$$NR'H\,H\,O + R''Cl = NR'R''H\,O + HCl$$
$$NR'R''AgO + R'Cl = NR'R''R'O + AgCl$$

III.
$$NH\,H\,H\,O + R''Cl = NR''H\,H\,O + HCl$$
$$NR''H\,H\,O + R'Cl = NR''R'H\,O + HCl$$
$$NR''R'AgO + R'Cl = NR''R'R'O + AgCl$$

---

[*]) Ann. Chem. Pharm. 1850, Bd. 74, S. 158.
[**]) Daselbst, 1875, Bd. 175, S. 271; 1877, Bd. 186, S. 1.

Die Produkte der drei verschiedenen Darstellungsarten:

I.   II.   III.

$NR'R'RO''$, $NR'R''R'O$, $NR''R'R'O$

unterscheiden sich nicht nur durch ihre physikalischen Eigenschaften, sondern sehr scharf auch durch ihr chemisches Verhalten von einander. Bei der Behandlung mit wässriger Salzsäure z. B. wird zuerst das zuletzt eingetretene Radical eliminirt, nach dem Schema:

$$NR'R''R'O + HOH = NR'R''HO + R'OH ,$$
$$NR'R'R''O + HOH = NR'R'HO + R''OH$$

Die Natur des austretenden Radicales ist nur so weit von Einfluss, als sie die Leichtigkeit der Umsetzung zu vermehren oder zu mindern vermag. So wird z. B. die Verbindung leichter und rascher zersetzt, wenn an dritter Stelle „Anisyl", $An = ---CO---C_6H_4---O\ CH_3$, als wenn dort „Benzoyl", $Bz = ---CO---C_6H_5$ sich befindet. Alkalien scheiden dagegen das als zweites eingetretene Radical zuerst ab, und zwar dieses allein, wenn es Bz ist, z. B.:

$$NBzBzAnO + KOH = NBzHAnO + KOBz ,$$
$$NAnBzAnO + KOH = NAnHAnO + KOBz ;$$

befindet sich aber An an zweiter, Bz an dritter Stelle, so wird ersteres nur in geringer Menge, vorzugsweise aber letzteres abgeschieden:

vorzugsweise: $\begin{cases} NBzAnBzO + KOH = NBzAnHO + KOBz \\ NAnAnBzO + KOH = NAnAnHO + KOBz \end{cases}$

untergeordnet: $\begin{cases} NBzAnBzO + KOH = NBzHBzO + KOAn \\ NAnAnBzO + KOH = NAnHBzO + KOAn . \end{cases}$

Ist endlich Bz nur als zuerst eingetretenes Radical zugegen, so behauptet es seinen Platz:

$$NBzAnAnO + KOH = NBzHAnO + KOAn .$$

Sämmtliche bei diesen Reactionen durch Substitution von H für das an zweiter Stelle eingetretene Radical entstandene Verbindungen $NRHRO$ sind aber identisch und nicht isomer mit den durch zweimalige Substitution gebildeten, oben durch Schablonen der Form $NRRHO$ bezeichneten Verbindungen, also z. B.:

$$NBzHAnO \text{ identisch} = NBzAnHO .$$

Die erstaunlich bunte Mannichfaltigkeit der Substitutionsproducte des Hydroxylamines wird nun noch mehr als verdoppelt und fast verdreifacht durch die Beobachtung, dass jede der oben mit I., II. und III. bezeichneten Verbindungen in zwei oder drei

§ 168.   oder das Sättigungsvermögen der Atome.   347

isomeren, von Lossen als α, β und γ unterschiedenen Modificationen vorkommt, welche sich besonders durch ihre physikalischen, jedoch bis zu einem gewissen Grade auch durch ihre chemischen Eigenschaften, namentlich durch grössere oder geringere Widerstandsfähigkeit gegen chemische Reagentien unterscheiden. Ja, solche Isomerien kommen auch vor, wenn alle drei für H substituirten Radicale einander gleich sind, so dass es z. B. drei verschiedene Tribenzhydroxylamine $NBzBzBzO$ giebt, die ebenfalls mit α, β, γ bezeichnet werden.

Zu diesen ebenso wichtigen, wie unerwartet verwickelten Ergebnissen der Forschungen Lossen's und den oben erwähnten Untersuchungen Krüger's ist ganz neuerdings noch eine dritte Reihe von Beobachtungen ähnlicher Art gekommen. L. Schreiner hatte die in § 134 erwähnte bemerkenswerthe Beobachtung gemacht, dass eine Vertauschung der beiden in den Aetherestern der Glycolsäure und ihrer Homologen enthaltenen Alcoholradicale eine sehr bedeutende Aenderung des Siedpunktes und der Dichtigkeit hervorbringe. Er fand z. B. für die nach den Gleichungen:

$$C_2H_5{-}O{-}Na + Cl{-}CH_2{-}CO{-}O{-}CH_3 =$$
$$C_2H_5{-}O{-}CH_2{-}CO{-}O{-}CH_3 + NaCl ,$$
$$CH_3{-}O{-}Na + Cl{-}CH_2{-}CO{-}O{-}C_2H_5 =$$
$$CH_3{-}O{-}CH_2{-}CO{-}O{-}C_2H_5 + NaCl$$

dargestellten Aetherester:

Methyloglycolsäure-Aethylester: Siedp.:   Dichte b. 0^0
$\quad CH_3{-}O{-}CH_2{-}CO{-}O{-}C_2H_5$ 138,^{0}6   1,0740
Aethyloglycolsäure-Methylester:
$\quad C_2H_5{-}O{-}CH_2{-}CO{-}O{-}CH_3$ 152,^{0}0   1,0145

und analog für andere isomere Paare. Im Anschluss an diese Beobachtungen stellte Schreiner die Frage, ob nicht vielleicht auch die Verbindungen der Kohlensäure, welche Kekulé*) als erstes Glied in die Reihe $C_nH_{2n-2}O_3$ der Glycolsäure und ihrer Homologen eingefügt hat:

$$HO{-}CO{-}OK , \text{ Carbonat,}$$
$$HO{-}CH_2{-}CO{-}OK , \text{ Glycolat,}$$
$$HO{-}C_2H_2{-}CO{-}OK , \text{ Lactat,}$$

u. s. w. ähnliche Unterschiede zeigen könnten. Durch Veränderung der Reihenfolge, in der er die Radicale Methyl, CH_3, und Aethyl, C_2H_5, einführte:

---

*) Bull. de l'Acad. roy. de Belgique [2], T. 10, Nr. 7, 1860; Lehrb. I, S. 678.

$$Cl\text{---}CO\text{---}Cl + H\text{---}O\text{---}CH_3 = Cl\text{---}CO\text{---}O\text{---}CH_3 + HCl$$
$$C_2H_5\text{---}O\text{---}Na + Cl\text{---}CO\text{---}O\text{---}CH_3 =$$
$$C_2H_5\text{---}O\text{---}CO\text{---}O\text{---}CH_3 + NaCl,$$
$$Cl\text{---}CO\text{---}Cl + H\text{---}O\text{---}C_2H_5 = Cl\text{---}CO\text{---}O\text{---}C_2H_5 + HCl$$
$$CH_3\text{---}O\text{---}Na + Cl\text{---}CO\text{---}O\text{---}C_2H_5 =$$
$$CH_3\text{---}O\text{---}CO\text{---}O\text{---}C_2H_5 + NaCl,$$

erhielt Schreiner*) in der That zwei nicht identische, sondern nur isomere Verbindungen von gleichem Molekulargewichte, aber verschiedenem Siedpunkte und verschiedener Dichte:

Methyloameisensäure-Aethylester: Siedp. b. $0,^m 73$ Dichte b. $0°$
$CH_3\text{---}O\text{---}CO\text{---}O\text{---}C_2H_5$ $104°$ $1,0372$
Aethyloameisensäure-Methylester:
$C_2H_5\text{---}O\text{---}CO\text{---}O\text{---}CH_3$ $115°$ $1,0016$

Wie bei den Glycolsäureetherestern hat auch hier die Verbindung, für deren Cl das Oxyaethyl $C_2H_5\text{---}O\text{---}$ substituirt wurde, einen höheren Siedpunkt und eine geringere Dichte als die isomere, in welche $CH_3\text{---}O\text{---}$ für Cl eintrat.

Auf analogem Wege stellte Schreiner aus den Chlorkohlensäureestern verschiedene Harnstoffe dar:

Methylaethylharnstoff: $CH_3HN\text{---}CO\text{---}NHC_2H_5$
Aethylmethylharnstoff: $C_2H_5HN\text{---}CO\text{---}NHCH_3$

welche sich durch Krystallform, Löslichkeit und Schmelzpunkt von einander unterschieden.

§ 169.

Die im vorigen Paragraph mitgetheilten Beobachtungen haben zu einer abermaligen Aufstellung der von den meisten Chemikern verlassenen Ansicht geführt, dass die Affinitäten mehrwerthiger Atome von einander verschieden seien. Diese Ansicht scheint allerdings die einfachste Erklärung für die angegebenen merkwürdigen Beobachtungen zu bieten; aber mit ihrer Annahme ist die Sache durchaus nicht erledigt.

Zunächst bleibt es sehr auffällig, dass bis jetzt kein einziger Fall bekannt geworden ist, in welchem nicht Radicale, sondern einzelne Atome auf mehrerlei Art von anderen gebunden würden, dass vielmehr, soviel wir wissen, der Ersatz der Radicale durch einzelne Atome die Isomerien verschwinden macht. Um dies zu erklären, müsste man annehmen, dass für die einfacheren Verbin-

---

*) Journ. f. prakt. Chemie [2] Bd. 22, S. 353.

§ 169. oder das Sättigungsvermögen der Atome. 349

dungen nur eine einzige Lagerung der Atome stabil sei, und dass daher bei der Entstehung derselben die Atome so lange den Platz wechselten, bis sie jene Lage angenommen hätten. Dies hat aber geringe Wahrscheinlichkeit, da solche sogenannte Ortsänderungen sonst verhältnissmässig selten sind und nur bei hohen Temperaturen etwas häufiger vorkommen.

Aber auch für die Radicale müsste ein solcher sehr leicht eintretender Ortswechsel angenommen werden zur Erklärung der in § 169 erwähnten Identität

$$NRHRO = NRRHO;$$

das an dritter Stelle eingetretene Radical müsste nach dem Austritte des zweiten an dessen Stelle rücken. Auch das stimmt nicht sonderlich zu unseren sonstigen Wahrnehmungen von Verschiebungen in der Atomverkettung.

Auch ist nicht zu übersehen, dass die Annahme einer Verschiedenheit der Affinitäten eines Atomes bald viel mehr, bald erheblich weniger Isomerien erwarten lässt, als die Beobachtung ergab. Mag man z. B. von den beiden für das Hydroxylamin vorgeschlagenen Formeln:

$$N\!\!\begin{array}{l}\cdot\cdot H\\ \text{---} H\\ \cdot\cdot O\text{---}H\end{array} \quad \text{und} \quad O\!\!:\!\!:\!\!N\!\!\begin{array}{l}\cdot\cdot H\\ \text{---} H\\ \cdot\cdot H\end{array}$$

die eine oder die andre bevorzugen, so erscheinen drei isomere Produkte der Substitution von R', R' und R'' für H möglich. Dies könnten, wie auch Lossen annimmt, die oben mit I, II, III bezeichneten Verbindungen sein. Für die α-, β-, γ-Modificationen, die auch auftreten, wenn alle R gleich sind, würde die Erklärung fehlen; es sei denn, man lasse auch das Sauerstoffatom seinen Platz wechseln. Unter dieser nicht ganz unbedenklichen Voraussetzung lässt die erste der beiden obigen Formeln neun, die andere dreissig isomere Verbindungen $NR'R'R''O$ möglich erscheinen; aber ebenso auch jene drei, diese zehn verschiedene Hydroxylamine, deren Nichtexystenz wieder nur durch sofortige Umlagerungen erklärt werden könnte.

Freilich kann man auf die α-, β-, γ-Modificationen auch das vielbenutzte Auskunftsmittel anwenden, dass man sie als sogenannte „physikalische Isomerien" mit den zahlreichen sonst bekannten „allotropen Modificationen", „polymorphen Zuständen" in Parallele stellt, d. h. als Aggregationsformen, deren Verschiedenheit nicht durch Unterschiede der Atomverkettung, sondern durch besondere Arten der Aneinanderlagerung der an sich gleichen Molekeln ent-

24

standen gedacht wird. Aber einerseits passen die charakteristischen Merkmale der eigentlichen physikalischen Isomerien*) nicht recht auf jene Modificationen, die sich nicht oder nur schwierig in einander verwandeln lassen und z. Th. auch nicht unerhebliche Unterschiede im chemischen Verhalten zeigen; und andererseits ist nicht abzusehen, wozu man eine Hypothese einführt, die sehr viel mehr Isomerien, als wir kennen, voraussehen lässt, wenn man sich doch scheut, sie zur Erklärung der uns bekannt gewordenen Fälle völlig auszunutzen.

Wie im Augenblicke die Dinge liegen, bleibt es zunächst zweifelhaft, ob nicht doch noch die Vorstellung ausreicht, dass die Affinitäten jedes Atomes unter sich gleich, und dass die Ursachen der besprochenen Isomerien eher in den durch das mehrwerthige Atom gebundenen Radicalen als in den sie bindenden Kräften des Atomes zu suchen seien. Speciell für den Fall der Hydroxylamine bieten sich, wenn man Aenderungen der Atomverkettung in den Radicalen annehmen will, der Hypothesen genug. Dies hat schon Lossen**) hervorgehoben, aber zugleich treffend bemerkt, dass eine Verfolgung solcher Specialhypothesen wenig Werth haben würde. Man kann sich aber auch eine auf alle beobachteten Isomerien anwendbare Vorstellung bilden, welche den Anschauungen der heutigen Molekularphysik sich anschliesst.

Wenn ein mehrwerthiges Atom mehre einwerthige bindet, so wird jedes derselben eine bestimmte relative Gleichgewichtslage oder Stellung gegen jenes einnehmen. Wird eines von ihnen durch ein mehrwerthiges ersetzt, so wird dieses möglichst an seine Stelle treten und die weiter mit ihm verbundenen Atome, d. i. den Rest des eintretenden Radicales, nach sich ziehen. Tritt nun ein zweites und drittes Radical ein, so wiederholt sich derselbe Vorgang, soweit die bereits angelagerten Atome den neu hinzutretenden nicht etwa den Raum versperren oder beengen. Es wird der Fall eintreten können, dass das die Verbindung bewerkstelligende Atom nicht völlig an die Stelle gelangen kann, wohin die bindende Affinität es zu ziehen strebt, und daher weniger fest gebunden wird. Zieht man ausserdem noch die sehr lebhaften Wärmebewegungen der Atome, wie der ganzen Molekel in Betracht, so

---

*) S. besonders die sehr reichhaltige Abhandlung von O. Lehmann, Ueber physikalische Isomerie. Inaug.-Diss. Strassburg 1876; Zeitschrift für Krystallographie 1877, I. 2, S. 97.
**) a. a. O. Bd. 186, S. 49.

bieten sich der Hypothesen und Vorstellungen genug, wie von zwei mit gleicher Kraft angezogenen Radicalen doch das eine leichter als das andere losgerissen werden kann.

Einfacher freilich ist die Annahme einer Verschiedenheit der als Affinitätseinheiten bezeichneten Kräfte des Atomes. Giebt man aber dieser den Vorzug, so darf man nicht vergessen, dass auch damit wenig gewonnen wird; denn diese Annahme ist zunächst nur eine Umschreibung der Thatsache, dass das eine Radical anders, z. B. weniger fest gebunden wird als das andere. Der Anfang einer wirklichen Erkenntniss wird erst gewonnen sein, wenn wir die einzelnen Affinitäten erkennen und ihre Wirkungen von einander zu unterscheiden gelernt haben werden. Es würde sich also hier die bei den aromatischen Verbindungen schon so weit durchgeführte Ortsbestimmung in einer neuen, schwierigeren Form zu wiederholen haben.

§ 170 (134, 136).

Bevor wir versuchen, das Sättigungsvermögen oder den chemischen Werth aller bekannten Elemente zu bestimmen, ist zunächst die Frage zu beantworten, ob der chemische Werth eines Elementes gegen verschiedene andere Elemente verschieden sein kann, oder ob allen gegenüber die gleiche Anzahl von Affinitäten vorhanden ist.

Sähe man nur auf die empirisch gefundene stöchiometrische Zusammensetzung der verschiedenen Verbindungen, so könnte man geneigt sein, jene Verschiedenheit ohne weiteres für erwiesen zu erklären; denn die Anzahl von Affinitäten verschiedener Elemente, die in den Verbindungen mit einem bestimmten Atome von diesen gesättigt erscheinen, ist sehr wechselnd. Aber in der schon in § 164 ausgesprochenen Erwägung, dass auf das Zustandekommen und die Beständigkeit der Verbindungen nicht allein das Vorhandensein, sondern auch die Stärke oder Intensität der Verwandtschaften von wesentlichem Einflusse ist, so dass bei geringer Intensität derselben ein Element mit einem anderen nur unter ganz besonders günstigen Bedingungen eine seinem Werthe entsprechende Verbindung zu bilden vermag, dürfen wir die Verschiedenheiten, die wir in der Zusammensetzung der einzelnen Verbindungen beobachten, nicht sogleich auf einen Wechsel der Valenz zurückführen, müssen vielmehr in jedem Falle zu erforschen suchen, ob für ein bestimmtes Element die Grenze der Verbindungsfähigkeit mit einem anderen durch zu geringe Intensität oder durch gänzliche Abwesenheit weiterer Verwandtschaften bestimmt wird. Diese Frage mit völliger Sicherheit zu entscheiden, ist freilich zur Zeit nicht möglich, wohl aber mit ziemlich grosser Wahrscheinlichkeit.

Zunächst ist es eine ziemlich allgemeine Wahrnehmung, dass jedes Element gerade gegen diejenigen den grössten chemischen Werth zeigt, zu denen es die stärkste Verwandtschaft besitzt. Wir werden daher, wo die Affinitäten überhaupt schwach sind, Grund zu der Vermuthung haben, dass nur Mangel an Intensität gewisse Verbindungen nicht zu Stande kommen lasse; während bei starken Affinitäten die Grenze der Verbindungsfähigkeit durch die Zahl derselben gebildet werden dürfte.

Da ferner einander sehr ähnliche Elemente mit einem und demselben anderen in der Regel analog zusammengesetzte Verbindungen bilden und nur da von einander abzuweichen pflegen, wo ihre Affinitäten zu dem betreffenden Elemente überhaupt schwach sind, so darf man mit ziemlicher Sicherheit diese Abweichungen auf zu geringe Intensität der Affinitäten zurückführen.

So führen uns die vielen Analogien zwischen den Verbindungen, welche die Elemente mit Fluor, Chlor, Brom und Jod bilden, zu dem Schlusse, dass jedes Element diesen sogenannten Salzbildern gegenüber einen und denselben chemischen Werth besitze, und dass, wenn bei einem Elemente z. B. die seiner höchsten Chlorstufe entsprechende Jodverbindung fehlt, dies auf die geringere Stärke der Affinitäten gegen Jod zurückzuführen sei, welche unter Umständen, unter denen das höchste Chlorid (z. B. PCl_5, Fe_2Cl_6) beständig ist, die ihm entsprechende Anzahl von Jodatomen nicht festzuhalten vermögen.

Wollte man aus der Nichtexistenz des Pentajodides PJ_5 folgern, der Phosphor habe dem Jode gegenüber eine andere Natur, er sei hier ein dreiwerthiges Element, so müsste man, da die Beständigkeit der Verbindungen PF_5, PCl_5, PBr_5 vom Fluoride zum Chloride und von diesem zum Bromide stetig abnimmt, um sich ganz genau auszudrücken, sagen, im PF_5 sei P noch voll fünfwerthig, im PCl_5 fange er schon an ins dreiwerthige überzugehen, im PBr_5 sei er auf bestem Wege dazu, und im PJ_3 habe er dieses Ziel endlich glücklich erreicht.

Eine aufmerksame Vergleichung verschiedener Reihen von Elementen und Verbindungen zeigt, dass meistens jedes Element gegen mehre, unter sich ziemlich heterogene Gruppen anderer den gleichen chemischen Werth äussert. So entsprechen bekanntlich die Oxyde und Sulfide der Mehrzahl der Elemente deren Haloïdsalzen in der Art, dass sie für 2 Atome Fluor, Chlor u. s. w. je ein Atom Sauerstoff oder Schwefel enthalten, die Hydrate und Sulfhydrate für jedes Cl etc. ein OH oder SH. Nur solche Elemente, deren Haloïdverbindungen leicht zerfallen, durch Hitze, durch Wasser u. s. w. zersetzt werden, bilden z. Th. Oxyde, Sulfide u. s. w., welche mehr Sauerstoff, Schwefel etc. enthalten, als der Zusammensetzung ihres höchsten Chlorides entspricht. So binden z. B. Schwefel, Selen und Tellur höchstens 4 Chloratome, während der Zusammensetzung ihrer höchsten Oxyde und Hydrate Verbindungen mit 6 Atomen Chlor entsprechen würden. Da schon die Tetrachloride leicht Chlor abgeben, SCl_4 sogar schon unterhalb des Gefrierpunktes, und auch die Trioxyde ihr drittes Sauerstoffatom verhältnissmässig leicht verlieren, auch die entsprechenden Hydrate nicht unzersetzt flüchtig sind, so ist es sehr wahrscheinlich, dass die Nichtexistenz von Hexachloriden nur auf Schwäche, nicht auf völlige Abwesenheit der fünften und sechsten Affinität für Chlor zurückzuführen sei. Dies wird um so wahrscheinlicher, als das jenen Elementen in seinem höchsten Oxyde analoge Wolfram ein Hexachlorid bildet, das sehr leicht ein Atom Chlor verliert, während das Molybdän und Chrom, die dem Schwefel noch näher stehen, nicht mehr als 5 resp. 3 Chloratome zu binden vermögen.

§ 171 (137).

Ganz anders aber gestaltet sich die Sache, wenn man die Verbindungen betrachtet, welche die stark negativen Elemente der Chlor- und Schwefelgruppe mit positiven Elementen, mit Wasserstoff oder Metallen bilden. Unter den vielen Hunderten solcher Verbindungen findet sich nicht eine einzige, welche Anlass gäbe, Chlor, Brom und Jod anders als einwerthig, und Schwefel, Selen und Tellur anders als zweiwerthig anzusehen.

Die ungezwungenste Auffassung dieses Verhältnisses führt zu der Ansicht, dass Chlor, Brom und Jod gegen electropositivere Elemente, wie Wasserstoff und Metalle, einwerthig, gegen den negativen Sauerstoff aber mehrwerthig und zwar wahrscheinlich siebenwerthig sind, Schwefel, Selen und Tellur gegen positivere zweiwerthig, gegen Sauerstoff sechswerthig. Fluor und Sauerstoff würden vielleicht ähnliche Unterschiede zeigen, wenn es gelänge, sie mit Elementen zu verbinden, welche noch negativer wären, als sie selbst sind.

Auch die Stickstoff-Phosphorgruppe zeigt gegen positivere Elemente ein etwas anderes Verhalten als gegen negativere. Gegen Wasserstoff und Metalle tritt sie dreiwerthig auf. Ammoniak, NH_3, und Phosphorwasserstoff, PH_3, vermögen zwar noch ein viertes Wasserstoffatom aufzunehmen; aber nur, wenn dasselbe mit einem stark negativen Elemente, wie Chlor oder Jod, zugleich eintritt. Gegen Sauerstoff erscheinen alle Elemente dieser Gruppe fünfwerthig, gegen Chlor wenigstens ein Theil.

Der Kohlenstoff und seine Verwandten sind dagegen stets vierwerthig, mögen sie nun mit Wasserstoff und anderen stark positiven Elementen oder mit negativen wie Sauerstoff, Chlor u. s. w. verbunden sein.

Für die Metalle ist bis jetzt zur Annahme eines verschiedenen Verhaltens gegen positivere und gegen negativere Elemente ein Anlass nicht vorhanden. Bemerkenswerth ist jedoch, dass die wenigen bis jetzt bekannt gewordenen Wasserstoffverbindungen von Metallen meist nicht den Chloriden analog zusammengesetzt sind.

Wir schliessen aus diesen Betrachtungen, dass Elemente mit sehr scharf ausgeprägten elektronegativem Charakter (vergl. § 75) nicht selten in ihren Verbindungen mit positiven Elementen einen anderen chemischen Werth zeigen als in denen mit negativen; und zwar ist die Anzahl der Valenzen dort kleiner, wo der elektrochemische Gegensatz grösser ist, also gegen die positiven Elemente.

§ 172 (169).

Die aus Analogien im Verhalten der Stoffe gezogenen Schlüsse würden aber vielen Zweifeln Raum gestatten, wenn nicht, wie die meisten anderen Eigenschaften der Atome, auch der chemische Werth oder das Sättigungsvermögen eine periodische Function des Atomgewichtes wäre. Es wurde schon in der ersten Auflage dieser Schrift S. 137 gezeigt, dass der chemische Werth in der Reihe der natürlichen Familien von jeder zur nächst folgenden in regelmässiger Weise wechselt. Da nun die sich entsprechenden Glieder dieser Familien in der Reihe der Atomgewichte einander folgen, so ergiebt sich, dass auch in dieser Reihe der chemische Werth von Glied zu Glied in regelmässiger Weise sich ändert. Vom ersten Maximum des Atomvolumens ausgehend, haben wir z. B.:

1w.	2w.	3w.	4w.	3w.	2w.	1w.
				gegen positive Elemente.		
Li	Be	B	C	N	O	F
$LiCl_1$	$BeCl_2$	BCl_3	CH_4	NH_3	OH_2	FH_1

Dieselbe Regelmässigkeit wiederholt sich in den Verbindungen der auf das Fluor folgenden Elemente:

1w.	2w.	3w.	4w.	3w. gegen positive Elemente.	2w.	1w.
Na	Mg	Al	Si	P	S	Cl
$NaCl_1$	$MgCl_2$	$AlCl_3$	SiH_4	PH_3	SH_2	ClH_1

Es ist beachtenswerth, dass hier für Lithium, Natrium, Beryllium und Magnesium der chemische Werth so angenommen ist, wie er sich aus der stöchiometrischen Zusammensetzung ihrer Verbindungen von unbekanntem Molekulargewicht ergiebt. Es wird dadurch wahrscheinlich, dass der so angenommene, zunächst „scheinbare Werth" mit dem wirklichen identisch sei. Auffallend aber ist, dass wir, um in der zweiten Reihe der Elemente dieselbe Regelmässigkeit wie in der ersten zu erhalten, für das Aluminium ebenfalls den scheinbaren Werth einsetzen, sein Atom als dreiwerthig betrachten müssen, während es sich aus den Molekulargewichten seiner flüchtigen Verbindungen Al_2Cl_6, Al_2Br_6, Al_2J_6 (s. oben § 114) als mindestens vierwerthig ergeben hatte.

Regelmässigkeiten ähnlicher Art ergeben sich auch, wenn man statt der Verbindungen mit dem positiven Wasserstoffe die mit dem negativen Chlor in Betracht zieht. So haben wir z. B. für die sechste Horizontale der Tafel in § 61:

$AgCl_1$	$CdCl_2$	$InCl_3$	$SnCl_4$	$SbCl_3$ $SbCl_5$	$TeCl_2$ $TeCl_4$	JCl_1 JCl_3

Die hier in der oberen Zeile stehenden Chloride sind unzersetzt flüchtig, die in der unteren zerfallen bei der Verdampfung.

§ 173 (170).

Die grösste Regelmässigkeit findet sich aber, wie zuerst Mendelejeff[*]) gezeigt hat, in der Zusammensetzung der Oxyde, welche sich, von wenigen Ausnahmen abgesehen, in regelmässiger Art mit der Grösse des Atomgewichtes ändert. Im allgemeinen wächst in der nach der Grösse der Atomgewichte geordneten Reihe der Elemente die Quantität Sauerstoff,

---

[*]) Die periodische Gesetzmässigkeit der chemischen Elemente, Ann. Chem. Pharm. 1871, 8. Suppl.-Bd., S. 133 ff.

welche von einem Atome eines anderen Elementes gebunden wird, von Glied zu Glied um ein halbes Atom, jedoch nie weiter als bis zu vier Atomen, worauf sie wieder plötzlich auf ein halbes Atom herabsinkt. Diese Regelmässigkeit tritt am besten hervor, wenn man, um Bruchtheile von Atomen zu vermeiden, die stöchiometrische Zusammensetzung der Oxyde, ohne Rücksicht auf die Molekulargewichte, so ausdrückt, dass die Formeln angeben, wie viel Sauerstoffatome auf je zwei Atome des betreffenden Elementes in der Verbindung enthalten sind. Dieses ist aus nachstehender Tafel ersichtlich, in welcher in Klammern ( ) auch einige Oxyde aufgeführt sind, welche noch nicht mit Sicherheit bekannt, oder doch nicht im reinen Zustande untersucht sind, deren Existenz aber nach der Analogie mit verwandten Verbindungen kaum zweifelhaft ist.

Oxyde.

(Li_2O)	Na_2O	K_2O	Cu_2O	(Rb_2O)	Ag_2O	(Cs_2O)	—	Au_2O
Be_2O_2	Mg_2O_2	Cu_2O_2	Zn_2O_2	Sr_2O_2	Cd_2O_2	Ba_2O_2	Ng_2O_2	Hg_2O_2
B_2O_3	Al_2O_3	Sc_2O_3	Ga_2O_3	Y_2O_3	In_2O_3	Ce_2O_3	Yb_2O_3	Tl_2O_3
C_2O_4	Si_2O_4	Ti_2O_4		Zr_2O_4	Sn_2O_4	—	—	Pb_2O_4
N_2O_5	P_2O_5	V_2O_5	As_2O_5	Nb_2O_5	Sb_2O_5		Ta_2O_5	Bi_2O_5
O_2O_4 [1])	S_2O_6	Cr_2O_6	(Se_2O_6)	Mo_2O_6	Te_2O_6	—	W_2O_6	—
F ?	(Cl_2O_7)	Mn_2O_7	(Br_2O_7)	—	(J_2O_7)	—	—	—
		(Fe_2O_6) [2])		Ru_2O_8			Os_2O_8	
		Co_2O_3 [3])		Rh_2O_4			Ir_2O_4	
		Ni_2O_3		Pd_2O_4			Pt_2O_4	

Die hier aufgeführten Oxyde sind für die meisten Elemente die sauerstoffreichsten, welche wir kennen; manche der in der obersten Horizontalreihe stehenden Metalle bilden indess an Sauerstoff noch reichere Oxyde, so Na, K, Cu Ag Au, und

---

[1]) Ozon, dessen Molekulargewicht wahrscheinlich O_3 ist.

[2]) Das Anhydrid der Eisensäure ist wahrscheinlich FeO_3 oder Fe_2O_6 (s. Gmelin, Handbuch der Chemie, 5. Aufl., Bd. 3, S. 244, 6. Aufl., S. 382). Mendelejeff's a. a. O. S. 147 ausgesprochene Vermuthung, dasselbe möchte FeO_4 oder Fe_2O_8 sein, ist von ihm bis jetzt nicht näher begründet worden.

[3]) Mendelejeff nimmt (a. a. O. S. 147) die Oxydationsstufe CoO_2 oder Co_2O_4 an, welche er für das Anhydrid der sogenannten Kobaltsäure zu halten scheint. Für dieses wurde aber die Zusammensetzung Co_3O_5 gefunden (siehe Liebig und Kopp, Jahres-Bericht für 1856, S. 398 ff.); das Oxyd CoO_2 ist also problematisch.

wahrscheinlich auch Li, Rb und Cs. Diese sauerstoffreicheren Oxyde sind aber meist (wie auch einige der in der Tafel aufgeführten) Superoxyde, welche einen Theil ihres Sauerstoffes sehr leicht abgeben; nur das Kupferoxyd CuO (oder Cu_2O_2) ist sehr beständig. Ebenso bilden die in zweiter Reihe stehenden Elemente z. Th. Superoxyde, Ca_2O_4 Sr_2O_4, Ba_2O_4 In der dritten Reihe ist, der Einfachheit wegen, nur je ein Erdmetall aufgeführt. Da vom Cer auch ein Oxyd CeO_2 oder Ce_2O_4 bekannt ist, so könnte man auch La_2O_3 an die Stelle von Ce_2O_3 einrücken und Ce_2O_4 in die vierte Reihe stellen, ohne die Regelmässigkeit zu stören. Abweichungen von dieser durchgehenden Regelmässigkeit finden sich in der Tafel nur bei O, F, Fe, Co, Ni, Rh, Pd, Ir und Pt. Dieselben rühren wahrscheinlich daher, dass die Affinität dieser Elemente für Sauerstoff nicht stark genug ist, um die ihrem Werthe entsprechende Quantität dieses Elementes zu binden. Dieses ist um so wahrscheinlicher, als auch die bekannten sauerstoffreicheren Oxyde dieser Elemente einen Theil des Sauerstoffes nur lose gebunden enthalten und daher leicht abgeben.

Es ist wohl unzweifelhaft, dass auch die Zusammensetzung der nicht in der Tafel aufgeführten Oxyde in mehr oder weniger einfacher Art von dem Atomgewichte der Elemente abhängt. In manchen Reihen ist dieses leicht ersichtlich; so haben wir z. B. für das Zinn und die an dasselbe sich anreihenden Elemente die niederen Oxyde:

$$Sn_2O_2, Sb_2O_3, Te_2O_4, J_2O_5,$$

und ähnlich in anderen Reihen. Aber die experimentelle Untersuchung aller Oxyde sämmtlicher Elemente ist noch nicht genügend weit fortgeschritten, als dass sich eine geordnete Uebersicht aller möglichen Oxyde aufstellen und damit das allgemeine, ihre Zusammensetzung beherrschende Gesetz auffinden liesse. Für manche Elemente ist die Darstellung verschiedener Oxyde kaum versucht worden.

§ 174 (171).

Dass die Zusammensetzung der Oxyde in einem sehr nahen Zusammenhange mit der Zusammensetzung anderer Verbindungen steht, z. B. mit der der Hydrate und Salze, war längst bekannt. Es hat aber Mendelejeff diesen Zusammenhang in einer Form zur Darstellung gebracht, aus welcher das ihn beherrschende Gesetz mit überraschender Klarheit hervortritt. Die Zusammensetzung der Hydrate oder Hydroxylverbindungen, mögen sie nun saurer oder basischer Natur sein, zeigt sich abhängig einerseits von der der Oxyde und andererseits von der der Hydrüre oder Wasserstoffverbindungen. Im allgemeinen kann jedes Sauerstoffatom als zweiwerthiges Element durch zwei einwerthige Atome oder Radicale ersetzt werden, z. B. durch zweimal die einwerthige Gruppe Hydroxyl, OH Meistens scheinen aber nicht mehr als höchstens vier solcher Gruppen auf ein Atom eines mehrwerthigen Elementes in eine Verbindung einzutreten. Die in einzelnen Fällen mehr eintretenden Hydroxylgruppen sind lose, nach Art des Halhydratwassers*) gebunden, ihr Wasserstoff hat keinen ausgeprägt basischen oder sauren Charakter und wird daher in der Regel nicht leicht durch Metallatome oder Säureradicale vertreten. Wie viel Hydroxylgruppen mit scharf ausgeprägtem Charakter eintreten können, wird merkwürdigerweise durch die Zusammensetzung der entsprechenden Wasserstoffverbindung bestimmt: Hydrür und Hydrat enthalten eine gleiche Anzahl von Wasserstoffatomen. Statt der Hydrüre können auch die oft leichter darzustellenden Verbindungen mit einwerthigen Kohlenwasserstoffradicalen, z. B. mit Aethyl, $C_2H_5 = Ae$, als Richtschnur angesehen werden, da die Anzahl dieser Radicale regelmässig der der Wasserstoffatome im Hydrür gleich ist.

Nachstehende Tafel zeigt z. B. für die vom Natrium bis zum Kalium reichende Reihe der Elemente die geschilderte eigenthümliche Gesetzmässigkeit.

Oxyd	Hydrat	Hydrür	Aethylür
Na_2O_1	$NaO_1H_1 = Na(OH)_1$	—	$NaAe_1$**)
Mg_2O_2	$MgO_2H_2 = Mg(OH)_2$	—	$MgAe_2$
Al_2O_3	$AlO_3H_3 = Al(OH)_3$	—	$AlAe_3$
Si_2O_4	$SiO_4H_4 = Si(OH)_4$	SiH_4	$SiAe_4$
P_2O_5	$PO_4H_3 = PO(OH)_3$	PH_3	PAe_3
S_2O_6	$SO_4H_2 = SO_2(OH)_2$	SH_2	SAe_2
Cl_2O_7	$ClO_4H_1 = ClO_3(OH)_1$	ClH_1	$ClAe_1$
K_2O_1	$KO H_1 = K(OH)_1$	—	KAe_1**)

Die Formeln der Oxyde sind hier wieder, um Bruchzahlen zu vermeiden, alle so geschrieben, dass sie zwei Atome des

---

*) s. § 179, S. 370.
**) Natrium- und Kaliumaethyl sind im isolirten Zustande nicht, sondern nur in Verbindung mit Zinkaethyl bekannt.

betreffenden Elementes umfassen. Für die Hydrate, Hydrüre und Aethylüre fiel dieser Grund weg; die durch die Formeln ausgedrückten Quantitäten enthalten alle nur ein Atom des betreffenden Elementes, entsprechen daher der Hälfte der in der ersten Columne angegebenen Menge Oxyd. Jedes Hydroxyl, HO, im Hydrate vertritt $^1/_2 O$ im Oxyde.

Mendelejeff hat auch den Versuch gemacht, wie die Anzahl der von einem Elemente gebundenen Hydroxylgruppen, so auch das Krystallwasser der Salze unter bestimmte Regeln zu bringen. Es liegt darüber indessen nur eine ganz kurze Notiz[*] vor, aus welcher nicht ersichtlich ist, wie weit ihm die Durchführung bereits gelungen. Dass sie möglich sein wird, erscheint kaum noch zweifelhaft, denn in letzter Linie muss auch die Bindung des gewöhnlich als Krystallisationswasser angesehenen Sauerstoffes und Wasserstoffes von der Natur der Atome abhängen[**].

§ 175 (172).

Auf Grund der vorstehend aufgeführten Regelmässigkeiten in der Zusammensetzung der chemischen Verbindungen, denen sich noch zahlreiche andere demselben Schema folgende anreihen liessen, kann man allgemein aussprechen: **der chemische Werth der Elemente, wie er sich aus der Zusammensetzung ihrer Verbindungen ergiebt, ist eine periodische Function des Atomgewichtes. Seine Perioden fallen mit den Perioden des allgemeinen chemischen Charakters**[***] **nahe zusammen; sodass bis zum Kalium je eine derselben und von da ab je zwei auf eine Periode des Atomvolumens fallen.** Die ersten drei Minima des chemischen Werthes, Li, Na, K, treffen auf die ersten drei Maxima des Atomvolumens, die ersten Maxima, C und Si, auf die ersten Minima derselben. Vom Kalium aufwärts aber fallen die Minima des chemischen Werthes, Cu[†], Rb, Ag, Cs, Au[†], abwechselnd nahezu auf ein Minimum oder auf ein Maximum des Atomvolumens, während die Maxima des Werthes zwischen je ein Maximum und Minimum des Atomvolumens hineinfallen.

---

[*] Ber. d deutsch. chem. Ges. zu Berlin, Jahrg. 1870, S. 931.
[**] Einige Gruppen von Beispielen für die Durchführung jener Idee habe ich in den Ber. d. d. chem. Ges. 1872, S. 104, gegeben.
[***] S. § 75, S. 166 ff.
[†] Cu und Au als einwerthig aufgefasst.

Diese Periodicität des chemischen Werthes tritt am deutlichsten hervor, wenn man denselben aus Verbindungen mit dem Sauerstoffe ableitet. Es ist dies einer der Hauptgründe, welche uns zu dieser Ableitung bestimmen, obschon die Oxyde, wegen der Zweiwerthigkeit des Sauerstoffes und der durch diese möglichen doppelten Bindung zunächst als ein ungeeignetes und trügerisches Mittel zur Feststellung des Werthes erschienen.

Der Sauerstoff erhält damit in gewissem Grade die maassgebende Stellung zurück, welche ihm Lavoisier und besonders auch Berzelius eingeräumt hatten, die ihm aber genommen war, so lange Valenz und Atomverkettung nur aus gasförmigen Verbindungen abgeleitet wurden.

Durch die Erkenntniss, dass der chemische Werth eine periodische Function des Atomgewichtes ist, wird uns seine Feststellung wesentlich erleichtert; doch bleiben der zweifelhaften Fälle noch sehr viele.

§ 176.

Wir betrachten der Reihe nach die einzelnen in § 79 aufgezählten Familien, bemerken aber im voraus, dass einzelne Eigenthümlichkeiten des Sättigungsvermögens sich stärker in den „Perioden" oder „Reihen", d. i. in den Horizontalen der in § 61, S. 138, abgedruckten Tafel, ausprägen als in den „Gruppen" oder Verticalen.

Die Gruppe I. A.: *Li*, *Na*, *K*, *Rb*, *Cs*, die Alkalimetalle umfassend, erscheint in den in § 172—174 zusammengestellten Perioden einwerthig und wird seit langer Zeit ziemlich allgemein so angesehen. Es ist aber von keiner einzigen ihrer Verbindungen das Molekulargewicht bekannt. Diese Metalle lassen sich daher auch als nur scheinbar einwerthig ansehen. Für ihre Mehrwerthigkeit könnte die Existenz der allerdings sehr unbeständigen Polyjodide wie KJ_3 geltend gemacht werden, die man gewöhnlich als Molekularadditionen ansieht. Geuther[*] folgert aus der Zusammensetzung der Polysulfide, dass die Alkalimetalle 1-, 3- oder 5-werthig seien. Auch hat schon vor längerer Zeit A. Wanklyn[**] die allerdings nicht erwiesene Vermuthung ausgesprochen, Kalium und Natrium seien dreiwerthig. Darnach würde ihren Chloriden

---

[*] Jen. Zeitschr. [2] 6, 1. Suppl., S. 119.
[**] Chem. Soc. Journ. 1869, VII, p. 199; Strecker, Jahr.-Ber. der Chem. f. 1869, S. 13.

§ 176.   oder das Sättigungsvermögen der Atome.   361

nicht die ihnen gewöhnlich zugeschriebene Zusammensetzung $K\text{---}Cl$ und $Na\text{--}Cl$ zukommen, sondern vielleicht

$$Cl\text{---}K\text{::}K\text{---}Cl \quad \text{und} \quad Cl\text{---}Na\text{::}Na\text{---}Cl$$
oder auch $\quad Cl\text{---}K\text{---}K\text{---}Cl \qquad Cl\text{---}Na\text{---}Na\text{---}Cl$
$$\qquad\qquad K\text{---}Cl \qquad\qquad\qquad Na\text{---}Cl$$

Bei einiger Ueberlegung leuchtet allerdings ein, dass die Formeln KCl u. s. w. zu den Eigenschaften der Chloride wenig passen. Ein Chlorid eines so flüchtigen Metalles, wie das Kalium ist, würde bei dem kleinen Molekulargewichte $KCl = 39{,}04 + 35{,}37 = 74{,}41$ wahrscheinlich kaum schwerer flüchtig sein als die Chloride des Quecksilbers; bei dem dreifach so grossen Molekulargewichte $K_3Cl_3 = 223{,}23$ oder einem noch grösseren wird die Schwerflüchtigkeit des Chlorkaliums eher begreiflich.

Die Formeln KCl, $NaCl$, $AgCl$ etc. haben streng genommen keinen grösseren Werth, als die Formel CCl für Julin's Chlorkohlenstoff und CH für das Benzol hatten, ehe man wusste, dass deren Molekulargewichte durch C_6Cl_6 und C_6H_6 dargestellt werden, und das Kohlenstoffatom in anderen Verbindungen vierwerthig sei.

Der Vergleich mit I. B.: Cu, Ag, Au macht die Sache noch zweifelhafter; denn neben den Chloriden $CuCl$, $AgCl$, $AuCl$ haben wir die wohl charakterisirten Verbindungen $CuCl_2$, $AuCl_3$ und entsprechend zusammengesetze Oxyde etc., nach deren Zusammensetzung Cu mindestens zwei- und Au dreiwerthig ist. Der Analogie nach könnte man nun auch Ag mehrwerthig nehmen, zumal es das Superoxyd AgO oder Ag_2O_2 bildet, und die Monochloride als

$$Cl\text{---}Cu\text{---}Cu\text{---}Cl, \quad Cl\text{---}Ag\text{---}Ag\text{---}Cl, \quad Cl\text{---}Au\text{---}Au\text{--}Cl$$

darstellen. Dass wir vom Silber bis jetzt keine Verbindung kennen, in welcher ein einzelnes Atom nachweislich zweiwerthig aufträte, ist offenbar kein Hinderniss für die Annahme vorstehender Formeln, da es sehr wohl möglich ist, dass alle bis jetzt bekannten Silberverbindungen mindestens zwei verkoppelte und daher nur **scheinbar** einwerthige Atome enthalten, z. B. $NO_3\text{---}Ag\text{---}Ag\text{---}NO_3$ u. s. w. Kennen wir doch auch vom Kupfer keine Jodverbindung CuJ_2, sondern nur Cu_2J_2, deren Zusammensetzung am einfachsten durch CuJ ausgedrückt würde. Der Isomorphismus des Silbers mit dem Kupfer in ihren niederen Schwefelverbindungen ist ohne die Annahme der zweiwerthigen Gruppe $\text{---}Ag\text{---}Ag\text{---}$ kaum verständlich, wenn man in jenen die Gruppe $\text{---}Cu\text{---}Cu\text{---}$ annimmt. Indessen ist zu bemerken, dass die Monochlorüre denen des Quecksilbers und des Thalliums durch Unlöslichkeit in Wasser, Schwärzung durch Licht und andere hervorstechende Eigenschaften sehr ähnlich sind, diese aber, wenigstens im Gaszustande, die Molekulargewichte $HgCl$ und $TlCl$ haben (vgl. § 23). Der Analogie nach würde man auch $CuCl$, $AgCl$ und $AuCl$ als Molekulargewichte ansehen können.

Charakteristisch aber bleibt für die ganze erste Familie, dass alle Verbindungen, in welchen die Elemente mehrwerthig erscheinen, in der Hitze in die einwerthige Form übergehen. Doch macht das Oxyd CuO eine Ausnahme, nicht aber das Sulfid CuS.

§ 177.

Die zweite Familie mit den beiden Gruppen II. A.: Be, Mg, Ca, Sr, Ba und II. B.: Zn, Cd, $(Ng?)$, Hg ist in ihren gewöhnlichen und beständigsten Verbindungen zweiwerthig. Die auf höheren Werth deutenden Superoxyde zerfallen in der Hitze. Geuther[*]) hält diese Metalle für 2-, 4-, 6-, 8- oder 10 werthig.

Das letzte Glied, das Quecksilber, hat die Neigung, scheinbar einwerthig aufzutreten. Aber die Verbindungen, die es in diesem Zustande bildet, sind unbeständiger als die normalen. Während die höheren Verbindungen der vorigen Familie in der Hitze unter Verlust negativer Atome in die niederen übergehen, verlieren die niederen Hg-Verbindungen unter verschiedenen Einwirkungen leicht Metall, z. B.:

$$2\,HgCl = Hg + HgCl_2, \quad Hg_2O = Hg + HgO$$

In beiden Familien sind also die normalen die beständigeren Verbindungen.

Die dritte Familie, in deren erste Gruppe III. A. ausser B, Al, Sc, Y, La, Di, Ce, Yb noch eine Reihe nicht völlig von einander zu trennender und daher nicht genau bekannter Metalle gehört, erscheint in dieser und der zweiten, leicht schmelz- und reducirbaren Gruppe III. B.: Ga, In, Tl in der Regel dreiwerthig. Doch ist auch hier ein höherer Werth nicht ganz ausgeschlossen.

Die Molekulargewichte Al_2Cl_6, Al_2Br_6, Al_2J_6 (vergl. § 23) verlangen zum Zusammenhalt der Molekel mindestens vier Affinitäten für jedes Al. Das Cer bildet ein Oxyd, CeO_2 könnte daher auch zu IV A. gerechnet werden. Dagegen weicht, wie in der vorigen Familie, das letzte Glied Tl nach der anderen Seite ab, indem es, wie das Hg, leicht ungesättigt und scheinbar einwerthig auftritt.

---

[*]) a. a. O.

§§ 177, 178.   oder das Sättigungsvermögen der Atome.   363

Die vierte Familie ist in beiden Gruppen IV. A.: C, Si, Ti, Zr, Th; IV. B.: Sn, Pb vierwerthig; doch kommt C im CO ungesättigt vor, und das letzte Glied der zweiten Gruppe, Pb, stimmt mit Hg und Tl in der Neigung überein, minderwerthig, also wohl auch ungesättigt oder vielleicht durch Selbstsättigung scheinbar zweiwerthig aufzutreten. Als solches vertritt es isomorph Ca, Sr und Ba in vielen Verbindungen.

§ 178 (142).

Mit der fünften Familie

V. A.: V, Nb, Ta; V B.: N, P, As, Sb, Bi

beginnt die Verschiedenheit des Verhaltens gegen positive und negative Elemente, ist jedoch noch nicht scharf ausgeprägt. Negativen Elementen gegenüber ist der Werth gegen die vorige Familie um eine Einheit erhöht, also = 5, während der gegen stark positive, besonders H, um eine Einheit vermindert, also nur = 3 ist. Diese Zahlen kommen nicht in allen Verbindungen zur vollen Geltung, am schärfsten in den Oxyden und Hydrüren.

Nur N, P, As, Sb verbinden sich mit H zu NH_3, PH_3 u. s. w. und zwar nimmt die Affinität an Stärke mit wachsendem Atomgewichte ab, so dass es nicht auffällt, dass dieselbe beim Wismuth erloschen erscheint. Die beiden ersten Elemente N und P vermögen jedoch noch eine vierte Affinität durch positive Atome zu sättigen, wenn die fünfte gleichzeitig negativ gesättigt wird (z. B. $NH_3 + HCl = NH_4Cl$ u. dgl.), sind also unter diesen Umständen fünfwerthig. Nur aus dieser Auffassung erklärt sich befriedigend die Constitution der zahlreichen durch Vereinigung des Ammoniaks, NH_3, mit Säuren entstehenden Salze. In diesen erscheint nach der von Berzelius aufgestellten Theorie die Atomgruppe Ammonium, NH_4, als einwerthiges Radical, welches sich in Hunderten von Fällen genau so verhält wie die Atome des Kaliums, Rubidiums, Caesiums etc., so dass es mit diesen sogar leicht verwechselt werden kann. Jenes Radical kann aber nur dann eine freie Affinität haben, wenn der Stickstoff fünfwerthig ist; denn nur unter dieser Voraussetzung lassen die vier Wasserstoffatome eine Affinität übrig:

$$\underbrace{\overset{N}{H\ H\ H\ H}}_{\ast}$$

Nur unter dieser Voraussetzung können wir in den chemischen Formeln der Ammoniaksalze die Analogien zum Ausdruck bringen, welche sie mit den Salzen der Alkalimetalle in ihren physikalischen Eigenschaften, wie im chemischen Verhalten ganz unzweifelhaft zeigen, z. B. Salmiak $(NH_4)Cl$ mit Chlorkalium KCl, Ammoniumsulfat $(NH_4)_2SO_4$ mit Kaliumsulfat K_2SO_4 u. s. w.

Sieht man den Stickstoff als dreiwerthig an, so können diese Verbindungen nur dargestellt werden als Additionen aus Ammoniak und Säure, $NH_3 + HCl$, $NH_3 + NH_3 + H_2SO_4$ u. s. w., wodurch alle Analogie verwischt wird.

Noch mehr als die Salze und andere Verbindungen des Ammoniaks zeigen die aus den sogenannten substituirten Ammoniaken entstehenden Verbindungen die Eigenschaften von eigentlichen Atomverkettungen, so dass sie sich z. Th. nur sehr gezwungen als Molekuladditionen auffassen liessen. Betrachtete man z. B. das Tetraethylammoniumjodid $N(C_2H_5)_4J$ analog dem Jodammonium, $NH_4J = NH_3$, HJ, als eine Addition von Triaethylamin, $N(C_2H_5)_3$, und Jodaethyl, $(C_2H_5)J$, so müsste man folgerichtig die durch Einwirkung von Silberoxyd und Wasser aus dem Tetraethylammoniumjodid entstehende starke Base, das Tetraethylammoniumhydrat $N(C_2H_5)_4OH$, als eine Addition aus Triaethylamin, $N(C_2H_5)_3$, und Alkohol, $(C_2H_5)OH$, ansehen. Dass es aber als eine solche nicht gelten kann, geht schon daraus hervor, dass es schon bei der Temperatur des siedenden Wassers zerfällt nicht zu Triaethylamin und Alkohol, sondern zu Triaethylamin, Aethylen und Wasser*):

$$N(C_2H_5)_4OH = N(C_2H_5)_3 + C_2H_4 + H_2O,$$

eine Zersetzung, welche schwerlich bei so niederer Temperatur eintreten würde, wenn die Verbindung Alkohol enthielte. Auch das übrige Verhalten spricht durchaus gegen eine solche Annahme.

Gegen Sauerstoff sind alle 8. Elemente 5-werthig, und zwar die der ersten Gruppe mit sehr grosser, die der zweiten mit vom N zum P wachsender und von diesen bis zum Bi wieder stufenweise abnehmender Stärke der Affinität. Gegen die Salzbilder sind sie ebenfalls fünfwerthig. Dass aber die höchsten Verbindungen mancher dieser Elemente in höherer Temperatur z. Th. zerfallen, z. Th. selbst bei gewöhnlicher Temperatur nicht beständig sind, ist bereits mehrfach erwähnt worden (Vgl. § 30 ff). Beachtenswerth ist, dass die Verbindungen meist beständiger werden, wenn ein Theil der Affinitäten durch minder negative Radicale gesättigt wird.

---

*) A. W. Hofmann, 1851, Ann. Chem. Pharm. Bd. 78, S. 268.

So vermag z. B. das Arsentrichlorid kein Chlor weiter zu binden, so dass das Arsen in ihm scheinbar dreiwerthig auftritt. Ersetzt man aber ein oder zwei Chloratome durch Kohlenwasserstoffradicale, so tritt seine Fünfwerthigkeit hervor, und zwar sind die Verbindungen um so beständiger, je mehr Kohlenwasserstoff sie enthalten. So verbindet sich nach A. Michaelis*) das Arsenphenylchlorür, $(C_6H_5)AsCl_2$, mit mehr Chlor zu einer ziemlich beständigen flüssigen Verbindung, $(C_6H_5)AsCl_4$. Das Arsendimethylchlorür oder Chlorkakodyl, $(CH_3)_2AsCl$, vereinigt sich nach A. Baeyer**) ebenfalls mit Cl_2:

$$As\begin{cases}CH_3\\CH_3\\Cl\end{cases} + Cl\ Cl = As\begin{cases}CH_3\\CH_3\\Cl_3\end{cases}$$

Einfachchlor-   Chlor,   Dreifachchlor-
kakodyl,   kakodyl;

doch ist die entstandene Verbindung unbeständig, so dass sie schon bei einer geringen Erhöhung der Temperatur wieder zerfällt:

$$As\begin{bmatrix}(CH_3)_2\\Cl_3\end{bmatrix} \quad As\begin{bmatrix}CH_3\\Cl_2\end{bmatrix} + (CH_3)Cl,$$

Trichlorkakodyl, Arsenmonomethyl- Chlormethyl.
bichlorid,

Das so entstandene Arsenmonomethylbichlorid zeigt eine noch geringere Affinität zum Chlore, so dass es nur bei sehr niedriger Temperatur (-10°) eine Verbindung mit demselben bildet:

$$As\begin{bmatrix}CH_3\\Cl_2\end{bmatrix} + Cl\ Cl = As\begin{bmatrix}CH_3\\Cl_4\end{bmatrix}$$

Arsenmono-   Chlor,   Arsenmonomethylbichlorid.   methyltetrachlorid,

welche sich schon bei etwas erhöhter Temperatur (noch unter dem Gefrierpunkte) zersetzt:

$$As\begin{bmatrix}CH_3\\Cl_4\end{bmatrix} = As\begin{cases}Cl\\Cl\\Cl\end{cases} + (CH_3)Cl$$

Arsenmono-   Chlorarsen,   Clormethyl.
methyltetrachlorid.

Das hier gebildete Arsentrichlorid endlich hat so wenig Verwandtschaft zum Chlore, dass eine höhere Chlorstufe bis jetzt nicht hat dargestellt werden können. Mit dem Ueberwiegen der Chloratome in diesen Verbindungen über Kohlenstoff und Wasserstoff

---

*) Ueber aromatische Arsenverbindungen. Ber. d. d. chem. Gesellschaft 1875, Bd. 8, S. 1316.
**) Ueber die Verbindungen des Arsen's mit dem Methyle, Ann. Chem. Pharm. 1858, Bd. 107, S. 257.

nimmt also die Kraft, durch welche das Chlor gebunden wird, augenscheinlich ab. Solcher Beispiele sind sehr viele bekannt.

Ganz ähnlich liessen sich manche Phosphorverbindungen nur in höchst gezwungener Weise auffassen, so lange man den Phosphor für nur dreiwerthig hielt. So erscheint z. B., wenn man das Phosphoratom als fünfwerthig ansieht, die Bildung von Acichlorid, Säure oder Anhydrid aus dem Pentachloride als einfache Substitution des 2werthigen O für Cl_2 oder des einwerthigen Radicales OH für Cl; z. B.:

$$\underbrace{\overset{P}{}}_{Cl\,Cl\,Cl\,Cl\,Cl} + H\text{---}O\text{---}H = \underbrace{\overset{P}{}}_{Cl\,Cl\,Cl\,\,O} + H\text{---}Cl + H\text{---}Cl,$$

Pentachlorid, Wasser, Acichlorid, Salzsäure.

So lange man den Phosphor für dreiwerthig hielt, musste man eine Umlagerung der Atome annehmen:

$$\underbrace{\overset{P}{}}_{Cl\,\,Cl\,\,Cl}\,Cl\text{---}Cl + H\text{---}O\text{---}H = \underbrace{\overset{P}{}}_{Cl\,Cl\,O\text{---}Cl} + H\text{---}Cl + H\text{---}Cl,$$

Pentachlorid, Wasser, Acichlorid, Salzsäure.

Das Aci- oder Oxychlorid ist ein unzersetzt flüchtiger Körper, dessen Molekulargewicht aus seiner Dampfdichte zu $153{,}0 = POCl_3$ bestimmt wurde. Es musste also jedenfalls als eine Atomverkettung betrachtet werden, während das Pentachlorid, weil es zu PCl_3 und Cl_2 zerfällt, für eine Molekularaddition galt, obschon es in seinem Verhalten unzählige Analogien und Aehnlichkeiten mit dem Acichloride zeigt. Diese Schwierigkeit wurde noch dadurch vermehrt, dass das Vanadin, dessen höchstes Chlorid VCl_4 unzersetzt flüchtig ist, ein dem des Phosphors vollkommen analoges Acichlorid $VOCl_3$ bildet, dessen Constitution bei der früheren Auffassung ohne Inconsequenz nicht zu erklären war.

So viel Gründe auch für die Fünfwerthigkeit sprechen, so bleibt es doch bemerkenswerth, dass, wie schon § 174 erwähnt wurde, die Oxydhydrate und Oxysäuren dieser Familie im Maximum nur 3, nicht 5 Hydroxyle enthalten, sich also sämmtlich, nach § 113, auch als Verbindungen dreiwerthiger Elemente auffassen lassen.

Es giebt aber noch Verbindungen einiger Elemente dieser Familie, aus deren Zusammensetzung man einen, die Zahl 5 übersteigenden Werth derselben ableiten könnte. Folgt z. B. aus der stöchiometrischen Zusammensetzung des Salmiaks, NH_4Cl, dass das Stickstoffatom fünfwerthig sei, so könnte man aus der Existenz der wohlkrystallisirten Verbindung NH_4JCl_4*) schliessen, dass es für neunwerthig gehalten werden müsse. Derselbe Schluss liesse sich aus der Zusammensetzung des von Weltzien**) entdeckten Tetramethylammoniumpentajodides, $N(CH_3)_4J_5$, ziehen. Ebenso könnte dann der Phosphor für siebenwerthig gelten, weil er Verbindungen PCl_6J***) und PCl_3Br_4†) bildet, oder gar für elfwerthig, weil eine, freilich sehr unbeständige Verbindung PCl_3Br_8 existirt ††). Es werden aber diese Verbindungen allgemein als Molekularadditionen, den Doppelsalzen u. s. w. entsprechend aufgefasst.

§ 179 (143, 146).

In der sechsten Familie:

VI. A: Cr, Mo, W, U†††), VI. B: O, S, Se, Te,

tritt die Verschiedenheit des Verhaltens gegen positive und negative Elemente sehr scharf hervor; doch bildet nur Gruppe B wohlcharakterisirte Verbindungen mit Elementen, welche positiver sind als die Glieder der Gruppe selbst. Die Zusammensetzung aller dieser sehr zahlreichen Verbindungen mit dem Wasserstoffe, den Metallen, Halbmetallen und anderen Elementen mit alleiniger Ausnahme der negativen Gruppen VI. B und VII. B lässt sich ungezwungen nur nach der Annahme auslegen, dass in denselben Sauerstoff, Schwefel u. s. w.' zweiwerthig seien.

Gegen die Gruppe der Salzbilder (VII. B) und gegen die Sauerstoff-Schwefelgruppe (VI. B) sind diese Elemente sechswerthig, die der Gruppe B also auch gegeneinander. Jedoch ist nur von einem dieser Elemente eine unzersetzt flüchtige Verbindung mit 6 einwerthigen Atomen bekannt, das Wolframhexachlorid, WCl_6, das leicht unter Verlust von 1 Cl in das Pentachlorid WCl_5 übergeht. Das Molybdän und Uran bilden als höchste Chloride nur die letzterem entsprechenden Pentachloride $MoCl_5$ und UCl_5, Chrom nur das Trichlorid $CrCl_3$ (oder vielleicht Cr_2Cl_6 etc.). Schwefel, Selen und Tellur bilden nur Tetrachloride: SCl_4, $SeCl_4$, $TeCl_4$, von denen das erste schon unter dem Gefrierpunkte zerfällt.

---

*) s. Gmelin, Handb. d. Chem., 5. Aufl., Bd. I., S. 907.
**) Ann. Chem. Pharm., 1854, Bd. 91, S. 41.
***) von Baudrimont dargestellt, s. Jahr.-Bericht von Kopp und Will f. 1862, S. 54.
†) A. Michaelis, Ber. d. d. chem. Ges. 1872, S. 411.
††) Prinvault, Compt. rend. 1872, T. 74, p. 868; A. Michaelis, a. a. O. S. 414.
†††) Wenn $U=240$ ist.

Alle 7 Elemente binden dagegen 3 Atome oder sechs Aequivalente Sauerstoff oder neben 1 oder 2 Atomen desselben 4 oder 2 Aequivalente Hydroxyl, Chlor etc. Wir kennen z. B. die Verbindungen:

SO_3 — TeO_3
SO_2Cl_2 — —
$SO_2Cl(OH)$ — —
$SO_2(OH)_2$ $SeO_2(OH)_2$, $TeO_2(OH)_2$
CrO_3, MoO_3 WO_3 UO_3
CrO_2Cl_2 MoO_2Cl_2 WO_2Cl_2 UO_2Cl_2
—, $MoOCl_4$ $WOCl_4$ —
—, $MoO_2(OH)_2$, $WO_2(OH)_2$ $UO_2(OH)_2$

Viele dieser Verbindungen, besonders die meisten der Chlor enthaltenden, sind unzersetzt flüchtig; SO_3 und MoO_3, TeO_3, CrO_3 und UO_3 verlieren leicht Sauerstoff; WO_3 ist kaum flüchtig. Die Hydrate, mit Ausnahme von $HOSO_2Cl$, zerfallen zu Wasser und Anhydrid; nur Selensäure giebt satt des letzteren SeO_2 und O; $UO_2(OH)_2$ verliert ebenfalls O.

Da auch hier, wie in der fünften Familie, die Anzahl der Hydroxyle in den Hydraten nicht grösser ist als zwei, d. i. die Zahl H-atome, welche die Elemente S, Se, Te unmittelbar zu binden im Stande sind, so lassen sich diese Verbindungen auch unter der Annahme, Schwefel, Selen und Tellur seien wie Sauerstoff zweiwerthig, in der § 101 und 112 besprochenen Art als Atomketten aus zwei- und einwerthigen Elementen ansehen. Diese Auffassung öffnet indessen zwischen den analog zusammengesetzten Verbindungen eine weite Kluft, da es Niemandem einfallen wird, auch Chrom, Molybdän und Wolfram für nur 2 werthig zu erklären.

Auch für die Erklärung der Verbindungen des Schwefels etc. mit einwerthigen Atomen und Radicalen ist jene Ansicht nicht durchführbar. Könnte man SCl_4, $SeCl_4$ und $TeCl_4$ noch allenfalls, wenn auch sehr gezwungen, als Molekularadditionen auffassen, so ist das für die Verbindungen mit einwerthigen Kohlenwasserstoffradicalen nicht mehr durchführbar. Besonders spricht das Verhalten des von v. Oefele[**]) dargestellten Triaethylsulfinhydrates $S(C_2H_5)_3OH$ gegen die Annahme, dass dasselbe ein Additionspro-

---

[*]) Die Sechswerthigkeit des Schwefels ist zuerst von Buttlerow (Zeitschr. f. Chem. u. Pharm. 1863, Jahrg. 6, S. 507) aufgestellt worden, dem dann Erlenmeyer (daselbst 1864, Jahrg. 7, S. 631 u. 633) zustimmte, zu einer Zeit, in der diese Ansicht noch wenig Beifall fand.

[**]) Ann. Chem. Pharm. 1864, Bd. 132, S. 82.

dukt aus Schwefelaethyl, $S(C_2H_5)_4$, und Alkohol, $(C_2H_5)OH$ sei, wofür es gehalten werden muss, wenn man den Schwefel als zweiwerthig ansieht.

Viel mehr Wahrscheinlichkeit, als die Zweiwerthigkeit gegen negative Elemente, hat die Annahme für sich, dass die Affinität der genannten 7 Elemente gegen die Salzbilder sehr ungleich stark ist, die des Schwefels die geringste, die des Wolframs die grösste Intensität besitzt, so dass nur bei diesem die Sechswerthigkeit zum Ausdrucke gelangt.

Zugleich führt diese Auffassung zu der Ansicht, dass der chemische Werth dieser Elemente sich richtiger und übereinstimmender aus den Oxyden als aus den Chloriden ersehen lässt, die früher geübte Vorsicht also übertrieben war, nach welcher man die Oxyde geflissentlich bei der Werthbestimmung vermied, um sich nicht durch doppelte Bindung der Sauerstoffatome täuschen zu lassen.

Bemerkenswerth ist, dass in den Verbindungen, welche O, S, Se, Te unter sich eingehen, das negativere Element zwei-, das positivere sechswerthig auftritt. Da nun soviel wir wissen, der Sauerstoff in allen seinen Verbindungen den elektronegativen Bestandtheil bildet, so kann an ihm die Sechswerthigkeit nicht wahrgenommen werden. Eine Andeutung derselben dürfen wir aber vielleicht in der Ozonbildung sehen, bei welcher Molekeln entstehen, die jedenfalls mehr als zwei, wahrscheinlich drei Atome enthalten (Vgl. § 101, S. 217).

Durch die Erkenntniss, dass S, Se, Te als sechswerthig gegen negativere Elemente, insbesondere gegen Sauerstoff anzusehen seien, ist die Möglichkeit gewonnen, eine grosse Zahl ihrer Verbindungen atomistisch aufzufassen, welche nach der früheren Ansicht nur als Molekularadditionen betrachtet werden konnten, wie folgende Beispiele zeigen werden.

Die aus H_2SO_4 und 1 und 2 H_2O entstehenden Verbindungen lassen sich als Atomverkettungen auffassen. Erstere, $SO(OH)_4$, ist bekanntlich krystallisirt zu erhalten; die andre $S(OH)_6$ giebt bei ihrer Entstehung das Maximum der Contraction (Ure) und wird bei der Elektrolyse in H_6 und SO_6 zerlegt (Bourgoin)[*]).

Bekanntlich halten manche Sulfate und andre Salze einen Theil des mit ihnen verbundenen Wassers fester als den Rest.

---

[*]) S. u. a. Gmelin-Kraut, Handb. I 1, S. 206.

Jener Theil wurde von Graham*) als salinisches, von Liebig**) als Halhydrat-Wasser bezeichnet, weil er austritt, wenn sich das Salz mit einem anderen zu einem Doppelsalze verbindet z. B.:
$(MgSO_4, H_2O + 6H_2O) + K_2SO_4 = (MgSO_4, K_2SO_4 + 6H_2O) + H_2O$.
Erlenmeyer***) hat dies Verhalten durch die sehr sinnreiche Annahme erklärt, dass Säure und Base in den Salzen mit Halhydrat noch halb im Hydratzustande seien:
$$HO\text{----}Mg\text{----}O\text{----}SO_2\text{----}OH + KO\text{----}SO_2\text{----}OK =$$
$$KO\text{----}SO_2\text{----}OMgO\text{----}SO_2\text{----}OK + H_2O.$$
Man kann aber auch das Bittersalz als ein Salz der Säure $SO\,(OH)_4$ ansehen und hat dann:
$$MgO_2\text{----}SO\text{----}(OH)_2\text{----} + OSO\text{----}(OK)_2 =$$
$$MgO_2\text{----}SO{\overset{O}{\underset{O}{>}}}SO\text{----}(OK)_2 + H_2O.$$

§ 180.

In der siebenten Familie
    VIIA: Mn,   VIIB: F, Cl, Br, J,
sind die Glieder der B-Gruppe, die „Salzbilder" einwerthig gegen alle positiveren Elemente, auch gegen die der VI. Familie mit alleiniger Ausnahme des Sauerstoffes. Gegen einander verhalten sich diese Elemente nur in ihren unzersetzt flüchtigen Verbindungen einwerthig†), in den bei der Verflüchtigung zerfallenden, wie JCl_3††), dagegen ist das weniger negative mehrwerthig. Ob das von Gore†††) entdeckte JF_5 etwa unzersetzt flüchtig sei, ist bisher noch nicht bekannt geworden. Auch ist der Maximalwerth in ihren Verbindungen unter einander noch nicht festgestellt; gegen Sauerstoff aber sind Chlor, Brom, Jod und Mangan siebenwerthig, wie sich aus der Zusammensetzung ihrer höchsten Oxyde und Hydrate, der sogenannten Uebersäuren und ihrer Salze ergiebt, die entweder $7O$ auf 2 Atome eines jener Elemente oder für einen Theil derselben deren Aequivalent in Hydroxyl und dessen Metallderivaten enthalten.

Da wenigstens für einen Theil der Oxysäuren und Salze dieser Gruppe die Regel zutrifft, dass die Anzahl ihrer Hydroxyle der

---

    *) Ann. Pharm. 1835, Bd. 13, S. 144, 1836, Bd. 20, S. 141.
   **) Ann. Pharm. 1838, B. 26, S. 144.
  ***) Ber. d. d. chem. Ges. 1869, S. 289.
    †) Vgl. § 91.
   ††) s. O. Brenken, Ber. d. d. chem. Ges. 1875, S. 487 und P. Melikoff, daselbst S. 490.
  †††) Jahr.-Ber. d. Chem. 1871; S. 224.

§ 180.   oder das Sättigungsvermögen der Atome.   371

Anzahl der Wasserstoffatome im Hydrür des betreffenden Elementes gleich, also = 1 sei, so kann man zur Noth auch hier die in § 112 entwickelte ältere Vorstellung festhalten, jene Elemente seien auch gegen negative einwerthig und demgemäss z. B. die Formel der Ueberchlorsäure, ClO_4H kettenförmig:

$$H\text{---}O\text{---}O\text{---}O\text{---}O\text{---}Cl$$

zu schreiben. Aber man verwischt dadurch ihre Analogie mit der ihr isomorphen Uebermangansäure, der man eine entsprechende Formel nicht geben kann, weil das Mangan jedenfalls mehrwerthig ist.

Zudem erklärt die Siebenwerthigkeit in gleichförmiger Art die Zusammensetzung einer ganzen Reihe von Verbindungen, welche man sonst, etwas gezwungen, als Molekularadditionen ansehen muss, z. B. die verschiedenen Ueberchlorsäure-Hydrate:

$$ClO_4H \quad , \quad ClO_5H_3 \quad , \quad ClO_6H_5$$
oder
$$ClO_3(OH) \; , \; ClO_2(OH)_3 \, , \; ClO(OH)_5 \, ,$$

von welchen die mittlere Verbindung bekanntlich bei der Destillation in die beiden anderen zerfällt. Wären dieselben Additionen von Wasser und ClO_4H, so würde, aller Wahrscheinlichkeit nach, Wasser überdestilliren, während in Wirklichkeit ClO_3OH destillirt und $ClO(OH)_5$ zurückbleibt*), ganz entsprechend der allgemeinen Regel, dass die Hydroxylgruppe die Flüchtigkeit vermindert. Die krystallisirte Ueberjodsäure und ihre Silbersalze sind:

$$JO(OH)_5 \, , \; JO(OH)_2(OAg)_3 \, , \; JO_3(OAg) \, .$$

Beide Salze verhalten sich zu einander ähnlich wie normales Phosphat zum Metaphosphat.

Nach Julius Thomsen**) ist die Salzsäure in wässriger Lösung wahrscheinlich $ClOH_3$, welche Zusammensetzung erst durch die Annahme der Mehrwerthigkeit des Chlores verständlich wird. Ist die Salzsäure $H_2Cl\text{---}OH$, so erscheinen die wasserfreien Chloride ebenso wie die wasserfreien Sulfate, Perchlorate u. s. w. als Anhydridbildungen, analog den aus sauren Phosphaten entstehenden Metaphosphaten.

Nimmt man noch an, auch das Fluor könne unter Umständen mehrwerthig sein, so kann man auch die zahlreichen gewöhnlich

---

*) je nach dem Drucke, unter welchem destillirt wird, mehr oder weniger rein, vielleicht etwas $Cl(OH)_7$ enthaltend (vgl. Roscoe, Ann. Chem. Pharm. 1862, Bd. 121, S. 346 ff.).

**) Pogg. Ann. Jubelband, 1874, S. 135.

als Molekularadditionen aufgefassten Verbindungen der Flusssäure und ihrer Salze als atomistische Verkettungen betrachten, beispielsweise die Kieselfluorwasserstoffsäure, H_2SiF_6, und die Fluosilicate, ebenso die entsprechend zusammengesetzten Verbindungen, welche statt des Siliciums Titan, Zirkon oder Zinn enthalten. Betrachtet man die Flusssäure der Thomsen'schen Auffassung der Salzsäure analog, so kann man auch das Wasser, mit dem einige dieser Stoffe krystallisiren, in die Atomverkettung mit einschliessen, z. B. in den unter einander isomorphen Verbindungen $MSiF_6$, $6H_2O$, $MTiF_6, 6H_2O$, $MZrF_6, 6H_2O$, $MSnF_6, 6H_2O$ und $MPtCl_6, 6H_2O$,[*]) in denen das hier mit M bezeichnete Metall Magnesium, Zink, Kadmium, Nickel, Kobalt, Mangan, Eisen oder Kupfer sein kann. Diese Auffassung hat manches für sich, zumal die Platinchlorwasserstoffsäure, H_2PtCl_6, $6H_2O$, eine wohl krystallisirte Verbindung ist[**]).

Der Annahme aller dieser Formeln steht aber das eine schwere Bedenken gegenüber, dass man in ihnen Fluor und Chlor auch dem positiven Wasserstoffe und den Metallen gegenüber mehrwerthig annehmen muss, wozu sonst keine Nöthigung vorliegt.

§ 181.

In den zur achten Familie zusammengefassten drei Gruppen $Fe, Co, Ni; Ru, Rh, Pd; Os, Jr, Pt$ lässt sich eine Verschiedenheit des Verhaltens gegen positive und negative Elemente nicht nachweisen, zumal kaum Verbindungen mit ausgeprägt positiven bekannt sind, während die mit negativen Atomen und Radicalen in grosser Zahl und Mannichfaltigkeit vorkommen. In ihnen schwankt die Zahl der negativen Atome und Aequivalente und damit scheinbar auch der chemische Werth von 2 bis 8. Eine grössere Zahl von Chloriden, Oxyden u. s. w., welche leicht Chlor oder Sauerstoff verlieren, deutet aber darauf hin, dass diese Mannichfaltigkeit wohl auf geringe Intensität aller oder einiger Affinitäten zurückzuführen sein möchte. Wie in der sechsten und siebenten und z. Th. schon in der fünften Familie, ist die Zahl der gebundenen Chloratome auch hier nicht selten kleiner als die der Sauerstoffaequivalente in den Oxyden; das Maximum jener ist 4, dieser dagegen 8. In den beiden einzigen ohne Zersetzung flüchtigen Oxyden RuO_4 und OsO_4 sind die Metalle ohne Zweifel acht-

---

[*]) H. Topsoë, Strecker's Jahr.-Ber. d. Chem. f. 1868, S. 276.
[**]) R. Weber, Pogg. Ann. 1857, Bd. 130, S. 443.

werthig. Nach der Analogie kann man dieses zunächst auch von Rh, Pd, Jr, Pt vermuthen, obschon diese nur 2, 3 oder 4 Cl und die aequivalente Menge Sauerstoff nur mit sehr geringer Kraft binden. Die obenerwähnte Platinchlorwasserstoffsäure, $PtCl_6H_2$, und ihre Salze, $PtCl_6K_2$ etc., als Beweise für die Achtwerthigkeit des Platin's auffassen zu wollen, wäre sehr gezwungen. Ob der achtfache Werth auch für Fe, Co, Ni anzunehmen sei, ist allerdings sehr fraglich. Die Salze der Eisensäure und Kobaltsäure zeigen aber eine so grosse Aehnlichkeit mit denen der Mangan- und Uebermangansäure und Rutheniumsäure, dass sie jedenfalls als das Zeichen eines hohen Werthes gelten können. Auch die Kobaltiakverbindungen lassen sich im gleichen Sinne denken, z. B. das Purpureokobaltchlorid $(NH_3)_5CoCl_3$ als ein Kobaltatom, das *5 H* in fünf Ammoniumgruppen vertritt und ausserdem *3 Cl* sättigt.

Fe, Co, Ni und ebenso Mn vermögen aber bekanntlich die zweiwerthigen Atome Zn, Mg, Ca und auch Cu, und ebenso Pt das vierwerthige Sn, Ti u. s. w. isomorph zu vertreten. Es ist eine wichtige, aber zur Zeit nicht zu beantwortende Frage, ob sie in die betreffenden Verbindungen, die Sulfate, Carbonate etc. etc. als nur mit zwei resp. vier Valenzen gesättigte, also z. Th. ungesättigte Atome eingehen, oder ob sie und ebenso jene ausgeprägt 2- *(Zn)* resp. 4-werthigen *(Sn)* Atome, zu mehren verbunden durch Selbstsättigung minderwerthig erscheinen.

§ 182 (147).

Durch die Annahme eines grösseren chemischen Werthes für etliche Elemente ist es möglich geworden, viele Verbindungen als Atomverkettungen aufzufassen, für welche dies früher nicht möglich war. Man darf aber nicht übersehen, dass man mit Betrachtungen dieser Art sich auf einen sehr unsicheren, nur von Hypothesen getragenen Boden begiebt, auf dem die Speculation nur allzu leicht ins Weite schweift. Alle unsere früheren Betrachtungen gingen von der Hypothese Avogadro's und den durch diese bestimmten Molekulargewichten aus. Da wir nun für feste und flüssige Stoffe bis jetzt kein der Avogadro'schen Hypothese gleichwerthiges Mittel zur Bestimmung der Molekularmasse haben, so entbehren unsere Schlussfolgerungen der experimentellen Controle, sobald wir unsere Betrachtungen von den Gasen und Dämpfen auf flüssige und feste Körper übertragen. Wir bewegen uns da auf einem rein hypothetischen Gebiete, auf dem auch dem kühnsten Fluge der Phantasie keine Schranke gesteckt ist, und müssen trotzdem noch manche Verbindung übrig lassen, die sich auch in die erweiterten Schablonen nicht einzwängen lässt.

Es ist zwar nicht unmöglich, dass einst auch die Existenz dieser zahlreichen Verbindungen auf dieselbe Ursache zurückgeführt werden wird, durch welche die von uns jetzt als Atomverkettungen bezeichneten Verbindungen erzeugt werden; vor der Hand aber ist es jedenfalls zweckmässig und vielleicht auch für immer erforderlich, die den Chemikern seit alter Zeit geläufige, seit der Entdeckung der Atomverkettung aber von Kekulé schärfer hervorgehobene Unterscheidung von atomistischen und molekularen Verbindungen beizubehalten.

§ 183 (148).

Sehen wir uns aber nach den uns zu Gebote stehenden Mitteln um, durch welche wir diese beiden Arten von nach stöchiometrischen Verhältnissen gebildeten Verbindungen unterscheiden könnten, so finden wir sehr bald, dass diese Unterscheidung, wenigstens mit unseren gegenwärtigen Mitteln, nicht streng durchzuführen ist. Zwar wenn man nur die extremen Fälle in Betracht zieht, so scheinen manche der vorgeschlagenen Unterscheidungszeichen zu genügen; zwischen den Extremen aber findet man stets eine grosse Zahl von Fällen, bei denen sie den Dienst versagen. Und schon der Umstand, dass der eine Chemiker Verbindungen unbedingt für atomistisch hält, die der andere für unzweifelhaft molekular erklärt, und dass es andererseits eine grosse Zahl von Fällen giebt, die keiner von beiden zu entscheiden wagt, zeigt zur Genüge, dass ein durchschlagendes Unterscheidungsmerkmal noch nicht gefunden ist[*]. Man rechnet gewöhnlich zu den Molekularadditionen vor allen die Verbindungen der verschiedensten Stoffe mit Krystallwasser, manche Doppelsalze, sowie überhaupt die durch Zusammenkrystallisiren nach bestimmten stöchiometrischen Verhältnissen aus verschiedenen Stoffen entstehenden Vereinigungen, in welchen die Eigenschaften der Bestandtheile ziemlich ebenso unverändert bleiben, wie in den Mischungen nach wechselnden Verhältnissen, der Lösung, Absorption u. s. w., welche man als physikalische Vereinigungen

---

[*] Eine Kritik der bisher als charakteristisch aufgestellten Merkmale s. bei Alex. Naumann: Ueber Molekülverbindungen nach festen Verhältnissen, Heidelberg, C. Winter 1872. Vergl. a. Will's Jahr.-Ber. f. 1864, S. 9 ff.

im Gegensatze zu den chemischen Verbindungen nach stöchiometrischen Verhältnissen zu bezeichnen pflegt.

Wir haben aber oben gesehen, dass manche der Verbindungen dieser Art sich auch als Atomverkettungen auffassen lassen. Andererseits ist nicht zu verkennen, dass viele derselben mit jenen sogenannten physikalischen Vereinigungen im engsten Zusammenhange stehen, so z. B. die Auflösung eines Salzes in Wasser mit der Aufnahme von Krystallwasser durch dasselbe. Denn bei sehr vielen Salzen, z. B. dem Glaubersalze, der Soda und vielen anderen, kann man durch geringe Erhöhung der Temperatur das Krystallwasser in Lösungswasser verwandeln, welches einen grossen Theil des nunmehr wasserfrei gewordenen oder mit weniger Wasser als vorher verbundenen Salzes in Lösung erhält und seine Abscheidung verhindert. Es ist höchst unwahrscheinlich, dass eine geringe Temperaturänderung hier plötzlich ganz andere Kräfte in's Spiel brächte, vielmehr deutet alles darauf hin, dass die Anziehung, welche das Wasser an das krystallisirende Salz bindet, im wesentlichen dieselbe sei, welche dieses in der Lösung zurückhält.

§ 184 (149).

Zweifelhaft bleibt dabei freilich, ob nicht alle diese Erscheinungen, Atomverkettung, Verbindung mit Krystallwasser, Lösung u. s. w. nur verschiedene Wirkungen einer und derselben den Atomen inwohnenden Kraft sind, wie es schon Berthollet annahm und Kekulé in seinen Betrachtungen über molekulare Verbindungen[*]) näher ausgeführt hat. Er ging dabei von der Erwägung aus, dass die zu einer Molekel verbundenen Atome nicht nur auf einander, sondern auch auf die Atome einer anderen Molekel, welche der ersten nahe kommt, Anziehungen von grösserer oder geringerer Stärke ausüben müssen. Denn, wäre dies nicht der Fall, vermöchten die zu einer gesättigten Molekel verbundenen Atome keine Wirkung auf ausserhalb der Molekel befindliche Atome zu üben, so würden sie sich auch niemals mit solchen verbinden; es wäre also ein Zerfall der Molekel durch die Wirkung chemischer Affinitäten anderer Molekeln oder Atome gar nicht möglich, was der Erfahrung widerspricht.

Nimmt man demgemäss an, eine Wechselwirkung der Affinitäten finde zwischen den Atomen zweier oder mehrer Molekeln

---

*) an den § 166, S. 340 a. O.

statt, sobald sich diese einander hinreichend genähert haben, so bieten sich verschiedene Möglichkeiten. Sind die Anziehungen, welche ein in der einen Molekel befindliches Atom von denen der anderen erfährt, schwächer als die Kräfte, durch welche es an seiner Stelle gehalten wird, so wird eine Umsetzung nicht eintreten. Ueberwiegen dagegen die von den Atomen der zweiten Molekel ausgehenden Anziehungen über diejenigen, durch welche das Atom an die der ersten Molekel gebunden ist, so muss es, der grösseren Kraft folgend, seinen Platz wechseln, aus seiner bisherigen Verbindung austreten, um eine neue einzugehen. Es wird also in diesem Falle ein theilweiser oder vollständiger Zerfall der erst vorhandenen Molekeln eintreten, deren Bestandtheile sich so zu neuen Verbindungen gruppiren, wie es die stärkeren der zur Wirkung kommenden Affinitäten verlangen.

Sind aber die zwischen den Atomen verschiedener Molekeln wirkenden Anziehungen nicht stark genug, um einen wechselseitigen Austausch der Atome, eine chemische Umsetzung hervorzurufen, so kann gleichwohl die Summe aller der Anziehungen, welche die Atome der einen Molekel auf die der anderen ausüben, stark genug sein, die beiden Molekeln in gegenseitiger Annäherung festzuhalten, also eine Art Verbindung der Molekeln zu bewirken.

Aendern sich dann die äusseren Umstände, namentlich die Temperatur, so kann es geschehen, dass auch das Verhältniss der verschiedenen Affinitäten geändert wird und jetzt eine chemische Umsetzung, eine Umlagerung der Atome stattfindet.

Diese Betrachtungsweise findet namentlich darin ihre Stütze, dass nach dem Zerfalle der zuerst entstandenen Verbindung sehr häufig die Atome oder Radicale anders auf die beiden Molekeln vertheilt sind, als vor der Vereinigung.

Z. B. bilden viele Chloride, so die des Zinks, Magnesiums, Aluminium's u. a., mit Wasser krystallisirte Verbindungen, welche beim Erhitzen Salzsäure abgeben, während Oxyde, Hydrate oder Oxychloride zurückbleiben. Es ist sehr wahrscheinlich, dass diese Verbindungen durch die Anziehungen entstehen, welche zwischen dem Metalle und dem Sauerstoffe einerseits und zwischen dem Chlore und dem Wasserstoffe andererseits stattfinden, bei gewöhnlicher Temperatur aber eine völlige Zersetzung noch nicht bewirken.

Beispiele solcher Vereinigungen mit nachfolgender Umsetzung liessen sich noch sehr viele anführen.

§ 185 (150).

Giebt man dieser Auffassung eine etwas weitere Ausdehnung, so erscheinen die Molekularadditionen allen anderen Molekularaggregaten analog, welche man gewöhnlich als Wirkungen einer besonderen Cohäsions- oder Adhäsionskraft zu bezeichnen pflegt.

Es ist nämlich klar, dass zum Zustandekommen einer Aneinanderlagerung nicht erforderlich ist, dass die Molekeln verschiedenartig seien. Es wird auch z. B. der Sauerstoff einer Wassermolekel auf den Wasserstoff einer anderen eine gewisse Anziehung üben, die aber nicht zum Austausche führen kann, wenn sie nicht durch besondere äussere Umstände unterstützt wird. Aus solchen Anziehungen erklärt sich ungezwungen die Zusammenlagerung zu festen Massensystemen, zu festen Körpern, kurz die Erscheinungen, deren Ursache wir mit dem Namen der Cohäsionskraft zu bezeichnen pflegen.

Da von der Anziehung einige Atome anders betroffen werden als andere, so werden die Molekeln, in denen die Atome nicht allseitig symmetrisch angeordnet sind, bestimmte Seiten einander zukehren, bestimmte Richtungen und Stellungen gegen einander einnehmen. Sind aber alle Molekeln eines Körpers in einer bestimmten regelmässigen Weise gegen einander gestellt und gerichtet, so wird sich auch an endlichen Massen des Körpers eine Verschiedenheit der verschiedenen Richtungen zeigen, mit anderen Worten, der Körper erhält die Eigenschaften eines krystallinischen Mediums.

Von diesem Gesichtspunkte aus erscheinen das Krystallisiren einfacher Verbindungen, das Krystallisiren mit Krystallwasser, die Bildung von Doppelsalzen durch Vereinigung verschiedener in sich geschlossener Molekeln, überhaupt die Bildung von Molekularadditionen aller Art und viele andere Erscheinungen alle als Folgen einer und derselben Art von Wirkungen. Diese Vereinigungen entstehen darnach nicht wie die eigentlichen chemischen Verbindungen durch die oben dargelegte kettenartige Aneinanderfügung der Atome, bei der jedes Atom eine bestimmte und begrenzte Zahl anderer zu fesseln vermag, sondern sie werden hervorgerufen durch die Summe der Anziehungen, welche die zu Molekeln vereinigten Atome noch über die Grenzen der Molekeln hinaus zu üben vermögen. Die Grundursache beider Arten von Verbindungen ist aber eine und dieselbe, die Affinität der Atome, neben welcher die Annahme besonderer Molekularkräfte für Adhäsion, Cohäsion, Capillarität u. s. w. überflüssig erscheint.

Berichtigungen und Zusätze.

Seite
45 in der Ueberschrift streiche 19.
61 Z. 6 v. o. lies O_2 statt $O_{\overline{1}}$.
61 Z. 9 v. o. lies $P = 30{,}96$ statt $P = 30{,}94$.
85 Spalte VI. der Tafel, Z. 4 v. u. lies 3,17 statt 3,07.
93 § 40 Z. 1 lies im § 39 statt im § 40.
93 § 40 Z. 5 lies Gesetz statt Gesetzt.
95 Z. 3 v. u. lies Bd. 16 statt Bd. 14.
95 Z. 5 v. u. lies $2^{\underline{me}}$ Sem. statt T. 2.
96 Z. 17 v. o. lies Pettersson statt Petersson.
108 Z. 2 nach der Tafel lies von Dulong und Petit statt Avogadro's.
121 Z. 14 v. o. lies dasselbe statt solches.
163 Z. 2 v. u. lies $SnCl_4$ statt $SnCl$.
170 Die Tafel lässt sich ergänzen aus Beobachtungen von K. Ångström (Ber. d. d. chem. Ges. 1880, S. 1465) nach welchen sind:
  magnetisch: Cr_2O_3, Fe_2O_3, Y_2O_3, Di_2O_3, Er_2O_3, Yb_2O_3, CeO_2;
  diamagnetisch: BeO, Al_2O_3, (Sc_2O_3 ?), Jn_2O_3, La_2O_3, ZrO_2, ThO_2.
176 Nilson u. Pettersson fanden $Be = $ n . 4,55 (Ber. d. d. chem. Ges. 1880, S. 1451).
183 Statt Absatz 2 ist zu lesen:
  Ebenso zeigte Cleve**), dass das von Nilson***) entdeckte Scandium, — das dieser Forscher, nach einer vorläufigen Untersuchung von nur 3 Decigrammen des noch Ytterbium enthaltenden Oxydes, aus a. a. O. angegebenen Gründen für vierwerthig, mit dem vermuthungsweise angenommenen Atomgewichte $\overset{\prime\prime\prime}{Sc} = 170$ etwa, zu halten geneigt war, — mit seinem wirklichen Atomgewichte $\overset{\prime\prime}{Sc} = 45$ und allen seinen Eigenschaften mit dem Ekabor identisch sei. Nilson bestätigte dies später, indem er das Atomgewicht des reinen Scandiums zu $\overset{\prime\prime}{Sc} = 44$ bestimmte (Ber. d. d. chem. Ges. 1880, S. 1441).
325 lies § 158 (125) statt § 158 (127).